高等学校新工科电子信息类"十三五"课改规划教材

数字电子技术

潘永雄　胡敏强　主编

西安电子科技大学出版社

内 容 简 介

本书本着"注重基础，说透工作原理；兼顾传统，体现技术进步；明确定位，服务后续课程；力求实用，面向工程实际"的原则组织、安排全书的内容，包括绪论、逻辑代数基础、逻辑门电路、组合逻辑电路分析与设计、触发器与存储器、时序逻辑电路分析与设计、脉冲波形产生电路、A/D 转换与 D/A 转换、接口保护与可靠性设计等基本教学内容。

本书可作为高等学校电类本科专业"数字电子技术"课程的教材或教学参考书，亦可供电子工程技术人员阅读。

图书在版编目(CIP)数据

数字电子技术/潘永雄，胡敏强主编. —西安：西安电子科技大学出版社，2020.1
ISBN 978 - 7 - 5606 - 5521 - 5

Ⅰ. ① 数…　Ⅱ. ① 潘…　② 胡…　Ⅲ. ① 数字电路—电子技术—高等学校—教材
Ⅳ. ① TN79

中国版本图书馆 CIP 数据核字(2019)第 263606 号

策划编辑　马乐惠
责任编辑　许青青
出版发行　西安电子科技大学出版社(西安市太白南路 2 号)
电　　话　(029)88242885　88201467　　　邮　　编　710071
网　　址　www.xduph.com　　　　　　电子邮箱　xdupfxb001@163.com
经　　销　新华书店
印刷单位　陕西天意印务有限责任公司
版　　次　2020 年 1 月第 1 版　2020 年 1 月第 1 次印刷
开　　本　787 毫米×1092 毫米　1/16　印张　19.75
字　　数　465 千字
印　　数　1~3000 册
定　　价　45.00 元

ISBN 978 - 7 - 5606 - 5521 - 5/TN

XDUP 5823001 - 1

＊ ＊ ＊ 如有印装问题可调换 ＊ ＊ ＊

本社图书为激光防伪覆膜，谨防盗版。

前　　言

　　"数字电子技术"是电子类专业五门重要的专业基础课之一，其教学内容的选取、教学效果的好坏不仅直接关系到学生对电子类专业后续课程的学习，还会影响毕业生的就业，甚至会间接影响学生的一生。在长期的教学实践中，我们感到现有数字电子技术教材存在一些缺陷。

　　(1) 系统性强，而实用性不足。国内数字电子技术教材过于强调系统性，舍不得放弃一些早已过时的教学内容。例如，在数制部分依然保留八进制数的概念及八进制数与十进制数之间的转换；在逻辑门电路部分，依然用很大篇幅介绍 TTL 电路全系列各类逻辑门电路的组成和工作原理。实际上，进入 21 世纪后 TTL 电路已全面被 CMOS 工艺的 74HC 系列、74LVA 系列、74LVC 系列、74AUP、74AUC 系列数字 IC 芯片所取代。

　　(2) 不顾及专业培养目标，试图把应用电子技术专业所必须掌握的数字电子技术知识与数字 IC 芯片设计专业所必须掌握的数字电子技术知识简单地叠加在一起，导致教学内容庞杂，没有侧重点。最近十年来，一些数字电子技术教材在传统教学内容的基础上增加了硬件描述语言 HDL(Verilog HDL 或 VHDL)及 PLD 器件的一些基本知识，试图打造出适用于所有电类本科专业的数字电子技术教材。然而"数字电子技术"课程一般只有 48～56 学时，课时非常有限，导致教师无法讲授完如此多的内容。

　　(3) 与后续课程脱节，存在"自娱自乐"成分。例如，在介绍补码知识时，多以 3 位或 4 位二进制数为例，而 4 位单片机(MCU)芯片在 20 年前就已经被淘汰，目前单片机芯片以 8 位、32 位芯片为主；在介绍 D 锁存器、D 触发器、移位寄存器芯片时，几乎不涉及在以 MCU(单片机)、DSP(数字信号处理器)或 FPGA(现场可编程门阵列)为控制核心的数字电路系统中常用到的芯片(如 74HC373、74HC573、74HC273、74HC374、74HC595 等)，以及对应的功率数字 IC 芯片(如 TPIC6237、TPIC6C595 等)。

　　(4) 没有面向工程应用，脱离技术实际。国内一些数字电子技术教材没有面向工程实际，甚至把"数字电子技术"课程当成电子类专业的一门理论课程看待。例如，在涉及限流电阻取值范围的计算过程中，依然停留在理论计算结果上，出现了"$0.90\ \text{k}\Omega < R_L < 28.6\ \text{k}\Omega$"的答案——这完全没有考虑电阻阻值早就系列化、标准化的事实：目前除了磁性元件外，所有电子元器件参数均已系列化、标准化。在电子产品设计过程中，必须尽可能选择标准元器件，极力避免使用非标元器件。同时也没有给学生树立元件参数存在误差的观念，更不要说工程设计余量的概念。在实际电路设计中，限流电阻一般选用价格低廉、误差为 5% 的 E24 系列标准阻值电阻，在工程设计余量取 10% 的情况下，理论计算结果为 28.6 kΩ 的上限电阻值应不大于 $28.6 \times (1-5\%) \times (1-10\%) = 24.5$ kΩ，取标准值24 kΩ，理论计算结果为 0.90 kΩ 的下限电阻值应不小于 $0.90 \times (1+5\%) \times (1+10\%) = 1.04$ kΩ，取标准值 1.1 kΩ。答案还没有核算功率驱动电路中限流电阻实际消耗的功率，忽略了电阻耗散功率的概念。

　　又如，在涉及电流、电压、电阻、功率等物理量单位时，没有顾及电子行业的工程习惯及规范，依然沿用"大学物理"课程中物理量的国际单位制表示法，如用 2.4×10^{-3} V、2.4×10^{-6} A、2.4×10^{3} Ω 等分别表示 2.4 mV 电压、2.4 μA 电流、2.4 kΩ 电阻。实际上在电子行业中，很少用浮点数、国际单位制表示法，对于电压参数来说，1～1000 V 的电压值用 V 表示，1 V 以下的电压值用 mV 或 μV 表示；对于电流参数来说，1～1000 A 的电流值用 A 表示，1 A 以下的电流值用 mA 或 μA 表示。

在涉及元件参数时，还忽视了有效数字的概念。例如，对于 E6、E12、E24 系列标准电阻、电容来说，阻值或容量大小只有两位有效数字，于是将"1 kΩ"（实际指 1.0 kΩ）电阻写成"1000 Ω"既不符合电子行业的习惯，也违反了有效数字的规范。

又如提到具体器件时，没有交代工业标准器件的分类及应用范围。

在逻辑门电路部分，花了大量篇幅介绍在逻辑转换过程中电源尖峰电流的成因，甚至还给出了电源功耗数学解析式的详细推导过程，但不介绍在工程应用中如何避免尖峰电流对数字电路系统的影响，给人"为山九仞，功亏一篑"的感觉。

在涉及电平转换的知识时，只考虑驱动门输出电平与负载门输入电压之间的匹配、驱动门负载能力的要求，但在实际工程应用中可能还需要考虑功耗及速度的限制问题。

在介绍石英晶体振荡电路时，所选实例根本就不是实际数字电路系统以及 IC 芯片中常见的晶体振荡电路形式。

（5）没有体现技术进步。就电子电路设计来说，在 MCU、DSP、FPGA 芯片普及应用后，已很少采用通用的中小规模数字 IC 芯片构建完整的数字电路系统，原因是通用中小规模数字 IC 芯片功能单一，全部使用通用数字 IC 芯片构成一个功能相对完善的数字电路系统，将需要几十甚至上百片不同逻辑功能的通用数字 IC 芯片，这在体积、成本、功耗等方面可能让人无法接受，而 MCU、FPGA 芯片功能相对完善，灵活性大，一些硬件功能完全可以通过软件方式实现，具有很高的性价比。因此，目前在数字电路中一般以 MCU、DSP 或 PLD（如 FPGA）器件作为系统的控制核心，只需用少量逻辑门电路芯片实现简单的逻辑控制、电平转换、信号驱动，以及采用常见的触发器类芯片完成输入/输出数据的锁存和 I/O 引脚的扩展，而更复杂的逻辑运算及控制交给 MCU、DSP 或 PLD 器件去执行。

（6）时效性不足。所选芯片多已过时，20 年前的主流芯片随着时间的推移、技术的进步，已被功能更加完善、功耗更低、使用更方便的芯片所取代。

为此，本书在内容取材上力求体现以下原则：

（1）明确定位，服务后续课程。"数字电子技术"是电子类专业五门重要的专业基础课之一，开设的目的是为后续课程，如"计算机原理""单片机原理与应用""嵌入式系统设计"等服务。因此，在内容选择上，要考虑学习这些后续课程所必须具备的前导知识和技能。例如，第 1 章重点介绍了原码、补码、反码的概念，以及在数字系统中有符号数用补码表示的原因；第 2 章重点介绍了逻辑运算的基本规则；第 5 章讲解了在单片机控制系统中常用的 74HC373、74HC573 等 8 套 D 型锁存器芯片；第 6 章详细介绍了在单片机控制系统中常用的 74HC273、74HC374 等 8 套 D 触发器芯片，以及 74HC595、74HC164、74HC165 等串行移位寄存器芯片。

（2）根据读者对象、专业教学计划以及本课程教学目标选择教材的内容。

（3）兼顾传统，体现技术进步，有所为有所不为。考虑到课程学时限制和学生负担，本着"有效、实用"的原则，紧跟技术进步，适当淡化教材的系统性和完备性，不再介绍已过时的数字 IC 芯片和技术方案。例如，删除了已经不再使用的二-十进制译码器芯片、BCD 七段译码器芯片，仅介绍七段数码管驱动方式，因为在 MCU 芯片普及应用后，在数字电路系统中更倾向于采用灵活性高的软件译码方式实现 BCD 码的译码、显示；删除了十进制计数器、由十进制计数器构成的 n 进制计数器等传统"数字电子技术"课程的教学内容，原因是 8 位单片机芯片内置了多个可自动重装初值的 16 位、8 位计数器，32 位单片机芯片内置了多个可自动重装初值的 32 位、16 位及 8 位计数器；在"单稳态电路"部分仅仅介绍基本单稳态电路的工作原理及用途，不再涉及具体的单稳态数字电路芯片。在芯片选择上，基本不再涉及已过时的 TTL 系列芯片，淡化 CD4000 系列芯片，在应用实例中尽可能使用 74HC、74LVA、74LVC、74AUC、74AUP 等系列芯片。

（4）从第 3 章开始，每章尽可能给出与相应知识点匹配的常用器件。例如，在第 3 章中给出了常用逻辑门电路芯片，在第 4 章中给出了常用组合逻辑电路芯片，在第 5 章中给出了常用触发器芯片，在第 6 章中给出了常用时序逻辑电路芯片。常用数字 IC 芯片价格低廉，供应商多，一般都有现货，采购容易；而非常用数字 IC 芯片价格昂贵，供应商少，甚至没有现货，采购困难。

（5）面向工程应用。"数字电子技术"课程属于工程技术类专业基础课，应尽可能在教学各环节向学生灌输工程设计理念、方法、规则。例如，在涉及物理量单位时充分顾及电子行业的规范和习惯；在涉及元件参数选择时，引导学生注意元件参数标准化、系列化的现实，以及工程设计余量的观念；在涉及计算步骤时，按工程设计规范分步列出各参数的计算式；核算功率驱动电路中限流电阻实际消耗的功率，引导学生理解选择同阻值不同耗散功率电阻的依据，进一步强化电阻耗散功率的概念；在石英晶体振荡电路中，以数字 IC 芯片内嵌的基于克拉泼电容反馈式石英晶体振荡电路为例进行讲解。

本书第 1～8 章由潘永雄编写，明纬（广州）电子有限公司资深高工胡敏强主持了本书内容的规划工作，并编写了本书第 9 章。

德州仪器半导体技术（上海）有限公司亚太区大学计划总监王承宁博士及钟舒阳工程师在本书内容规划、编写过程中给予了热心帮助、鼓励和具体指导，提出了许多宝贵意见和建议，陈静、朱燕秋老师等参与了本书内容的规划工作，提出了许多有益的意见和建议，邓颖宇、朱燕秋老师校对了全书内容，在此一并表示感谢。

尽管在编写过程中，我们力求尽善尽美，但由于水平有限，书中疏漏在所难免，恳请读者批评指正。

作　者

2019 年 10 月

目 录

第 1 章　绪　　论

　　本章作为"数字电子技术"的开篇，在介绍数字信号与数字电路概念的基础上，简要介绍数字电路系统中常涉及的数制、码制等方面的基础知识，为后续章节的学习奠定基础。

1.1　数字信号与数字电路的概念

　　模拟信号幅度是时间 t 的连续函数，如图 1.1.1 所示的正弦电压信号 $v(t)$，其最大特征是在幅度和时间上都连续变化。模拟信号经过非线性网络后，会出现非线性失真，即输出信号中出现了输入信号中没有的谐波分量（频率成分）；经过由 RLC 线性元件组成的线性网络后，也会因线性网络内的线性电容、线性电感对不同频率信号呈现的电抗不同，从而改变了输入信号中各谐波分量的幅度、相位关系，导致线性失真。可见，模拟信号经过二端口网络后容易产生失真，只是严重程度不同而已，为此要求模拟放大电路中的 BJT 三极管必须工作在放大区，MOS 管必须工作在恒流区，以尽可能减小非线性失真。模拟信号加密难度大，保密性差，在传输过程中一旦被截获就存在信息泄露的风险。由于模拟电路中的 BJT 三极管必须工作在放大区（MOS 管工作在恒流区），因此静态功耗较大。

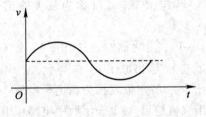

图 1.1.1　正弦电压信号

　　为克服模拟信号及模拟信号处理电路的固有缺陷，引入了数字信号。相应地，把能够处理数字信号的电路称为数字电路或逻辑电路。

1.1.1　数字信号

　　在介绍数字信号的概念前，下面首先分析图 1.1.2 所示的共射电路。假设电源电压 V_{CC} 为 5.0 V，三极管 V_1 的电流放大系数为 β，且 $R_1 < R_L$。当输入电压 $v_I = V_{IL}$，如 0.5 V（硅材料 PN 结的开启电压 V_T 为 0.5 V）以下时，输入电流 I_{IL} 很小，三极管 V_1 处于截止状态，如果忽略穿透电流 $I_{CEO} = (1+\beta)I_{CBO}$，则输出电压 $v_O = \dfrac{R_L}{R_1+R_L}V_{CC} = \dfrac{1}{1+\dfrac{R_1}{R_L}}V_{CC} = V_{OH}$。

显然，V_{OH} 的大小由电阻 R_1、R_L 的比值确定，如图 1.1.2(b) 所示。当输入电压 $v_I = V_{IH}$，如

2.0 V 以上时，输入电流（基极电流）$I_{IH} = I_B = \dfrac{V_{IH} - V_{BEQ}}{R_2} > \dfrac{\dfrac{V_{CC}}{R_1 // R_L}}{\beta}$，则三极管 V_1 将进入饱和状态，输出电压 $v_O = V_{CES} = V_{OL}$，如图 1.1.2(c) 所示。

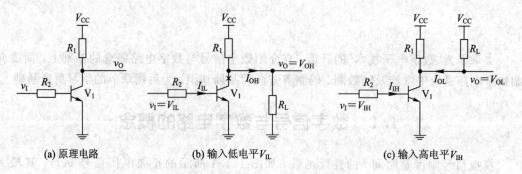

(a) 原理电路　　　　　　(b) 输入低电平 V_{IL}　　　　　　(c) 输入高电平 V_{IH}

图 1.1.2　基本数字电路举例

可见，只要输入电压 $v_I = V_{IL}$ 小于某一特定值 $V_{IL(max)}$（称为最大输入低电平电压），三极管 V_1 就截止，输出电压 $v_O = V_{OH}$。显然，在图 1.1.2 中，输入低电平电压 V_{IL} 可以是 $0 \sim 0.5$ V 之间的任意值。V_{OH} 称为输出高电平电压，大小由负载电阻 R_L 确定，可以是 2.0 V、3.0 V、4.0 V，甚至接近电源电压 V_{CC}，只要 V_{OH} 不小于某一特定值 $V_{OH(min)}$（称为最小输出高电平电压）就属于高电平范围。

在图 1.1.2 中，当电阻、三极管参数确定后，只要输入高电平电压 V_{IH} 大于某一特定值 $V_{IH(min)}$（称为最小输入高电平电压）就可以使三极管 V_1 饱和，输出电压 $v_O = V_{CES} = V_{OL}$。其中，V_{OL} 称为输出低电平电压，其大小由负载电阻 R_L 确定，可以是 0.8 V、0.4 V，甚至接近 0 V，只要 V_{OL} 小于某一特定值 $V_{OL(max)}$（称为最大输出低电平电压）就属于低电平范围。

当输入电压 v_I 在 $V_{IL(max)} \sim V_{IH(min)}$ 之间时，三极管 V_1 处于放大状态（实际上可能处于临界截止、放大或临界饱和状态），输出电压 v_O 在 $V_{OL(max)} \sim V_{OH(min)}$ 之间变化。

只要输入或输出电压大于某一特定值就视为高电平电压，小于某一特定值就视为低电平电压。为便于数学处理，用二值逻辑 0、1 表示数字电路中节点电压的高低，即高电平用逻辑"1"表示，低电平用逻辑"0"表示，这种表示方法称为正逻辑表示法。反之，高电平用逻辑"0"表示，而低电平用逻辑"1"表示，这种表示方法称为负逻辑表示法（在数字电路中一般不用负逻辑表示法）。这样就获得了只有两个逻辑值 0 或 1 的数字信号。此外，还可以看出在数字电路中，当输入电压固定为低电平或高电平时，BJT 三极管只能处于截止或饱和状态（对于 MOS 管来说，只能处于截止区或导通电阻较小的可变电阻区，简称为导通状态），不能处于输出电压不高不低的放大区（对于 MOS 管来说为恒流区），因此在数字电路中禁止输入"不高不低"的电平，同时把"不高不低"的输出电平称为"坏电平"（实际上是内部电路故障造成的），这样在数字电路中就不存在失真问题。

在数字电路中，为保证逻辑正确，并减小静态功耗，前级（驱动）电路输出低电平电压 V_{OL} 必须小于后级（负载）电路最大输入低电平电压 $V_{IL(max)}$，前级（驱动）电路输出高电平电压 V_{OH} 必须大于后级（负载）电路最小输入高电平电压 $V_{IH(min)}$，如图 1.1.3 所示。

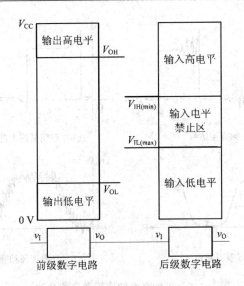

图 1.1.3 前级输出与后级输入信号电平之间关系

1.1.2 数字信号的种类及参数

1. 实际脉冲信号波形

在图 1.1.2 所示电路中，当输入电压 v_I 由 V_{IL} 跳变为 V_{IH} 时，三极管 V_1 将从截止区经放大区迅速进入饱和区，使输出电压 v_O 由 V_{OH} 跳变为 V_{OL}；反之，当输入电压 v_I 由 V_{IH} 跳变为 V_{IL} 时，三极管 V_1 也从饱和区经放大区进入截止区，使输出电压 v_O 由 V_{OL} 跳变为 V_{OH}，如图 1.1.4 所示。可见，该电路实现了数字信号的"取反"运算操作。

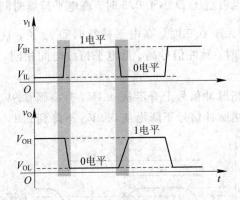

图 1.1.4 输入、输出信号电压波形

考虑到三极管由截止到饱和、由饱和到截止转换需要一定的时间，输出信号 v_O 的边沿过渡时间可能比输入信号 v_I 的边沿过渡时间长。实际上，一方面，由于在电路系统中存在复杂的寄生电感、分布电容，因此在输入信号 v_I 跳变过程中输出信号 v_O 中可能存在高频寄生振荡或较为明显的上冲、下冲现象，如图 1.1.5(a)、(b)所示；另一方面，在重载下，当驱动能力不足时，输出信号的边沿过渡时间也可能较长，如图 1.1.5(c)所示；输出信号中甚至还可能叠加高频噪声信号，如图 1.1.5(d)所示。

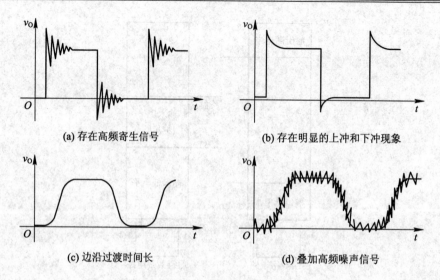

(a) 存在高频寄生信号　　(b) 存在明显的上冲和下冲现象

(c) 边沿过渡时间长　　(d) 叠加高频噪声信号

图 1.1.5　可能存在的实际数字信号波形

2. 表征脉冲信号波形特征的主要参数

为体现脉冲信号波形的特征，在图 1.1.6 中标出了典型矩形脉冲信号的主要参数。其中：V_m 表示脉冲信号的幅度。

T 为脉冲信号周期。显然，脉冲信号频率 $f = \dfrac{1}{T}$。

t_w 表示脉冲信号的宽度，也称为高电平持续时间，是指脉冲信号前沿上升到 $0.5V_\mathrm{m}$ 至后沿下降到 $0.5V_\mathrm{m}$ 持续的时间。

$D = \dfrac{t_\mathrm{w}}{T}$ 称为占空比。当占空比 D 小于 0.5 时，高电平持续时间 t_w 短，这类脉冲有时也称为正脉冲；当占空比 D 大于 0.5 时，高电平持续时间 t_w 长，这类脉冲有时也称为负脉冲；当占空比 D 等于 0.5 时，脉冲信号高、低电平持续时间相同，矩形脉冲信号就变成了方波信号。

t_r 称为上升时间，是指脉冲信号上升沿从 $0.1V_\mathrm{m}$ 升高到 $0.9V_\mathrm{m}$ 所需的时间。

t_f 称为下降时间，是指脉冲信号下降沿从 $0.9V_\mathrm{m}$ 下降到 $0.1V_\mathrm{m}$ 所需的时间。

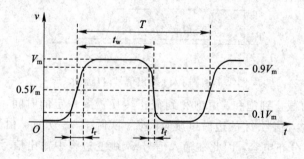

图 1.1.6　典型矩形脉冲信号的主要参数

3. 理想化的脉冲信号

为方便数字电路系统的分析、设计，在数字电路中，有时会用理想化的脉冲信号描述数字电路系统的输入与输出关系，如图 1.1.7 所示。理想化脉冲信号的上升时间 t_r、下降时间 t_f 均视为 0（实际不可能实现），没有上冲及下冲现象，也没有高频噪声（即波形非常"干净"）。

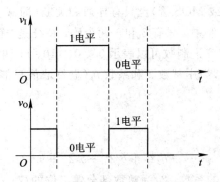

图 1.1.7　理想化的脉冲信号

4. 数字信号的种类

数字信号可以是脉冲信号（高电平、低电平状态交替出现，可以是高低电平持续时间固定的脉冲信号，也可以是高低电平持续时间有变化的脉冲信号），也可以是基本不变的电平信号（固定为高电平或低电平。理想化电平信号的电压值固定不变，且没有叠加高频噪声）。在某些应用系统中，会用脉冲信号周期固定不变而脉冲头宽窄明显不同的脉冲信号来表示逻辑"1"、逻辑"0"的状态，如 PWM（脉冲宽度调制）信号，或用载波信号频率高低表示逻辑"1"、逻辑"0"的状态，如 PFM（脉冲频率调制）信号，如图 1.1.8 所示。

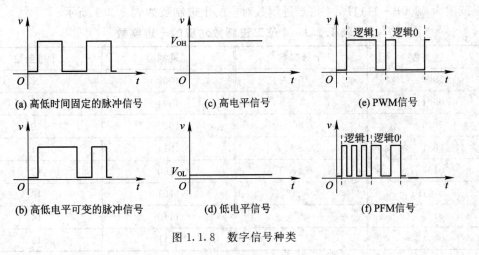

图 1.1.8　数字信号种类

1.2　数字系统中的数制

十进制是人们最熟悉的计数方式，但在数字电路系统中，只能用二进制数表示数、指令码和符号。

1.2.1 数字信号与二进制数

在正逻辑表示法体系中规定低电平用数字 0 表示，高电平用数字 1 表示，且数字电路中的开关元件(BJT 三极管或 MOS 管)也只有导通和关断(即截止)两种状态，这与二进制数非常相似。在二进制计数制中，只有 0 和 1 两个码，特征是"逢 2 进 1"。1 位二进制数可以表示 0、1 两种状态，2 位二进制数可以表示 00、01、10、11 四种状态，以此类推，n 位二进制数可以表示 2^n 种状态。当用基数 2 和系数 b_i(显然取值只能是 0 或 1)表示时，n 位二进制数可展开为

$$D_n = \sum_{i=-m}^{n-1} b_i 2^i$$

$$= b_{n-1} 2^{n-1} + b_{n-2} 2^{n-2} + \cdots + b_2 2^2 + b_1 2^1 + b_0 2^0 + b_{-1} 2^{-1} + b_{-2} 2^{-2} + \cdots + b_{-m} 2^{-m}$$

其中，b_i 是整数部分第 i 位的系数，2^i 为整数部分第 i 位的权；b_{-j} 是小数部分第 j 位的系数，2^{-j} 为小数部分第 j 位的权。

在 Intel 数据格式中，二进制数需带后缀字母 B。例如，二进制数 1101.101 用 1101.101B 表示，避免误认为是十进制数的 1101.101。显然，有

$$1101.101B = 1 \times 2^3 + 1 \times 2^2 + 0 \times 2^1 + 1 \times 2^0 + 1 \times 2^{-1} + 0 \times 2^{-2} + 1 \times 2^{-3} = 13.625$$

由二进制数的展开式可知，8 位二进制数的展开式为

$$D_8 = b_7 2^7 + b_6 2^6 + b_5 2^5 + b_4 2^4 + b_3 2^3 + b_2 2^2 + b_1 2^1 + b_0 2^0$$

编码范围为 00000000B～11111111B。

4 位二进制数的展开式为

$$D_4 = b_3 2^3 + b_2 2^2 + b_1 2^1 + b_0 2^0$$

编码范围为 0000B～1111B，4 位二进制数对应的十进制数如表 1.2.1 所示。

表 1.2.1　4 位二进制数对应的十进制数

二进制数	十进制数	二进制数	十进制数
0000	0	1000	8
0001	1	1001	9
0010	2	1010	10
0011	3	1011	11
0100	4	1100	12
0101	5	1101	13
0110	6	1110	14
0111	7	1111	15

在数字电路(如计算机电路系统)中，数据、代码、符号等也只能以二进制数形式出现。换句话说，二进制数是数字电路系统唯一能够识别和处理的数制。

根据二进制数展开式的特征，当需要将十进制数转换为二进制数时，整数部分可采用"除 2 取余"方式得到，小数部分可采用"乘 2 取整"方式得到。

【例 1.2.1】　将十进制数 17.625 转换为二进制数。

十进制数 17.625 转换为二进制数的过程为：整数部分 17 采用如下的"短除"方式转化

为对应的二进制数。小数部分乘 2 取整作十分位码，剩余的小数再乘 2 取整作百分位码，以此类推，直到剩余小数部分为 0。

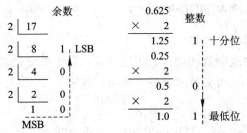

因此，17.625＝10001.101B。

1.2.2　二进制数与十六进制数的关系

尽管二进制数是数字电路系统唯一能够识别和处理的数制，但二进制数位数太长，不便书写，且只有 0、1 两个码，也不便记忆。因此，有时会用十六进制数代替二进制数，原因是二进制数与十六进制数之间的转换非常方便、直观，既可以采用手工方式实现，也可以借助软件查表方式实现。

十六进制数有 0、1、2、3、4、5、6、7、8、9、A、B、C、D、E、F 共 16 个码，其中 A 对应十进制数的 10，B 对应十进制数的 11，C 对应十进制数的 12，D 对应十进制数的 13，E 对应十进制数的 14，F 对应十进制数的 15，特征是"逢 16 进 1"。

n 位十六进制数可表示 16^n 个状态，当用基数 16 和系数 h_i 表示时，n 位十六进制数展开式为

$$
\begin{aligned}
H_n &= \sum_{i=-m}^{n-1} h_i\, 16^i \\
&= h_{n-1}\, 16^{n-1} + h_{n-2}\, 16^{n-2} + \cdots + h_2\, 16^2 + h_1\, 16^1 + h_0\, 16^0 + h_{-1}\, 16^{-1} \\
&\quad + h_{-2}\, 16^{-2} + \cdots + h_{-m}\, 16^{-m}
\end{aligned}
$$

其中，h_i 是整数部分第 i 位的系数，16^i 为整数部分第 i 位的权，h_{-j} 是小数部分第 j 位的系数，16^{-j} 为小数部分第 j 位的权。

在 Intel 数据格式中，十六进制数需带后缀字母"H"，且规定当最高位码为 A～F 时，尚需带前导"0"。例如，十六进制数 53.24 用 53.24H 表示，以避免误认为是十进制数的 53.24；十六进制数 A3 用 0A3H 表示，以避免误认为是字符串 A3。显然，有

$$153.24H = 1 \times 16^2 + 5 \times 16^1 + 3 \times 16^0 + 2 \times 16^{-1} + 4 \times 16^{-2} = 339.140\,625$$

二进制数与十六进制数之间转换非常方便。例如，8 位二进制数：

$$
\begin{aligned}
D_8 &= b_7 2^7 + b_6 2^6 + b_5 2^5 + b_4 2^4 + b_3 2^3 + b_2 2^2 + b_1 2^1 + b_0 2^0 \\
&= (b_7 2^3 + b_6 2^2 + b_5 2^1 + b_4 2^0) \times 2^4 + (b_3 2^3 + b_2 2^2 + b_1 2^1 + b_0 2^0) \\
&= (b_7 2^3 + b_6 2^2 + b_5 2^1 + b_4 2^0) \times 16^1 + (b_3 2^3 + b_2 2^2 + b_1 2^1 + b_0 2^0) \times 16^0 \\
&= h_1 \times 16^1 + h_0 \times 16^0
\end{aligned}
$$

显然，括号内就是 4 位二进制数的表示式，这意味着：将二进制数转换为十六进制数时，整数部分从最低位(Least Significant Bit，LSB，最低有效位)开始，每 4 位二进制数分为一组(当最后一组不足 4 位时，在高位补零)，用对应的十六进制数表示即可；小数部分

从最高位开始，每 4 位二进制数分为一组（当最后一组不足 4 位时，在最低位补零），用对应的十六进制数表示即可。例如：

$$1011010011.1010001B= \underline{\underset{2}{0010}} \ \underline{\underset{D}{1101}} \ \underline{\underset{3}{0011}} \ \underline{\underset{.A}{.1010}} \ \underline{\underset{2}{0010}}$$

因此，$1011010011.1010001B=2D3.A2H$。

反之，当需要将十六进制数转换为二进制数时，只要把十六进制数中的每一个码位用对应的 4 位二进制数表示，再去掉多余的 0 即可。例如：

$$2\,D\,3.A\,2H$$

$$\underline{0010} \quad \underline{1101} \quad \underline{0011} \quad .\underline{1010} \quad \underline{0010}$$

因此，$2D3.A2H=1011010011.1010001B$。

由于二进制数与十六进制数之间的转换非常方便，因此当需要将位数较多的二进制数转换为十进制数时，不妨先将它转换为对应的十六进制数，再转换为十进制数。例如：

$$10010111B=97H=9\times16^{1}+7\times16^{0}=151$$

根据十六进制数的展开式的特征，当需要将十进制数转换为十六进制数时，整数部分可采用"除 16 取余"方式得到，小数部分可采用"乘 16 取整"方式得到。

【例 1.2.2】 将 1207.203125 转换为十六进制数。

十进制数 1207.203125 转换为十六进制数的过程为：整数部分 1207 采用如下"短除"方式转化为对应的十六进制；小数部分乘 16 取整作十分位码，剩余小数再乘 16 取整作百分位码，以此类推，直到剩余小数部分为 0。

因此，$1207.203125=4B7.34H$。

由于十六进制数与二进制数之间转换非常方便，因此当需要把较大的十进制数转换为二进制数时，最好先将它转换为十六进制数，再将对应的十六进制数转换为二进制数。例如：

$$1207.203125=4B7.34H=10010110111.001101B$$

1.2.3 二进制数、十六进制数的四则运算

二进制数的四则运算规则与十进制数类似。例如，在二进制数加法操作中，记住"逢 2 进 1"，即"$1+1=10$"；在减法操作中，向前借位时，相当于"$10-1=1$"。因此，$1101B+101B=10010B$，$1001B-101B=100B$，$1101B\times101B=1000001B$，$1101B\div101B=10B$，余数为 $11B$，演算过程如下：

十六进制数的四则运算规则与十进制数也类似。例如，在十六进制加法运算中，牢记"逢 16 进 1"；在减法运算中，向前借位时，相当于借到"10H"，即 16；在乘法运算中，先按十进制数做乘法运算，再将结果转化为十六进制数即可。例如，$E \times 4$ 应视为 14×4，并将结果 56 转化为十六进制数 38。因此，$7EH + 84H = 102H$，$184H - 9DH = 0E7H$，$7EH \times 84H = 40F8H$，演算过程如下：

$$
\begin{array}{r}
7\ E \\
+\ 8\ 4 \\
\hline
1\ 0\ 2
\end{array}
\qquad
\begin{array}{r}
1\ 8\ 4 \\
-\ \ \ 9\ D \\
\hline
E\ 7
\end{array}
\qquad
\begin{array}{r}
7\ E \\
\times\ \ 8\ 4 \\
\hline
1\ F\ 8 \\
+\ 3\ F\ 0 \\
\hline
4\ 0\ F\ 8
\end{array}
$$

1.3 数字系统中的代码表示法

数字系统中的数可以是无符号数（只有大小），也可以是有符号数（既有大小，又有正负号），本节将简要介绍数字系统中有符号数的表示方法。

1.3.1 原码、反码及补码

对无符号数来说，一个 8 位二进制数的表示范围是 $00000000B \sim 11111111B$，即 $0 \sim 255$。但在实际应用中，有时会遇到有符号数，即既有正数又有负数的情况。在数字电路系统中，对于有符号数，往往用最高位（Most Significant Bit，MSB，最高有效位）表示数的正负，用次高位到最低位表示数的大小。例如，对于 4 位有符号二进制数来说，最高位 b_3 为 0 时表示正数，为 1 时表示负数，而 $b_2 \sim b_0$ 表示数的大小。对于 8 位有符号二进制数来说，最高位 b_7 为 0 时表示正数，为 1 时表示负数，而 $b_6 \sim b_0$ 表示数的大小。对于 16 位有符号二进制数来说，最高位 b_{15} 为 0 时表示正数，为 1 时表示负数，而 $b_{14} \sim b_0$ 表示数的大小。对于 32 位有符号二进制数来说，最高位 b_{31} 为 0 时表示正数，为 1 时表示负数，而 $b_{30} \sim b_0$ 表示数的大小。

1. 原码

所谓原码表示法，就是最高位为符号位（0 表示正数，1 表示负数），次高位到最低位（LSB）表示数的绝对值。例如，在 8 位有符号二进制数中，$+3$ 的原码为 $00000011B$；-3 的原码为 $10000011B$。因此，n 位有符号二进制数的原码：

$$
[X]_{\text{原码}} = \begin{cases} X & ,0 \leqslant X < 2^{n-1} \\ 2^{n-1} + X & ,-2^{n-1} < X \leqslant 0 \end{cases}
$$

其中，2^{n-1} 表示负数的符号。在 8 位有符号二进制数中，$2^{8-1} = 10000000B$，而 X 表示数的绝对值。尽管原码表示法直观性强，但在原码表示法中 0 的编码不唯一，如 $00000000B$ 的含义是 $+0$，而 $10000000B$ 表示 -0，即 $11111111B \sim 10000000B$ 表示 $-127 \sim -0$，$00000000B \sim 01111111B$ 表示 $+0 \sim +127$。换句话说，8 位有符号二进制数原码所能表示的范围为 $-127 \sim +127$，其中 0 对应两个代码。更为严重的是，用原码表示时在计算机中减法不能用加法实现。

2. 反码

所谓反码表示法，就是最高位为符号位（0 表示正数，1 表示负数）。对于正数来说，反码、原码相同；对于负数来说，将原码中除符号位外各位取反，就得到对应负数的反码。例如，在 8 位二进制数中，+3 的原码、反码均为 00000011B，−3 的反码为 11111100B。当然，负数的反码也可以认为是对应正数的原码连同符号位在内各位取反的结果。因此 n 位二进制数的反码：

$$[X]_{反码} = \begin{cases} X & , 0 \leqslant X < 2^{n-1} \\ (2^n-1)-X & , -2^{n-1} < X \leqslant 0 \end{cases}$$

其中，2^n-1 就是 n 位无符号二进制数的最大编码，在 8 位二进制数中 2^8-1 就是 11111111B。由反码的定义可知，在反码表示法中，0 的编码也不唯一，原因是：+0 在原码中表示为 00000000B，依据"正数的原码、反码相同"的约定，则 +0 的反码也是 00000000B；−0 在原码中表示为 10000000B，根据反码的定义，除符号位外各位取反的结果为 11111111B，即在反码中，11111111B 表示 −0。显然，在 8 位有符号二进制数中，反码能表示的范围依然是 −127～+127，其中 0 分别对应两个代码。

有符号 4 位二进制数原码、反码及其对应的十进制数之间的关系如表 1.3.1 所示。

表 1.3.1 有符号 4 位二进制数原码、反码及其对应的十进制数

十进制数	原码	反码
最大的正数	0111(+7)	0111(+7)
+7	0111	0111
+6	0110	0110
+5	0101	0101
+4	0100	0100
+3	0011	0011
+2	0010	0010
+1	0001	0001
0	0000	0000
−0	1000	1111
−1	1001	1110
−2	1010	1101
−3	1011	1100
−4	1100	1011
−5	1101	1010
−6	1110	1001
−7	1 111	1000
最小的负数	1111(−7)	1000(−7)

此外，用反码表示时，在计算机中减法依然不能用加法实现。其实，引入反码的概念是为了引入补码。

3. 补码

在介绍补码的概念前，先来看一个例子。在 8 位二进制数中，计算 25H−03H。

$25H-03H = 25H \underline{+100H}-03H$　；因为在 8 位二进制数中，$100H=1\ 0000\ 0000B$，其中

　　　　　　　　　　　　　　　　　　　；b_8 位无法存放，因此加 $100H$ 后并没有影响结果

$\qquad\qquad = 25H + \boxed{100H-03H}$

$\qquad\qquad = 25H + 0FDH$

$\qquad\qquad = \boxed{1}\ 22H$

$\qquad\qquad = 22H$　　　　　　　；因为 $122H=1\ 0010\ 0010B$，在 8 位二进制数中，

　　　　　　　　　　　　　　　　　　　；b_8 位无法存放，因此 $122H$ 与 $22H$ 的显示结果相同

　　可见，在 8 位二进制数（模为 $2^8=100H=256$）中，$25H-03H$ 与 $25H+0FDH$ 的运算结果相同，这说明减法可以用加法实现。$0FDH$ 就称为 $-3H$ 的补码。

　　（1）补码的定义。在 n 位二进制数中，正数 X 的补码与原码、反码相同，负数（$-X$）的补码为 2^n-X，即

$$[X]_{补码} = \begin{cases} X & ,\ 0 \leqslant X < 2^{n-1} \\ 2^n-X = (2^n-1-X)+1 = [X]_{反码}+1 & ,\ -2^{n-1} < X < 0 \end{cases}$$

由此可见，在 n 位二进制数中，负数（$-X$）的补码既可以用模（2^n）减去对应正数 X 获得，也可以用对应负数的反码加 1 获得。

　　例如，在 8 位二进制数（模为 $100H$）中，求 -5 的补码。

　　方法一：$100H-5H=FBH$。

　　方法二：$+5$ 的原码为 $0000\ 0101B$，取反后得 -5 的反码为 $1111\ 1010B$，反码再加 1 后得 -5 的补码为 $1111\ 1011B$（即 FBH）。

　　（2）补码的特性。在补码表示法中，0 的编码唯一，即在 8 位二进制数中 0 的补码就是 $00000000B$。因为 -0 的原码为 $1000\ 0000B$，反码为 $1111\ 1111B$，加 1 后得到的补码为 $1\ 0000\ 0000B$，但其中的 b_8 位无法存放，结果依然为 $00000000B$。因此，在补码表示法中不存在 $+0$、-0 问题，或者说数字 0 的编码唯一，就是 $00000000B$，而将 $10000000B$（显然是负数）作为 -128 的补码，因为根据补码定义 $2^8-10000000B=10000000B$，即在 n 位二进制数的补码表示法中，规定 2^{n-1} 用于表示最小负数（-2^{n-1}）的补码。

　　更为重要的是，负数采用补码表示后，减法运算就可以用加法进行。例如，在 8 位二进制数中，有

$25H-03H = 25H+(-03H)=25H+FDH(-03H \text{ 的补码})=22H(b_8 \text{ 位无法存放})$

$-25H-03H = (-25H)+(-03H)=DBH(-25H \text{ 的补码})+FDH(-03H \text{ 的补码})$

$\qquad\qquad\quad = D8H(-28H \text{ 的补码})$

　　正因如此，在数字电路系统中，对于有符号数，最高位为 0 表示正数，最高位为 1 表示负数，且负数一律用补码形式表示。

　　当需要获得补码形式负数的绝对值时，对其补码再求一次补码就可以获得补码形式负数的绝对值。因为负数（$-X$）的 $[X]_{补码}=2^n-X$，所以 X 的绝对值为 $2^n-[X]_{补码}$，或者说，在模为 2^n 的情况下，X 与 2^n-X 两个数互为补码。

　　例如，在 8 位二进制数中，$D8H$ 的补码 $=100H-D8H=28H$，即补码形式的负数 $D8H$ 的绝对值为 $28H$。

　　同一个负数，用补码形式表示时，模不同，其补码形式不同。例如，在 4 位二进制数

（模为 2^4）中，-3 的补码为 DH（1101B）；在 8 位二进制数（模为 2^8）中，-3 的补码为 FDH；在 16 位二进制数（模为 2^{16}）中，-3 的补码为 FFFDH。

（3）补码的表示范围。在 4 位二进制数（模为 2^4）中，补码的表示范围为 $-8\sim+7$；在 8 位二进制数（模为 2^8）中，补码的表示范围为 $-128\sim+127$；在 16 位二进制数（模为 2^{16}）中，补码的表示范围为 $-32\,768\sim+32\,767$；以此类推，在 n 位二进制数（模为 2^n）中，补码的表示范围为 $-2^{n-1}\sim+(2^{n-1}-1)$。

4 位有符号二进制数、8 位有符号二进制数、16 位有符号二进制数的补码对应的十进制数范围如表 1.3.2 所示。

表 1.3.2 有符号二进制数对应的十进制数范围

十进制数	4 位有符号二进制数	8 位有符号二进制数	16 位有符号二进制数
最大的正数	0 111（+7）	0 111 1111（+127）	7FFFH（+32 767）
+7	0 111	0 000 0111	0007H
+6	0 110	0 000 0110	0006H
+5	0 101	0 000 0101	0005H
+4	0 100	0 000 0100	0004H
+3	0 011	0 000 0011	0003H
+2	0 010	0 000 0010	0002H
+1	0 001	0 000 0001	0001H
0	0 000	0 000 0000	0000H
−1	1 111	1 111 1111	FFFFH
−2	1 110	1 111 1110	FFFEH
−3	1 101	1 111 1101	FFFDH
−4	1 100	1 111 1100	FFFCH
−5	1 011	1 111 1011	FFFBH
−6	1 010	1 111 1010	FFFAH
−7	1 001	1 111 1001	FFF9H
−8	1 000	1 111 1000	FFF8H
最小的负数	1 000（−8）	1 000 0000（−128）	8000H（−32 768）

对有符号数来说，如果加、减运算结果超出补码所能表示的范围，则会出错。例如，在 8 位二进制数中，补码的表示范围为 $-128\sim+127$，那么

$$
\begin{array}{r}
b_7\ b_6\ b_5\ b_4\ b_3\ b_2\ b_1\ b_0 \\
0\ 1\ 1\ 0\ 0\ 0\ 1\ 1 \quad (63\mathrm{H})\ (99) \\
+\ 0\ 1\ 1\ 0\ 0\ 1\ 0\ 1 \quad (65\mathrm{H})\ (101) \\
\hline
1\ 1\ 0\ 0\ 1\ 0\ 0\ 0 \quad (\mathrm{C8H})\ (200)
\end{array}
$$

当视为无符号数相加时，结果 C8H（200）正确；当视为有符号数相加时，由于运算结果 b_7 位为 1，即 $-38\mathrm{H}$（-56），出现了"两个正数相加结果为负数"的谬论！之所以出错，是因为视为有符号数相加时，运算结果 $+200$ 已超出了 8 位有符号二进制数所能表示的范围（最大正数为 127）。同理，有

		无符号数		有符号数	
b_8 b_7 b_6 b_5 b_4 b_3 b_2 b_1 b_0					
1 1 0 0 1 0 0 0	(C8H)	(200)	(−38H)	(−56)	
+ 1 0 1 1 0 1 0 1	(B5H)	(181)	(−4BH)	(−75)	
[1] 0 1 1 1 1 1 0 1	(17DH)	(381)	(7DH)	(125)	

由于运算结果中的 b_8 位无法存放,因此相加结果依然为 01111101B(7DH,即 125)。

当视为无符号数相加时,若将 b_8 视为进位标志 C,则结果为 17DH(381),正确!当视为有符号数相加时,由于运算结果 7DH 的 b_7 位为 0,即 +125,同样出现了"两个负数相加结果为正数"的谬论!之所以出错,也是因为视为有符号数相加时,(−56)+(−75)= −131,已超出了 8 位有符号二进制数所能表示的范围(最小负数为 −128)。

由于在计算机程序编写过程中遇到的数是有符号数还是无符号数由程序员决定,计算机内部的运算器(ALU)并不知道参与运算的数是有符号数还是无符号数,因此,在计算机系统的中央处理器(CPU)内部既设有进位标志 C,又设有溢出标志 O(有的 CPU 芯片可能用 V 表示溢出标志)。当视为无符号数相加时,程序员只需要关注进位标志 C 即可;反之,当视为有符号数相加时,程序员只需关注溢出标志 O 即可,当溢出标志 O 有效(为 1)时,表示运算结果不正确。显然,两个同符号的数相加可能会溢出(溢出特征是运算结果的符号位与被加数、加数的符号位相反);两个异符号的数相减在本质上是两个同符号的数相加,也可能会溢出(溢出特征是运算结果的符号位与被减数的符号位相反);而两个异符号的数相加不可能溢出。

1.3.2 十进制数编码及 ASCII 码

数字系统中的十进制数只能用二进制数的形式表示,但十进制数码有 0、1、2、3、4、5、6、7、8、9,共 10 个。显然,每一位十进制数需要用 4 位二进制数表示,而 4 位二进制数码有 0000B~1111B,共 16 个,于是就出现了十进制数码 0、1、2、3、4、5、6、7、8、9 与4 位二进制数码 0000B~1111B 之间如何对应的问题,如十进制数码 2 用 0010B 还是0001B 表示。为此,电子行业工程师提出了几种典型的编码方式,如 BCD(也称为 8421 码)、格雷码(也称为循环码)、余 3 码、2421 码、5211 码等。下面仅简要介绍常用的 8421 码。

8421 码也称为 BCD(Binary Coded Decimal,十进制数的二进制编码表示)码。十进制数码与 BCD 码之间的对应关系如表 1.3.3 所示。

表 1.3.3 十进制数码与 BCD 码之间的对应关系

十进制码	BCD 码	十进制码	BCD 码
0	0000	5	0101
1	0001	6	0110
2	0010	7	0111
3	0011	8	1000
4	0100	9	1001

显然,在 BCD 码中 1010B~1111B 没有定义。

由于每一位十进制数码需要用 4 位二进制数表示,而在计算机存储系统中,存储单元

的基本长度一般为 8 位二进制数(一个字节,即 Byte),因此 10 及 10 以上的十进制数就有
两种可行的存放方式:压缩形式 BCD 码(每个字节存放两个 BCD 码)和非压缩形式 BCD 码
(每个字节仅存放一个 BCD 码,高 4 位 $b_7 \sim b_4$ 没有定义或规定为 0)。例如,十进制数 98 的
两种形式的 BCD 码存放顺序如图 1.3.1 所示。

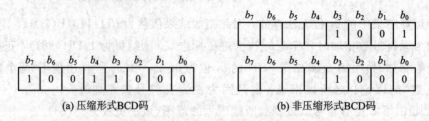

图 1.3.1　两种形式的 BCD 码存放顺序

　　由于计算机只能处理二进制数,因此除了数值本身需要用二进制数形式表示外,字
符,包括数码(如 0,1,2,3,4,5,6,7,8,9)、字母(如 A,B,C,D,…,X,Y,Z 及 a,
b,c,d,…,x,y,z)、特殊符号(如%,!,+,-,=,?)等也只能用二进制数表示,即在
计算机中需将数码、字母、特殊符号等代码化,以便计算机系统识别、存储和处理。

　　英文属于典型的拼音文字,由字母、数字、特殊符号等组合而成,但这些字母、数字、
特殊符号的数目毕竟有限,不过百余个。我们知道,7 位二进制数可以表示 128 种状态,如
果每一种状态代表一个特定的字母或数字,则 7 位二进制数可表示 128 个字符。

　　例如,可用 0110000B 表示数字 0,0110001B 表示数字 1,1000001B 表示大写字母 A
等。但这种编码方式并不唯一,如用 0110000B 表示字母 A,0110001B 表示字母 B,
1000001B 表示数字 0 也未尝不可。因此,为便于不同计算机系统和不同操作者之间的信息
交换,需要规范字母与 7 位二进制数之间的对应关系。目前在计算机系统中普遍采用美国
国家标准学会(American National Standard Institute,ANSI)在 1967 年制定的美国标准信
息交换代码(American Standard Code for Information Interchange,ASCII)。ASCII 是当今
最通用的单字节编码系统,等同于国际标准化组织(ISO)的 ISO/IEC 646 标准。

　　ASCII 包括基本 ASCII(也称为标准 ASCII)和扩展 ASCII。

　　在计算机系统中,存储单元的长度通常为 8 位二进制(即一个字节),为了存取方便,
规定一个存储单元存放一个标准的 ASCII,其中低 7 位表示字母、数字、特殊符号本身的
编码,最多可以表示 128 个字符,第 8 位(bit7)用作奇偶校验位或规定为零(通常如此)。因
此,也可以认为标准 ASCII 长度是 8 位(但 bit7 为 0)。128 个字符对于某些特殊应用来说
可能不够,因此采用 8 位的 ASCII,即扩展 ASCII(共有 256 个代码)。其中,前 128 个(bit7
位为 0)编码用于表示基本 ASCII,基本 ASCII 主要用于表示数字、英文字母(大、小写)、
标点符号、控制字符等;后 128(bit7 位为 1)个编码用于表示扩展 ASCII,扩展 ASCII 用于
表示一些特殊符号、外来字母,如希腊字母及拉丁字母等。

　　标准 ASCII 的具体内容可从有关资料中获得,一般并不需要记住全部的 ASCII 的内
容,对电子工程技术人员来说,只要记住大写字母 A 的 ASCII 为 41H,小写字母 a 的
ASCII 为 61H,就可以推算出随后其他大小写字母的 ASCII(如大写字母 J 的 ASCII 为
4AH,小写字母 j 的 ASCII 为 6AH),记住数字 0 的 ASCII 为 30H,就可以推算出随后数
字 1~9 的 ASCII 分别为 31H~39H,还应记住空格的 ASCII 为 20H。

1.4 电子技术数字化的必然性

由于模拟信号与模拟电路的固有缺陷无法依赖模拟电子技术本身来克服,因此电子技术数字化就成为一种必然的选择。现代电子电路框图如图1.4.1所示。

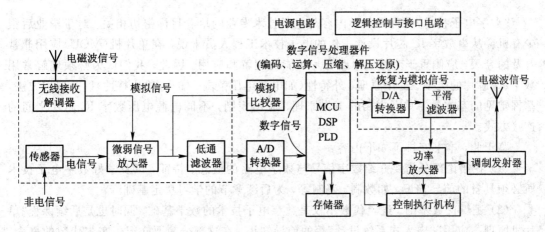

图1.4.1 现代电子电路框图

图1.4.1中,首先借助传感器(如麦克风)将非电信号转化为电信号,经滤波器滤波处理后(或直接)送微弱信号放大器放大(由于传感器、无线接收解调电路的输出信号幅度可能很小,因此在数字化前一般需要借助模拟放大器将信号幅度放大),再经低通滤波器(LPF)滤除高频干扰信号后,送模/数转换器(ADC)将模拟信号转换为数字信号处理器件能够识别和处理的数字信号,这样就完成了模拟信号的数字化过程,以便能利用数字信号处理器件对已数字化了的信号进行处理、加工和存储。

常见的数字信号处理器件主要有MCU(Micro Controller Unit,微控制单元,但国内习惯称之为单片机)、DSP(Digital Signal Processor,数字信号处理器)、PLD(Programmable Logic Device,可编程逻辑器件,如现场可编程逻辑阵列器件FPGA等)。

由于数字信号用二值逻辑0、1表示,因此不存在失真问题。此外,数字信号加密处理相对容易,在信号传输、存储过程中,即使被截获,如果信息获得者不掌握解密算法或密钥,则所截获的信息也只是一串串用0、1表示的数码而已,没有任何价值,这样就不容易造成信息的泄露。

当需要将数字信号还原为模拟信号时,可借助数/模转换器(DAC)将数字信号转换为模拟信号,再经平滑滤波器后即可得到原来的模拟信号。

既然数字技术可以克服模拟技术的固有缺陷,而且实现电子技术数字化的技术条件已日益成熟,一方面,实现模拟信号与数字信号之间转换的器件ADC、DAC的转换速率及转换精度近十年来有了很大提高,价格也在逐渐下降,另一方面,数字信号处理器件(如MCU、DSP、FPGA)的处理速度、可靠性、易用性(开发环境)、功耗等方面的性能指标也在不断提高,且价格低廉,一些内嵌了转换速率接近1MS/s(Samples Per Second,即每秒采样1百万次)、分辨率为10~12位的ADC的MCU芯片的价格比中小规模逻辑门电路芯片高不了多少,个别8脚、14脚、16脚等少引脚封装MCU芯片的价格甚至接近中小规模数字 IC 芯片，因此，可以预见在数字信号处理技术（如数字滤波算法、数字 PID 调节算法、模糊控制算法、编码压缩算法、检错纠错技术等）的支持下，电子技术数字化已经或正在成为一种必然趋势。

1.5 "数字电子技术"课程的教学内容

"数字电子技术"课程的教学内容与电子技术专业的培养目标密切相关。对于毕业后很少有机会从事数字 IC 芯片设计工作的电子技术工程人员来说，在单片机（MCU）应用非常普及的今天，应侧重于对数字电路芯片功能的理解和应用。因此，我们认为必须理解常用数字 IC 芯片的类型、工作原理、外特性（如电源电压范围、输入/输出特性）以及应用方法，掌握常见的基本数字单元电路的工作原理、应用规则，不同电源电压数字 IC 芯片之间的连接方式。

鉴于此，本书安排了如下内容：

（1）在绪论部分简要介绍数字信号与数字电路的概念、特征，以及学好数字电子技术所必须具备的前导知识，如数制、码制等，为后续章节的学习奠定基础。

（2）逻辑代数基础。逻辑代数不仅是数字电子技术的数学基础，同时也是后续课程"单片机原理与应用""嵌入式系统设计"等的前导知识，在这部分简要介绍了布尔代数的概念、基本运算法则，以及逻辑函数表示方法、逻辑代数式化简手段等。

（3）逻辑门电路。逻辑门电路是构成组合逻辑电路以及不同功能触发器的基本部件，因此逻辑门电路是数字电路的基础。

（4）组合逻辑电路分析与设计。组合逻辑电路是逻辑门电路的具体应用，是最常见的逻辑电路类型之一，广泛应用于数字电路系统中。

（5）触发器与存储器。触发器是构成时序逻辑电路的基本部件，掌握各类触发器的电路组成、工作原理，将有助于理解和掌握时序逻辑电路分析、设计规则。存储器是 MCU、DSP 应用系统的重要部件，而 MCU、DSP 又是现代电子电路系统的控制核心，因此有必要简要介绍存储器芯片的基本知识。

（6）时序逻辑电路分析与设计。时序逻辑电路是各类触发器的具体应用，也是数字电路系统中常见的逻辑电路类型之一。

（7）脉冲波形产生电路。为提高数字电路系统的可靠性，降低逻辑转换瞬间的动态功耗，常常需要对输入脉冲信号进行整形，而脉冲信号产生电路是数字系统重要的辅助电路，常用于产生时序逻辑电路所需的时钟信号。

（8）A/D 转换与 D/A 转换。ADC 和 DAC 器件是模拟信号与数字信号的接口部件，是现代电子电路系统非常重要的组成部分。

（9）接口保护与可靠性设计。为提高数字电路系统的可靠性，在数字系统的输入、输出端增加过压保护电路或器件有时显得非常必要。

习　题　1

1-1　什么是数字信号？

1-2　在数字电路中，驱动级（即前级）输出高、低电平有什么要求？

1-3 简述理想数字脉冲信号的特征及其种类。

1-4 在数字系统中,有符号数如何表示?

1-5 在 3 位二进制数(模为 8)中,请指出下列数值的原码、反码及补码。

(1) −3; (2) 2; (3) −1; (4) 3。

1-6 在 4 位二进制数(模为 16)中,请指出下列数值的原码、反码及补码。

(1) −3; (2) 6; (3) −5; (4) −7。

1-7 在 8 位二进制数(模为 256)中,请指出下列数值的原码、反码及补码。

(1) −3; (2) 6; (3) −5; (4) −8; (5) −127; (6) 127; (7) 0; (8) −1。

1-8 请写出下列 8 位有符号数的绝对值。

(1) 83H; (2) 25H; (3) 7FH; (4) 0A5H; (5) 80H。

1-9 为什么在数字系统中,有符号数用补码表示,而不用原码或反码表示?

1-10 为什么在数字系统中,有符号数用补码表示后,减法可以用加法完成?

1-11 简述 BCD 码的含义,并写出十进制数 25 的压缩形式的 BCD 码。

1-12 模拟信号和数字信号接口器件包含了什么类型的器件?

1-13 列举出常见的数字信号处理器件。

第 2 章 逻辑代数基础

既然数字信号用"0"表示低电平,用"1"表示高电平,且数字电路中的开关元件(BJT 三极管或 MOS 管)也只有导通和关断两种状态,那么也可以用"0"表示关断状态,用"1"表示导通状态,于是就可以用英国数学家乔治·布尔(George Boole)在 1849 年提出的二值逻辑代数(也称为布尔代数)描述数字电路系统中输入信号与输出信号之间的关系,并运用二值逻辑代数运算法则解决数字电路系统在设计、分析过程中遇到的问题。因此,逻辑代数是数字电路的数学基础。

2.1 逻辑函数及逻辑运算

逻辑代数与普通代数有本质的区别,变量、函数具有独特的取值规律和运算法则。

2.1.1 逻辑函数的概念

如果自变量 A, B, C, D, …是取值只有 0 和 1 的二值逻辑变量,则自变量 A, B, C, D, …经过特定的逻辑运算后,得到的因变量 Y(即运算结果)也是逻辑量,通常称 Y 是逻辑变量 A, B, C, D, …的逻辑函数,写作

$$Y = F(A, B, C, D, \cdots)$$

在逻辑代数中,自变量也称为输入变量,函数值 Y 也称为输出量,且逻辑函数 Y 及输入变量 A, B, C, D, …均用大写形式表示。由于每个输入变量只有两种可能的取值,不是 0,就是 1,因此对于只有一个输入变量 A 的逻辑函数,其输入变量只有 0、1 两种可能的取值,对于具有两个输入变量 A、B 的逻辑函数,其输入变量 A、B 具有 00、01、10、11 四种可能的取值组合,以此类推,具有 n 个输入变量 A, B, C, D, …的逻辑函数,输入变量 A, B, C, D, …具有 2^n 种可能的取值组合。于是在逻辑代数中就可以用枚举法把输入变量 A, B, C, D, …取值组合及其对应的逻辑函数值列在一张二维表格中(称为真值表)。这与传统代数完全不同,原因是传统代数自变量 x 可以连续取值,从 0 到 1 之间有无穷多个值,相应地函数 $y = f(x)$ 也对应无穷多个值。也就是说,一般不能用枚举法列出传统函数自变量 x 与函数值 $y = f(x)$ 之间的对应关系。

在逻辑代数中,可能存在同一组输入变量 A, B, C, D, …取值对应不同的输出函数 $Y_1 = F(A, B, C, D, \cdots)$,$Y_2 = F(A, B, C, D, \cdots)$,…,$Y_k = F(A, B, C, D, \cdots)$ 等。或者说,输出 Y_1, Y_2, Y_3, …均是输入变量 A, B, C, D, …的函数,但各函数的表达式不同。这与传统代数类似,在传统代数中,同一自变量 x 也可能存在多个输出函数,如 $y_1 = f_1(x) = x^2$,$y_2 = f_2(x) = 2x^2 + 3$ 等。

2.1.2 逻辑运算

逻辑运算包括基本逻辑运算和复合逻辑运算两大类。其中,基本逻辑运算包括与

（AND）、或（OR）、非（NOT）三种逻辑运算，而复合逻辑运算是基本逻辑运算的组合，如"与非"运算实际上是"与运算"和"非运算"的组合，即先做"与运算"，再对"与运算"的结果进行"非运算"。

1. 逻辑与（AND）

逻辑与运算表示为 $Y = A \cdot B$，含义是当且仅当两输入变量 A、B 同时取 1 时，函数值 Y 为 1。变量 A、B 取值组合与逻辑函数值 Y 之间的对应关系（真值表）如表 2.1.1 所示。逻辑与运算符（在逻辑门电路中称为与门电气图形符号）如图 2.1.1 所示。

表 2.1.1　逻辑与运算 $Y = A \cdot B$ 的真值表

A	B	Y
0	0	0
0	1	0
1	0	0
1	1	1

在真值表中，输入变量 A，B，C 等的取值状态组合一般按二进制数由小到大的顺序排列，以避免遗漏。

逻辑与运算的含义可用图 2.1.2 所示的两开关 A、B 串联后控制灯泡 Y 亮灭的电路来说明。由于开关 A、B 只有断开（用逻辑 0 表示）、闭合（用逻辑 1 表示）两种状态，而被控对象灯泡 Y 也只有亮（用逻辑 1 表示）、灭（用逻辑 0 表示）两种状态，因此只有当开关 A、B 均处于闭合状态时，灯泡 Y 才亮。

(a) 国际电工协会(IEC)　　　(b) 国标规定的符号
　认定的通用符号

图2.1.1　逻辑与运算符（与门电气图形符号）　　　图 2.1.2　理解逻辑与运算含义的电路

根据逻辑与运算的含义，显然逻辑与运算不存在顺序问题，即 $A \cdot B$ 和 $B \cdot A$ 的运算结果相同，$(A \cdot B) \cdot C$、$A \cdot (B \cdot C)$、$(A \cdot C) \cdot B$ 的运算结果也完全相同。

逻辑与运算有时也称为乘积运算，与运算项（如 $A \cdot B$）有时也称为乘积项。

对于逻辑与运算式，在不产生歧义的情况下，可以将 $A \cdot B$ 写成 AB 的形式，将 $A \cdot B \cdot C$ 写成 ABC 的形式。

2. 逻辑或（OR）

逻辑或运算表示为 $Y = A + B$，含义是输入变量 A、B 中只要有一个变量取值为 1，函数值 Y 就为 1。输入变量 A、B 取值组合与逻辑函数值 Y 之间的对应关系（真值表）如表 2.1.2 所示，逻辑或运算符（在逻辑门电路中称为或门电气图形符号）如图 2.1.3 所示。逻辑或运算有时也称为逻辑和运算。

表 2.1.2 逻辑或运算 $Y=A+B$ 的真值表

A	B	Y
0	0	0
0	1	1
1	0	1
1	1	1

逻辑或运算的含义可用图 2.1.4 所示的两开关 A、B 并联后控制灯泡 Y 亮灭的电路来说明。由于开关 A、B 并联，显然只要开关 A、B 中有一只开关处于闭合状态，就会形成回路，灯泡 Y 就亮。

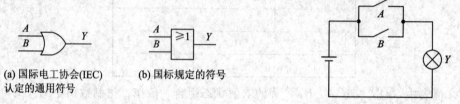

(a) 国际电工协会(IEC)　　　(b) 国标规定的符号
认定的通用符号

图 2.1.3 逻辑或运算符(或门电气图形符号)　　　图 2.1.4 理解逻辑或运算含义的电路

根据逻辑或运算的含义，显然逻辑或运算也没有顺序问题，即 $A+B$ 和 $B+A$ 的运算结果相同，$(A+B)+C$、$A+(B+C)$、$(A+C)+B$ 的运算结果也完全相同。

3. 逻辑非(NOT)

逻辑非运算是单目运算，即 $Y=\overline{A}$。其含义是当输入变量 A 取 1 时，函数值 Y 为 0；反之，当输入变量 A 取 0 时，函数值 Y 为 1。显然，函数 Y 的值与输入变量 A 的值刚好相反，因此逻辑非运算 $Y=\overline{A}$ 有时也称为取反运算。逻辑非运算符(在逻辑门电路中称为反相器电气图形符号)如图 2.1.5 所示。

逻辑非运算的含义也可用图 2.1.6 所示的开关 A 控制灯泡 Y 亮灭的电路来说明。由于开关 A 与灯泡 Y 并联，因此当开关 A 闭合(变量 A 取 1)时，灯泡 Y 被短路，不亮；反之，当开关 A 断开(变量 A 取 0)时，灯泡 Y 亮。

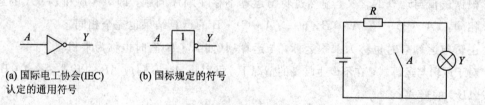

(a) 国际电工协会(IEC)　　　(b) 国标规定的符号
认定的通用符号

图 2.1.5 逻辑非运算符(即反相器电气图形符号)　　　图 2.1.6 理解逻辑非运算含义的电路

4. 复合逻辑运算

把两个或两个以上的基本逻辑运算符组合使用就可获得复合逻辑运算符。常见的复合逻辑运算包括：

(1) 与非运算，即 $Y=\overline{A \cdot B}$。其含义是对输入变量 A、B 进行逻辑与运算后再取反。

（2）或非运算，即 $Y = \overline{A + B}$。其含义是对输入变量 A、B 进行逻辑或运算后再取反。

（3）与或非运算，即 $Y = \overline{A \cdot B + C \cdot D}$。其含义是输入变量 A、B 及 C、D 先分别进行逻辑与运算，接着对与运算结果 AB、CD 进行逻辑或运算，最后取反。

（4）异或运算，即 $Y = A \oplus B$。其含义是当输入变量 A、B 取值相同时，函数值 Y 为 0；反之，当输入变量 A、B 取值不同（相异）时，函数值 Y 为 1。异或运算 $Y = A \oplus B$ 的真值表如表 2.1.3 所示。

可以证明，异或运算 $Y = A \oplus B = \overline{A} \cdot B + A \cdot \overline{B}$。

根据逻辑异或运算规则，显然逻辑异或运算也不存在顺序问题，即 $A \oplus B$ 和 $B \oplus A$ 的运算结果相同，$(A \oplus B) \oplus C$、$A \oplus (B \oplus C)$、$(A \oplus C) \oplus B$ 的运算结果也完全相同。

（5）同或运算，即 $Y = A \odot B$。其含义是当输入变量 A、B 取值相同时，函数值 Y 为 1；反之，输入变量 A、B 取值不同时，函数值 Y 为 0。可见，同或运算的结果相当于异或运算后再取反，因此同或运算有时也称为异或非运算。同或运算 $Y = A \odot B = \overline{A \oplus B}$ 的真值表如表 2.1.4 所示。

<table>
<tr><td colspan="3">表 2.1.3　异或运算 $Y = A \oplus B$ 的真值表</td></tr>
<tr><th>A</th><th>B</th><th>Y</th></tr>
<tr><td>0</td><td>0</td><td>0</td></tr>
<tr><td>0</td><td>1</td><td>1</td></tr>
<tr><td>1</td><td>0</td><td>1</td></tr>
<tr><td>1</td><td>1</td><td>0</td></tr>
</table>

<table>
<tr><td colspan="3">表 2.1.4　同或运算 $Y = A \odot B$ 的真值表</td></tr>
<tr><th>A</th><th>B</th><th>Y</th></tr>
<tr><td>0</td><td>0</td><td>1</td></tr>
<tr><td>0</td><td>1</td><td>0</td></tr>
<tr><td>1</td><td>0</td><td>0</td></tr>
<tr><td>1</td><td>1</td><td>1</td></tr>
</table>

可以证明，同或运算 $Y = A \odot B = \overline{\overline{A \oplus B}} = \overline{\overline{A} \cdot B + A \cdot \overline{B}} = \overline{A} \cdot \overline{B} + AB$。

根据逻辑同或运算规则，显然逻辑同或运算也不存在顺序问题，即 $A \odot B$ 和 $B \odot A$ 的运算结果相同，$(A \odot B) \odot C$、$A \odot (B \odot C)$、$(A \odot C) \odot B$ 的运算结果也完全相同。

根据异或、同或运算规则，不难证明如下推论成立：

$2n$（即偶数）个逻辑变量的异或运算结果取反后就是同或运算结果；而 $2n + 1$（即奇数）个逻辑变量的异或运算结果等于同或运算结果，例如：

$Y = A \odot B \odot C = A \oplus B \oplus C$　　（3 个逻辑变量异或、同或运算结果相同）

$Y = A \odot B \odot C \odot D \odot E = A \oplus B \oplus C \oplus D \oplus E$

（5 个逻辑变量异或、同或运算结果相同）

$Y = A \odot B \odot C \odot D = \overline{A \oplus B \oplus C \oplus D}$　　（4 个逻辑变量异或、同或运算结果相反）

$Y = A \odot B \odot C \odot D \odot E \odot F = \overline{A \oplus B \oplus C \oplus D \oplus E \oplus F}$

（6 个逻辑变量异或、同或运算结果相反）

在数字电路系统中，常用异或运算生成偶校验位信息及偶校验判别式。例如，对于 8 位二进制数来说，当约定 $b_7 \sim b_0$ 位中含有奇数个 1 时，校验位 Y_{eve} 为 1；反之，当 $b_7 \sim b_0$ 位中含有偶数个 1 时（0 个 1 也算偶数个 1），校验位 Y_{eve} 为 0。换句话说，连同校验位信息 Y_{eve}、数据位 $b_7 \sim b_0$ 在内总是含有偶数个 1，即采用偶校验方式，则在生成校验位 Y_{eve} 时，校验位 Y_{eve} 与数据位 $b_7 \sim b_0$ 的逻辑关系就是异或运算的结果，即 $Y_{eve} = b_7 \oplus b_6 \oplus b_5 \oplus b_4 \oplus b_3 \oplus b_2 \oplus b_1 \oplus b_0$。

在校验阶段，当 $Y_R = Y_{eve} \oplus b_7 \oplus b_6 \oplus b_5 \oplus b_4 \oplus b_3 \oplus b_2 \oplus b_1 \oplus b_0$ 的运算结果为 0 时，表示数据正确；当运算结果为 1 时，表示数据异常。显然，偶校验方式可用图 2.1.7(a) 表示。

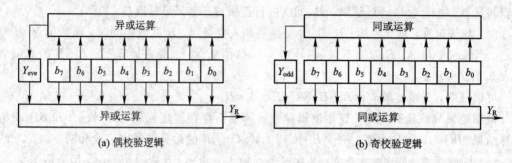

(a) 偶校验逻辑　　　　　　　　　　　(b) 奇校验逻辑

图 2.1.7　异或及同或运算在奇偶校验中的应用

在数字系统中，也可以用同或运算生成奇校验位信息及奇校验判别式。例如，对于 8 位二进制数来说，当约定 $b_7 \sim b_0$ 位中含有奇数个 1 时，校验位 Y_{odd} 为 0；反之，当 $b_7 \sim b_0$ 位中含有偶数个"1"时，校验位 Y_{odd} 为 1。换句话说，连同校验位信息 Y_{odd}、数据位 $b_7 \sim b_0$ 在内总是含有奇数个 1，即采用奇校验方式，则在生成校验位信息 Y_{odd} 时，校验位 Y_{odd} 与数据位 $b_7 \sim b_0$ 的逻辑关系就是同或运算的结果，即 $Y_{odd} = b_7 \odot b_6 \odot b_5 \odot b_4 \odot b_3 \odot b_2 \odot b_1 \odot b_0$。

在校验阶段，当 $Y_R = Y_{odd} \odot b_7 \odot b_6 \odot b_5 \odot b_4 \odot b_3 \odot b_2 \odot b_1 \odot b_0$ 的运算结果为 1 时，表示数据正确；当运算结果为 0 时，表示数据异常。因此，奇校验方式可用图 2.1.7(b) 表示。

显然，在奇偶校验方式中只能检测 Y_{odd}、$b_7 \sim b_0$ 这 9 位中有 1 位或 3 位数据异常的情况，不能判别异常数据位在何处（即只能检错，不能纠错），也无法感知 2 位或 4 位数据同时异常的情况，但 2 位数据出错的概率很低，因此奇偶校验在数字电路系统中仍得到了广泛应用。

此外，尚有与非-与非运算、或非-或非运算。以上几种常见复合逻辑运算符（逻辑门电路电气图形符号）如表 2.1.5 所示。

表 2.1.5　常见的复合逻辑运算符

逻辑运算符名称	逻辑表示式	IEC 认定的通用符号	国标规定的符号
与非 （与非门）	$Y = \overline{A \cdot B}$		
或非 （或非门）	$Y = \overline{A + B}$		
与或非 （与或非门）	$Y = \overline{A \cdot B + C \cdot D}$		
异或 （异或门）	$Y = A \oplus B$		
同或（异或非） （同或门）	$Y = A \odot B$		

逻辑运算符名称	逻辑表示式	IEC 认定的通用符号	国标规定的符号
与非-与非	$Y=\overline{\overline{AB}\cdot\overline{CD}}$		
或非-或非	$Y=\overline{\overline{A+B}+\overline{C+D}}$		

在实际逻辑电路中，有时还会遇到表 2.1.6 所示的更复杂的复合逻辑运算符(在逻辑门电路中，称为复合逻辑门电路电气图形符号)。

表 2.1.6　其他复合逻辑运算符

逻辑运算符	等效逻辑	逻辑表示式	含　义
		$Y=\overline{A}$	反相，提示输入变量 A 低电平有效
		$Y=A$	同相，提示输入变量 A 低电平有效
		$Y=\overline{A}\cdot B$	提示输入变量 A 低电平有效
		$Y=\overline{A}\cdot\overline{B}=\overline{A+B}$	或非运算，提示输入变量 A、B 低电平有效
		$Y=\overline{\overline{A}\cdot\overline{B}}=A+B$	或运算，提示输入变量 A、B 低电平有效
		$Y=\overline{A}+\overline{B}=\overline{A\cdot B}$	与非运算，提示输入变量 A、B 低电平有效
		$Y=\overline{\overline{A}+\overline{B}}=A\cdot B$	逻辑与运算，提示输入变量 A、B 低电平有效

2.2　逻辑代数运算规则

由与、或、非 3 种基本逻辑运算符将逻辑变量 A，B，C，D，…以及逻辑常数(0、1)连接起来的表达式称为逻辑代数式，如 $(A+\overline{B})\cdot C+D$、$\overline{A+B+C}$ 等。

与传统代数一样，逻辑代数也有自己的运算法则，有些运算法则与传统代数相似，如结合律、交换律、分配律等，而有些运算法则仅在逻辑代数中成立，属于逻辑代数特有的运算法则。

2.2.1　逻辑代数式中逻辑运算符的优先级

在计算逻辑代数式的值时，依然是括号优先，而括号内运算符的优先级由高到低的排列顺序依次是非运算符、与运算符、或运算符。例如，在计算逻辑代数式 $\overline{A} \cdot B + C$ 的值时，应先求出 $\overline{A}$ 的值，然后计算 $\overline{A} \cdot B$ 的值，最后计算 $\overline{A} \cdot B + C$ 的值，这一运算顺序与传统代数"先算乘方，再算乘除，最后算加减"的顺序相似。

2.2.2　基本逻辑代数恒等式

基本逻辑代数恒等式如表 2.2.1 所示。

表 2.2.1　基本逻辑代数恒等式

逻辑恒等式	说　明	逻辑恒等式	说　明
$\overline{0}=1$		$AB=BA$	交换律，与运算没有顺序
$\overline{1}=0$		$A+B=B+A$	交换律，或运算没有顺序
$0 \cdot A=0$		$A \oplus B=B \oplus A$	交换律，异或运算没有顺序
$0+A=A$		$A \odot B=B \odot A$	交换律，同或运算没有顺序
$1 \cdot A=A$		$(AB)C=A(BC)$	结合律，与运算没有顺序
$1+A=1$	逻辑代数特有，由此得到 $1+1=1$	$(A+B)+C=A+(B+C)$	结合律，或运算没有顺序
$A \cdot A=A$	吸收律，逻辑代数特有	$A(B+C)=AB+AC$	分配律
$A+A=A$		$(A+B)(C+D)$ $=AC+AD+BC+BD$	分配律
$A \cdot \overline{A}=0$	在逻辑上成立，但在实际电路中存在尖峰干扰	$A+BC=(A+B)(A+C)$	分配律，逻辑代数特有
$A+\overline{A}=1$		$\overline{AB}=\overline{A}+\overline{B}$	反演律（即德·摩根定理）
$\overline{\overline{A}}=A$	两次取反等于自身	$\overline{A+B}=\overline{A} \cdot \overline{B}$	
$0 \oplus A=A$		$1 \oplus A=\overline{A}$	

利用 $(A+B)(C+D)=AC+AD+BC+BD$ 就可以证明 $A+BC=(A+B)(A+C)$ 成立。因为

$$(A+B)(A+C)=AA+AC+AB+BC$$
$$=A+AC+AB+BC$$
$$=A(1+C)+AB+BC$$
$$=A+AB+BC$$
$$=A(1+B)+BC$$
$$=A+BC$$

在逻辑代数中，如果两逻辑函数 Y_1、Y_2 的真值表相同，则这两个逻辑函数的代数式等

效。利用这一特性就可以证明一些基本的逻辑恒等式，如$\overline{A \cdot B}=\overline{A}+\overline{B}$、$\overline{A+B}=\overline{A} \cdot \overline{B}$、$A \oplus B=\overline{A} \cdot B+A \cdot \overline{B}$ 等。

【例 2.2.1】　通过真值表证明$\overline{A \cdot B}=\overline{A}+\overline{B}$ 成立。

逻辑代数式$\overline{A \cdot B}$与逻辑代数式$\overline{A}+\overline{B}$ 的真值表如表 2.2.2 所示。从表 2.2.2 中可知，这两个逻辑代数式的输入变量的相同取值状态对应的逻辑值完全相同，因此这两个逻辑代数式等效，即$\overline{A \cdot B}=\overline{A}+\overline{B}$。

表 2.2.2　逻辑代数式$\overline{A \cdot B}$与逻辑代数式$\overline{A}+\overline{B}$ 的真值表

$A \quad B$	$\overline{A \cdot B}$	$\overline{A}+\overline{B}$
0　0	1	1
0　1	1	1
1　0	1	1
1　1	0	0

2.2.3　代入定理

代入定理的含义是：将逻辑等式中的变量用某一逻辑代数式替换，则等式依然成立。由于在逻辑代数中，逻辑变量取值只能是 0 或 1，而逻辑代数式的值也只能是 0 或 1，因此，不难理解"用某一逻辑代数式替换逻辑等式中某一变量后逻辑等式依然成立"的结论。

【例 2.2.2】　用代入定理证明德·摩根定理同样适用于具有多个输入变量的情形。

解　因为

$$\overline{AB}=\overline{A}+\overline{B}$$

将逻辑变量 B 换成 BC 后，由代入定理可知：

$$\overline{A(BC)}=\overline{A}+\overline{BC}$$

由德·摩根定理可知

$$\overline{BC}=\overline{B}+\overline{C}$$

所以

$$\overline{ABC}=\overline{A}+\overline{B}+\overline{C}$$

同理，不难导出：

$$\overline{ABCD}=\overline{A}+\overline{B}+\overline{C}+\overline{D}$$

因此，由$\overline{A+B}=\overline{A} \cdot \overline{B}$ 可得

$$\overline{A+B+C}=\overline{A} \cdot \overline{B} \cdot \overline{C}$$

$$\overline{A+B+C+D}=\overline{A} \cdot \overline{B} \cdot \overline{C} \cdot \overline{D}$$

换句话说，德·摩根定理同样适用于具有多个输入变量的情形。

2.2.4 反演定理

反演定理的含义是：将逻辑函数 $Y=F(A, B, C, D, \cdots)$ 的逻辑代数式中的原变量(如 A)用反变量 $\overline{A}$ 取代，反变量(如 $\overline{A}$)用原变量 A 取代，"·"(与)运算用"+"(或)运算取代，"+"(或)运算用"·"(与)运算取代，逻辑常数 0 用 1 取代，逻辑常数 1 用 0 取代，则所得的新的逻辑代数式是逻辑函数 Y 的反函数 $\overline{Y}$。

反演定理主要用于求原函数 Y 的反函数 $\overline{Y}$。不过在利用反演定理求反函数 $\overline{Y}$ 时，一定要注意按照逻辑运算符的优先级顺序处理。根据反演定理的含义，仅需要更换变量、逻辑常数，以及与、或运算符，对于不属于某一变量头上的长非号，如与非号($\overline{AB}$)、或非号($\overline{A+B}$)，则要保留。

【例 2.2.3】 已知函数 $Y=AB+CD$，试求其反函数 $\overline{Y}$ 的表达式。

解 根据反演定理，反函数 $\overline{Y}=(\overline{A}+\overline{B})(\overline{C}+\overline{D})$。

由于 $Y=AB+CD=\overline{\overline{AB+CD}}=\overline{\overline{AB}\cdot\overline{CD}}$，因此，也可以直接从与非 - 与非式 $Y=\overline{\overline{AB}\cdot\overline{CD}}$ 求出反函数：

$$\overline{Y}=\overline{AB}\cdot\overline{CD}=(\overline{A}+\overline{B})(\overline{C}+\overline{D})$$

2.2.5 对偶式及对偶定理

逻辑代数中对偶式的定义是：将逻辑函数 $Y=F(A, B, C, D, \cdots)$ 的逻辑代数式中的"·"(与)运算用"+"(或)运算取代，"+"(或)运算用"·"(与)运算取代，逻辑常数 0 用 1 取代，逻辑常数 1 用 0 取代，而变量保持不变，则所得到的新的逻辑代数式是逻辑函数 Y 的对偶式 Y^D。

对偶定理 如果两个逻辑代数式等效，则它们的对偶式也等效。

在逻辑代数中，对偶定理常用于证明或寻找逻辑代数恒等式。

在求逻辑函数的对偶式 Y^D 的过程中，也一定要按照逻辑运算符的优先级顺序处理，且仅需更换与、或运算符以及逻辑常数 0 和 1，不涉及逻辑原变量与反变量，也不涉及非运算符，这点与求反函数 $\overline{Y}$ 的规则类似。

例如，利用对偶定理，由 $A(B+C)=AB+AC$ 可推导出 $A+BC=(A+B)(A+C)$。因为 $A(B+C)$ 的对偶式为 $A+BC$，$AB+AC$ 的对偶式为 $(A+B)(A+C)$，所以 $A+BC=(A+B)(A+C)$。

又如，已知 $\overline{AB}=\overline{A}+\overline{B}$，则由对偶定理不难导出 $\overline{A+B}=\overline{A}\cdot\overline{B}$。

2.3 逻辑函数的表示方式及相互转换

逻辑函数 $Y=F(A, B, C, D, \cdots)$ 有四种表示方式，如前面提到过的真值表(把输入变量取值组合与对应函数值列在一张二维表格中)、逻辑代数式、逻辑图(用逻辑运算符描述逻辑变量与逻辑函数 Y 之间的关系)以及下面将要介绍的波形图。这四种表示方式完全等效，且彼此之间可以相互转换，如图 2.3.1 所示。

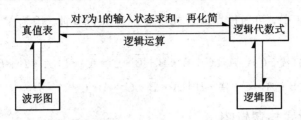

图 2.3.1 逻辑函数的四种表示形式之间的转换关系

2.3.1 逻辑代数式与真值表

例如，已知逻辑函数 $Y=F(A，B，C)$ 的代数式 $Y=AB+\overline{A}\cdot C$，可以根据逻辑运算规则求出如表 2.3.1 所示的逻辑函数的真值表。

反过来，已知逻辑函数 Y 的真值表，同样可以写出逻辑函数 Y 的代数式。在真值表中，将输入变量 $A，B，C，D$ 状态编码中的"1"用原变量表示，"0"用反变量表示。例如，当输入变量 $A，B，C$ 状态编码为 001 时，对应的输入状态可以写成 $\overline{A}\cdot\overline{B}\cdot C$。将真值表中函数 Y 取值为 1 所对应的输入变量状态进行逻辑或运算后就得到逻辑函数 Y 的代数式。例如，表 2.3.1 中逻辑函数 Y 取值为 1 的输入状态组合有 001、011、110、111。因此，逻辑函数：

$$Y=\overline{A}\cdot\overline{B}\cdot C+\overline{A}\cdot BC+AB\cdot\overline{C}+ABC$$
$$=\overline{A}\cdot C(\overline{B}+B)+AB(\overline{C}+C)$$
$$=AB+\overline{A}\cdot C$$

表 2.3.1 逻辑函数 $Y=AB+\overline{A}\cdot C$ 真值表

$A\ B\ C$	Y
0 0 0	0
0 0 1	1
0 1 0	0
0 1 1	1
1 0 0	0
1 0 1	0
1 1 0	1
1 1 1	1

由逻辑函数的真值表也可以求出反函数 $\overline{Y}$ 的逻辑代数式。原因是反函数 $\overline{Y}$ 实际上是原函数 Y 真值表中函数 Y 取值为 0 所对应的输入变量状态组合的逻辑或运算结果。例如，对于表 2.3.1 所示的逻辑函数 $Y=AB+\overline{A}\cdot C$ 的真值表来说，函数 Y 取值为 0 的输入状态组合有 000、010、100、101 项，这些输入状态组合的逻辑或运算结果就是反函数：

$$\overline{Y}=\overline{A}\cdot\overline{B}\cdot\overline{C}+\overline{A}\cdot B\cdot\overline{C}+A\cdot\overline{B}\cdot\overline{C}+A\cdot\overline{B}\cdot C$$
$$=\overline{A}\cdot\overline{C}(\overline{B}+B)+A\cdot\overline{B}(\overline{C}+C)$$
$$=\overline{A}\cdot\overline{C}+A\cdot\overline{B}$$

这一结果是否正确，可通过真值表或反演定理进行验证。因为 $Y=AB+\overline{A}\cdot C$，根据反演定理，反函数：

$$\overline{Y}=(\overline{A}+\overline{B})(A+\overline{C})=\overline{A}\cdot\overline{C}+A\cdot\overline{B}+\overline{B}\cdot\overline{C}=\overline{A}\cdot\overline{C}+A\cdot\overline{B}+\overline{B}\cdot\overline{C}(A+\overline{A})$$
$$=\overline{A}\cdot\overline{C}+\overline{B}\cdot\overline{A}\cdot\overline{C}+A\cdot\overline{B}+A\cdot\overline{B}\cdot\overline{C}=\overline{A}\cdot\overline{C}+A\cdot\overline{B}$$

2.3.2　逻辑代数式与逻辑图

用逻辑运算符描述逻辑代数式中输入变量的逻辑运算关系，就可获得如图 2.3.2 所示的逻辑函数 $Y=AB+\overline{A}\cdot C$ 的逻辑图。

反之，从逻辑图也可以写出函数 Y 的逻辑代数式：既可以从输入到输出，逐级写出各逻辑运算符输出端的逻辑代数式，最终获得逻辑函数 Y 的表达式，如

$$\lfloor AB(与运算符 G_1 输出)+\overline{A}C(与运算符 G_2 输出)\rfloor(或运算符 G_3 输出)=Y$$

也可以从输出端 Y 倒推到输入端 A，B，C，逐级写出各逻辑运算符输入端的代数式，最终获得逻辑函数 Y 的表达式，如 $Y=AB+\overline{A}\cdot C$。

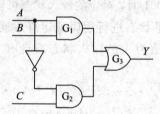

图 2.3.2　逻辑函数 $Y=AB+\overline{A}\cdot C$ 的逻辑图

2.3.3　波形图与真值表

已知逻辑函数 Y 的真值表，就可以画出逻辑函数 Y 的波形图。将输入变量的取值状态与对应的函数值按时间顺序连接起来就获得了逻辑函数 Y 的波形图。

画逻辑函数 Y 的波形图的步骤大致如下：

（1）从低电平开始，以低电平结束，先画真值表中排在最低位的变量（如表 2.3.1 中的输入变量 C）的波形图（方波，0、1 交错出现，需要画出的周期数与输入变量个数有关，例如对于具有 3 个输入变量的逻辑函数，需要画出 2^{3-1} 个周期）。

（2）从低电平开始画出第二个变量的波形图（方波，0、1 交错出现，周期是上一个变量波形周期的两倍）。

（3）以此类推，从低电平开始画出下一个变量的波形图（同样是方波，0、1 交错出现，周期是上一个变量波形周期的两倍），直到真值表中排在最高位的变量（如表 2.3.1 中的输入变量 A）。

（4）根据真值表，标出函数值 Y 的值，1 为高电平，0 为低电平，画出函数值 Y 的波形。

这样就获得了如图 2.3.3 所示的逻辑函数 $Y=AB+\overline{A}\cdot C$ 的波形图。

当然，已知逻辑函数 Y 的波形图，也可以推算出逻辑函数 Y 的真值表，具体做法是：首先将波形图中输入变量及逻辑函数 Y 波形的低电平时段用 0 表示，高电平时段用 1 表示，然后从左到右将各时段输入变量、函数值代码顺序填入真值表中（变化频率最快的变

量(如图 2.3.3 中的输入变量 C)在真值表中应处于最低位;变化频率最慢的变量(如图 2.3.3 中的输入变量 A)在真值表中应处于最高位)。

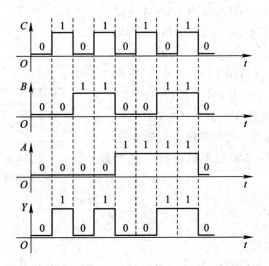

图 2.3.3 逻辑函数 $Y=AB+\overline{A}\cdot C$ 的波形图

2.4 逻辑代数式的形式及其相互转换

根据逻辑代数式中变量的运算关系,可将逻辑代数式分为与或式、与非-与非式、或非-或非式、与或非式等。

2.4.1 与或式

1. 一般与或式

所谓与或式,是指输入变量(可以是原变量,也可以是反变量)之间先进行与运算,然后进行或运算。例如:

$$Y=AB+CD$$
$$Y=AB+\overline{A}\cdot C+BC$$

与或式可借助与运算符(当与项中存在反变量时,尚需要非运算符)、或运算符构成逻辑函数的逻辑图。例如,可用一个非运算符、三个 2 输入与运算符、一个 3 输入或运算符画出如图 2.4.1 所示的逻辑函数 $Y=AB+\overline{A}\cdot C+BC$ 的逻辑图。

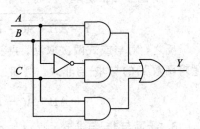

图 2.4.1 逻辑函数 $Y=AB+\overline{A}\cdot C+BC$ 的逻辑图

2. 最简与或式

在与或式中,如果每个与项所包含的变量个数达到最少,且或项个数也最少,则该与或式被称为最简与或式。这意味着用逻辑运算符(即逻辑门电路)来实现逻辑函数功能时,每个与运算符输入端个数达到最少,且所需或运算符输入端的个数也达到最少。

利用逻辑代数恒等式对与或式化简后就可以获得最简与或式。例如：

$$Y = AB + \overline{A}C + BC$$
$$= AB + \overline{A}C + (\overline{A} + A)BC$$
$$= AB + \overline{A}C + \overline{A}BC + ABC$$
$$= AB + ABC + \overline{A}C + \overline{A}CB$$
$$= AB(1 + C) + \overline{A}C(1 + B)$$
$$= AB + \overline{A}C \text{（最简与或式）}$$

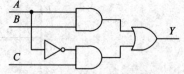

可见，对于逻辑函数 $Y = AB + \overline{A} \cdot C + BC$ 来说，只需用一个非运算符、两个 2 输入与运算符、一个 2 输入或运算符就可以实现逻辑函数 Y 的功能，如图 2.4.2 所示。

图 2.4.2　逻辑函数 $Y = AB + \overline{A} \cdot C + BC$ 最简与或式对应的逻辑图

2.4.2　与非-与非式

1. 一般与非-与非式

所谓与非-与非式，是指输入变量（可以是原变量，也可以是反变量）之间先进行与非运算，然后对各与非项再进行与非运算。例如：

$$Y = \overline{\overline{AB} \cdot \overline{CD}}$$

$$Y = \overline{\overline{AB} \cdot \overline{\overline{A}C} \cdot \overline{BC}}$$

当逻辑函数 Y 以与非-与非形式出现时，可借助与非运算符（当与非项中存在反变量时，尚需要非运算符）实现逻辑函数的功能。例如，可用一个非运算符、三个 2 输入与非运算符和一个 3 输入与非运算符画出逻辑函数 $Y = \overline{\overline{AB} \cdot \overline{\overline{A}C} \cdot \overline{BC}}$ 的逻辑图，如图 2.4.3 所示。

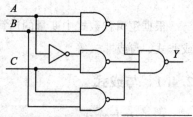

图 2.4.3　逻辑函数 $Y = \overline{\overline{AB} \cdot \overline{\overline{A}C} \cdot \overline{BC}}$ 的逻辑图

2. 与或式同与非-与非式之间的相互转换

利用德·摩根定理，可将与非-与非式转换为与或式。例如：

$$Y = \overline{\overline{AB} \cdot \overline{\overline{A}C} \cdot \overline{BC}} = \overline{\overline{AB}} + \overline{\overline{\overline{A}C}} + \overline{\overline{BC}} = AB + \overline{A}C + BC$$

反之，对与或式两次取反，再利用德·摩根定理去掉第二层的长非号，即可获得对应逻辑函数 Y 的与非-与非式。例如：

$$Y = AB + \overline{A}C + BC = \overline{\overline{AB + \overline{A}C + BC}} = \overline{\overline{AB} \cdot \overline{\overline{A}C} \cdot \overline{BC}}$$

3. 最简与非-与非式

在与非-与非式中，如果每个与非项所包含的变量（可以是原变量，也可以是反变量）个数最少，且与非项个数也最少，则该与非-与非式被称为最简与非-与非式。这意味着用与非运算符（即逻辑门电路中的与非门电路）来实现逻辑函数 Y 的功能时，每一个与非运算符输入端的个数将达到最少。

显然，当与非-与非式对应的与或式为最简与或式时，由最简与或式转换得到的与非-与非式将是最简的与非-与非式。

例如，已知 $Y=AB+\overline{A}\cdot C+BC$ 的最简与或式 $Y=AB+\overline{A}\cdot C$，因此 Y 的最简与非-与非式：

$$Y=AB+\overline{A}C=\overline{\overline{AB+\overline{A}C}}=\overline{\overline{AB}\cdot\overline{\overline{A}C}}$$

可见，对于逻辑函数 $Y=\overline{\overline{AB}\cdot\overline{AC}\cdot\overline{BC}}$ 来说，只需用三个 2 输入与非运算符就可以构成对应函数的逻辑图，如图 2.4.4 所示。

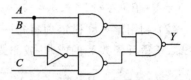

图 2.4.4 逻辑函数 $Y=\overline{\overline{AB}\cdot\overline{AC}\cdot\overline{BC}}$ 最简与非-与非式对应的逻辑图

2.4.3 或非-或非式

1. 一般或非-或非式

所谓或非-或非式，是指输入变量（可以是原变量，也可以是反变量）之间先进行或非运算，然后对各或非项再进行或非运算。例如：

$$Y=\overline{\overline{A+B}+\overline{C+D}}$$

$$Y=\overline{\overline{A+B}+\overline{\overline{A}+C}+\overline{B+C}}$$

当逻辑函数 Y 以或非-或非形式出现时，可借助或非运算符（当或非项中存在反变量时，尚需要非运算符）实现逻辑函数的功能。例如，可用一个非运算符、三个 2 输入或非运算符和一个 3 输入或非运算符构成逻辑函数 $Y=\overline{\overline{A+B}+\overline{\overline{A}+C}+\overline{B+C}}$ 的逻辑图，如图 2.4.5 所示。

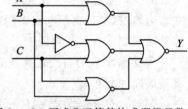

图 2.4.5 用或非运算符构成逻辑函数 $Y=\overline{\overline{A+B}+\overline{\overline{A}+C}+\overline{B+C}}$ 的逻辑图

2. 将或非-或非式转换为与或式

下面以 $Y=\overline{\overline{A+B}+\overline{\overline{A}+C}+\overline{B+C}}$ 函数为例，介绍将或非-或非式转换为与或式的操作步骤。

（1）对或非-或非式两边取反，获得反函数 $\overline{Y}$ 的逻辑表达式，并利用德·摩根定理将其中的每一或非项转换为与项：

$$\overline{Y}=\overline{A+B}+\overline{\overline{A}+C}+\overline{B+C}=\overline{A}\cdot\overline{B}+A\cdot\overline{C}+\overline{B}\cdot\overline{C}$$

（2）利用反演定理（或真值表），求 $\overline{Y}$ 的反函数（即函数 Y 本身）的表达式：

$$Y=\overline{\overline{Y}}=(A+B)(\overline{A}+C)(B+C)$$

（3）利用逻辑代数恒等式对逻辑函数 Y 进行化简，即可获得函数 Y 的与或式：

$$Y=(A+B)(\overline{A}+C)(B+C)=(AC+\overline{A}B+BC)(B+C)=\overline{A}B+AC+BC$$

3. 将与或式转换为或非-或非式

当已知逻辑函数 Y 的与或式时，可按如下步骤求出逻辑函数 Y 的或非-或非式。下面以逻辑函数 $Y=\overline{A}B+AC+BC$ 为例，介绍转换过程。

（1）利用反演定理或真值表求出反函数 $\overline{Y}$ 的与或式。逻辑函数 $Y=\overline{A}B+AC+BC$ 的真值表如表 2.4.1 所示。

因此，反函数：

$$\overline{Y}=\overline{A}\cdot\overline{B}\cdot\overline{C}+\overline{A}\cdot\overline{B}\cdot C+A\cdot\overline{B}\cdot\overline{C}+A\cdot B\cdot\overline{C}$$
$$=\overline{A}\cdot\overline{B}(\overline{C}+C)+A\cdot\overline{C}(\overline{B}+B)$$
$$=\overline{A}\cdot\overline{B}+A\cdot\overline{C}$$

（2）利用德·摩根定理将每一个与项转化为或非形式，获得反函数 $\overline{Y}$ 的或非-或非式：

$$\overline{Y}=\overline{\overline{A}\cdot\overline{B}}+\overline{A\cdot\overline{C}}=\overline{\overline{A+B}}+\overline{\overline{A}+C}$$

（3）对逻辑等式两边取反后将得到逻辑函数 Y 的或非-或非式：

$$Y=\overline{\overline{\overline{Y}}}=\overline{\overline{\overline{A+B}}+\overline{\overline{A}+C}}$$

4. 最简或非-或非式

在或非-或非式中，如果每个或非项所包含的变量（可以是原变量，也可以是反变量）个数最少，且或非项个数也最少，则该或非-或非式被称为最简或非-或非式。这意味着用或非运算符（即逻辑门电路中的"或非"门电路芯片）来构成逻辑函数的功能时，每个或非运算符输入端个数将达到最少。

当反函数 $\overline{Y}$ 的与或式为最简与或式时，由反函数 $\overline{Y}$ 最简与或式得到的或非-或非式也将是最简的或非-或非式。

例如，已知函数 $Y=\overline{A}B+AC+BC$ 的反函数 $\overline{Y}$ 的最简与或式：

$$\overline{Y}=\overline{A}\cdot\overline{B}+A\cdot\overline{C}$$

因此逻辑函数 Y 的最简或非-或非式：

$$Y=\overline{\overline{A+B}+\overline{\overline{A}+C}}$$

可见，对于逻辑函数 $Y=\overline{A}B+AC+BC$ 来说，只需用三个 2 输入或非运算符就可以构成逻辑函数 Y 的逻辑图，如图 2.4.6 所示。

表 2.4.1 逻辑函数 $Y=\overline{A}B+AC+BC$ 的真值表

$A\ B\ C$	Y
0 0 0	0
0 0 1	0
0 1 0	1
0 1 1	1
1 0 0	0
1 0 1	1
1 1 0	0
1 1 1	1

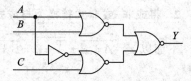

图 2.4.6 逻辑函数 $Y=\overline{A}B+AC+BC$ 最简或非-或非式对应的逻辑图

2.4.4 与或非式

所谓与或非式，是指输入变量（可以是原变量，也可以是反变量）之间先进行与运算，然后对各与项再进行或非运算。例如：

$$Y=\overline{\overline{A}\cdot\overline{B}+A\cdot\overline{C}+\overline{B}\cdot\overline{C}}$$

显然，可以借助与或非运算符画出以与或非形式出现的逻辑函数 Y 的逻辑图。

如果在与或非式中，每个与项所包含的变量（可以是原变量，也可以是反变量）个数最少，且与项个数也最少，则该与或非式就称为最简与或非式。这意味着用与或非运算符（如 TTL 工艺生产的与或非门电路）来实现逻辑函数的功能时，与或非运算符输入端个数达到最少，且内部或运算单元输入端也最少。

当已知逻辑函数 Y 的与或式，如 $Y=\overline{A}B+AC+BC$ 时，可按如下步骤将它转化为与或非式。

（1）可用反演定理或真值表求出反函数 $\overline{Y}$ 的与或式。由逻辑函数 $Y=\overline{A}B+AC+BC$ 的真值表（如表 2.4.1 所示）可知，逻辑函数 Y 的反函数：

$$\overline{Y}=\overline{A}\cdot\overline{B}\cdot\overline{C}+\overline{A}\cdot\overline{B}\cdot C+A\cdot\overline{B}\cdot\overline{C}+A\cdot B\cdot\overline{C}$$

$$=\overline{A}\cdot\overline{B}(\overline{C}+C)+A\cdot\overline{C}(\overline{B}+B)$$

$$=\overline{A}\cdot\overline{B}+A\cdot\overline{C}$$

（2）两边取反后，即可得到逻辑函数 Y 的与或非式：

$$Y=\overline{\overline{Y}}=\overline{\overline{A}\cdot\overline{B}+A\cdot\overline{C}}$$

2.4.5 常见逻辑代数式的相互转换

常见逻辑代数式转换关系可用图 2.4.7 表示。由图 2.4.7 可见，任一逻辑函数 Y 均可借助非运算符（反相器）和与非运算符（即与非门），或者非运算符和或非运算符（即或非门）实现。在 CMOS 逻辑门电路工艺中，制作与非门、或非门所需的 MOS 管数量相同，工艺兼容，成本相当。因此在商品化的逻辑门电路芯片中，与非门、或非门、反相器芯片是逻辑门电路芯片的主流品种。除个别或门、与门、异或门外的其他逻辑门电路芯片一般属于非常规品种，要么不生产，要么产量很小，导致采购困难，且价格高昂。

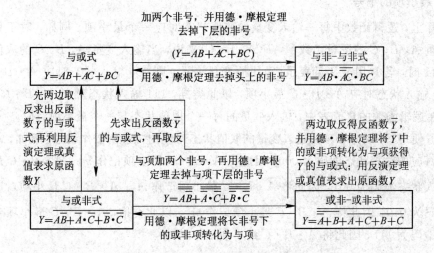

图 2.4.7 逻辑代数式转换关系

早期数字逻辑门电路以 TTL 工艺为主，而在 TTL 工艺中，与或非门电路的生产成本与或非门接近。但目前数字逻辑门电路多采用 CMOS 工艺，在 CMOS 工艺逻辑门电路中，与或非逻辑门制作成本高，很少使用。因此，在现代数字电路系统中，与或非逻辑门已被淘汰。

2.4.6 逻辑函数的最小项及最小项和形式

1. 最小项的概念

对于具有 n 个输入变量的逻辑函数，其最小项是一个与项（乘积项），在这个与项中，每一个输入变量必须以原变量或反变量的形式出现一次。

例如，对于具有 3 个输入变量 A，B，C 的逻辑函数 $Y=F(A,B,C)$ 来说，$\overline{A}\cdot\overline{B}\cdot\overline{C}$、$\overline{A}\cdot B\cdot\overline{C}$、$A\cdot B\cdot\overline{C}$、$A\cdot B\cdot C$ 等都是逻辑函数 $Y=F(A,B,C)$ 的最小项；而 $B\cdot\overline{C}$ 不是逻辑函数 Y 的最小项，因为与项 $B\cdot\overline{C}$ 中缺少了输入变量 A（或 $\overline{A}$）；$\overline{A}+B+\overline{C}$ 也不是逻辑函数 Y 的最小项，因为 $\overline{A}+B+\overline{C}$ 是或项，而不是与项。

2. 最小项的性质

（1）对于含有 n 个输入变量的逻辑函数，具有 2^n 个最小项。在输入变量的任何取值下，2^n 个最小项中，有且仅有一个最小项的值为 1。由此不难得到"全体最小项和为 1"的推论。

（2）任意两个最小项的积（即逻辑与运算）为 0。因为在最小项中每个变量必须且只能出现一次，这样两个不同的最小项中一定存在某个输入变量（如 A）以原变量和反变量分别出现在两个不同的最小项（如 $A\cdot B\cdot\overline{C}$、$\overline{A}\cdot B\cdot\overline{C}$）中，使两者的乘积为 0。

（3）若两个最小项中只有一个变量不同，如 $A\cdot B\cdot\overline{C}$ 与 $\overline{A}\cdot B\cdot\overline{C}$，那么这两个最小项相邻。将相邻的最小项进行逻辑或运算时，可以消去一个输入变量。显然，$A\cdot B\cdot\overline{C}+\overline{A}\cdot B\cdot\overline{C}=(A+\overline{A})B\cdot\overline{C}=B\cdot\overline{C}$，消去了输入变量 A。

3. 最小项的编号

实际上，逻辑函数中每一输入变量的取值状态对应一个最小项。例如，对于具有 3 个输入变量 A，B，C 的逻辑函数 $Y=F(A,B,C)$ 来说，当输入变量 A，B，C 的取值状态为 $000\sim111$ 时，若 0 用反变量表示，1 用原变量表示，则 000 输入状态对应 $\overline{A}\cdot\overline{B}\cdot\overline{C}$ 最小项，001 输入状态对应 $\overline{A}\cdot\overline{B}\cdot C$ 最小项，以此类推，111 输入状态对应 $A\cdot B\cdot C$ 最小项。可见，在逻辑函数的真值表中，输入变量的每一个取值状态与一个最小项对应。

为方便书写，将最小项用输入变量的取值状态对应的二进制数作编号。例如，$\overline{A}\cdot\overline{B}\cdot\overline{C}$ 最小项对应的输入状态编码为 000，因此将 $\overline{A}\cdot\overline{B}\cdot\overline{C}$ 最小项记作 m_0；$\overline{A}\cdot\overline{B}\cdot C$ 最小项对应的输入状态编码为 001，因此将 $\overline{A}\cdot\overline{B}\cdot C$ 最小项记作 m_1；$\overline{A}\cdot B\cdot\overline{C}$ 最小项对应的输入状态编码为 010，因此将 $\overline{A}\cdot B\cdot\overline{C}$ 最小项记作 m_2，以此类推，$A\cdot B\cdot C$ 最小项对应的输入状态编码为 111，因此将 $A\cdot B\cdot C$ 最小项记作 m_7。

4. 逻辑函数的最小项和形式

任一逻辑函数 Y 都可以表示为最小项和的形式。

前面已提到过，逻辑函数 Y 实际上就是真值表中函数取值为 1 的各最小项或运算的结果。例如，从表 2.4.1 所示的真值表中不难看出，逻辑函数：

$$Y=\overline{A}B\overline{C}+\overline{A}BC+A\overline{B}C+ABC=m_2+m_3+m_5+m_7=\sum m(2,3,5,7)$$

当然，如果已知逻辑函数 Y 的与或式，就可以利用 $A+\overline{A}=1$ 逻辑恒等式求出函数 Y 的最小和形式。例如：

$$Y=\overline{A}B+AC+BC=\overline{A}B(C+\overline{C})+AC(B+\overline{B})+BC(A+\overline{A})$$

$$=\overline{A}BC+\overline{A}B\,\overline{C}+ABC+A\overline{B}C+ABC+\overline{A}BC=\overline{A}B\,\overline{C}+\overline{A}BC+A\overline{B}C+ABC$$

逻辑函数 Y 的最小项和形式也称为逻辑函数 Y 的标准与或式。

2.4.7　逻辑函数的最大项及最大项积形式

1. 最大项的概念

对于具有 n 个输入变量的逻辑函数,其最大项是一个或项。在这个或项中,每一个输入变量必须以原变量或反变量的形式出现一次。

例如,对于具有 3 个输入变量 A,B,C 的逻辑函数 $Y=F(A,B,C)$ 来说,$\overline{A}+\overline{B}+\overline{C}$、$\overline{A}+B+\overline{C}$、$A+B+\overline{C}$、$A+B+C$ 等都是逻辑函数 $Y=F(A,B,C)$ 的最大项,而 $B+\overline{C}$ 不是逻辑函数 Y 的最大项,因为在或项 $B+\overline{C}$ 中缺少了输入变量 A(或 $\overline{A}$)。

2. 逻辑函数 Y 的最大项积形式

逻辑函数 Y 可用最大项与(积)形式表示。例如,可按如下步骤求出逻辑函数 $Y=\overline{A}B+AC+BC$ 的最大项与(积)形式:

(1) 先利用反演定理或真值表求出反函数 $\overline{Y}$ 的最小项和形式,即

$$\overline{Y}=\overline{A}\cdot\overline{B}\cdot\overline{C}+\overline{A}\cdot\overline{B}\cdot C+A\cdot\overline{B}\cdot\overline{C}+A\cdot B\cdot\overline{C}$$

(2) 利用德·摩根定理将反函数 $\overline{Y}$ 的标准与或式中的每个最小项转化为或非形式:

$$\overline{Y}=\overline{A}\cdot\overline{B}\cdot\overline{C}+\overline{A}\cdot\overline{B}\cdot C+A\cdot\overline{B}\cdot\overline{C}+A\cdot B\cdot\overline{C}$$
$$=\overline{\overline{\overline{A}\cdot\overline{B}\cdot\overline{C}}}+\overline{\overline{\overline{A}\cdot\overline{B}\cdot C}}+\overline{\overline{A\cdot\overline{B}\cdot\overline{C}}}+\overline{\overline{A\cdot B\cdot\overline{C}}}$$
$$=\overline{\overline{A+B+C}+\overline{A+B+\overline{C}}+\overline{\overline{A}+B+C}+\overline{\overline{A}+\overline{B}+C}}$$

(3) 两边取反,再借助德·摩根定理,即可获得逻辑函数 Y 的最大项与(积)形式:

$$Y=\overline{\overline{Y}}=\overline{\overline{A+B+C}+\overline{A+B+\overline{C}}+\overline{\overline{A}+B+C}+\overline{\overline{A}+\overline{B}+C}}$$
$$=(A+B+C)\cdot(A+B+\overline{C})\cdot(\overline{A}+B+C)\cdot(\overline{A}+\overline{B}+C)$$

2.5　逻辑函数的化简

逻辑函数化简的意义在于:在逻辑电路中,逻辑函数 Y 中输入变量之间的逻辑运算关系总是借助特定运算关系的逻辑门电路芯片来实现,将逻辑代数式化为最简形式,就意味着用引脚数量最少、逻辑门个数也达到最少的逻辑门电路芯片实现等效的逻辑运算功能,使逻辑电路简单化。

例如,当使用中小规模数字逻辑 IC 芯片构成逻辑电路时,将逻辑代数式化为最简与非-与非式后,意味着所需的与非门个数最少,每一与非门的引脚数也最少。又如,将逻辑代数式化为最简或非-或非式后,意味着所需的或非门个数最少,每一或非门的引脚数也最少。这不仅降低了逻辑电路系统的成本及功耗,提高了逻辑电路的可靠性(当系统中每个元器件的可靠性小于 100% 时,电路系统包含的元器件数目越多,可靠性就越低),也改善了电路系统的 EMI(电磁干扰)指标,同时减小了信号传输延迟时间,提高了电路系统的上限工作频率。

不过值得注意的是,"最简"有时未必是"最好"。例如,将逻辑函数 $Y=AB+\overline{A}C+BC$ 化为最简式 $Y=AB+\overline{A}C$ 时,在输入变量 $B=C=1$ 的情况下,$Y=A+\overline{A}=1$,从逻辑代数

角度看，输出端 Y 似乎恒为高电平，但在实际电路中，由于反相器存在传输延迟，因此输出端 Y 将出现窄的负脉冲干扰。

化简逻辑代数式的方法主要有：代数法（利用逻辑代数恒等式及有关逻辑代数定理实现）、卡诺图法（当逻辑变量个数在 4 个以内时直观性强，容易掌握）、计算机辅助分析法（即奎恩-麦克拉斯基法）等。

2.5.1 代数法

利用德·摩根定理将不是与或形式的逻辑表达式转化为与或形式（包括反函数 $\overline{Y}$ 的与或形式），然后利用相关的逻辑代数恒等式及逻辑代数定理，借助并项法、吸收法、消项法、配项法、消因子法等特定的数学处理技巧将与或形式的逻辑代数式化为最简形式的与或式。

【例 2.5.1】 用代数法将逻辑函数 $Y=AB+\overline{A}B+B\overline{C}+BC$ 化为最简与或式。

解 $Y=AB+\overline{A}B+B\overline{C}+BC=B(A+\overline{A})+B(C+\overline{C})=B+B=B$

【例 2.5.2】 用代数法将逻辑函数 $Y=AB+\overline{A}C+BCD$ 化为最简与非-与非式。

解 因为

$$Y=AB+\overline{A}C+BCD=AB+\overline{A}C+BCD(A+\overline{A})=AB+\overline{A}C+ABCD+\overline{A}BCD$$
$$=AB(1+CD)+\overline{A}C(1+BD)=AB+\overline{A}C（最简与或式）$$

所以

$$Y=\overline{\overline{AB+\overline{A}C}}=\overline{\overline{AB}\cdot\overline{\overline{A}C}}（最简与非-与非式）$$

代数化简法的优点是输入变量个数不受限制，只要掌握特定的数学处理技巧，就可对任一逻辑代数式进行化简；缺点是需要借助许多数学处理技巧，规律性差，且化简结果是否已达到最简形式的与或式不易判断。幸运的是，目前单片机应用已非常普及，借助单片机芯片解决逻辑函数问题时，并不需要对逻辑函数代数式进行化简，只需建立一张完整的真值表，然后将输入变量的取值状态编码对应的逻辑值顺序存放在单片机芯片的存储器中，需要时通过查表指令即可迅速取出输入变量取值状态对应的函数值。由于在计算机系统中，存储单元的基本长度为 8 位二进制数，因此一个存储单元最多可同时存放 8 个函数的值。

采用 PLD（如 FPGA 器件）构建数字电路系统时，可借助开发软件提供的计算机辅助化简方法对逻辑函数进行化简。

因此，不建议数字电路初学者花费太多精力去关注逻辑函数代数法的化简技巧，否则有舍本逐末之嫌。

2.5.2 卡诺图法

1. 卡诺图的概念

美国工程师卡诺发现：当用 0 表示最小项中的反变量，1 表示最小项中的原变量，二维表格中每一小方格对应一个最小项时，4 变量以内的逻辑函数 Y 的标准与或式中最小项的相邻关系可以借助二维表格表示，如图 2.5.1 所示。

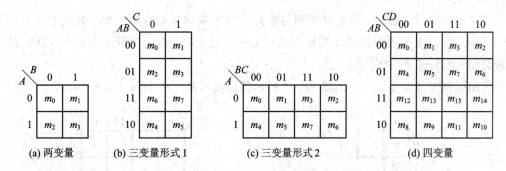

图 2.5.1 体现 4 个变量以内的逻辑函数最小项相邻关系的二维卡诺图

在二维卡诺图中，最小项相邻关系表现为：表格中几何相邻的最小项彼此相邻，如 m_0 与 m_1，四条边框对应位置的最小项也相邻(称为逻辑相邻)，如图 2.5.1(c) 中的 m_0 与 m_2，m_4 与 m_6，图 2.5.1(d) 中的 m_0 与 m_2，m_4 与 m_6，m_{12} 与 m_{14}，m_8 与 m_{10}，m_0 与 m_8，m_1 与 m_9，m_3 与 m_{11}，m_2 与 m_{10} 等。

对于具有 5 个输入变量的逻辑函数 Y 来说，需要用三维表格描述最小项的相邻关系。换句话说，最小项相邻关系需要用三维立体小方块表示，如图 2.5.2 所示，这样几何相邻的最小项相邻，且前后、左右、上下面对应位置的最小项也相邻(逻辑相邻)。对于具有 6 个及 6 个以上输入变量的逻辑函数，卡诺图法不再适用。

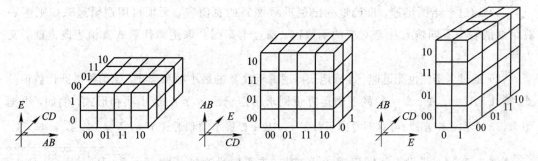

图 2.5.2 具有 5 个输入变量的三维卡诺图

2. 卡诺图画法

绘制 4 变量以内逻辑函数的卡诺图的过程大致如下：

(1) 将逻辑函数 Y(或反函数 $\overline{Y}$)转化为与或式，并推算出每个与项所包含的最小项。

(2) 由于逻辑函数最小项和形式中的最小项对应的函数值为 1，因此将逻辑函数最小项和形式中所包含的最小项在卡诺图上对应的小方格中用 1 标示。没有出现在逻辑函数最小项和形式中的最小项对应的函数值为 0，一般无须在卡诺图上对应的小方格内用 0 标示。

下面以绘制逻辑函数 $Y=AB+\overline{C}$ 的卡诺图为例，介绍逻辑函数卡诺图的绘制过程。

由于 $Y=AB+\overline{C}$ 与或式中包含了 AB 乘积项，意味着该乘积项包含了 ABC、$AB\overline{C}$ 两个最小项，原因是 $AB=AB(C+\overline{C})=ABC+AB\overline{C}$，因此在卡诺图上只要是变量 A、B 为 1 的最小项就属于逻辑函数最小项和形式中的最小项；同理，由于函数 Y 与或式中包含了 $\overline{C}$ 项，因此在卡诺图上只要满足变量 C 为 0 的最小项 $\overline{A} \cdot \overline{B} \cdot \overline{C}$、$\overline{A} \cdot B \cdot \overline{C}$、$A \cdot \overline{B} \cdot \overline{C}$、$A \cdot B \cdot \overline{C}$ 也属于逻辑函数最小项和形式中的最小项，因为 $\overline{C}=\overline{C}(A+\overline{A})(B+\overline{B})=\overline{A} \cdot \overline{B} \cdot \overline{C}+\overline{A} \cdot B \cdot \overline{C}+A \cdot \overline{B} \cdot \overline{C}+A \cdot B \cdot \overline{C}$。

在绘制卡诺图过程中，可能会遇到与或式中多个乘积项对应同一最小项的情况，由于 $A+A=A$，因此重复出现的最小项也只能视为一个最小项。由此可画出图 2.5.3 所示的逻辑函数 $Y=AB+\overline{C}$ 的卡诺图。

利用同样方法，可立即画出图 2.5.4 所示的逻辑函数 $Y=AB+B\overline{C}+C\overline{D}$ 的卡诺图。

AB\\C	0	1
00	1	
01	1	
11	1	1
10	1	

AB\\CD	00	01	11	10
00				1
01	1	1		1
11	1	1	1	1
10				1

图 2.5.3 逻辑函数 $Y=AB+\overline{C}$ 的卡诺图　　图 2.5.4 逻辑函数 $Y=AB+B\overline{C}+C\overline{D}$ 的卡诺图

3. 卡诺图在求解逻辑函数真值表与最小项和操作中的应用

不难看出，卡诺图与真值表完全等效。换句话说，卡诺图是真值表的另一种形态。因此对于 4 个变量以内的逻辑函数，只要将函数 Y（或反函数 $\overline{Y}$）代数式转换为与或形式后，就可以：

(1) 通过卡诺图迅速、准确地列出逻辑函数 Y 的真值表，无须再用逻辑运算规则逐一算出真值表中不同输入状态对应的函数值。通过卡诺图获取逻辑代数式真值表既准确，又方便。

(2) 通过卡诺图也能迅速、准确地获得逻辑函数 Y 的最小项和形式，无须再借助代数恒等式(如 $A+\overline{A}=1$、$A+A=A$)的逻辑运算规则求出逻辑函数 Y 的最小项和形式。例如，根据图 2.5.3 所示的卡诺图，可立即写出函数 $Y=AB+\overline{C}$ 最小项和形式 $Y=\sum m(0,2,4,6,7)$。

【例 2.5.3】 借助卡诺图迅速求出或非-或非形式逻辑函数 $Y=\overline{\overline{A+B}+\overline{\overline{A}+C}+\overline{B+C}}$ 的最小项和形式。

解 (1) 两边取反，并利用德·摩根定理将反函数 $\overline{Y}$ 中的或非项转换为与项，获得反函数 $\overline{Y}$ 的与或式：

AB\\C	0	1
00	1	1
01		
11	1	
10	1	

$$\overline{Y}=\overline{A+B}+\overline{\overline{A}+C}+\overline{B+C}=\overline{A}\cdot\overline{B}+A\cdot\overline{C}+\overline{B}\cdot\overline{C}$$

(2) 直接画出图 2.5.5 所示的反函数 $\overline{Y}$ 的卡诺图。

由于原函数 Y 与反函数 $\overline{Y}$ 的取值刚好相反，因此在反函数 $\overline{Y}$ 的卡诺图上取值为 0 的最小项就是原函数 Y 的最小项和形式，即 $Y=\sum m(2,3,5,7)$。

图 2.5.5 反函数 $\overline{Y}$ 的卡诺图

4. 卡诺图在逻辑代数式化简中的应用

卡诺图法化简原理是：如果函数标准与或式中存在两个相邻的最小项和，依据 $A+\overline{A}=1$ 的原理，可消去原变量 A 和反变量 $\overline{A}$，如图 2.5.6(a) 所示。因为 $m_3+m_7=\overline{A}BC+ABC=BC(\overline{A}+A)=BC$。

4 个相邻的最小项和，可消去形式不同的两个逻辑变量，如图 2.5.6(b)所示。因为

$$m_4 + m_5 + m_6 + m_7 = \overline{A} \cdot B \cdot \overline{C} \cdot \overline{D} + \overline{A} \cdot B \cdot \overline{C} \cdot D + \overline{A} \cdot B \cdot C \cdot \overline{D} + \overline{A} \cdot B \cdot C \cdot D$$

$$= \overline{A} \cdot B \cdot \overline{C} \cdot (D + \overline{D}) + \overline{A} \cdot B \cdot C \cdot (D + \overline{D})$$

$$= \overline{A} \cdot B \cdot \overline{C} + \overline{A} \cdot B \cdot C$$

$$= \overline{A} \cdot B \cdot (C + \overline{C})$$

$$= \overline{A} \cdot B$$

8 个相邻的最小项和，可消去形式不同的三个逻辑变量，如图 2.5.6(c)所示。16 个相邻的最小项和，可消去形式不同的四个逻辑变量。

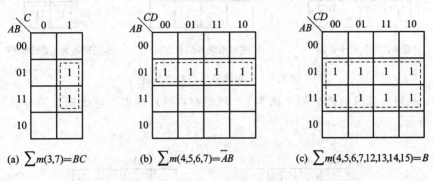

图 2.5.6　相邻最小项和

可见，用卡诺图化简逻辑代数式的关键是如何将逻辑函数的标准与或式中最小项的相邻关系通过卡诺图表示出来。为此，可在卡诺图上用方框将彼此相邻的最小项圈在一起，这样方框内各最小项中相同变量的乘积项就是方框内各最小项和的结果。圈定相邻最小项的原则如下：

(1) 每一个方框所包含的相邻最小项个数必须是 2^n，即只能包含 1，2，4，8，16 个相邻的最小项，且每一方框所包含的最小项个数必须尽可能多——这意味着合并后得到的与项输入变量个数将达到最少。对于特定的逻辑函数来说，由于最小项数量一定，因此方框包含的最小项最多，则所需方框的数量也就最少，这意味着与项个数（即或项输入端）也达到最少，如图 2.5.7(a)所示。

(2) 最小项可以重复使用，但每一个方框至少包含一个未被其他方框用过的最小项，否则该方框就属于多余框，图 2.5.7(b)中包含有 m_5、m_7、m_{13}、m_{15} 四个最小项的方框就是多余框。

(3) 方框必须覆盖卡诺图中所有取值为 1 的最小项，对于没有相邻最小项的孤立项，也用方框标记，只是方框所包含的最小项个数为 2^0，即 1 个，如图 2.5.7(a)中的 m_{13} 最小项。

根据最小项相邻关系，对于图 2.5.7(a)来说，不难写出逻辑函数 Y_1 的最简与或式：

$$Y_1 = \overline{B} \cdot \overline{D} + C \cdot \overline{D} + \overline{A} \cdot \overline{B} \cdot \overline{C} + A \cdot B \cdot \overline{C} \cdot D$$

其中，$\overline{B} \cdot \overline{D}$ 乘积项是 $\sum m(0,2,8,10)$ 的化简结果；$C \cdot \overline{D}$ 乘积项是 $\sum m(2,6,10,14)$ 的化简结果；$\overline{A} \cdot \overline{B} \cdot \overline{C}$ 乘积项是 $\sum m(0,1)$ 的化简结果；$A \cdot B \cdot \overline{C} \cdot D$ 则是处于孤立状态的最小项 m_{13}。

显然，对于图 2.5.7(b)来说，逻辑函数 Y_2 的最简与或式：

$$Y_2 = \overline{A} \cdot \overline{C} \cdot D + \overline{A}BC + AB\overline{C} + ACD$$

对于图 2.5.7(c)来说，逻辑函数 Y_3 的最简与或式：

$$Y_3 = \overline{B} + \overline{A}C$$

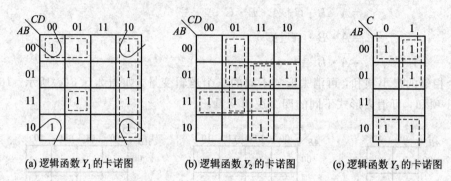

(a) 逻辑函数 Y_1 的卡诺图　　(b) 逻辑函数 Y_2 的卡诺图　　(c) 逻辑函数 Y_3 的卡诺图

图 2.5.7　相邻最小项圈定举例

不过，在同一逻辑函数 Y 的卡诺图上，可能存在两种或以上等效的最简与或结果，如图 2.5.8 所示。

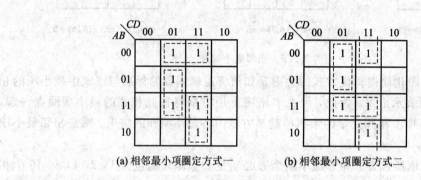

(a) 相邻最小项圈定方式一　　(b) 相邻最小项圈定方式二

图 2.5.8　同一逻辑函数相邻最小项两种圈定方式

显然，采用图 2.5.8(a)所示的圈定方式时，逻辑函数 Y 的最简与或式 $Y = \overline{A} \cdot \overline{B} \cdot D + B\overline{C}D + ACD$；采用图(b)所示的圈定方式时，逻辑函数 Y 的最简与或式 $Y = \overline{A} \cdot \overline{C} \cdot D + ABD + \overline{B}CD$。

可见，对于具有 4 个变量以内的逻辑函数，通过卡诺图化简能直接获得逻辑函数 Y（或反函数 $\overline{Y}$）的最简与或式，但当变量个数在 4 个以上时，没有应用价格。尽管具有 5 个变量的逻辑函数的最小项相邻关系可通过三维空间表示，但除了几何相邻的最小项相邻外，前后、左右、上下面对应位置的最小项也相邻（逻辑相邻），在实际应用中容易出现误判。

2.6　具有约束项的逻辑函数的化简

在逻辑代数中，有时会遇到输入变量的某一种或某几种取值状态不可能出现，相应地把这些不可能出现的输入状态称为任意项或约束项。

显然，约束项对应的函数值取 0 或 1 并不影响逻辑函数 Y 的实际输出结果，因为这些输入状态组合根本不会出现。在逻辑函数化简时若能巧妙利用约束项这一特性可使逻辑函数得到进一步简化。假设函数 $Y = F(A, B, C) = \overline{A} \cdot \overline{B} \cdot C + A \cdot \overline{B} \cdot \overline{C} + A\overline{B}C$，且已知输

入状态组合 $\overline{A}B\,\overline{C}$、$AB\overline{C}$、$ABC$ 不可能出现，即最小项 m_2、m_6、m_7 为约束项。在逻辑代数中，用"d（约束项对应的最小项编号，…）"形式表示，于是该逻辑函数 Y 可简写为

$$Y = \sum m(1,4,5) + d(2,6,7)$$

如果不考虑约束项对应函数值可任意取值的特性，则逻辑函数 Y 的最简与或式 $Y = A\,\overline{B} + \overline{B}C$，如图 2.6.1(a)所示。

如果考虑到约束项对应的最小项可以任意取值，则逻辑函数 Y 的与或式可进一步简化为 $Y = A + \overline{B}C$，如图 2.6.1(b)所示。

在绘制具有约束项的逻辑函数的卡诺图时，约束项对应的最小项用"×"表示，其含义是函数值没有限制，可以取 0，也可以取 1。在化简时，被利用了的约束项对应的函数值视为 1，如图 2.6.1(b)中的 m_6、m_7 最小项；而未被利用的约束项对应的函数值视为 0，如图 2.6.1(b)的 m_2 最小项。

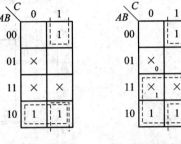

(a) 未利用约束项　　(b) 利用了约束项

图 2.6.1　利用约束项特性化简逻辑函数示意图

习　题　2

2-1　基本逻辑运算有哪几种？如果两个逻辑代数式的真值表相同，则这两个逻辑代数式是什么关系？

2-2　证明下列逻辑代数式等效。

(1) $A \oplus B \oplus C = A \oplus C \oplus B$；(2) $A \odot B \odot C = A \odot C \odot B$；

(3) $A \oplus B \oplus C = A \odot B \odot C$；(4) $\overline{A} \cdot \overline{C} + BC + AC = \overline{A} \cdot \overline{C} + \overline{A} \cdot B + AC$。

2-3　什么是逻辑代数式的对偶式？在逻辑代数中对偶式有什么作用？写出下列逻辑表达式的对偶式 Y_D。

(1) $Y = \overline{A}B + BC$；(2) $Y = (A+B)(B+C)$；(3) $Y = \overline{A+B}$；(4) $Y = \overline{\overline{A}\overline{B}}$。

2-4　逻辑函数有几种表示方式？

2-5　已知逻辑函数 $Y = F(A, B, C)$ 的真值表如表 2-1 所示，写出逻辑函数 Y 的与或表达式，并画出逻辑函数的波形图。

表 2-1　逻辑函数 Y 的真值表

A	B	C	Y
0	0	0	0
0	0	1	1
0	1	0	1
0	1	1	1
1	0	0	1
1	0	1	0
1	1	0	1
1	1	1	1

2-6 列出函数 $Y = \overline{\overline{\overline{A+B} + \overline{A+C}} + \overline{B+C}}$ 的真值表，并画出其波形图。

2-7 已知逻辑函数 Y 的波形如图 2-1 所示，请写出逻辑函数 Y 的最简或非-或非式和最简与非-与非式。

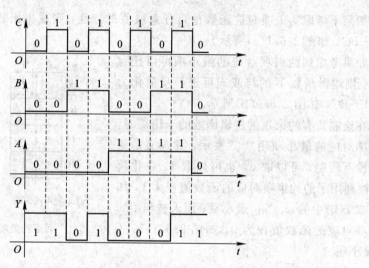

图 2-1

2-8 列出下列函数的反函数 $\overline{Y}$ 的真值表，并写出最小项和形式。

(1) $Y = AB + BC + \overline{A}C$;　　(2) $Y = \overline{A}B + BC$;

(3) $Y = \overline{(A+B)(B+C)}$;　　(4) $Y = \overline{\overline{A+B} + \overline{C+D} + \overline{A+C}}$;

(5) $Y = \overline{\overline{\overline{A+B} + \overline{A+C}} + \overline{B+C}}$;　　(6) $Y = A \oplus (B+C)$。

2-9 请写出下列函数最大项积的形式。

(1) $Y = AB + BC + \overline{A}C$;

(2) $Y = \overline{A}B + BC$;

(3) $Y = \overline{(A+B)(B+C)}$;

(4) $Y = \overline{\overline{A}B + BC}$。

2-10 请分别写出下列函数的最简与或式、最简与非-与非式、最简与或非式、最简或非-或非式。

(1) $Y = F(A, B, C, D) = \sum m(4, 5, 8, 9, 10, 11, 12, 13, 14, 15)$;

(2) $Y = \overline{A}B + \overline{A}C + B\overline{C}$;

(3) $Y = \overline{\overline{\overline{A+B} + \overline{A+C}} + \overline{B+C}}$。

2-11 求下列逻辑函数 Y 的最简与或式。

(1) $Y = F(A, B, C, D) = \sum m(1, 3, 5, 11, 13, 15) + d(6, 7)$

(2) $Y = F(A, B, C, D) = \sum m(1, 3, 4, 5, 6, 7, 8, 10, 12, 13, 14, 15)$

(3) $Y = F(A, B, C, D) = \sum m(1, 3, 4, 5, 6, 7, 8, 10, 12, 13, 14, 15) + d(9, 11)$。

2-12 证明逻辑代数式 $\overline{A} \cdot \overline{B} \cdot D + B\overline{C}D + ACD$ 与逻辑代数式 $\overline{A} \cdot \overline{C} \cdot D + ABD + \overline{B}CD$ 等效。

第 3 章　逻 辑 门 电 路

逻辑门电路是数字电路系统最基本的部件，在第 2 章中提到的逻辑函数总是要借助特定工艺生产的反相器、与门、与非门、或门、或非门、异或门等逻辑门电路芯片来实现。

逻辑门电路先后经历了由三极管、二极管及电阻元件组成的分立元件逻辑门电路、数字集成电路两个具有划时代意义的发展阶段。

集成化的逻辑电路也先后经历了多个有代表性的发展历程。根据生产工艺，可将数字逻辑电路分为双极型、单极型及混合型三大类。其中，以 BJT 双极型晶体管为基础的逻辑电路包括了早期的 DTL(二极管-三极管耦合逻辑电路)、TTL(三极管-三极管耦合逻辑电路)、ECL、I^2L 等。不过双极型数字逻辑电路因功耗大、集成度低或供电不便等原因已基本被淘汰，在 TTL 系列数字逻辑电路芯片中目前仍在生产的也仅有基于标准 TTL 工艺的 7406、7407 两款驱动 IC 芯片。

以 MOS 管为基础的单极型数字逻辑电路包括了早期的 PMOS 和 NMOS 逻辑电路，以及目前应用最为广泛的 CMOS 逻辑电路。其中，CMOS 逻辑电路性能优良，技术成熟，系列多(包括早期的 CD4000 系列，以及目前常用的 74HC 系列、74AHC、74LVA、74LVC、74AUC、74AUP 系列等)，品种齐全。2000 年后，CMOS 工艺已成为数字逻辑电路的主流工艺。

混合型 BiCMOS 数字逻辑电路结合了 CMOS 电路功耗低和双极型三极管饱和压降低的优点，主要用于制作负载能力要求较高的总线驱动器。

根据数字电路芯片的功能，可将数字电路芯片分以下几种：

(1) 逻辑门电路。逻辑门电路主要承担逻辑运算功能。逻辑门电路器件是构成组合逻辑电路的基本元件，品种也最多。

(2) 可配置逻辑门电路芯片。这类芯片的逻辑功能是：可通过改变外部输入引脚的状态，形成与、或、非等多种常用的逻辑运算关系。

(3) 驱动器。驱动器包括同相驱动器和逻辑驱动器。同相驱动器主要用于提高数字电路系统输出级的负载能力，其作用类似于模拟放大电路中的电压跟随器。根据位数多寡，驱动器分为 1 位驱动器、2 位驱动器、4 位驱动器、8 位驱动器、16 位驱动器及 32 位驱动器等。为减小数字电路系统中数字 IC 芯片的数目，适当增大逻辑电路芯片内部输出缓冲反相器的负载能力后，便获得了具有特定逻辑运算功能的逻辑驱动器件，如反相驱动器、2 输入与非驱动器、2 输入或非驱动器等。

(4) 电平转换器。电平转换器位于前级与后级之间，承担电平转换功能，保证前级输出信号幅度与后级所要求的输入信号幅度相匹配，完成前后级数字电路系统的信号连接。

(5) 模拟开关。模拟开关既可作为逻辑电路的组件使用，也可以作为高速电子开关元件使用，在模拟及数字电路系统中得到了广泛应用。

(6) 编码器、译码器。编码器主要用于实现数字信号的编码，译码器主要用于实现数字信号的译码。

（7）触发器。触发器是构成时序逻辑电路的基本元件，品种较多。

（8）移位寄存器。移位寄存器包括串入并出、并入串出两大类芯片，主要用于信号并行输入/输出与串行输入/输出接口部件之间的转换。

（9）计数器。计数器对输入脉冲信号进行计数及分频操作，并提供计数器溢出信号。

（10）运算器类（包括加法器和数值比较器类芯片）。不过，在 MCU 芯片普及应用后，数字电路系统中已基本不再用运算器类芯片。

3.1　分立元件 DTL 门电路

DTL 门电路的全称是二极管-三极管逻辑门（Diode-Transistor Logic）电路，曾在 20 世纪六七十年代得到了广泛应用。尽管早已被 TTL 、CMOS 集成电路芯片所取代，但在现代电子电路中有时依然会使用由分立元件构成的 DTL 反相器、与非逻辑门电路。

3.1.1　二极管或门

二极管或门电路如图 3.1.1 所示，由二极管 V_{D1}、V_{D2} 及限流电阻 R_1 组成。显然，当 A、B 输入端中任一端输入端为高电平 V_{IH} 时，输出端 Y 输出信号 $v_Y = V_{IH} - V_D = V_{OH}$（高电平，$V_D$ 为二极管导通压降）；而当输入端 A、B 均为低电平 V_{IL}（<0.5 V）时，二极管 V_{D1}、V_{D2} 截止，在空载状态下，输出端 Y 输出信号 $v_Y = V_{OL} = 0$（低电平）。因此，电路的输入与输出之间呈逻辑或关系，即 $Y = A + B$。

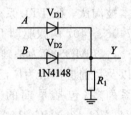

图 3.1.1　二极管或门电路

3.1.2　二极管与门

二极管与门电路如图 3.1.2 所示，也是由二极管 V_{D1}、V_{D2} 及限流电阻 R_1 组成的。显然，当 A、B 输入端中任一输入端为低电平 V_{IL} 时，输出端 Y 输出信号 $v_Y = V_{IL} + V_D = V_{OL}$（低电平）；当输入端 A、B 均输入高电平 V_{IH} 时，输出端 Y 输出信号 $v_Y = V_{IH} + V_D = V_{OH}$（高电平）。在 $V_{IH} \geqslant V_{CC}$ 条件下，二极管 V_{D1}、V_{D2} 零偏或反偏，空载时输出高电平 V_{OH} 接近 V_{CC}。因此，输入与输出之间呈现逻辑与关系，即 $Y = AB$。

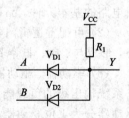

图 3.1.2　二极管与门电路

3.1.3　三极管反相器（非门电路）

三极管反相器电路形式与模拟电子技术中提到的共射放大电路形式相同，只是基极限流电阻 R_B 较小，如图 3.1.3(a) 所示，输入信号与输出信号反相。根据电源电压 V_{CC} 大小，三极管 V_1 可采用 8050（$V_{(BR)CEO}$ 为 25 V）、2N2222（$V_{(BR)CEO}$ 为 40 V）或 2N5551（$V_{(BR)CEO}$ 为 160 V）等常见的 NPN 高频小功率开关管。当输入信号 v_A 由低电平 V_{IL} 跳变为高电平 V_{IH} 时，三极管 V_1 能较快地从截止状态进入饱和导通状态，因此输出信号 v_Y 下降沿过渡时间（t_f）较短；而当输入信号 v_A 由高电平 V_{IH} 跳变为低电平 V_{IL} 时，由于三极管 V_1 由饱和状态过渡到截止状态速度较慢，导致输出信号 v_Y 上升沿过渡时间（t_r）较长，BJT 三极管反相器电压传输特性曲线如图 3.1.3(b)所示。在电源 V_{CC}、三极管 V_1 的电流放大系数 β 范围确定的情况下，集电极限流电阻 R_C 上限由输出高电平电流 I_{OH} 与最小输出高电平电压 $V_{OH(min)}$ 确定；为保证输入为高电平 V_{IH} 时，三极管 V_1 饱和，输出端 Y 为低电平 V_{OL}，基极限流电阻 R_B 上限由最小输入高电平电压 $V_{IH(min)}$ 确定。

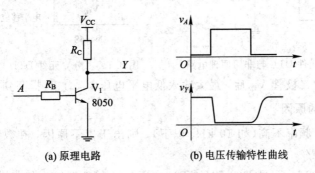

(a) 原理电路　　　　**(b) 电压传输特性曲线**

图 3.1.3　三极管反相器

当输入为低电平 $V_{IL} < 0.5\text{ V}$（硅材料 PN 结开启电压 V_T 为 0.5 V）时，三极管 V_1 截止，输出端 Y 输出高电平 V_{OH}，集电极限流电阻：

$$R_C < \frac{V_{CC} - V_{OH(min)}}{I_{OH} + I_{CEO}} \tag{3.1.1}$$

其中，I_{CEO} 为三极管 V_1 集电极穿透电流。当输入为高电平 V_{IH} 时，三极管 V_1 最大集电极电流：

$$I_{Cmax} = \frac{V_{CC} - V_{CES}}{R_C} = \frac{V_{CC} - V_{OL}}{R_C} \tag{3.1.2}$$

为确保三极管 V_1 饱和，基极电流 $I_B > \dfrac{I_{C(max)}}{\beta_{min}}$，因此基极限流电阻：

$$R_B < \frac{V_{IH(min)} - V_{BE}}{I_B} \tag{3.1.3}$$

3.1.4　与非门电路

1. 原理电路

在二极管与门电路输出端串接由 NPN 三极管组成的反相器后就获得了 DTL 与非门电路，如图 3.1.4 所示，其中二极管 V_{D1}、V_{D2} 可采用最常见的高频小功率二极管 1N4148。显然，输出端 $Y = \overline{AB}$。

2. 实用电路

图 3.1.4 所示的与非门电路存在严重缺陷：输入低电平信号 V_{IL} 噪声容限偏低，即便输入端 A 或 B 接地，三极管 V_1 也有可能导通，导致输出高电平 V_{OH} 下降，并使静态功耗增加。为此，可在三极管 V_1 基极串联电平移位二极管 V_{D3}，以提高输入低电平信号 V_{IL} 的噪声容限，如图 3.1.5 所示。

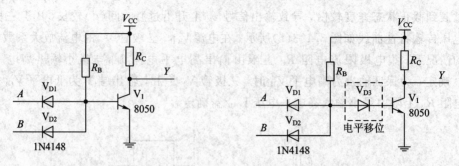

图 3.1.4　分立元件 DTL 与非门原理电路　　　图 3.1.5　分立元件 DTL 与非门实用电路

增加电平移位二极管 V_{D3} 后，最大输入低电平电压 $V_{IL(max)}$ 可提高到 0.3 V。

3. 仍在采用的原因

如果输入信号频率不高(如 10 kHz 以下)，则出于以下原因，在数字电路中仍可能采用 DTL 与非门电路。

(1) 在 74LV00A、74HC00、74HCT00、CD4011 等四 2 输入与非门芯片中，一个封装套内含有四套 2 输入与非门电路，而在实际电路中仅仅需要一套 2 输入非门电路，这时除了考虑采用 74AHC1G00、74LVC1G00、74AUC1G00 等单个与非门电路芯片外，采用分立元件 DTL 与非门电路的成本可能会更低。

(2) 74LV00A、74HC00、CD4011 等电路芯片电源电压 V_{CC} 有限制，当 V_{CC} 超出 74HC 系列(2~6 V)或 CD4000 系列(3~18 V)电源电压上限时，采用分立元件构成的 DTL 与非门电路不失为一种明智的选择。

(3) 只要在输入端并接多个二极管，理论上就可以获得具有多个输入端的与非逻辑门电路，如图 3.1.6 所示。

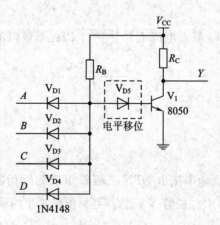

图 3.1.6　具有四个输入端的 DTL 与非门电路

4. 参数设计举例

下面通过具体实例，介绍由分立元件构成的 DTL 与非门电路的参数的计算过程及注意事项。

【例 3.1.1】　假设电源电压 V_{CC} 为 5.0 V，三极管电流放大系数 β 值为 100~180，输出低电平电压 V_{OL}(三极管饱和压降 V_{CES})为 0.3 V，当输出高电平最大负载电流 $I_{OH(max)}$ 为

1.0 mA 时，对应的最小输出高电平电压 $V_{OH(min)}$ 为 2.5 V，试计算限流电阻 R_B、R_C 的阻值。

(1) 当输入低电平 $V_{IL}<0.3$ V 时，输出端 Y 输出高电平 V_{OH}。集电极限流电阻 R_C 不能太大，否则输出高电平最大负载电流 $I_{OH(max)}$ 将小于设计值。鉴于 $I_{OH(max)}$ 为 1.0 mA，远大于三极管 V_1 截止时集电极穿透电流 I_{CEO}，因此集电极限流电阻：

$$R_C < \frac{V_{CC}-V_{OH(min)}}{I_{OH(max)}+I_{CEO}} \approx \frac{V_{CC}-V_{OH(min)}}{I_{OH(max)}} = \frac{5.0-2.5}{1.0} = 2.5 \text{ k}\Omega$$

需要注意的是，计算出限流电阻上限后，一般并不能直接用小于计算值的标准值作为上限值。例如，不能用 2.4 kΩ 电阻作为本例集电极电阻 R_C 的上限值，原因是在电路系统中，通常选用 E24 系列普通精度电阻(误差为 5%)作限流电阻，而 E24 系列 2.4 kΩ 电阻的实际阻值为 2.4×(1+5%) kΩ，即 2.28～2.52 kΩ。可见，考虑了阻值误差后，R_C 只能取 2.2 kΩ。

此外，在实际电路设计中，可能还需要预留 5%～20% 的工程设计余量，以保证电子产品在最恶劣情况下依然能够正常工作。

假设阻值误差为 K_{ve}，工程设计余量为 K_{mg}，则理论上限计算值为 R_{cl} 的电阻阻值：

$$R \leqslant R_{cl} \times (1-K_{ve}\%) \times (1-K_{mg}\%) \tag{3.1.4}$$

同理，理论下限计算值为 R_{cl} 的电阻阻值：

$$R \geqslant R_{cl} \times (1+K_{ve}\%) \times (1+K_{mg}\%) \tag{3.1.5}$$

在本例中，如果工程设计余量取 10%，则集电极限流电阻 R_C 上限为 2.5 kΩ×(1−5%)×(1−10%)=2.14 kΩ，取标准值 2.0 kΩ(但也不能太小，否则当输出端 Y 输出低电平 V_{OL} 时，电源 V_{CC} 电流大，功耗高)。

(2) 当所有输入端接高电平 V_{IH}(>0.9 V)时，输出端 Y 输出低电平 V_{OL}。R_B 也不能太大，否则三极管 V_1 可能不能进入饱和状态，导致输出低电平 V_{OL} 偏高。

显然，在集电极限流电阻 R_C 一定的情况下，集电极饱和电流：

$$I_{CES} = I_{C(max)} = \frac{V_{CC}-V_{CES}}{R_C} = \frac{5.0-0.3}{2.0} = 2.35 \text{ mA}$$

为确保三极管 V_1 饱和，基极驱动电流 $I_B > \dfrac{I_{C(max)}}{\beta_{min}} = \dfrac{2.35}{100} = 23.5 \ \mu\text{A}$。因此，基极限流电阻：

$$R_B < \frac{V_{CC}-V_{D5}-V_{BEQ}}{I_B} = \frac{5.0-0.7-0.7}{23.5} = 153 \text{ k}\Omega$$

考虑工程设计余量、阻值误差后，基极电阻 R_B 上限值为 153 kΩ×(1−5%)×(1−10%)=130.8 kΩ，取标准值 130.0 kΩ(同样也不能太小，否则除了增加电源功耗外，还会使三极管 V_1 进入深饱和状态，使输出信号上升沿过渡时间显著增加，影响开关速度)。

(3) 计算电阻功耗并确定电阻体积。显然，输出端 Y 为低电平时，流过集电极限流电阻 R_C 的电流比输出高电平时流过集电极电阻 R_C 的电流大(最恶劣情况)，则

$$P_{RC} = I_C^2 \times R_C = 2.35^2 \times 2.0 = 11 \text{ mW}$$

小于最小封装(0402 或 1/32 W)电阻可承受的功率，即 R_C 可使用任何标准尺寸规格的电阻。

对于基极限流电阻 R_B 来说，当输入为低电平时，流过的电流最大(最恶劣情况)，即

$$P_{RB} = \frac{(V_{CC} - V_D)^2}{R_B} = \frac{(5.0 - 0.7)^2}{130} = 0.14 \text{ mW}$$

同样可使用任何标准尺寸规格的电阻。

3.2　CMOS 反相器

CMOS(Complementary Metal Oxide Semiconductor)数字电路主要包括了 CD4000 系列(电源电压为 3~18.0 V)、74HC 系列(电源电压为 2~6.0 V)、74HCT 系列(与 74LS 系列输入电平完全兼容,电源电压为 4.5~5.5 V)、74AHC 系列、74AHCT 系列、74LVA 系列、74LVC 系列、74AUC 系列、74AUP 系列等。

CMOS 反相器是 CMOS 数字电路的基础。

3.2.1　CMOS 反相器的基本结构及工作原理

CMOS 反相器由 P 沟增强型 MOS 管 V_1 和 N 沟增强型 MOS 管 V_2 构成互补推挽输出方式,如图 3.2.1 所示。其特征是:驱动电流大,且输出高电平与输出低电平的负载能力基本对称,电源电压范围宽,速度较快。

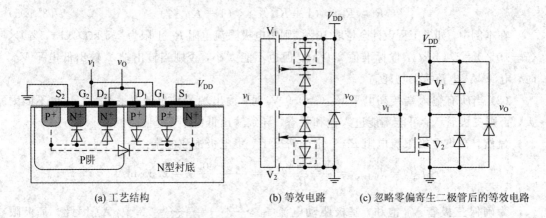

(a) 工艺结构　　　　　(b) 等效电路　　(c) 忽略零偏寄生二极管后的等效电路

图 3.2.1　CMOS 反相器基本结构(未画出输入端保护电路)

显然,在 N 沟 MOS 管衬底(P 阱)与源极 S_2、漏极 D_2 之间各存在一个 PN 结,在 P 沟 MOS 管衬底(N 型衬底)与漏极 D_1、源极 S_1 之间也各存在一个 PN 结,在 P 阱与 N 型衬底界面上也存在一个 PN 结,如图 3.2.1(b)所示。考虑到 N 沟 MOS 管衬底(P 阱)与源极 S_2 连在一起并接地(GND),P 沟 MOS 管衬底(N 型衬底)与源极 S_1 连在一起并接电源 V_{DD},即两 MOS 管衬底与源极 S 之间的 PN 结处于零偏状态,没有漏电流,可忽略。因此,去掉零偏状态的寄生二极管后 CMOS 反相器等效电路如图 3.2.1(c)所示。

假设两管参数完全对称,即阈值电压 $V_{GS(th)N} = |V_{GS(th)P}|$,导通电阻 R_{on}、截止电阻 R_{off} 也分别相同。

在电源 $V_{DD} \geqslant V_{GS(th)N} + |V_{GS(th)P}|$ 情况下,有如下结论:

(1) 当输入信号 $v_I = V_{IL} < V_{GS(th)N}$ 时,必然存在:

$$\begin{cases} |v_{GS1}| = V_{DD} - v_I > |V_{GS(th)P}| & (V_1 \text{ 导通}) \\ v_{GS2} = v_I < V_{GS(th)N} & (V_2 \text{ 截止}) \end{cases}$$

　　由于导通电阻 R_{on}（一般小于 1 kΩ）远小于截止电阻 R_{off}（一般大于 10^8 Ω），因此结果输出 $v_O = V_{OH} \approx V_{DD}$（在负载很轻或空载状态下，$V_{OH} \approx V_{DD} - 0.1$ V），如图 3.2.2(a) 所示（V_{OH} 小于 V_{DD} 的原因是处于截止状态的 N 沟 MOS 管沟道漏电流以及 V_2 管 DS 极寄生二极管反向漏电流流过 P 沟 MOS 管产生压降）。

　　(2) 当输入信号 $v_I = V_{IH} > V_{DD} - |V_{GS(th)P}|$ 时，必然存在：

$$\begin{cases} |v_{GS1}| = V_{DD} - v_I < |V_{GS(th)P}| & \text{（即 } V_1 \text{ 截止）} \\ v_{GS2} = v_I > V_{GS(th)N} & \text{（即 } V_2 \text{ 导通）} \end{cases}$$

输出 $v_O = V_{OL} \approx 0$，即低电平，如图 3.2.2(b) 所示。

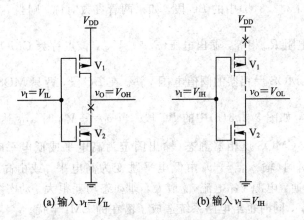

(a) 输入 $v_I = V_{IL}$　　　　　　(b) 输入 $v_I = V_{IH}$

图 3.2.2　CMOS 反相器输入与输出关系

　　可见，输入信号 v_I 与输出信号 v_O 反相，为逻辑非关系，因此称为 CMOS 反相器。

3.2.2　CMOS 反相器的电压传输特性与电流传输特性

　　CMOS 反相器的电压传输特性如图 3.2.3(b) 所示。

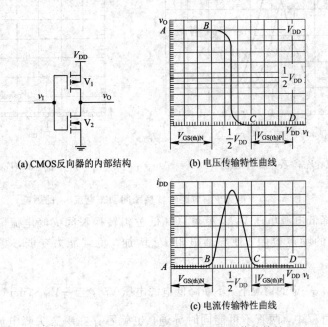

(a) CMOS 反向器的内部结构　　(b) 电压传输特性曲线

(c) 电流传输特性曲线

图 3.2.3　CMOS 反相器的内部结构与传输特性

当 $0<v_I<V_{GS(th)N}$ 时，$|v_{GS1}|=V_{DD}-v_I>|V_{GS(th)P}|$，$V_1$ 管导通，而 $v_{GS2}=v_I<V_{GS(th)N}$，V_2 管截止，输出电压 $v_O≈V_{DD}$（高电平），如图 3.2.3(b) 中的 AB 段。

当 $V_{DD}-|V_{GS(th)P}|<v_I≤V_{DD}$ 时，由于 $|v_{GS1}|=V_{DD}-v_I<|V_{GS(th)P}|$，$V_1$ 管截止，而 $v_{GS2}=v_I>V_{GS(th)N}$，V_2 管导通，输出电压 $v_O≈0$（低电平），如图 3.2.3(b) 中的 CD 段。可见，无论在 AB 段还是 CD 段，总有一只 MOS 管处于截止状态，电源 V_{DD} 电流 i_{DD} 都很小，如图 3.2.3(c) 中的 AB 和 CD 段。

当 $V_{GS(th)N}<v_I<V_{DD}-|V_{GS(th)P}|$ 时，两管将同时导通，输出电压 v_O 随输入电压 v_I 的升高而迅速下降，如图 3.2.3(b) 中的 BC 段。如果两管参数对称，则当 $v_I=\frac{1}{2}V_{DD}$ 时，两管导通程度相同，导通电阻 R_{on} 相等，输出电压 $v_O=\frac{1}{2}V_{DD}$，该点称为 CMOS 反相器的转折点，而 $v_I=\frac{1}{2}V_{DD}$ 称为 CMOS 反相器的阈值电压 V_{TH}。在 BC 段，两只 MOS 管将同时导通，电源 V_{DD} 电流 i_{DD} 较大，如图 3.2.3(c) 中的 BC 段。当 $v_I=\frac{1}{2}V_{DD}$ 时，i_{DD} 达到最大值。

由此可以看出，CMOS 反相器静态（输出固定为高电平或低电平时）电源 V_{DD} 电流很小，但在逻辑转换瞬间（输入信号 v_I 由低电平跳变为高电平，或由高电平跳变为低电平时），两管将同时导通，电源 V_{DD} 电流 i_{DD} 最大，即动态功耗很大。动态尖峰电流 i_{DD} 不仅消耗了电源 V_{DD} 的功率，同时也给电路系统造成了潜在的 EMI 干扰。

逻辑转换瞬间引起的动态尖峰电流 i_{DD} 的峰值与 V_{DD} 大小有关，V_{DD} 越大，i_{DD} 电流峰值就越高，如图 3.2.4(a) 所示。

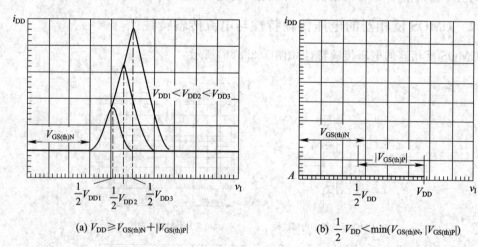

(a) $V_{DD}≥V_{GS(th)N}+|V_{GS(th)P}|$ (b) $\frac{1}{2}V_{DD}<\min(V_{GS(th)N},|V_{GS(th)P}|)$

图 3.2.4 电源 V_{DD} 对逻辑转换瞬间动态电流 i_{DD} 的影响

可见，适当降低电源电压 V_{DD}，就可以降低逻辑转换瞬间尖峰电流 i_{DD} 的幅度（不过这样会降低输入端的噪声容限，使导通电阻 R_{on} 增加，负载能力变弱，器件最高工作频率下降）。

显然，在 $V_{GS(th)}$ 一定的情况下，不断降低电源电压 V_{DD}，当 $\frac{1}{2}V_{DD}<\min(V_{GS(th)N},|V_{GS(th)P}|)$ 时，在逻辑转换过程中，两管不可能同时导通，也就不存在瞬态尖峰电流。但当输入电压

v_I 在 $\frac{1}{2}V_{DD}$ 附近时，P 沟、N 沟管将同时截止，导致输出端悬空，造成输出电压 v_O 不确定，引起逻辑错误。换句话说，这种情况没有应用价值。因此，在阈值电压 $V_{GS(th)}$ 一定的情况下，CMOS 反相器电源电压 V_{DD} 存在最小值限制，即必须保证 $\frac{1}{2}V_{DD} \geqslant \max(V_{GS(th)N}, |V_{GS(th)P}|)$。例如，对于 74HC、74LVA 系列芯片来说，$V_{DD(min)}$ 为 2.0 V，由此可以推知 74HC、74LVA 系列数字 IC 芯片内部 P 沟、N 沟 MOS 管阈值电压 $V_{GS(th)}$ 约为 1.0 V；对 CD4000 系列标准 CMOS 芯片来说，$V_{DD(min)}$ 为 3.0 V，由此可以推知 CD4000 系列数字 IC 芯片内部 P 沟、N 沟 MOS 管阈值电压 $V_{GS(th)}$ 约为 1.5 V。

由 CMOS 反相器的电流传输特性曲线可知，为减小静态功耗，对 74HC、74LVA 系列芯片来说，最大输入低电平电压 $V_{IL(max)}$ 应尽可能小于 1.0 V，最小输入高电平电压 $V_{IH(min)}$ 应尽可能大于 $(V_{DD}-1.0)$ V；对 CD4000 系列标准 CMOS 芯片来说，最大输入低电平电压 $V_{IL(max)}$ 尽可能小于 1.5 V，最小输入高电平电压 $V_{IH(min)}$ 应尽可能大于 $(V_{DD}-1.5)$ V。

3.2.3　CMOS 反相器的输入与输出特性

1. 输入保护电路

由于 CMOS 反相器的输入阻抗很高，且 MOS 管栅极 G 与衬底 B 之间的绝缘层（SiO_2）很薄，因此栅极 G 与衬底 B 之间轻微过压就有可能使绝缘层击穿而损坏。为避免 CMOS 反相器在测试、存储、使用过程中不至于因过压导致绝缘层击穿而损坏，必须在 CMOS 反相器输入端设置输入过压保护电路，如图 3.2.5 所示。其中，电容 C_1、C_2 分别是 P 沟及 N 沟 MOS 管栅极 G 的交流等效输入电容。

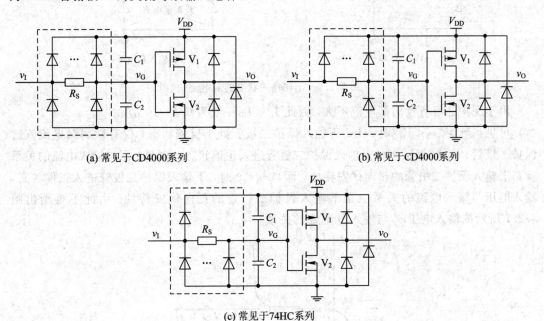

(a) 常见于 CD4000 系列　　　　　　(b) 常见于 CD4000 系列

(c) 常见于 74HC 系列

图 3.2.5　常见的输入保护电路

图 3.2.5(a)、(b) 所示输入保护电路常见于 CD4000 系列，图 3.2.5(c) 所示输入保护

电路常见于 74HC 系列，而可承受过压输入的 74AHC、74LVA、74LVC、74AUC、74AUP 系列等效输入保护电路可参阅 3.4 节。

由输入过压保护电路的结构可知，对 CD4000、74HC、74HCT 系列 CMOS 电路芯片来说，输入电压 v_I 必须严格限制在 0 到 V_{DD} 之间，否则当输入电压 $v_I < -0.5$ V 时，下输入保护二极管将导通，形成大电流；而当输入电压 $v_I > V_{DD} + 0.5$ V 时，上输入保护二极管也将导通，同样会形成大电流。此外，由于 CMOS 反相器结构复杂，寄生 PN 结较多，为避免因输入电压 v_I 太低或太高，误触发可控硅锁定效应，导致器件过流损坏，也需要将输入电压 v_I 限制在 0 到 $V_{IH(max)}$ 之间。

2. 输入特性

由图 3.2.5 可知，当 v_I 为低电平时，下输入保护二极管处于零偏或弱反偏状态，漏电流很小，而上输入保护二极管反向偏压较大，反向漏电流大于下输入保护二极管漏电流，结果有微弱漏电流 I_{IL} 流出反相器输入端，如图 3.2.6(a) 所示；当 v_I 为高电平时，上输入保护二极管处于零偏或弱反偏状态，上输入保护二极管漏电流很小，而下输入保护二极管反向偏压较大，导致下输入保护二极管反偏漏电流大于上输入保护二极管漏电流，结果有微弱漏电流 I_{IH} 流入反相器输入端，如图 3.2.6(b) 所示。

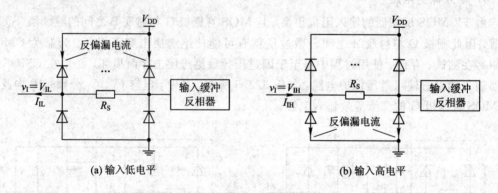

(a) 输入低电平　　　　　　　　　　　　　(b) 输入高电平

图 3.2.6　不同输入状态的漏电流

由于保护二极管反向漏电流不大，因此 I_{IL}、I_{IH} 一般为 0.1~10 μA。

可见，当 $0 < v_I < V_{DD}$ 时，上、下输入保护二极管处于反偏状态，仅有微弱漏电流流过保护二极管；当 $v_I > V_{DD}$ 时，上输入保护二极管进入正偏状态，输入电压与输入电流的关系就是上输入保护二极管的正向伏安特性；而当 $v_I < 0$ 时，下输入保护二极管进入正偏状态，输入电压与输入电流的关系也是下输入保护二极管的正向伏安特性。由此不难画出图 3.2.7 所示的输入电压 v_I 与输入电流 i_I 的关系。

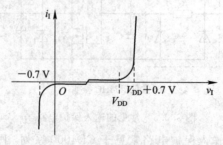

图 3.2.7　CMOS 反相器的输入特性

3. 输出特性

输出电压 v_O 与输出电流 i_O 的大小有关。当输入 v_I 为高电平 V_{IH} 时，P 沟 MOS 管 V_1 截止，而 N 沟 MOS 管 V_2 导通，输出电压 $v_O = V_{OL} = R_{on(N)} \times I_{OL}$。显然，在电源 V_{DD} 电压一定的情况下，输出低电平电压 V_{OL} 随负载电流 I_{OL} 的增加而增加。对于特定的 CMOS 反相器，N 沟 MOS 管 V_2 导通电阻 $R_{on(N)}$ 仅与输入电压 v_I（即 v_{GS2}）的大小有关，而 V_{IH} 的大小又与电源 V_{DD} 电压关联，即 $V_{IH} > V_{DD} - |V_{GS(th)P}|$，$V_{DD}$ 越大，导通电阻 R_{on} 越小，负载能力越强，如图 3.2.8 所示。

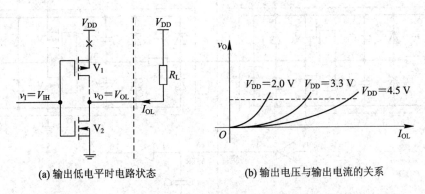

(a) 输出低电平时电路状态　　(b) 输出电压与输出电流的关系

图 3.2.8　输出低电平时输出电压与输出电流的关系

对于 74HC 系列芯片来说，在电源 V_{DD} 电压为 4.5 V 的情况下，当 $I_{OL} \leqslant 20\ \mu A$ 时，V_{OL} 约为 0.1 V；当 $I_{OL} = 4.0$ mA 时，V_{OL} 约为 0.26 V，对应的导通电阻 $R_{on(N)} = \dfrac{V_{OL}}{I_{OL}}$，约为 65 Ω。

当输入 v_I 为低电平 V_{IL} 时，N 沟 MOS 管 V_2 截止而 P 沟 MOS 管 V_1 导通，输出电压 $v_O = V_{OH} = V_{DD} - R_{on(P)} \times I_{OH}$。显然，输出高电平电压 V_{OH} 随负载电流 I_{OH} 增加而下降。对于特定的 CMOS 反相器，P 沟 MOS 管 V_1 导通电阻 $R_{on(P)}$ 仅与电源电压 V_{DD}（即 $v_{GS1} = |V_{DD} - v_I|$）的大小有关，由于 $v_I = V_{IL}$ 接近 0 V，因此 $v_{GS1} = |V_{DD} - v_I|$ 由电源电压 V_{DD} 决定。显然，V_{DD} 越大，导通电阻 $R_{on(P)}$ 就越小，对于相同的负载电流 I_{OH}，输出电压 v_O 越高，如图 3.2.9(b) 所示。

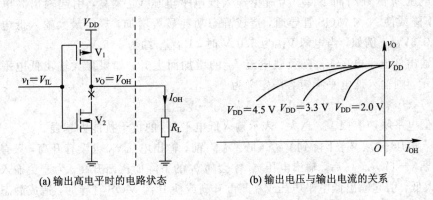

(a) 输出高电平时的电路状态　　(b) 输出电压与输出电流的关系

图 3.2.9　输出高电平时输出电压与输出电流的关系

对 74HC 系列芯片来说，在电源 V_{DD} 电压为 4.5 V 的情况下，当 $I_{OH} \leqslant 20\ \mu A$ 时，V_{OH} 约为 4.4 V，即 P 沟 MOS 管上的压降约为 0.1 V；当 $I_{OH} = 4.0$ mA 时，V_{OH} 约为 3.98 V，相应地 P 沟 MOS 管导通压降约为 $4.5 \sim 3.98$ V，即 0.52 V，对应的导通电阻 $R_{on(P)} =$

$\dfrac{V_{DD}-V_{OH}}{I_{OH}}$，约为 130 Ω。

3.2.4 CMOS 反相器的输入噪声容限与负载能力

在数字电路系统中，前级 CMOS 反相器的输出端接后级 CMOS 反相器的输入端，如图 3.2.10 所示，这就涉及输入噪声容限及负载能力的问题。

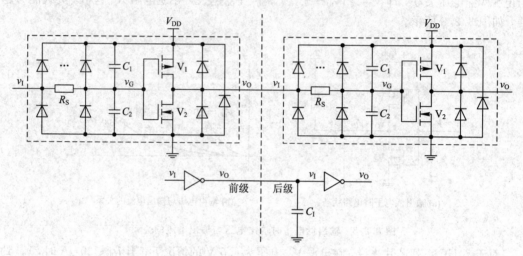

图 3.2.10 CMOS 反相器连接

图 3.2.10 中，C_I 为后级等效输入电容，其大小与 P 沟及 N 沟 MOS 管等效输入电容 C_1、C_2 有关。对于 CD4000 系列芯片，C_I 约为 10～15 pF；对于 74HC 系列芯片来说，C_I 约为 5～10 pF。

1. 输入噪声容限

由图 3.2.3(b)所示的 CMOS 反相器的电压传输特性曲线可知，在输入电压 v_I 从 0 上升到 $V_{GS(th)N}$ 前，输出电压 v_O 并没有下降，只有当输入电压 $v_I > V_{GS(th)N}$ 后，输出电压 v_O 才会随输入电压 v_I 的升高而下降。为避免输入低电平电压 V_{IL} 太高，引起输出高电平电压 V_{OH} 严重下降或使 N 沟 MOS 管导通，造成静态功耗显著增加，规定最大输入低电平电压 $V_{IL(max)}$ 取 $0.3V_{DD}$。例如，当电源 V_{DD} 为 5.0 V 时，$V_{IL(max)}$ 约为 1.5 V。

前级输出低电平电压 V_{OL} 随负载电流 I_{OL} 的增加而上升，如果最大输出低电平电压用 $V_{OL(max)}$ 表示，则输入低电平噪声容限定义为

$$V_{NL} = V_{IL(max)} - V_{OL(max)}$$

输入低电平噪声容限 V_{NL} 越大，表示输入低电平 V_{IL} 的抗干扰能力越强。

在输入电压 v_I 从 V_{DD} 下降到 $V_{DD} - |V_{GS(th)P}|$ 前，输出电压 v_O 也没有升高，只有当输入电压 $v_I < V_{DD} - |V_{GS(th)P}|$ 后，输出电压 v_O 才会随 v_I 的下降而逐渐升高。为避免输入高电平电压 V_{IH} 太低，引起输出低电平电压 V_{OL} 严重升高或使 P 沟 MOS 管导通，造成静态功耗显著增加，规定最小输入高电平电压 $V_{IH(min)}$ 取 $0.7V_{DD}$。例如，当电源 V_{DD} 为 5.0 V 时，$V_{IH(min)}$ 约为 3.5 V。

前级输出高电平电压 V_{OH} 随负载电流 I_{OH} 的增加而下降，如果最小输出高电平电压用 $V_{OH(min)}$ 表示，则输入高电平噪声容限定义为

$$V_{NH} = V_{OH(min)} - V_{IH(min)}$$

输入高电平噪声容限 V_{NH} 越大，输入高电平 V_{IH} 的抗干扰能力越强。数字电路系统输入高电平、低电平噪声容限可用图 3.2.11 表示。

CMOS 反相器的输入端可等效为输入电容 C_I，与前级内部 MOS 管的导通电阻 R_{on} 构成了 RC 低通滤波器，对寄生在输入信号 v_I 上的高频噪声信号具有很强的抑制作用。因此，CMOS 反相器的动态噪声容限更大。也可以理解为由于输入电容 C_I 端电压不能突变，对持续时间很短的高频窄脉冲干扰信号不敏感，除非干扰信号幅度很高或持续时间足够长，才会使输入电容 C_I 上的电压波动幅度越过 $V_{IH(min)}$ 或 $V_{IL(max)}$，进而导致不良后果（功耗增加，甚至逻辑错误）。

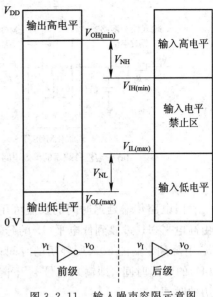

图 3.2.11　输入噪声容限示意图

2. 负载能力

所谓负载能力，是指 CMOS 反相器的输出端能驱动多少套 CMOS 反相器。驱动能力有时也称为扇出系数。

在稳定状态下，CMOS 反相器的输入端仅有微安级的输入保护二极管的反向漏电流 I_{IL} 或 I_{IH}，而前级（驱动级）输出低电平电流 I_{OL}、输出高电平电流 I_{OH} 较大（mA 级），似乎 CMOS 反相器可以驱动上百个 CMOS 反相器，但在动态状态下，CMOS 反相器的输入端等效为输入电压 C_I，在输出端并联 n 个 CMOS 反相器后，驱动门等效负载电容 $C_L = nC_I$，会相应增加，导致输出信号 v_O 边沿变慢，因此 CMOS 反相器实际可驱动的 CMOS 反相器个数为 10～50，具体数目与电源电压 V_{DD}、信号频率、负载器件种类（是 74HC 系列还是 74AHC 系列或 74LVC 系列）有关。电源电压 V_{DD} 低，负载能力弱；信号频率低，信号边沿过渡时间允许长一些，可驱动更多的 CMOS 反相器；不同工艺生产的 CMOS 反相器的输入等效电容 C_I 不同，C_I 越小，可驱动的 CMOS 反相器个数就越多。

3.2.5　CMOS 反相器的动态特性

1. 传输延迟

根据 CMOS 反相器的结构，在动态状态下，CMOS 反相器的输入端相当于串接了由输入电阻 R_I（大小与输入保护网络等效串联电阻 R_S 有关）与输入等效电容 C_I 构成的 RC 低通滤波电路，同时容性负载 C_L（使用容性负载测试的原因是后级负载门的输入电容 C_I 就是前级驱动门的负载电容 C_L）与 MOS 管导通电阻 R_{on} 又构成了输出回路的 RC 低通滤波电路，如图 3.2.12(a) 所示。因此，当输入信号 v_I 由 V_{IL} 跳变到 V_{IH} 时，输出信号 v_O 并不能立即从 V_{OH} 跳变到 V_{OL}，原因是输入电容 C_I 充电、输出负载电容 C_L 放电需要一定的时间，反之，当输入信号 v_I 由 V_{IH} 跳变到 V_{IL} 时，输出信号 v_O 也不能立即从 V_{OL} 跳变到 V_{OH}，原因是输入电容 C_I 放电、输出负载电容 C_L 充电同样需要一定的时间，导致输入信号 v_I 与输出信号 v_O 之间存在一定的延迟时间 t_{pd}，如图 3.2.12(b) 所示。

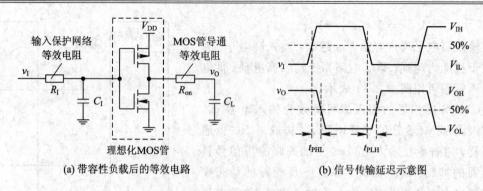

(a) 带容性负载后的等效电路 (b) 信号传输延迟示意图

图 3.2.12　CMOS 反相器传输延迟

门电路传输延迟时间的长短可用 t_{PHL}、t_{PLH} 参数表示。其中，t_{PHL} 的含义是输出信号 v_O 由高电平(H)过渡到低电平(L)的延迟时间，即输入信号 v_I 上升到 V_{IH} 的 50% 与输出信号 v_O 下降到 V_{OH} 的 50% 所经历的时间；t_{PLH} 的含义是输出信号 v_O 由低电平(L)过渡到高电平 (H)的延迟时间，即输入信号 v_I 下降到 V_{IH} 的 50% 与输出信号 v_O 上升到 V_{OH} 的 50% 所经历的时间。

由于 t_{PHL}、t_{PLH} 不一定相等，因此有时也会用两者的平均值来表示逻辑电路的传输延迟时间，即 $t_{pd} = \dfrac{t_{PHL} + t_{PLH}}{2}$，不过对于 CMOS 反相器来说，$t_{PHL}$、$t_{PLH}$ 几乎相同。传输延迟时间长短与 CMOS 反相器工艺、负载电容 C_L 以及电源电压 V_{DD}(MOS 管导通电阻 R_{on} 受 V_{DD} 影响)有关。作为特例，表 3.2.1 给出了 74HC04、74LVC1G04 反相器芯片在不同电源 V_{DD} 下的 t_{PHL} 及 t_{PLH} 参数。

表 3.2.1　74HC04 及 74LVC1G04 芯片的传输延迟时间

	74HC04			74LVC1G04			
电源电压 V_{DD}/V	2.0	4.5	6.0	1.8	2.5	3.3	5.0
负载电容 C_L/pF	50	50	50	30	30	50	50
t_{PHL}、t_{PLH}/ns	55	11	9	3.1~8.0	1.5~4.4	1.2~4.1	1.0~3.2

2. 功耗

CMOS 反相器功耗包括静态功耗 P_S 和动态功耗 P_D。其中，动态功耗 P_D 又包括输入信号 v_I 在一个开关周期 T 内对负载电容 C_L 充放电引起的功耗 P_C 和在逻辑转换过程中因输入电压 v_I 瞬时经过反相器阈值电压 V_{TH} 附近导致 P 沟 MOS 管、N 沟 MOS 管同时导通而引起的瞬态导通功耗 P_T。

(1) 当输入端 v_I 接 GND 或电源 V_{DD} 时，电源 V_{DD} 消耗的功率称为 CMOS 反相器的静态功耗 P_S。CMOS 反相器输入保护二极管、寄生二极管反向漏电流是造成静态功耗的主要原因。当然，处于截止状态的 MOS 管 D、S 极间也存在漏电流(例如，当输出高电平 V_{OH} 时，N 沟 MOS 管 V_2 处于截止状态，且 D、S 极间压差较大，会有微弱漏电流从 N 沟 MOS 管的 D 极流到 S 极)，如图 3.2.13 所示。

静态功耗 P_S 与电源 V_{DD}、环境温度等因素有关，V_{DD} 越大，静态电流 I_{DD} 也越大，静态功耗 $P_S = V_{DD} I_{DD}$ 也就越高。由于 PN 结反向漏电流是构成静态电流 I_{DD} 的主要成分，因此 I_{DD} 会随温度的升高而迅速增加。对于 74HC04 芯片来说，在 V_{DD} 为 6.0 V 的情况下，当环境温度为 25℃ 时，I_{DD} 约为 2.0 μA；而当环境温度升高到 85℃ 时，I_{DD} 将迅速增加到 20.0 μA。

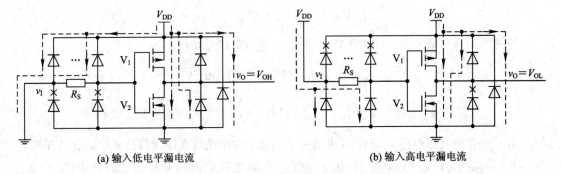

(a) 输入低电平漏电流　　　　　　　　　　　(b) 输入高电平漏电流

图 3.2.13　CMOS 反相器的静态漏电流

（2）在一个信号周期内，负载电容 C_L 充、放电引起的功耗用 P_C 表示。负载电容 C_L 的充、放电波形如图 3.2.14 所示。

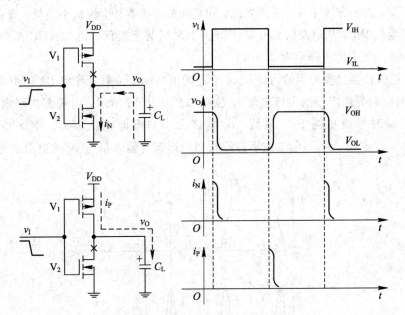

图 3.2.14　负载电容 C_L 的充放电波形

显然，一个信号周期内，当输出电压 v_O 由 V_{OH} 跳变到 V_{OL} 时，负载电容 C_L 放电电流 i_N 流过 N 沟 MOS 管 V_2 产生的功耗为

$$\frac{1}{T}\int_0^{T/2} v_O i_N \mathrm{d}t = -\frac{1}{T}\int_0^{T/2} v_O C_L \frac{\mathrm{d}v_O}{\mathrm{d}t}\mathrm{d}t = -\frac{C_L}{T}\int_{V_{OH}}^{V_{OL}} v_O \mathrm{d}v_O = \frac{C_L}{2T}(V_{OH}^2 - V_{OL}^2)$$

当输出电压 v_O 由 V_{OL} 跳变到 V_{OH} 时，电源 V_{DD} 通过 P 沟 MOS 管 V_1 对负载电容 C_L 充电，充电电流 i_P 流过 P 沟 MOS 管 V_1 产生的功耗为

$$\frac{1}{T}\int_{T/2}^{T} (V_{DD} - v_O) i_P \mathrm{d}t$$

$$= \frac{1}{T}\int_{T/2}^{T} (V_{DD} - v_O) C_L \frac{\mathrm{d}v_O}{\mathrm{d}t}\mathrm{d}t = \frac{C_L}{T}\int_{V_{OL}}^{V_{OH}} (V_{DD} - v_O)\mathrm{d}v_O$$

$$= \frac{-C_\mathrm{L}}{T} \int_{V_\mathrm{DD}-V_\mathrm{OH}}^{V_\mathrm{DD}-V_\mathrm{OL}} (V_\mathrm{DD}-v_\mathrm{O})\mathrm{d}(V_\mathrm{DD}-v_\mathrm{O})$$

$$= \frac{C_\mathrm{L}}{2T} \big[(V_\mathrm{DD}-V_\mathrm{OL})^2 - (V_\mathrm{DD}-V_\mathrm{OH})^2 \big]$$

因此一个信号周期内，负载电容 C_L 充、放电引起的总功耗：

$$P_C = \frac{1}{T} \int_0^{T/2} v_\mathrm{O} i_\mathrm{N} \mathrm{d}t + \frac{1}{T} \int_{T/2}^{T} (V_\mathrm{DD}-v_\mathrm{O}) i_\mathrm{P} \mathrm{d}t$$

$$= \frac{C_\mathrm{L}}{2T} (V_\mathrm{OH}^2 - V_\mathrm{OL}^2) + \frac{C_\mathrm{L}}{2T} \big[(V_\mathrm{DD}-V_\mathrm{OL})^2 - (V_\mathrm{DD}-V_\mathrm{OH})^2 \big]$$

由于仅考虑负载电容 C_L 充、放电引起的功耗，输出端没有连接其他负载，输出直流电流为 0，因此 V_OH 接近 V_DD，V_OL 接近 0。所以，负载电容 C_L 充、放电引起的总功耗：

$$P_C = \frac{C_\mathrm{L}}{T} V_\mathrm{DD}^2 = C_\mathrm{L} f V_\mathrm{DD}^2$$

可见，对负载电容 C_L 充放电引起的功耗 P_C 与负载电容 C_L、脉冲信号频率 f 成正比，与电源电压 V_DD 的平方成正比。正因如此，在高频数字电路中，为减小功耗，只有不断地降低芯片电源电压 V_DD，从早期的 $5.0\ \mathrm{V}$ 下降到 $1.8\ \mathrm{V}$ 甚至更低，如 74AUC 系列 CMOS 数字电路芯片的最低电源电压只有 $0.8\ \mathrm{V}$。

（3）在逻辑转换过程中因输入电压 v_I 经过阈值电压 V_TH 附近导致 P 沟 MOS 管、N 沟 MOS 管瞬时同时导通产生的尖峰电流 i_T 波形如图 3.2.15 所示，由瞬态尖峰电流 i_T 引起的功耗称为瞬时导通功耗 P_T。显然，i_T 电流大小与电源电压 V_DD、MOS 管阈值电压 $V_\mathrm{GS(th)N}$ 及 $V_\mathrm{GS(th)P}$ 有关，而 i_T 电流波形持续时间及形态与输入信号 v_I 的边沿形态及过渡时间有关。

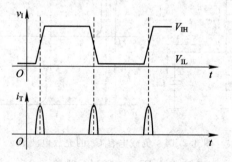

图 3.2.15　输入电压 v_I 跳变瞬间经过反相器阈值电压 V_TH 附近引起的尖峰电流波形

在数字 IC 芯片的器件手册中，不给出尖峰电流 i_T 的大小及形态，MOS 管瞬时导通功耗 P_T 借助功耗电容 C_PD 表示，即 $P_\mathrm{T} = C_\mathrm{PD} f V_\mathrm{DD}^2$。在空载状态下，在输入端施加边沿过渡时间确定的测试信号，所产生的动态功耗就是 P_T，换算后即可获得特定电源电压 V_DD 下对应的功耗电容 C_PD。例如，74HC04 芯片的功耗电容 C_PD 约为 $20\ \mathrm{pF}$。可见，P_T 并不小。在负载门不多（即负载电容 C_L 不大）的情况下，P_T 甚至会大于 P_C。

可见，CMOS 反相器的总功耗 $P = P_\mathrm{S} + P_\mathrm{D} = P_\mathrm{S} + (P_C + P_\mathrm{T})$，其中动态功耗 P_D 远大于静态功耗 P_S。

3.3　CMOS 门电路

在数字电路中，除反相器外，尚需与、与非、或、或非、异或、同或(异或非)等逻辑门电路。

3.3.1　CMOS 逻辑门电路的内部结构

基于 CMOS 反相器结构的基本与非及或非逻辑门电路如图 3.3.1 所示，其中所有 P 沟 MOS 管衬底连在一起后接电源 V_{DD}，所有 N 沟 MOS 管衬底连在一起后接地(GND)。

在图 3.3.1(a)中，P 沟 MOS 管 V_1、V_3 并联，而 N 沟 MOS 管 V_2、V_4 串联。当 A、B 输入端均输入高电平 V_{IH} 时，N 沟 MOS 管 V_2、V_4 导通，P 沟 MOS 管 V_1、V_3 截止，输出端 Y 输出低电平 V_{OL}；而当 A、B 两输入端中有一个输入端为低电平 V_{IL} 时，N 沟 MOS 管 V_2、V_4 中至少有一只处于截止状态，由于 V_2、V_4 管串联，因此输出端 Y 对地为高阻态，而 P 沟 MOS 管 V_1、V_3 中至少有一只处于导通状态，使输出端 Y 输出高电平 V_{OH}。显然，输入、输出之间是与非逻辑关系，即 $Y=\overline{AB}$。

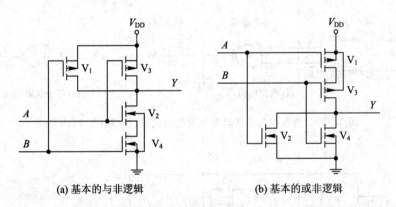

(a) 基本的与非逻辑　　　　　　　　　(b) 基本的或非逻辑

图 3.3.1　基于 CMOS 反相器结构的基本与非逻辑及或非逻辑门电路

在图 3.3.1(b)中，P 沟 MOS 管 V_1、V_3 串联，而 N 沟 MOS 管 V_2、V_4 并联。当 A、B 输入端均输入低电平 V_{IL} 时，N 沟 MOS 管 V_2、V_4 截止，P 沟 MOS 管 V_1、V_3 导通，输出端 Y 输出高电平 V_{OH}；而当 A、B 两输入端中只有一个输入端为高电平 V_{IH} 时，P 沟 V_1、V_3 管中至少有一只处于截止状态，由于 V_1、V_3 管串联，因此输出端 Y 对电源 V_{DD} 为高阻态，而 N 沟 MOS 管 V_2、V_4 中至少有一只处于导通状态，使输出端 Y 输出低电平 V_{OL}。显然，输入、输出是或非逻辑关系，即 $Y=\overline{A+B}$。

虽然图 3.3.1 所示的与非、或非逻辑门电路简单，仅需要两只 P 沟 MOS 管和两只 N 沟 MOS 管，但存在严重缺陷，主要体现为输出低电平 V_{OL} 的负载能力与输出高电平 V_{OH} 的负载能力不同。假设 P 沟、N 沟 MOS 管导通电阻均为 R_{on}，则对图 3.3.1(a)所示的与非逻辑来说，当输出低电平 V_{OL} 时，导通电阻为 $2R_{on}$(原因是 V_2、V_4 管串联)；当输出高电平 V_{OH} 时，导通电阻为 R_{on}(V_1、V_3 管之一导通)或 $R_{on}//R_{on}=0.5R_{on}$(V_1、V_3 管均导通)。换句话说，在相同负载电流下，V_{OL} 与 $V_{DD}-V_{OH}$ 会随输入端 A、B 电平状态的不同而变化。此外，由于导通电阻 R_{on} 的存在，输入端 A、B 的输入特性也不再对称，即与标准 CMOS 反相器的输入、输出特性有区别。

显然，图 3.3.1(b) 所示的或非逻辑电路也存在类似问题。为此，可在基本逻辑单元电路的每一输入端串联一套 CMOS 反相器作为输入缓冲器，并在基本逻辑单元电路的输出端增加一套 CMOS 反相器作为输出缓冲器，以便获得与标准 CMOS 反相器输入、输出特性一致的逻辑门电路，如图 3.3.2 及 3.3.3 所示。

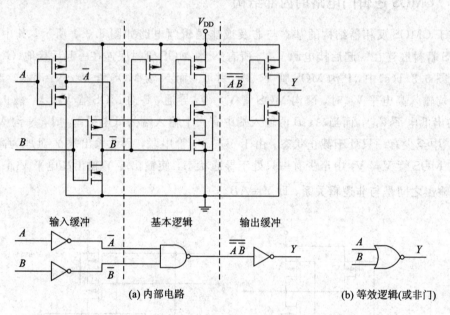

(a) 内部电路　　　　　　　　　　　　(b) 等效逻辑(或非门)

图 3.3.2　由基本与非逻辑单元构成的或非门电路(如 74HC02)

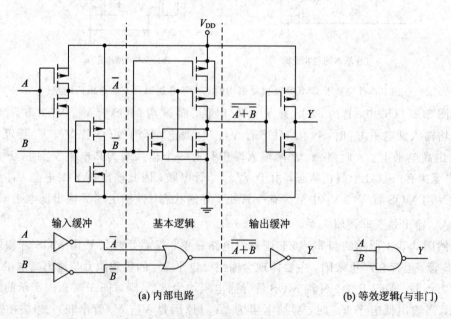

(a) 内部电路　　　　　　　　　　　　(b) 等效逻辑(与非门)

图 3.3.3　由基本或非逻辑单元构成的与非门电路(如 74HC00)

如果将图 3.3.2 中的基本与非逻辑部分改为 3 只 P 沟 MOS 管并联、3 只 N 沟 MOS 管串联，就获得了具有 3 个输入端的或非门电路(如 74HC27、74LV27A)，如图 3.3.4 所示。

用类似方法可以获得 4 输入或非门电路、3 输入与非门电路，以及 4 输入与非门电路。

同理，在基本与非逻辑单元后再串联一套反相器，就获得了或门电路；在基本或非逻辑后再串联一套反相器，就获得了与门电路。而其他更复杂的逻辑，如异或门、同或门(异或非门)、与或非门等都可以由与、与非、或、或非及反相器组合得到。例如，异或门 $Y=\overline{AB}+\overline{A}\,\overline{B}=\overline{AB}+\overline{A+B}$，可用图 3.3.5 所示的基本逻辑电路实现。

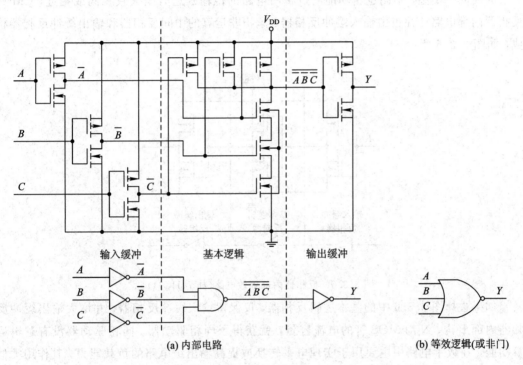

图 3.3.4　由 3 输入端基本与非逻辑单元构成的 3 输入或非门电路

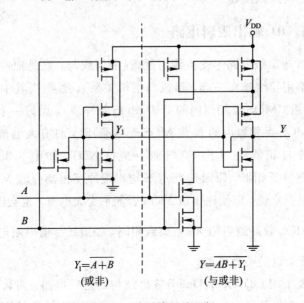

图 3.3.5　基本异或逻辑

不难证明,在图3.3.5中增加输入缓冲反相器、输出缓冲反相器后就可以获得同或(异或非)门电路,即 $Y=AB+\overline{A}\overline{B}$。

显然,在基本逻辑单元电路中增加输入缓冲反相器、输出缓冲反相器后,门电路传输延迟时间 t_{pd} 是输入缓冲反相器传输延迟时间、基本逻辑门单元传输延迟时间、输出缓冲反相器传输延迟时间的总和。

为使同一类型、不同逻辑功能的逻辑门电路的传输延迟时间大致相同或相近,CMOS反相器内部电路往往也由输入缓冲反相器、承担非运算的中间反相器和输出缓冲反相器构成,如图3.3.6所示。

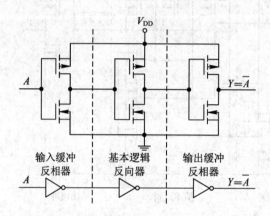

图3.3.6　反相器内部等效电路(如74HC04)

如果去掉图3.3.6中的基本逻辑反相器,仅保留输入缓冲反相器,并增大输出缓冲反相器内部P沟、N沟MOS管的电流容量,就获得了同相驱动器。同相驱动器没有逻辑运算功能,在数字电路中主要用于实现电平转换或提高输出级电路的负载能力,其作用类似于模拟放大电路中的电压跟随器。

3.3.2　漏极开路(OD)输出逻辑电路

CMOS反相缓冲输出级电路不支持线与逻辑(所谓线与,就是把两个或两个以上的逻辑电路芯片的输出端用导线连在一起,形成与逻辑关系),否则当其中一个输出端输出高电平 V_{OH}(对应输出级CMOS反相器内的P沟MOS管导通),而另一个输出端输出低电平 V_{OL}(对应输出级CMOS反相器内的N沟MOS管导通)时,将有大电流从一个反相器的P沟MOS管→另一个反相器的N沟MOS管→地(GND),如图3.3.7所示,从而损坏CMOS电路的输出缓冲反相器,原因是CMOS输出缓冲反相器内的MOS管导通电阻 R_{on} 仅为100 Ω左右。退一步说,即使输出级MOS管能承受大电流,也会因P沟MOS管导通电阻 $R_{on(P)}$ 和N沟MOS管导通电阻 $R_{on(N)}$ 大致相同,强迫线与输出端电压 v_O 为 $\frac{1}{2}V_{DD}$,属于不高不低的坏电平,也是不允许的。

为此,有时需要采用OD(Open Drain)输出结构的逻辑电路,将输出缓冲反相器内的P沟MOS管去掉后就获得了相应逻辑的OD输出电路。例如,去掉图3.3.6所示非门电路输出缓冲反相器内的 P 沟 MOS 管后就获得了 OD 输出结构的反相器，如图 3.3.8 所示。

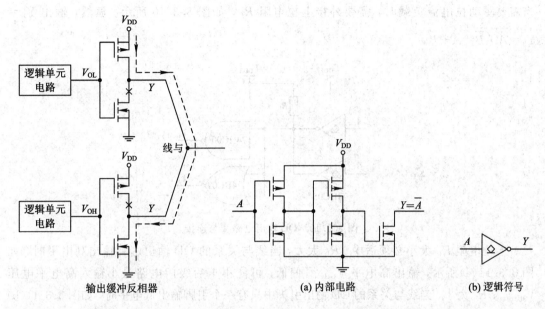

图 3.3.7　CMOS 输出结构线与时存在的问题　　　图 3.3.8　OD 输出反相器（如 74HC05）

又如，取消图 3.3.3 所示与非门电路输出缓冲反相器内的 P 沟 MOS 管后就获得了 OD 输出结构的与非门电路，如图 3.3.9 所示。

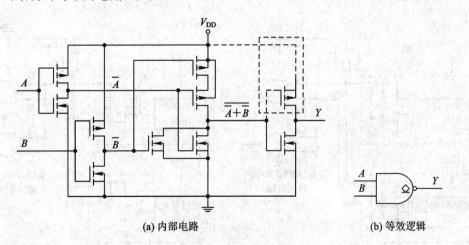

图 3.3.9　OD 输出与非门电路

由此可见，取消任一 CMOS 电路输出缓冲反相器内的 P 沟 MOS 管后就获得了对应逻辑功能的 OD 输出逻辑电路。但为了扩大 OD 输出逻辑电路的用途，部分 OD 输出逻辑电路输出级 N 沟 MOS 管尺寸较大，电流容量高，甚至耐压也高于承担逻辑运算功能单元内的 N 沟 MOS 管。在数字电路中，OD 输出逻辑电路主要用于实现线与逻辑，在低速电路中用于电平转换或驱动大的灌电流负载。

之所以称为 OD 输出，是因为去掉输出级反相器内的 P 沟 MOS 管后，剩余的 N 沟

MOS 管漏极 D 就处于开路状态。

由于 OD 输出级内的 N 沟 MOS 管漏极开路，因此输出端可以按线与方式连接。不过当需要驱动拉电流负载时，需要外接上拉电阻 R_L，如图 3.3.10 所示。显然，输出 $Y_1 = Y_2 = \overline{\overline{A} \cdot \overline{B}} = A + B$。

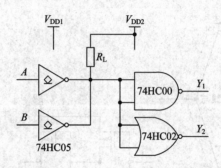

图 3.3.10　OD 输出电路线与连接

上拉电阻 R_L 大小必须适中。R_L 太大，当线与关系的 OD 输出端都输出高电平时，如图 3.3.11(a) 所示，输出高电平 $V_{OH(min)}$ 偏低，可能小于后级门电路最小输入高电平电压 $V_{IH(min)}$；R_L 太小，当线与关系的 OD 输出引脚中只有一个引脚输出低电平时，如图 3.3.11(b) 所示，输出低电平电流 I_{OL} 可能会大于 OD 输出级允许的输出低电平电流 $I_{OL(max)}$，造成输出低电平电压 $V_{OL(max)}$ 大于后级门电路最大输入低电平电压 $V_{IL(max)}$，甚至引起 OD 输出级 N 沟 MOS 管过流损坏。

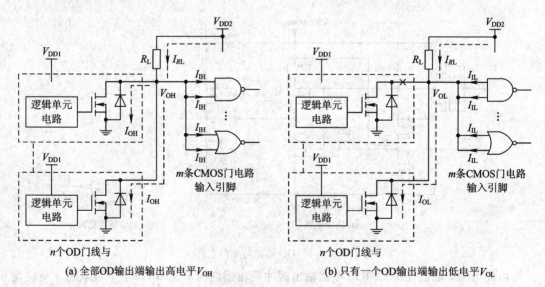

(a) 全部OD输出端输出高电平V_{OH}　　　　　(b) 只有一个OD输出端输出低电平V_{OL}

图 3.3.11　OD 输出状态

当线与关系的所有 OD 输出端均输出高电平时，各 OD 输出级 N 沟 MOS 管 D、S 极之间承受的电压为 V_{OH}（较高），必然存在较大的漏电流 I_{OH}（包括了 MOS 管 D、S 极间漏电流和输出寄生二极管反向饱和漏电流）。由于 CMOS 门电路每个输入引脚均接有输入缓冲反相器，输入高电平时，连接在输入端与地之间的下输入保护二极管处于反偏状态，反向漏电流是输入高电平电流 I_{IH} 的主要成分，因此，输出高电平：

$$V_{OH} = V_{DD2} - (nI_{OH} + mI_{IH})R_L > V_{IH(min)} \tag{3.3.1}$$

一般取：

$$R_L < \frac{V_{DD2} - V_{OH}}{nI_{OH} + mI_{IH}}$$

当 OD 输出端为低电平时，对于 CD4000 系列、74HC 系列芯片来说，连接在输入端与电源 V_{DD2} 之间的上输入保护二极管也处于反偏状态，其反向漏电流也是输入低电平电流 I_{IL} 的主要成分。当只有一个 OD 输出端为低电平时，流入的灌电流（处于截止状态的其他 OD 输出级 N 沟 MOS 管 D、S 极间电压 $V_{OL(max)}$ 小于 0.5 V，漏电流很小，可忽略不计）：

$$I_{OL} = I_{RL} + mI_{IL} = \frac{V_{DD2} - V_{OL}}{R_L} + mI_{IL} < I_{OL(max)} \tag{3.3.2}$$

由此可知：

$$R_L > \frac{V_{DD2} - V_{OL(max)}}{I_{OL(max)} - mI_{IL}}$$

【例 3.3.1】 在图 3.3.10 所示电路中，已知在电源 $V_{DD1} = V_{DD2} = 5.0$ V 的情况下，OD 输出 74HC05 反相器输出高电平漏电流 I_{OH} 最大为 5.0 μA，当最大输出低电平电流 $I_{OL(max)}$ 为 4.2 mA 时，输出低电平电压 $V_{OL(max)}$ 为 0.33 V。74HC00、74HC02 输入高电平电流 I_{IH} 及输入低电平电流 I_{IL} 均为 1.0 μA。在 $V_{OL(max)}$ 不大于 0.33 V、V_{OH} 不小于 4.4 V 的情况下，试确定 R_L 的取值范围。

解 考虑到上拉电阻一般采用误差为 5% 的 E24 系列普通精度电阻，再预留 10% 的工程设计余量，则

$$\begin{aligned} R_L &< \frac{V_{DD2} - V_{OH}}{nI_{OH} + mI_{IH}} \times (1 - 5\%) \times (1 - 10\%) \\ &= \frac{5.0 - 4.4}{2 \times 5 + 4 \times 1} \times 0.95 \times 0.90 = 36.64 \text{ k}\Omega \end{aligned}$$

取标准值 36 kΩ。

$$\begin{aligned} R_L &> \frac{V_{DD2} - V_{OL(max)}}{I_{OL(max)} - mI_{IL}} \times (1 + 5\%) \times (1 + 10\%) \\ &= \frac{5 - 0.33}{4.2 - 4 \times 1.0 \times 10^{-3}} \times 1.05 \times 1.1 = 1.29 \text{ k}\Omega \end{aligned}$$

取标准值 1.3 kΩ。

因此上拉电阻 R_L 的取值范围为 1.3～36 kΩ。在实际应用中，应根据工作信号的上限频率确定 R_L 的大小。例如，当信号频率较高（如 5 kHz 以上）时，R_L 应取小一点，如 10 kΩ 以下；反之，当信号频率较低时，R_L 应取大一点，如 20 kΩ 以上，以降低电路的静态功耗。

3.3.3 三态输出逻辑电路

在计算机系统中多采用并联连接方式，当两块或两块以上数字 IC 芯片的输出端连接到图 3.3.12 所示的数据总线 D_i 上时，任何时候最多只允许一块芯片与系统数据总线 D_i 相连，否则就会形成线与逻辑。如果其中一块芯片（如芯片 A 的 D_0 引脚）输出高电平，而另一块芯片（如芯片 B 的 D_0 引脚）输出低电平，将导致数据总线 D_0 电平异常，为不高不低

的坏电平，甚至还会因过流而损坏数字 IC 芯片的输出级电路，如图 3.3.13 所示。

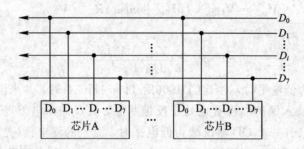

图 3.3.12　两芯片输出端并接到数据总线上

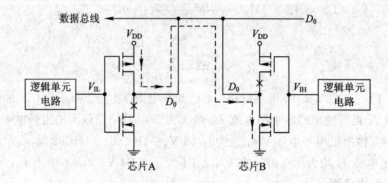

图 3.3.13　CMOS 输出结构并接到数据总线上存在的问题

　　因此，在计算机电路系统中需要三态输出结构的 CMOS 数字电路芯片：当输出允许端 OE(Output Enable)有效时，具有互补 CMOS 输出特性，如输出高电平、低电平负载能力强且基本对称；当输出允许端 OE 无效时，输出级 CMOS 反相器内的 P 沟 MOS 管和 N 沟 MOS 管均处于截止状态，使输出端 Y 无论对地(GND)还是对电源 V_{DD} 都呈现高阻态(即第三态，也称为 Z 态)。理论上在内部逻辑单元后接图 3.3.14 所示的虚线框内的三态输出结构就获得了三态输出 CMOS 数字电路。输出控制端 OE 可采用低电平有效方式，也可以采用高电平有效方式。

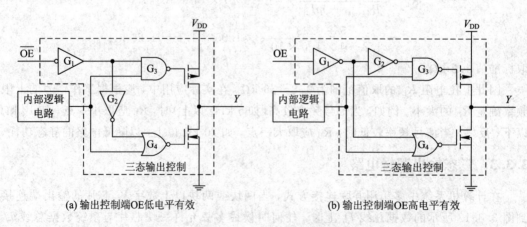

(a) 输出控制端OE低电平有效　　　　　　　　　　(b) 输出控制端OE高电平有效

图 3.3.14　三态输出结构

作为特例，图 3.3.15 给出了三态输出反相器内部等效电路及其电气图形符号。

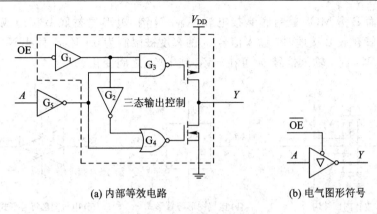

(a) 内部等效电路　　　　　　　　　　(b) 电气图形符号

图 3.3.15　三态输出反相器

当输出控制端$\overline{\text{OE}}$为低电平(有效)时,反相器 G_1 输出高电平,与非门 G_3 解锁(等效为反相器),结果 P 沟 MOS 管栅极 G 与输入端 A 相位相同,反相器 G_2 输出低电平,或非门 G_4 解锁(也等效为反相器),结果 N 沟 MOS 管栅极 G 与输入端 A 相位也相同,使输出端 Y 呈现低阻状态(是高电平还是低电平由输入端 A 的状态确定),如图 3.3.16(a)所示。

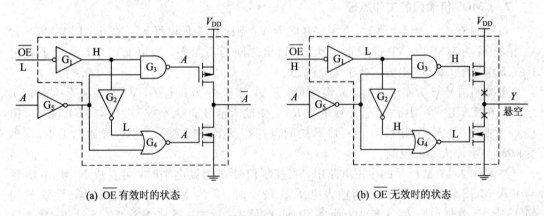

(a) $\overline{\text{OE}}$ 有效时的状态　　　　　　　　　(b) $\overline{\text{OE}}$ 无效时的状态

图 3.3.16　输出控制端$\overline{\text{OE}}$不同状态对输出级电路的影响

当输出控制端$\overline{\text{OE}}$为高电平(无效)时,反相器 G_1 输出低电平,与非门 G_3 输出高电平,导致 P 沟 MOS 管截止,反相器 G_2 输出高电平,或非门 G_4 输出低电平,导致 N 沟 MOS 管截止,使输出端无论对地(GND)还是对电源 V_{DD} 均呈现高阻态(即第三态),相当于输出 Y 悬空,如图 3.3.16(b)所示,以便能并接到计算机系统的数据总线上。

后续章节中介绍的存储器、触发器芯片的输出级电路多采用三态输出结构,部分同相驱动器也采用三态输出结构,但反相器输出级很少采用三态输出结构。

3.3.4　CMOS 传输门电路

CMOS 传输门(Transfer Gate,TG)本质上相当于电子开关,既可以传输模拟信号,也可以传输数字信号,被广泛应用在电子电路中。例如,可利用 CMOS 传输门构建逻辑电路,也可以利用 CMOS 传输门和反相器构建单刀单掷、单刀双掷、双刀单掷、双刀双掷等模拟开关。

1. CMOS 传输门的结构

CMOS 传输门电路结构如图 3.3.17 所示,其中 P 沟 MOS 管 V_1 和 N 沟 MOS 管 V_2

的沟道并联，而 P 沟 MOS 管衬底 B 接电源 V_{DD}，N 沟 MOS 管衬底 B 接地或负电源 V_{EE}。当 N 沟 MOS 管衬底 B 接地时，输入信号 v_1 的幅度被限制为 $0 \sim V_{DD}$，而当 N 沟 MOS 管衬底 B 接负电源 V_{EE} 时，输入信号 v_1 可在 $-V_{EE}$ 到 $+V_{DD}$ 之间变化。

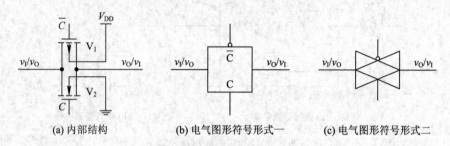

| (a) 内部结构 | (b) 电气图形符号形式一 | (c) 电气图形符号形式二 |

图 3.3.17　CMOS 门电路

在 CMOS 传输门中，P 沟、N 沟 MOS 管衬底 B 分别接电源 V_{DD} 和地（或负电源 V_{EE}），根据 MOS 管结构的对称性，两个电极地位完全相同，即任何一个电极均可视为 S 极或 D 极，因此信号可以双向传输。

2. CMOS 传输门的工作原理

当控制信号 C 为低电平时，N 沟 MOS 管 V_2 栅极 G 为低电平，V_2 截止，P 沟 MOS 管 V_1 栅极 G 为高电平，V_1 也截止，输入、输出之间为高阻态，漏电流很小，一般不超过 $1~\mu A$，相当于 CMOS 传输门处于关断状态。

当控制信号 C 为高电平时，N 沟 MOS 管 V_2 栅极 G 为高电平，V_2 管栅极 G 与衬底 B 之间存在反型层（N 型），V_2 管导通电阻 $R_{on(N)}$ 受输入信号 v_1 大小控制，P 沟 MOS 管 V_1 栅极 G 为低电平，V_1 管栅极 G 与衬底 B 之间也存在反型层（P 型），V_1 管导通电阻 $R_{on(P)}$ 也受输入信号 v_1 大小的控制。

在图 3.3.18(a) 所示的应用电路中，当控制信号 C 为高电平时，可看成 N 沟 MOS 管与 P 沟 MOS 管的沟道并联。当输入电压 v_1 较小时，P 沟 MOS 管 $|v_{GS}|$ 较小，导致 P 沟 MOS 管 V_1 导通电阻 $R_{on(P)}$ 较大，而 N 沟 MOS 管 v_{GD} 较大，导致 N 沟 MOS 管 V_2 导通电阻 $R_{on(N)}$ 较小。随着输入电压 v_1 的不断增加，P 沟 MOS 管 $|v_{GS}|$ 不断升高，使 P 沟 MOS 管导通电阻 $R_{on(P)}$ 逐渐减小，而 N 沟 MOS 管 v_{GD} 逐渐下降，造成 N 沟 MOS 管导通电阻 $R_{on(N)}$ 不断增加。显然，从输入端 v_1 到输出端 v_O 的导通电阻 $R_{on} = R_{on(P)} /\!/ R_{on(N)}$，如图 3.3.18(b) 所示。

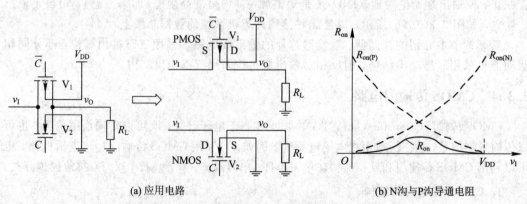

| (a) 应用电路 | (b) N沟与P沟导通电阻 |

图 3.3.18　导通电阻 R_{on} 与输入电压 v_1 的关系

CMOS 传输门导通电阻 R_{on} 与下列因素有关：

（1）与 MOS 管沟道尺寸有关。沟道宽度越大，长度越小，导通电阻 R_{on} 越小。

（2）与电源电压 V_{DD} 有关。电源电压 V_{DD} 越高，栅极 G 与衬底 B 之间的压差就越大，导通电阻 R_{on} 就越小。

（3）与输入电压 v_I 大小有关。当输入电压 v_I 为 0 或接近电源 V_{DD} 时，R_{on} 最小；而当输入电压 v_I 在 $0.5V_{DD}$ 附近时，R_{on} 最大。

早期芯片（如 74HC4066 等）的导通电阻 R_{on} 约为 100 Ω（输入电压 v_I 为 0 或接近电源 V_{DD} 时的测试值），后期芯片（如 74LVC1G66）的导通电阻 R_{on} 在 10 Ω 以下，个别 CMOS 传输门电路芯片的导通电阻甚至小到 1 Ω 以下。尽管理论上 CMOS 传输门既可以传输数字信号，也可以传输模拟信号，但从导通电阻 R_{on} 的特性不难发现，CMOS 传输门更适合传输只有高低电平状态的数字信号。

不过，值得注意的是，尽管 CMOS 传输门开关速度很快，信号从输入端 v_I 传递到输出端 v_O 的延迟时间 t_{pd} 也很短（纳秒级），但只能用在信号处理电路中作为信号开关使用，不能作为功率开关元件使用。

3. CMOS 传输门应用举例

利用反相器作为 CMOS 传输门的控制开关就可以构成模拟开关，如图 3.3.19 和图 3.3.20 所示。

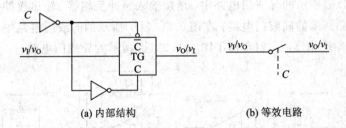

(a) 内部结构　　　　　　　　　(b) 等效电路

图 3.3.19　单刀单掷模拟开关

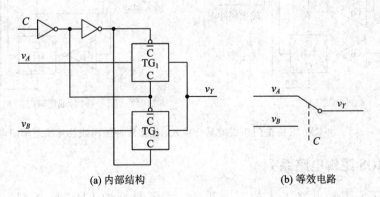

(a) 内部结构　　　　　　　　　(b) 等效电路

图 3.3.20　单刀双掷模拟开关

在图 3.3.20 中，当控制信号 C 为低电平时，$v_Y = v_A$；当控制信号 C 为高电平时，$v_Y = v_B$。显然，将图 3.3.20 所示的两套单刀双掷模拟开关组合在一起就可以获得双刀双掷模拟开关。

利用 CMOS 传输门还可以构成一些复杂的逻辑电路，如某些逻辑门电路、总线开关、数字选择器、D 触发器及 JK 触发器(包括 D 锁存器)等。作为特例,图 3.3.21 给出了用两套 CMOS 传输门与两套反相器构成的异或、同或逻辑门电路。

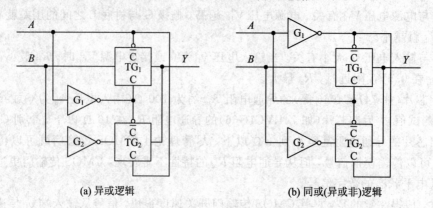

(a) 异或逻辑   (b) 同或(异或非)逻辑

图 3.3.21   由 CMOS 传输门构成的异或及同或逻辑门电路

对图 3.3.21(a)来说,当 $A=0$ 时,TG_1 导通,TG_2 关断,输出 $Y=B$;而当 $A=1$ 时,TG_1 关断,TG_2 导通,输出 $Y=\overline{B}$。显然,Y 与 A、B 之间为异或逻辑关系。

对图 3.3.21(b)来说,当 $A=0$ 时,TG_1 关断,TG_2 导通,输出 $Y=\overline{B}$;而当 $A=1$ 时,TG_1 导通,TG_2 关断,输出 $Y=B$。显然 Y 与 A、B 之间为同或(异或非)逻辑关系。

在图 3.3.21(a)所示的异或门电路中,增加输入缓冲反相器、输出缓冲反相器后,就获得了图 3.3.22(a)所示的同或门电路;在图 3.3.21(b)所示的同或门电路中,增加输入缓冲反相器、输出缓冲反相器后,就获得了图 3.3.22(b)所示的异或门电路。

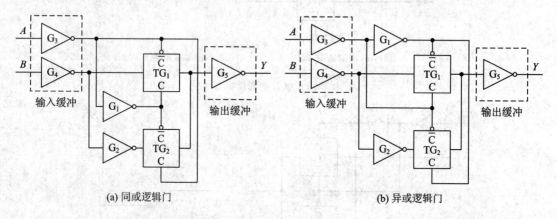

(a) 同或逻辑门   (b) 异或逻辑门

图 3.3.22   由 CMOS 传输门构成的具有输入、输出缓冲的同或及异或逻辑门电路

3.3.5   CMOS 逻辑电路系列

随着 CMOS 逻辑电路工艺的不断进步,除了早期的 CD4000 系列、74HC 系列、74HCT 系列(输入电平兼容 TTL 逻辑电路的高速 CMOS)外,尚有 74AHC 系列、74AHCT 系列(输入电平兼容 TTL 逻辑电路的先进高速 CMOS)、74LVA 系列、74LVC 系列、74ALVC 系列、74AVC 系列、74AUC 系列、74AUP 系列等,各系列 CMOS 逻辑器件的主要特性如表 3.3.1 所示。其中:

表 3.3.1 各系列 CMOS 逻辑器件的主要特性

参数 系列	电源电压 V_{DD}/V	平均传输延迟时间		输入电压 V_I		输出电压 V_O/V	备 注
		电源电压	t_{pd}/ns	范围/V	过压		
CD4000	3.0～18	5.0 V	60	0～V_{DD}		0～V_{DD}	已过时,用于 5 V 以上的电源电压
74HC	2.0～6	5.0 V	9 ns	0～V_{DD}		0～V_{DD}	品种最齐全,仍在用
74HCT	4.5～5.5	5.0 V	9	0～V_{DD}		0～V_{DD}	仅用于电平转换电路
74AHC	2.0～6	5.0 V	5.2	0～5.0	Yes	0～V_{DD}	品种较全,仍在用
74AHCT	4.5～5.5	5.0 V	5.2	0～5.0	Yes	0～V_{DD}	仅用于电平转换电路
74LVC	1.65～3.6	3.3 V	3.5	0～5.0	Yes	0～V_{DD}	缓冲门电源电压为 5.0 V
74LVA	2.0～5.5	3.3 V/15 pF	5.1	0～5.0	Yes	0～V_{DD}	品种较全,HC 系列升级首选
74LV1T	1.6～5.5	3.3 V/30 pF	4.9	0～5.0	Yes	0～V_{DD}	用于电平转换及驱动电路
74ALVC	1.65～3.6	3.3 V	2.0	0～3.6	Yes	0～V_{DD}	用于低压高速系统
74AVC	1.2～3.6	3.3 V	2.0	0～3.6	Yes	0～V_{DD}	低压系统电平转换芯片
74AUC	0.8～2.7	2.5 V/15 pF	<1.1	0～3.6	Yes	0～V_{DD}	超低压系统的首选
74AUP	0.8～3.6	3.3 V	2.0	0～3.6	Yes	0～V_{DD}	低功耗系统的首选
74AUP1T	2.3～3.6	3.3 V/30 pF	3.8	0～3.6	Yes	0～V_{DD}	用于电平转换及驱动电路

(1) CD4000 系列(CMOS Device,标准 CMOS 器件)是最早商品化的 CMOS 逻辑器件,种类齐全,优点是电源电压范围宽(3.0～18 V),功耗低,但速度慢,目前已被其他系列 CMOS 逻辑电路所取代,除非电源电压 V_{DD} 大于 5.0 V,否则应尽量避免使用 CD4000 系列。

(2) 74HC 系列(High-speed CMOS,高速 CMOS)及 74HCT 系列是第二代 CMOS 逻辑器件,应用广泛。74HC 系列 CMOS 器件的主要特征是电源电压范围较宽(2.0～6.0 V),速度较快,功耗略高于 CD4000 系列,门平均传输延迟时间与 74LS 系列 TTL 逻辑电路相当,但静态功耗远低于 74LS 系列,负载能力也比 74LS 系列 TTL 电路强,因此 74HC 系列是低速数字系统最常用的数字电路芯片,品种也最齐全。74HCT 系列的输入电平与 TTL 逻辑电路的输入电平兼容,但电源电压 V_{DD} 范围窄(4.5～5.5 V)。该系列芯片的其他特性(如输出电平电压、负载能力等)与 74HC 系列相同。

CD4000、74HC、74HCT 三个系列逻辑器件均不支持过压输入,输入电压 V_I 的范围必须严格限制在 0 到 V_{DD} 之间,且电源电压 V_{DD} 必须小于器件允许的上限电源电压。例如,对于 74HC 系列芯片,当电源电压 V_{DD} 为 3.3 V 时,输入电压 V_I 必须严格限制在 0 到 3.3 V 范围内。除 OD 输出引脚外,双向 I/O 口输出端电压 V_O 也必须小于电源电压 V_{DD}。

(3) 74AHC 系列(Advanced High-speed CMOS,先进高速 CMOS)及 74AHCT 系列(输入电平兼容 TTL 逻辑器件的先进高速 CMOS)的特性与 74HC、74HCT 基本相同,但速度比 74HC 系列快,功耗也略低。此外,当电源电压 V_{DD} 小于上限电源电压 5.0 V 时,允许输入电压 V_I 大于电源电压 V_{DD}。例如,当 V_{DD} 为 3.3 V 时,输入电压 V_I 最高可达 5.0 V,方便了高压逻辑到低压逻辑的电平转换。

由于 74HCT、74AHCT 芯片的输入电平与 TTL 逻辑电路兼容,因此最大输入低电平

电压 $V_{\mathrm{IL(max)}}$ 固定为 0.8 V，而不是 $0.3V_{\mathrm{DD}}$，最小输入高电平电压 $V_{\mathrm{IH(min)}}$ 固定为 2.0 V，而不是 $0.7V_{\mathrm{DD}}$，对应的阈值电压 V_{TH} 的典型值为 1.5 V，而不是 $0.5V_{\mathrm{DD}}$。

（4）74LVA（Low-Voltage CMOS）系列的电源电压为 2.0～5.5 V，传输延迟时间 $t_{\mathrm{pd}}<10$ ns，品种规格较齐全，其特征是器件型号带后缀字母 A，如 74LV00A、74LV04A 等。74LVA 系列的速度、电源电压的范围与 74HC 系列大致相同，也不提供单门封装逻辑，但支持过压输入及掉电关断功能，价格大致与 74HC 系列相同甚至更低，是 74HC 系列首选的升级换代芯片。采用 LV 工艺制造的电平转换器件 74LV1T×× 还支持低压到高压的电平转换操作。

（5）74LVC（Low-Voltage CMOS，低压 CMOS）系列的电源电压范围较宽（1.65～3.6 V），速度快，在 3.3 V 电源电压下，门平均传输延迟时间 $t_{\mathrm{pd}}<4.3\mathrm{ns}$，功耗低，负载能力很强，输入端 V_{I} 最大可承受 5.5 V 的输入电压，因此可直接作为电源电压为 5.0 V 的逻辑门的负载。此外，该系列同相缓冲器、反相缓冲器以及 OD 输出器件电源电压 V_{DD} 上限提高到了 5.0 V。74LVC 系列已成为 3.3 V 低压数字电路系统的优选芯片，该系列个别逻辑芯片的价格甚至低于 74HC 系列同功能芯片，只是器件品种目前尚没有 74HC 系列齐全。

（6）74ALVC（Advanced Low-Voltage CMOS，先进低压 CMOS）系列的特性与 74LVC 系列基本相同，只是输入引脚的最大电压不宜超过 3.6 V，速度更快，在 3.3 V 电源电压下，门平均传输延迟时间 $t_{\mathrm{pd}}<3.0$ ns。

（7）74AVC（Advanced Very-low-voltage CMOS，先进低压 CMOS）系列的特性与 74ALVC 系列基本相同，但电源电压范围较宽（1.2～3.6 V）。AVC 工艺器件主要用于生产电平转换芯片。

（8）74AUC（Advanced Ultra-low-voltage CMOS，先进超低压 CMOS）系列的特性与 74ALVC 系列基本相同，但电源电压范围更宽（0.8～2.7 V），速度更快，在 2.5 V 电源电压下，门平均传输延迟时间 $t_{\mathrm{pd}}<1.1$ ns，是低压高速数字电路系统的优先芯片。

（9）74AUP（Advanced Ultra-low-Power CMOS，先进超低功耗 CMOS）系列的电源电压范围宽（0.9～3.6 V），速度较快（与 74LVC 系列相当），在 3.3 V 电源电压下，门平均传输延迟时间 $t_{\mathrm{pd}}<4.3$ ns，但静态功耗很小（静态漏电流小于 0.9 μA），动态功耗也很低（功耗电容 $C_{\mathrm{pd}}<4$ pF），是电池供电数字电路系统的优选逻辑芯片。

为减小电路板的面积，降低成本，常用逻辑门（如 74AHC00、74LVC00、74AUP00、74AHC02、74LVC02、74AUP02、74AHC04、74LVC04、74AUP04、74LVC06、74LVC07、74AUP07 等）提供了单套、2 套，甚至 3 套少引脚封装芯片，如 74AHC1G00、74LVC1G00、74AUP1G00、74AUP1G04、74AUP2G04 等。其中，字母 G 是 Gate（门）的缩写，而字母 G 前数码的含义是封装套内所含的逻辑门个数。例如，74LVC3G04 的含义是该芯片采用 LVC 工艺制造，封装套内含有 3 套反相器。

为方便不同电源电压逻辑芯片的连接，TI、ON 等公司还推出了具有电平转换功能的逻辑门电路芯片，如 74LV1T（Low-Voltage Translation，低压 CMOS 电平转换器件）系列、74AUP1T（Advanced Ultra-low-Power Translation，先进超低功耗 CMOS 电平转换器件）等。其中，字母 T 是 Translation（转换）的缩写，而字母 T 前数码的含义是封装套内所含的电平转换缓冲门的个数。例如，74LV1T34 的含义是该芯片采用 LV 工艺制造，封装套内含有 1 套同相电平转换缓冲门。又如，74AUP1T00 的含义是该芯片采用 AUP 工艺制造，封装套内含有 1 套 2 输入与非逻辑电平转换器。

3.3.6　常用逻辑门电路芯片

CMOS 逻辑电路芯片的种类很多，其中常用 CMOS 逻辑门电路芯片如表 3.3.2 所示。

表 3.3.2　常用 CMOS 逻辑门电路（未含施密特输入电路）芯片

型号	生产工艺	套数	逻辑功能	参考封装	2G/3G
74HC00	高速 CMOS	4	2 输入与非门	DIP - 14 或 SOIC14	
74LV00A	低压 CMOS	4	2 输入与非门	DIP - 14 或 SOIC14	
74LVC1G00	低压 CMOS	1	2 输入与非门	SOT - 23 - 5 封装	2G
74AHC1G00	先进高速 CMOS	1	2 输入与非门	SOT - 23 - 5 封装	2G
74AUC1G00	先进超低压 CMOS	1	2 输入与非门	SOT - 23 - 5 封装	2G
74HC02	高速 CMOS	4	2 输入或非门	DIP - 14 或 SOIC14	
74LV02A	低压 CMOS	4	2 输入或非门	DIP - 14 或 SOIC14	
74LVC1G02	低压 CMOS	1	2 输入或非门	SOT - 23 - 5 封装	2G
74AHC1G02	先进高速 CMOS	1	2 输入或非门	SOT - 23 - 5 封装	2G
74AUC1G02	先进超低压 CMOS	1	2 输入或非门	SOT - 23 - 5 封装	2G
74HC04	高速 CMOS	6	反相器	DIP - 14 或 SOIC14	
74LV04A	低压 CMOS	6	反相器	DIP - 14 或 SOIC14	
74LVC1G04	低压 CMOS	1	反相器	SOT - 23 - 5 封装	2G/3G
74AHC1G04	先进高速 CMOS	1	反相器	SOT - 23 - 5 封装	2G/3G
74AUC1G04	先进超低压 CMOS	1	反相器	SOT - 23 - 5 封装	2G/3G
74HC05	高速 CMOS	6	OD 输出反相器	DIP - 14 或 SOIC14	
74LV05A	低压 CMOS	6	OD 输出反相器	DIP - 14 或 SOIC14	
74LV06A	低压 CMOS	6	OD 输出反相驱动器	DIP - 14 或 SOIC14	
74LVC06	低压 CMOS	6	OD 输出反相驱动器	DIP - 14 或 SOIC14	
74LVC1G06	低压 CMOS	1	OD 输出反相驱动器	SOT - 23 - 5 封装	2G/3G
74AUC1G06	先进超低压 CMOS	1	OD 输出反相驱动器	SOT - 23 - 5 封装	2G/3G
74LV07A	低压 CMOS	6	OD 输出同相驱动器	DIP - 14 或 SOIC14	
74LVC07	低压 CMOS	6	OD 输出同相驱动器	DIP - 14 或 SOIC14	
74LVC1G07	低压 CMOS	1	OD 输出同相驱动器	SOT - 23 - 5 封装	2G/3G
74AUC1G07	先进超低压 CMOS	1	OD 输出同相驱动器	SOT - 23 - 5 封装	2G/3G
74HC08	高速 CMOS	4	2 输入与门	DIP - 14 或 SOIC14	
74LV08A	低压 CMOS	4	2 输入与门	DIP - 14 或 SOIC14	
74LVC1G08	低压 CMOS	1	2 输入与门	SOT - 23 - 5 封装	2G
74AHC1G08	先进高速 CMOS	1	2 输入与门	SOT - 23 - 5 封装	2G
74AUC1G08	先进超低压 CMOS	1	2 输入与门	SOT - 23 - 5 封装	2G

续表

型号	生产工艺	套数	逻辑功能	参考封装	2G/3G
74HC10	高速 CMOS	3	3 输入与非门	DIP - 14 或 SOIC14	
74LV10A	低压 CMOS	3	3 输入与非门	DIP - 14 或 SOIC14	
74LVC1G10	低压 CMOS	1	3 输入与非门	SOT - 23 - 6 封装	
74HC11	高速 CMOS	3	3 输入与门	DIP - 14 或 SOIC14	
74LVC1G11	低压 CMOS	1	3 输入与门	SOT - 23 - 6 封装	
74HC27	高速 CMOS	3	3 输入或非门	DIP - 14 或 SOIC14	
74LV27A	低压 CMOS	3	3 输入或非门	DIP - 14 或 SOIC14	
74LVC27	低压 CMOS	3	3 输入或非门	DIP - 14 或 SOIC14	
74LVC1G27	低压 CMOS	1	3 输入或非门	SOT - 23 - 6 封装	
74HC32	高速 CMOS	4	2 输入或门	DIP - 14 或 SOIC14	
74LV32A	低压 CMOS	4	2 输入或门	DIP - 14 或 SOIC14	
74LVC1G32	低压 CMOS	1	2 输入或门	SOT - 23 - 5 封装	2G
74HC86	高速 CMOS	4	2 输入异或门	DIP - 14 或 SOIC14	
74LV86A	低压 CMOS	4	2 输入异或门	DIP - 14 或 SOIC14	
74LVC1G86	低压 CMOS	1	2 输入异或门	SOT - 23 - 5 封装	2G
74HC4051	高速 CMOS	1	8 选 1 模拟开关	DIP - 16 或 SOIC16	
74HC4052	高速 CMOS	2	4 选 1 模拟开关	DIP - 16 或 SOIC16	
74HC4066	高速 CMOS	4	模拟开关	DIP - 14 或 SOIC14	
74LVC1G66	低压 CMOS	1	模拟开关	SOT - 23 - 6	2G

3.3.7　CMOS 门电路的正确使用

1. 消除动态尖峰电流带来的潜在干扰

虽然 CMOS 门电路电源 V_{DD} 静态电流 I_{DD} 很小，但在逻辑转换过程中，因内部 CMOS 反相器负载电容 C_L 充、放电形成的动态电流 i_{CL} 以及输入电压 v_I 瞬时经过阈值电压 V_{TH} 附近形成的瞬态导通电流 i_T 幅度很大，故对数字电路系统造成了潜在的干扰。为此，可采取如下措施提高数字电路系统的可靠性，并减小潜在的 EMI 干扰。

（1）在 CMOS 数字电路芯片的电源引脚 V_{DD}（有时也用 V_{CC} 表示）与 GND 之间增加去耦、储能电路。

中小规模数字 IC 芯片可以采用单一旁路电容(Bypass Capacitor)构成 C 型去耦、储能电路，如图 3.3.23 所示。其中，小电容 C 的容量为 $0.01 \sim 0.22\ \mu F$，典型值为 $0.1\ \mu F$。一方面，在逻辑转换瞬间，该电容存储的能量向芯片电源引脚 V_{CC} 提供了所需的尖峰电流，即起到了储能电容的作用；另一方面，由于电容端电压不能突变，因此可有效防止尖峰电流 i_T 及 i_{CL} 引起的尖峰脉冲电压通过电源线、地线干扰系统内的其他电路芯片，即该电容又起去耦的作用。

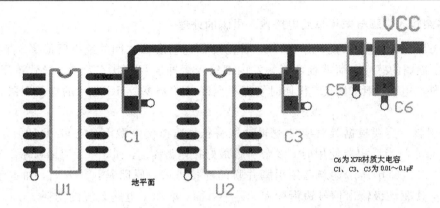

图 3.3.23　小规模数字 IC 芯片构成 C 型去耦、储能电路

　　为增强去耦效果，在大规模数字 IC(如 CPU、MCU、大容量存储器芯片等)的电源引脚 V_{CC} 旁，采用大小双电容并联构成 CC 型去耦、储能电路，甚至采用 LCC 型去耦、储能电路，如图 3.3.24 所示。

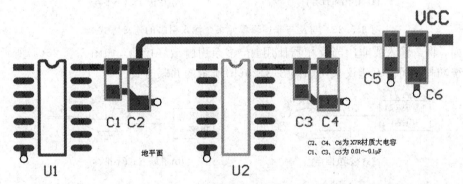

(a) 在数字IC芯片电源引脚V_{CC}旁增加CC型滤波电路

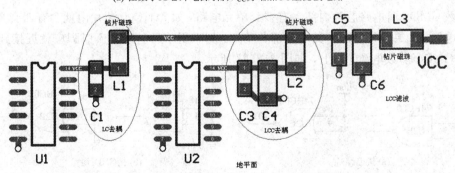

(b) 在大规模或超大规模数字IC芯片电源引脚V_{CC}旁增加LCC型滤波电路

图 3.3.24　在中大规模数字 IC 电源引脚 V_{CC} 与地之间增加 CC 型或 LCC 型滤波电路

　　(2) 在 PCB 板上，尽量采用单点接地(或地平面)形式，避免电源线、地线的共阻抗干扰。

　　(3) 逻辑转换瞬间动态电流尖峰引起的功耗与输入信号边缘(即上升沿、下降沿)过渡时间有关，为减少逻辑转换瞬间动态电流引起的电源损耗，输入信号边缘应尽可能陡峭，即尽可能地减少信号边沿的过渡时间。

2. 多余输入引脚与未用单元电路输入引脚的处理

对于CMOS门电路来说，由于MOS管栅极G与衬底B之间的绝缘层很薄，直流输入阻抗很高，微弱的感应电荷就有可能触发内部输入缓冲反相器状态跳变，导致逻辑错误，并引起额外的电源损耗，因此，任何时候都不允许CMOS数字IC芯片的输入引脚处于悬空状态。

未用引脚一定要根据其对应的逻辑功能特征，选择接电源V_{DD}或GND(地)。例如，将2输入与非门当反相器使用时，多余引脚最好接电源V_{DD}，如3.3.25(a)所示。不建议采用如图3.3.25(b)所示的与已用引脚并联的连接方式，原因是：一方面，加重了驱动级的负载，使驱动级输出信号边沿变差；另一方面，增加了电路系统的功耗。

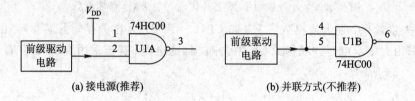

图 3.3.25 与及与非逻辑单元多余输入引脚的连接方式

又如，将2输入或非门当反相器使用时，多余引脚最好接地，如图3.3.26(a)所示。为减小系统功耗，同样不建议采用如图3.3.26(b)所示的并联方式。

图 3.3.26 或及或非逻辑单元多余输入引脚的连接方式

多数CMOS门电路芯片内部含有多套单元电路，如74HC00芯片内就含有四套2输入与非门电路，如果仅仅使用了其中的部分单元，则未用单元电路输入引脚应就近接到PCB板上的GND(地)或电源V_{DD}上，如图3.2.27所示。

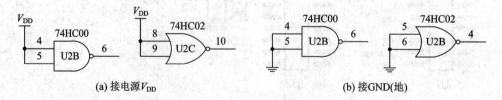

图 3.3.27 多余单元输入引脚的连接方式

3. 根据需要增加输入引脚上拉或下拉电阻

CMOS反相器的输入阻抗很高，对于没有内置总线保持功能以及内置上拉或下拉电阻的输入引脚，如与接插件相连的芯片输入端、输出控制端(OE)、片选信号输入端(Chip Select,CS)、特定操作使能端(EN)等，应根据有效电平的类型选择外接上拉或下拉电阻，避免数字电路系统上电瞬间或接插件被拔出后输入端处于悬空状态，如图3.3.28所示。

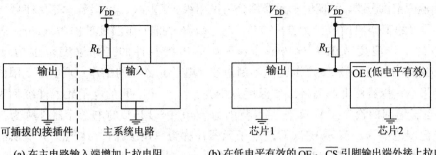

(a) 在主电路输入端增加上拉电阻   (b) 在低电平有效的 $\overline{OE}$、$\overline{CS}$ 引脚输出端外接上拉电阻

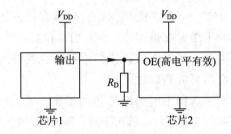

(c) 在高电平有效的 OE、CS 引脚输入端外接下拉电阻

图 3.3.28 增加输入上拉或下拉电阻

上拉电阻 R_L 大小必须适中，取值范围为 $10 \sim 820$ kΩ。上拉电阻 R_L 不宜太大，否则在接插件未连接时，后级电路的输入高电平 V_{IH} 偏低。R_L 的最大值由输入高电平漏电流 I_{IH}（典型值为 1.0 μA）、最小输入高电平电压 $V_{IH(min)}$ 和电源电压 V_{DD} 确定。例如，当 V_{DD} 为 5.0 V时，为避免输入高电平噪声容限偏低，假设 $V_{IH(min)}$ 取 4.18 V，则 $R_L < \dfrac{V_{DD} - V_{IH(min)}}{I_{IH}} = \dfrac{5.0 - 4.18}{1} = 820$ kΩ。

另一方面，上拉电阻 R_L 也不宜太小，否则在接插件输出低电平期间，流过上拉电阻 R_p 的电流会显著增加，除了增加电路系统的功耗外，还降低了输入低电平的噪声容限。

同理，下拉电阻 R_D 的大小也必须适中，取值范围为 $10 \sim 820$ kΩ。下拉电阻 R_D 不宜太大，否则在接插件未插入时后级电路输入低电平 V_{IL} 偏高。R_D 的上限值由输入低电平漏电流 I_{IL}（典型值为 1 μA）和最大输入低电平电压 $V_{IL(max)}$ 确定。例如，当 V_{DD} 为 5.0 V时，为避免输入低电平噪声容限偏低，假设 $V_{IL(max)}$ 取 0.5 V，则 $R_D < \dfrac{V_{IL(max)}}{I_{IL}} = \dfrac{0.5}{1} = 500$ kΩ。

另一方面，下拉电阻 R_D 也不宜太小，否则在接插件输出高电平时，流过下拉电阻 R_D 的电流会显著上升，使接插件输出高电平负载能力下降，导致信号边沿变差。

4. 正确选择数字器件的重要参数

在选择数字 IC 芯片时，初学者往往仅关注器件的逻辑功能及电源电压范围，而忽略器件类型（即器件系列）、封装方式、工作温度、静态功耗、最高工作频率等其他重要参数。

为适应电子设备、电子产品小型化和微型化的要求，数字 IC 芯片几乎都采用贴片封装方式，且同一逻辑芯片具有多种封装方式。在样机试制过程中，可使用引脚间距较大的 SOP、SOIC、SOT 贴片封装方式，待调试结束后，再根据电路板形状及尺寸，重新编辑电路印制板（PCB），确定元器件的最终封装方式。

按工作温度范围分类，早期电子元器件分为民用级、工业级、汽车级、军用级四大类。其中，民用级器件的工作温度范围为 0～70℃，工业级器件的工作温度范围为 −25～+85℃，汽车级器件的工作温度范围为 −40～+85℃，军用级器件的工作温度范围为 −55～+125℃。但随着器件技术和生产工艺的不断进步，电子元器件的工作温度上、下限值有所扩展。近年来，一些器件生产商将工作温度范围为 −40～+85℃ 的电子元器件统称为商业级器件(相当于早期的汽车级)，工作温度范围为 −40～+125℃ 的电子元器件称为汽车级器件，工作温度范围为 −55～+150℃ 的电子元器件称为军用级器件。当然，并非所有种类的电子元件都提供了商业级、汽车级、军用级器件。

尽管不同工作温度范围的器件，其功能相同，引脚兼容，甚至绝大部分性能指标也非常相近，但由于军用级器件的工作温度范围宽，参数稳定性好，数量少，价格自然高，因此应根据电路系统的实际工作环境、用途以及该器件对系统性能指标的影响大小来选择相应级别的器件，使电路系统具有尽可能高的性价比。

对同一逻辑功能的器件，可选择不同生产工艺的逻辑芯片。例如，当需要 4 套 2 输入与非门逻辑芯片时，可选择 74HC00、74HCT00、74AHC00、74AHCT00、74LVC00、74LV00A、74AUP00 或 74AUC00 等不同生产工艺的门电路芯片，线路设计者应根据最高工作频率、电源电压范围、负载能力、功耗、可靠性、价格以及是否需要支持热插拔、局部断电等方面的设计要求选择相应生产工艺的逻辑器件。

3.4　CMOS 数字电路新技术简介

针对 CD4000 系列、74HC 系列的不足，在 74AHC 系列及更新的 CMOS 工艺数字 IC 芯片中引入了 CMOS 工艺的新技术，如输入过压保护技术、掉电关断技术、总线保持技术等。

3.4.1　输入过压保护技术

CD4000、74HC、74HCT 系列 CMOS 电路输入级采用如图 3.2.5 所示的输入保护电路，因此输入电压 v_I 被严格限制在 0 到 V_{DD} 之间。为方便高压逻辑到低压逻辑的连接，74AHC、74AHCT、74LVC、74ALVC、74LVA、74LV1T、74AUC、74AUP 等系列 CMOS 电路采用了如图 3.4.1 所示的具有输入过压特性的 CMOS 输入端等效保护电路，使输入电压 v_I 可以大于电源电压 V_{DD}。

图 3.4.1 中，高速稳压二极管 V_{D1}、V_{D2} 在实际电路中可由 BJT 三极管发射结或 MOS 管 D、S 极间的沟道充当，如图 3.4.2 所示。

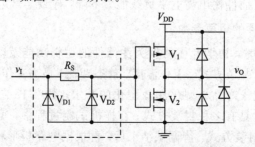

图 3.4.1　具有输入过压特性的 CMOS 输入端等效保护电路

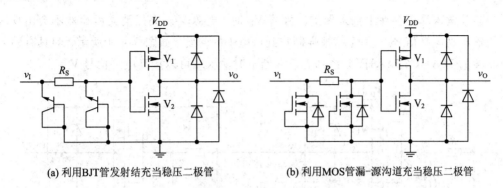

(a) 利用BJT管发射结充当稳压二极管　　　　　　(b) 利用MOS管漏-源沟道充当稳压二极管

图 3.4.2　具有输入过压特性的 CMOS 输入保护电路

对图 3.4.2(a)来说，由于 BJT 三极管发射区的掺杂浓度高，发射结的反向击穿电压较低，因此反偏的发射结可充当击穿电压只有几伏的稳压二极管(当 $v_1 < -0.5$ V 时，发射结正向导通，将输入端电位钳位在 0.7 V 附近)；而对图 3.4.2(b)来说，当 MOS 管栅极 G 与源极 S 短接(即 $V_{GS}=0$)时，如果漏-源间距(沟道长度)很短，则漏-源击穿电压 $V_{(BR)DS}$ 就可以小到几伏，完全可以充当稳压二极管使用(通过控制沟道长度就能准确控制击穿电压 $V_{(BR)DS}$ 的大小，且一致性高，当 $v_1 < -0.5$ V 时，保护 MOS 管 DS 极寄生体二级管正向导通，将输入端电位钳位在 -0.7 V 附近)。

从 74AHC、74AHCT、74LVC、74LVA、74ALVC、74LV1T、74AUC、74AUP 等系列 CMOS 芯片输入保护电路不难看出，输入电压 v_1 的上限与电源电压 V_{DD} 无关，仅与输入端等效保护稳压二极管击穿电压 V_{BR} 有关，因此这类器件的输入电压 v_I 可以大于电源电压 V_{DD}。例如，对于 74AHC 系列芯片来说，当电源电压 V_{DD} 为 3.3 V 时，输入电压 v_I 可以为 0～5.5 V；对于 74LVC 系列芯片来说，当电源电压 V_{DD} 为 3.3 V 时，输入电压 v_I 也可以为 0～5.5 V；对于 74AUP、74AUC 系列芯片来说，当电源电压 V_{DD} 为 2.7 V 时，输入电压 v_I 可以为 0～3.6 V。

3.4.2　掉电关断技术

由于 CD4000、74HC、74HCT 系列数字 IC 输入端含有上输入保护二极管 V_{D3}，这样在如图 3.4.3 所示的应用电路中，当芯片 2 的电源电压 V_{DD2} 跳变为 0(实际情况是电路系统局部芯片或局部单元电路断电，使 V_{DD2} 与地等电位)而 V_{DD1} 仍正常时，芯片 1 的输出高电平信号 $v_{O1}=V_{OH}$ 将被芯片 2 的上输入保护二极管 V_{D3} 强制拉到低电平。一方面，因输出信号 v_{O1} 被短路造成系统带电部件工作异常；另一方面，可能导致芯片 1 的输出缓冲反相器 P 沟 MOS 管 V_1 过流损坏。

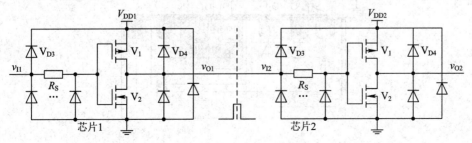

图 3.4.3　由 CD4000 或 74HC 系列芯片构成的电路系统局部断电时遇到的问题

当芯片输入端不存在上输入保护二极管 V_{D3} 时，电源 V_{DD2} 突然消失后显然不会出现芯片 1 的输出高电平信号 $v_{O1}=V_{OH}$ 被强制拉到低电平的问题，如图 3.4.4 所示，即具有输入过压特性的 74AHC、74AHCT 系列芯片在断电时输入端可以接高电平信号 V_{OH}。

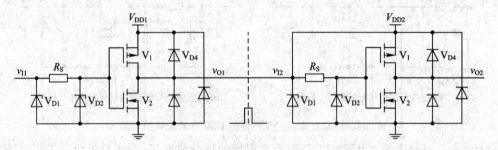

图 3.4.4　74AHC 系列芯片局部断电时输入端可以接高电平

但由于输出缓冲反相器存在寄生二极管 V_{D4}，因此无论是 CD4000、74HC 芯片还是 74AHC 芯片，在电源电压 V_{DD} 消失后都不允许在输出端施加高电平信号 V_{OH}，否则施加到输出端的高电平信号 V_{OH} 将被寄生的二极管 V_{D4} 对地短路。换句话说，这类芯片的双向 I/O 引脚不支持带电插拔功能。

为此，在后期开发的 CMOS 数字电路（如 74LVC、74LVA、74AUC、74AUP 等系列）中增加了掉电关断功能，使芯片的电源电压 V_{DD} 为 0 时，依然能在芯片的输入及输出端施加高电平信号而不会出现短路现象。

具有掉电关断功能的 CMOS 电路输出级工艺结构大致如图 3.4.5(a) 所示，内部等效电路如图 3.4.5(b) 所示。其中，V_{D1} 及 V_{D2} 分别是 V_1 管源区、漏区与其衬底之间的寄生二极管，V_{D3} 及 V_{D4} 分别是 V_2 管漏区、源区与其衬底之间的寄生二极管，V_{D6} 为背衬底二极管。去掉处于零偏状态的二极管 V_{D4} 后对应的等效电路如图 3.4.5(c) 所示。改进后的 P 沟 MOS 管 V_1 衬底接到新增的背二极管 V_{D6} 的负极，于是掉电后就可以在输出端施加高电平 V_{OH} 而不会导致短路现象，为双向 I/O 引脚的"热插拔"操作提供了必要的硬件保护。

具有掉电关断功能的 74LVC、74LVA、74ALVC、74LV1T、74AUC、74AUP 等系列 CMOS 数字电路芯片的内部结构大致如图 3.4.6 所示。在《芯片数据手册》中给出了掉电时 I_{off} 电流的大小（一般在 10 μA 以内）。

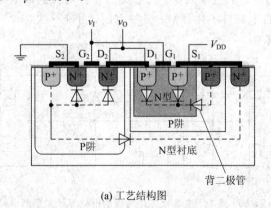

(a) 工艺结构图

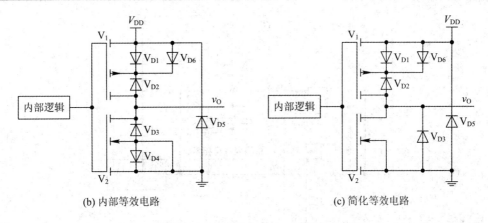

(b) 内部等效电路　　　　　　　　　　(c) 简化等效电路

图 3.4.5　具有掉电关断功能的 CMOS 电路输出级

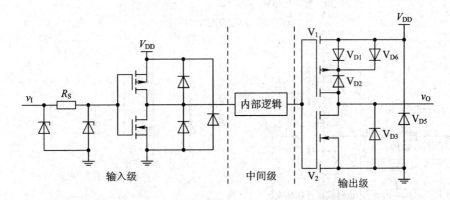

输入级　　　　　　中间级　　　　　　输出级

图 3.4.6　具有掉电关断功能的 CMOS 芯片的电路结构

3.4.3　总线保持技术

　　由于 CMOS 的输入端在任何时候都不允许悬空，因此在总线保持技术出现前，只能在接插件的输入端外接上拉电阻（输入信号低电平有效或下沿触发）或下拉电阻（输入信号高电平有效或上沿触发），确保在接插件未插入时或拔去后，对应的 CMOS 电路输入端处于期待的高电平或低电平状态。然而阻值有限的外接上拉或下拉电阻无疑会增加系统的功耗，因此在采用 LVC、ALVC、LVT、ALVT 等工艺生产的部分逻辑门电路、总线缓冲器、总线驱动器、锁存器等的输入端引入了总线保持技术。

　　典型的总线保持电路如图 3.4.7 所示。图中，由 V_1、V_2 管构成的 CMOS 反相器 G_1 是输入缓冲反相器（图中未画出输入过压保护电路及寄生的体二极管）；V_3、V_4 管构成的 CMOS 反相器 G_2 实现了总线保持功能；电阻 R 的作用是在输入端 v_I 状态跳变瞬间限制流过总线保持反相器 G_2 内部的 P 沟或 N 沟 MOS 管的电流。

　　当输入端 v_I 为低电平时，输入缓冲反相器 G_1 的输出信号 v_{O1} 为高电平，总线保持反相器 G_2 的输出信号 v_{O2} 为低电平，经限流电阻 R 送反相器 G_1 的输入端，这样即使输入信号 v_I 消失（输入端悬空），依然保证了输入端 v_I 的低电平状态；反之，当输入端 v_I 为高电平时，输入缓冲反相器 G_1 的输出信号 v_{O1} 为低电平，总线保持反相器 G_2 的输出信号 v_{O2} 为高电平，同样保持了输入端 v_I 的高电平状态。

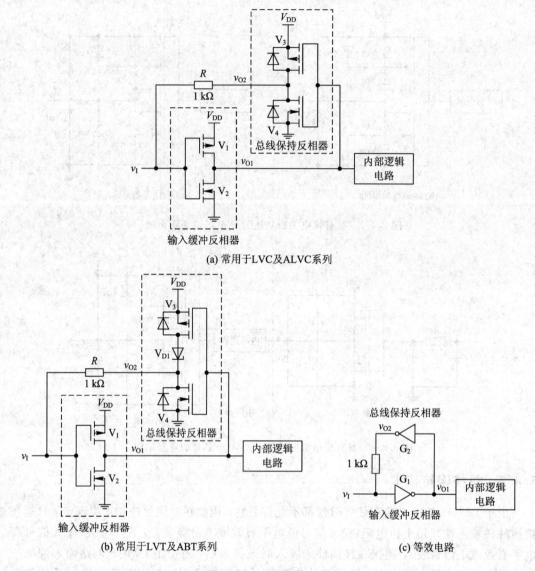

(a) 常用于LVC及ALVC系列

(b) 常用于LVT及ABT系列

(c) 等效电路

图 3.4.7　总线保持电路

在图 3.4.7(a)中，当输入信号 v_I 幅度大于电源电压 V_{DD} 或出现局部断电（即 V_{DD} 消失，使 V_{DD} 引脚与 GND 等电位）时，将有电流从输入端 v_I 经限流电阻 R、V_3 管寄生的体二极管，流入电源 V_{DD}，但由于限流电阻 R 的阻值较大，因此输入端 v_I 依然支持过压输入特性。而在图 3.4.7(b)中，由于在 V_3 管漏极 D 串联了稳压二极管 V_{D1}，因此当输入端过压或出现局部断电时，输入信号 v_I 对电源 V_{DD} 的漏电流会更小。

3.5　TTL 电路简介

TTL 是三极管-三极管逻辑电路（Transistor - Transistor Logic）的简称，包括了标准 TTL 系列（74××）、高速 TTL 系列（74H××）、低功耗 TTL 系列（74L××）、肖特基 TTL 系列（74S××）、低功耗肖特基 TTL 系列（74LS××）、先进肖特基 TTL 系列（74AS××）、

先进低功耗肖特基 TTL 系列(74ALS××)、快速 TTL 系列(74F××)等。其中,74LS 系列、74F 系列芯片在 20 世纪 80 年代前后曾经是数字电路系统的主流芯片。不过基于双极型工艺的数字逻辑电路因功耗大、集成度低(意味着成本高)或供电不便等原因已逐渐被淘汰,目前仍在使用的 TTL 数字 IC 芯片仅有 OC(漏极开路)输出反相驱动器 7406、OC 输出同相驱动器 7407(这两款芯片仍在使用的原因是输出级 NPN 三极管可以承受 30 V 高压、近 40 mA 的灌电流),而其他 TTL 数字电路芯片已全面被 CMOS 各系列数字 IC 芯片所替代。如果负载电源电压不高,仅为 5.0 V,则 74LVC06A(最大灌电流为 24 mA)、74LV06A(最大灌电流为 16 mA)芯片完全可以取代标准 TTL 芯片 7406,74LVC07A(最大灌电流为 24 mA)、74LV07A(最大灌电流为 16 mA)芯片也完全可以取代标准 TTL 芯片 7407。因此,本节只简要介绍标准 TTL 电路的基本知识。

3.5.1　标准 TTL 反相器的内部结构

标准 TTL 反相器的内部结构如图 3.5.1 所示,由输入级、倒相级、输出级三部分组成,电源电压 V_{CC} 为 $5.0×(1±5\%)$ V。其中,输入级由输入保护二极管 V_{D1}、NPN 型三极管 V_1 以及基极偏置电阻 R_1 组成;倒相级由三极管 V_2 及偏置电阻 R_2、R_3 组成;输出级由三极管 V_4 和 V_5、电平移位二极管 V_{D2} 以及限流电阻 R_4 组成。TTL 数字电路输出级电路结构也称为图腾柱输出结构,同样不具备线与功能。

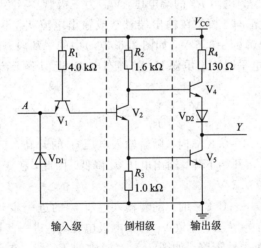

图 3.5.1　标准 TTL 反相器的内部结构

从图 3.5.1 中可以看出,标准 TTL 反相器电路比 CMOS 反相器电路复杂,需要 4 只 NPN 型三极管、2 只 BE 极(或 BC 极)被短路的 NPN 型三极管(以便获得二极管 V_{D1} 及 V_{D2}),以及电阻 $R_1 \sim R_4$(在集成电路工艺中制作电阻,尤其是 1 kΩ 以上的高阻值电阻占用的硅片面积远大于 NPN 型三极管或 MOS 管占用的硅片面积),导致 TTL 数字电路芯片的成本比 CMOS 工艺高。

3.5.2　标准 TTL 反相器的工作原理及电压传输特性曲线

当输入电压 $v_I = V_{IL} < 0.6$ V 时,三极管 V_1 发射结等效二极管 V_{DBE} 导通,使三极管 V_1 基极 B 点电位 $v_B = v_I + V_{DBE} = 0.6$ V $+0.7$ V <1.5 V,结果三极管 V_2 及 V_5 截止,V_4 导

通，如图 3.5.2(a)所示(为方便电路分析，将输入级三极管 V_1 等效为两只二极管)，使输出电压：

$$v_O = V_{CC} - (V_{R2} + V_{BE4} + V_{D2})$$

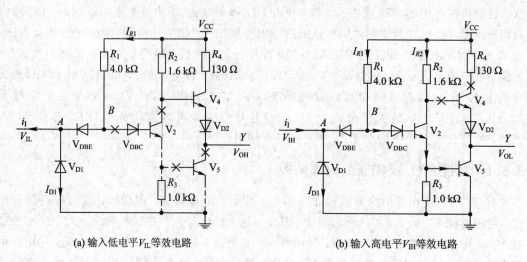

(a) 输入低电平V_{IL}等效电路   (b) 输入高电平V_{IH}等效电路

图 3.5.2   不同输入状态下的等效电路

图 3.5.2(a)中，V_{R2} 为电阻 R_2 的端电压，V_{BE4} 为三极管 V_4 发射结的正向压降，V_{D2} 为电平移位二极管 V_{D2} 的正向压降。在输出端悬空或输出电流 I_{OH} 不大的情况下，输出电压 $v_O \approx 5.0 - (0.2 + 0.6 + 0.6) = 3.6$ V，如图 3.5.3(a)中的 AB 段。此时电源 V_{CC} 电流 i_{CC} 称为 I_{CCH}(含义是输出高电平时流出电源 V_{CC} 的静态电流)近似等于流过三极管 V_1 基极偏置电阻 R_1 的电流：

$$I_{CCH} = I_{IL} = i_{R1} = \frac{V_{CC} - V_{DBE} - v_I}{R_1} < \frac{5.0 - 0.7 - 0}{4.0} \approx 1.1 \text{ mA}$$

当输入电压 v_I 为 0.6～0.8 V 时，随着输入电压 v_I 的升高，三极管 V_2 开始进入放大状态，V_2 集电极电位 V_{C2} 开始下降，输出电压 v_O 降低。因此，在 TTL 电路中，最大输入低电平电压 $V_{IL(max)}$ 限定为 0.8 V。

当输入电压 v_I 为 0.8～1.3 V 时，随着输入电压 v_I 的进一步升高，三极管 V_2 已完全处于放大状态，V_5 管开始导通，导致 V_2 管集电极电位 V_{C2} 进一步降低，造成输出电压 v_O 随输入电压 v_I 的升高而线性下降，如图 3.5.3(a)中的 BC 段。在此阶段，流过三极管 V_1 基极偏置电阻 R_1 的电流 i_{R1} 将随着输入电压 v_I 的升高而逐渐减小，如图 3.5.3(b)所示。但值得注意的是，随着输入电压 v_I 的增加，三极管 V_2、V_5 相继导通，使电源 V_{CC} 电流 i_{CC} 不断增加，如图 3.5.3(c)所示。

当输入电压 v_I 升高到 1.3 V 后，三极管 V_2、V_5 已完全进入放大区，输入电压 v_I 处在 TTL 反相器的电压传输特性曲线的线性转折区，输出电压 v_O 会随输入电压 v_I 的升高而迅速下降，如图 3.5.3(a)中的 CD 段。在此阶段 V_4 管也依然导通，导致电源 V_{CC} 电流 i_{CC} 出现瞬态尖峰大电流，如图 3.5.3(c)所示。

当输入电压 v_I 进一步升高到 1.4 V 后，三极管 V_2、V_5 开始进入饱和状态，三极管 V_1 发射结二极管 V_{DBE} 由正偏经零偏($v_I > 2.0$ V)进入反偏状态，B 点电位不再随输入电压 v_I 的升高而增加，而是被强制钳位在 2.1 V(三个 PN 结导通电压之和)附近，三极管 V_1 也进入倒向放大状态(集电结变成发射结,发射结变成集电结,但 BJT 三极管的倒向电流放大系数一般只有正向电流放大系数的 2%左右),同时 V_4 管也由放大状态进入截止状态,输出电压 v_O 变为低电平 V_{OL},如图 3.5.3(a)中的 DE 段。输入电流 i_1 由流出输入引脚逐渐减小到 0,然后变为流入输入引脚,如图 3.5.3(b)所示。当 V_1 管发射结反偏后,输入电流 $i_1 = I_{IH}$ 就是 V_1 管发射结反向漏电流,也就是倒向运用状态的 V_1 管的等效集电极电流。在 TTL 电路中,引脚输入高电平电流 I_{IH} 一般为 20~40 μA。

在 TTL 电路中,为使输入高电平 V_{IH} 有较大的输入噪声容限,最小输入高电平电压 $V_{IH(min)}$ 规定为 2.0 V。

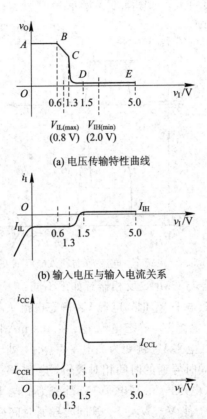

(a) 电压传输特性曲线

(b) 输入电压与输入电流关系

(c) 输入电压由 V_{IL} 升高到 V_{IH} 过程中电源电流 i_{CC} 的变化趋势

图 3.5.3 输入电压 v_I 由 V_{IL} 升高到 V_{IH} 过程中关键参数的变化趋势

由标准 TTL 反相器的电压传输特性曲线可知,在数字电路系统中经常提到的 TTL 输入电平指的是:低电平输入电压 V_{IL} 为 0~0.8 V,高电平输入电压 V_{IH} 为 2.0~5.0 V。

显然,当输入电压 v_I 为高电平 V_{IH} 时,三极管 V_2、V_5 饱和,V_2 集电极电位 $V_{C2} = V_{CES2} + V_{BE5} = (0.1 \sim 0.3)$ V+0.7 V,接近 1.0 V。如果没有在 V_4 管发射极串联电平移位二极管 V_{D2},则三极管 V_4 管会导通,一方面会导致输出低电平电压 V_{OL} 升高,另一方面会使电源 V_{CC} 功耗增加;如果在三极管 V_4 发射极串联电平移位二极管 V_{D4},则在 V_2、V_5 管饱和期间保证了 V_4 管处于截止状态,如图 3.5.2(b)所示。

当输入电压 v_I 为高电平 V_{IH} 时,从电源 V_{CC} 流出电流 i_{CC} 称为 I_{CCL}(含义是输出低电平时电源 V_{CC} 的静态电流),其表达式为

$$I_{CCL} = I_{R1} + I_{R2} = \frac{V_{CC} - 3 \times V_{BE}}{R_1} + \frac{V_{CC} - V_{CES2} - V_{BE5}}{R_2}$$

$$= \frac{5 - 3 \times 0.7}{4} + \frac{5 - 0.2 - 0.7}{1.6} = 3.3 \text{ mA}$$

考虑到 PN 结导通压降 V_{BE} 取值为 $0.6 \sim 0.7$ V, V_2 管饱和压降 V_{CES2} 为 $0.1 \sim 0.3$ V, 因此输出低电平时电源电流 I_{CCL} 为 $3.2 \sim 3.4$ mA。

此外, 在 TTL 反相器中, 当输入电压 v_I 由高电平 V_{IH} 跳变为低电平 V_{IL} 时, 由于处于饱和状态的 V_2、V_5 管关断速度较慢, 造成 V_2、V_5、V_4 管同时导通的时间变长, 致使电源 V_{CC} 的瞬态尖峰电流 i_{CC} 幅度更大, 如图 3.5.4 所示。

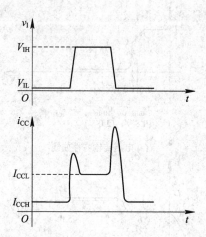

图 3.5.4 电源 V_{CC} 电流 i_{CC} 与输入电压 v_I 的关系

由此可见, TTL 反相器与 CMOS 反相器有如下不同:

(1) 当输入电压 v_I 为低电平 V_{IL} 时, 电源 V_{CC} 静态电流 I_{CCH} 只有 1.1 mA 左右, 而当输入电压 v_I 为高电平 V_{IH} 时, 电源 V_{CC} 静态电流 I_{CCL} 在 3.2 mA 以上。

(2) 当输入电压 v_I 由低电平 V_{IL} 跳变为高电平 V_{IH} 时, 处于截止状态的 V_2、V_5 管导通速度较快, V_2、V_5、V_4 管同时导通的时间相对较短, 电源 V_{CC} 瞬态尖峰电流 i_{CC} 幅度较低, 持续时间也较短; 而当输入电压 v_I 由高电平 V_{IH} 跳变为低电平 V_{IL} 时, 由于处于饱和状态的 V_2、V_5 管关断速度较慢, 使 V_2、V_5、V_4 管同时导通时间变长, 导致电源 V_{CC} 瞬态尖峰电流 i_{CC} 幅度更大, 持续时间也更长。

(3) TTL 反相器输入端可以悬空(但不允许带长的开路线), 悬空时视为输入高电平 V_{IH}。不过, 从电源功耗角度考虑, 输出低电平 V_{OL} 时静态电流大, 因此对于 TTL 工艺反相器来说, 未用单元电路的输入端最好接地。

3.5.3 标准 TTL 反相器的负载能力

当输入电压 v_I 为高电平 V_{IH} 时, 三极管 V_2、V_5 饱和, V_4 截止, 输出端 Y 为低电平 V_{OL}。输出低电平电压 V_{OL} 会随负载电流 I_{OL} 的增加而升高。显然, 输出低电平负载能力与 V_5 管导通电阻大小有关。TTL 电路输出低电平负载能力较强, 在 $V_{OL} \leqslant 0.4$ V 条件下, I_{OL} 不小于 4.0 mA。

当输入电压 v_I 为低电平 V_{IL} 时, 三极管 V_2、V_5 截止, V_4 导通, 输出端 Y 为高电平 V_{OH}。输出高电平电压 V_{OH} 也会随负载电流 I_{OH} 的增加而下降, 但 TTL 电路输出高电平负载能力较弱，在 $V_{OH} \geq 2.0$ V 条件下，I_{OH} 仅为 0.4 mA。

3.5.4　其他 TTL 逻辑门电路

在标准 TTL 反相器的基础上，通过增加或改动内部基本电路就能获得标准 TTL 系列其他逻辑门电路芯片，如与非门、或非门、OC 门、三态门等。在标准 TTL 电路的基础上，增加或减小内部偏置电阻的阻值就可获得 74L、74H 系列 TTL 逻辑电路；利用肖特基二极管正向导通电压小的特性，在 V_2、V_5 管集电结并联防止其进入深饱和状态的肖特基二极管（当然部分逻辑电路内部可能增加了以 NPN 三极管为核心的有源泄放电路）后就可获得 74S 系列 TTL 门电路；把低功耗和肖特基技术结合在一起就可获得 74LS 系列 TTL 逻辑电路。在 74LS 系列 TTL 逻辑电路中，直接用肖特基二极管代替输入级三极管 V_1 的两个等效 PN 结。

由于 TTL 系列逻辑电路已过时，因此下面只简要介绍标准 TTL 与非门、或非门及 OC 输出反相器的构成。

1. 标准 TTL 与非门电路

将标准 TTL 反相器中的三极管 V_1 换成多发射极三极管后便获得了标准 TTL 工艺的与非逻辑门电路，如图 3.5.5(a) 所示。为便于理解其工作原理，将多发射结三极管 V_1 等效为 3 只二极管（两个发射结和一个集电结），如图 3.5.5(b) 所示。

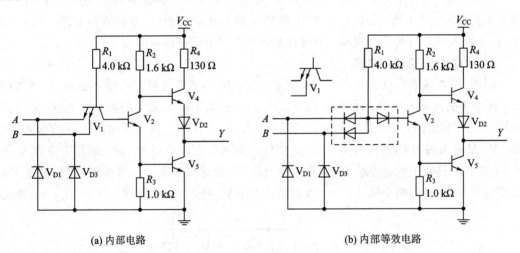

(a) 内部电路　　　　　　　　　　　　(b) 内部等效电路

图 3.5.5　标准 TTL 与非门

由此不难导出，输出 $Y = \overline{A \cdot B}$。此外，也可以看出，在 TTL 与非门（包括与门）电路中，一个输入端接低电平 V_{IL} 和多个输入端同时接低电平 V_{IL} 对应的输入电流 I_{IL}（包括电源电流 I_{CC}）都一样，即

$$I_{IL} = I_{CCH} = I_{R1} = \frac{V_{CC} - V_{BE} - V_{IL}}{R_1}$$

但每个输入引脚都存在独立的高电平输入电流 I_{IH}，如果某一输入端接高电平 V_{IH}，相应地就有电流从驱动信号源流入与非门对应的输入端，大小为 I_{IH}（尽管处于悬空状态的输入端等效为输入高电平 V_{IH}，但不存在输入电流 I_{IH}）。

根据 TTL 与非门输入级电路的特征，对于 TTL 与非门来说，当输入端存在多余引脚时，除了悬空（逻辑上相当于输入高电平）外，与已用的输入端并联方式增加的电源功耗也不会显著增加，驱动级负载也没有明显加重（驱动级输出低电平时灌电流相同；只是输出高电平时，驱动级输出电流 I_{OH} 会随着并联的负载引脚数目增加而增加，但 TTL 电路输入高电平电流 I_{IH} 并不大，一般在 $40\ \mu A$ 以内），如图 3.5.6 所示。

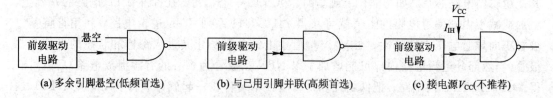

(a) 多余引脚悬空(低频首选)　　　　(b) 与已用引脚并联(高频首选)　　　　(c) 接电源V_{CC}(不推荐)

图 3.5.6　TTL 与非逻辑电路芯片多余引脚处理方式

当然，为减小电源功耗，未用的与非门电路芯片多余单元至少有一个输入端接地，如图 3.5.7 所示，使与非门输出端处于高电平状态，原因是 I_{CCH} 比 I_{CCL} 小，以降低静态功耗。

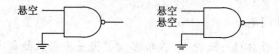

图 3.5.7　TTL 芯片与非逻辑多余单元输入引脚的处理方式

考虑到在 TTL 工艺中，制作单发射结 NPN 三极管和制作具有多个发射结的 NPN 三极管工艺兼容，成本相当，因此在 TTL 逻辑电路芯片中反相器、2 输入与非门、3 输入与非门、4 输入与非门的生产成本差异仅仅是封装引脚数量不同引起的。

2. 标准 TTL 或非门电路

标准 TTL 或非门电路如图 3.5.8 所示，每一输入端都有对应的输入级电路、倒相电路。其中 V_{D11} 是输入端 A 的保护二极管，V_{11}、R_{11} 构成了输入端 A 的输入级电路，V_{12} 是输入端 A 的倒相电路；V_{D21} 是输入端 B 的保护二极管，V_{21}、R_{21} 构成了输入端 B 的输入级电路，V_{22} 是输入端 B 的倒相电路。显然，当任一输入端接高电平 V_{IH} 时，倒相三极管 V_{12} 或 V_{22} 中总有一只处于饱和导通状态，强迫输出级 V_5 管饱和导通，V_4 管截止，使输出端 Y 输出低电平 V_{OL}；只有两个输入端 A、B 都接低电平 V_{IL} 时，才会使倒相三极管 V_{12}、V_{22} 截止，

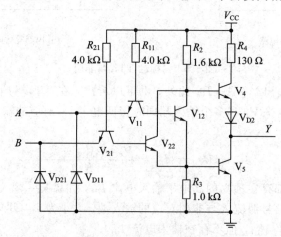

图 3.5.8　标准 TTL 或非门

强迫输出级 V_5 管截止，V_4 管导通，结果输出端 Y 输出高电平 V_{OH}。可见，输入、输出逻辑关系为 $Y=\overline{A+B}$。从图 3.5.8 中可以看出，在 TTL 工艺中或非逻辑门电路内部结构比与非逻辑门电路复杂，因此价格比与非逻辑门略高。

如果将或非门电路中输入级三极管 V_{11}、V_{21} 换成多发射结三极管，就获得了采用 TTL 工艺的与或非逻辑门电路。

此外，由于在 TTL 或非门（包括或门）逻辑电路中，每一输入端对应一套独立的输入级电路，这意味着每个输入端有相应的输入低电平电流 I_{IL}，且电源电流 i_{CC} 会随接低电平输入端个数的增加而成倍增加，因此，对于 TTL 或非门（包括或门）电路芯片来说，未用输入端应接地，而不宜与已用输入端并联，如图 3.5.9 所示，否则会使驱动门输出低电平电压 V_{OL} 升高。

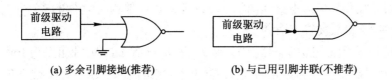

(a) 多余引脚接地(推荐)　　　　　　　　(b) 与已用引脚并联(不推荐)

图 3.5.9　TTL 或门非(或门)多余引脚处理方式

3. OC 输出反相器

由于 TTL 系列数字 IC 芯片输出级采用图腾柱电路结构，因此当一个门输出低电平 V_{OL}（即对应输出级电路中 V_5 管导通而 V_4 管截止），另一个门输出高电平 V_{OH}（即对应输出级电路中 V_5 管截止而 V_4 管导通）时，如果用导线把输出端连在一起，形成线与逻辑，则不仅输出电平异常，而且一个门的 V_4 管或另一个门的 V_5 管还可能因过流而损坏，即 TTL 电路图腾柱输出级不支持线与功能。为此，取消输出级电路中的三极管 V_4、限流电阻 R_4 以及电平移位二极管 V_{D2} 三个元件后，使 V_5 管处于集电极开路(Open Collector)状态，如图 3.5.10 所示，以便获得支持线与功能的逻辑门。

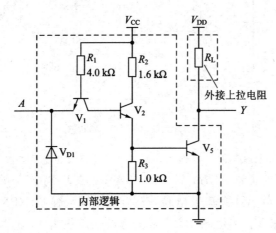

图 3.5.10　OC 输出标准 TTL 反相器(如 7406)

与 OD 输出 CMOS 反相器类似，当需要驱动拉电流负载时，同样需要外接上拉电阻 R_L。由于多数 OC 输出 TTL 电路 V_5 管电流容量大，耐压高，以便能承受更大的灌电流负载，因此与外接上拉电阻 R_L 相连的电源电压 V_{DD} 可以高于逻辑电路电源 V_{CC}。

3.6　Bi‑CMOS 电路简介

Bi‑CMOS 电路是双极型 CMOS 电路的简称。Bi‑CMOS 电路输入级、逻辑部分采用功耗低、集成度高的 CMOS 电路，输出级则采用饱和压降 V_{CES} 低、导通电阻 R_{on} 小、负载能力强的 NPN 型三极管。可见，Bi‑CMOS 电路既有 CMOS 逻辑电路低功耗、高集成度的优点，又有双极型 NPN 三极管负载能力强的优点。在输出驱动器、收发缓冲器、触发器、电平转换器以及大规模数字电路芯片的输出级等都可采用 Bi‑CMOS 结构输出电路，以提高这些电路芯片的负载能力。在以信号处理为主的逻辑电路芯片中，由于所需负载电流小，因此无须采用 Bi‑CMOS 结构输出电路。

Bi‑CMOS 反相器原理电路如图 3.6.1 所示。该电路由 P 沟 MOS 管 V_1、N 沟 MOS 管 $V_2 \sim V_4$、NPN 型三极管 $V_5 \sim V_6$ 组成。

当输入电压 v_I 为低电平 V_{IL} 时，输入级 N 沟 MOS 管 V_2、V_3 截止，而 P 沟 MOS 管 V_1 导通，输出级三极管 V_5 管基极电位 V_{B5} 为高电平（接近电源电压 V_{DD}），使 NPN 三极管 V_5 导通（由于 V_5 管集电极接电源 V_{DD}，因此 V_5 管只能处于临界饱和状态）；由于 V_{B5} 为高电平，触发 N 沟 V_4 管导通，导致输出级三极管 V_6 管基极电位 $V_{B6} < 0.5$ V，强迫 NPN 型三极管 V_6 迅速截止，使输出端 v_O 输出高电平 $V_{OH} = V_{DD} - V_{CE5}$，如图 3.6.2(a) 所示。

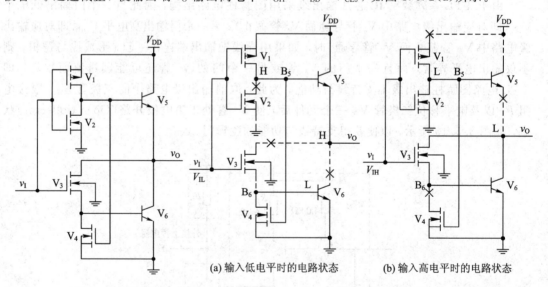

(a) 输入低电平时的电路状态　　　(b) 输入高电平时的电路状态

图 3.6.1　Bi‑CMOS 反相器原理电路　　图 3.6.2　Bi‑CMOS 反相器不同输入状态下的电路状态

当输入电压 v_I 为高电平 V_{IH} 时，输入级 N 沟 MOS 管 V_2、V_3 导通，而 P 沟 MOS 管 V_1 截止，输出级三极管 V_5 管基极电位 V_{B5} 为低电平，强迫 NPN 型三极管 V_5、N 沟 MOS 管 V_4 截止，结果 V_3 管漏‑源电流 i_{DS3} 全部流入三极管 V_6 的基极，使 V_6 管进入临界饱和状态（此时相当于 V_3 和 V_6 构成了复合管），结果输出端 v_O 输出低电平 $V_{OL} = V_{CES6}$，如图 3.6.2(b) 所示。可见，输出电压 v_O 与输入电压 v_I 反相，输出高、低电平负载能力与输出三极管 V_5、V_6 的尺寸有关。一般 Bi‑CMOS 结构输出电路的电流负载能力高达数十毫安。

常见的 Bi‐CMOS 结构输出电路有 74ABT(先进 Bi‐CMOS 技术，电源电压为 5.0 V)系列、74ABTE 系列、74ALB(先进低压 Bi‐CMOS 技术，电源电压为 3.3 V)系列、74LVT(低压 Bi‐CMOS 技术，电源电压为 3.3 V)系列、74ALVT(先进低压 Bi‐CMOS 技术，电源电压为 3.3 V)系列、74BCT 系列等。

3.7 施密特输入门电路

前面提到的数字电路输入缓冲反相器只有一个阈值电压 V_{TH}，在输入电压 v_I 由低电平 V_{IL} 上升到高电平 V_{IH}，或由高电平 V_{IH} 下降到低电平 V_{IL} 过程中，当输入电压 v_I 接近阈值电压 V_{TH} 时，输出电压 v_O 发生剧烈变化，这可能存在两个问题：

(1) 当输入电压 v_I 受到严重干扰时，在输入电压 v_I 上升沿或下降沿对应的输出电压 v_O 边沿可能会出现跳变现象，造成后级电路工作异常。

(2) 对输入信号 v_I 边沿要求高，当输入电压 v_I 上升沿或下降沿过渡时间较长时，在逻辑转换过程中电源 V_{DD} 瞬态电流 i_{DD} 持续时间相应增加，导致动态功耗 P_T 偏高。

为此，在输入电路中增加正反馈电路，使输入电压 v_I 达到某一特定值时，触发正反馈效应，强迫输入级电路状态瞬间翻转，避免输出电压 v_O 跳变，并减小电源 V_{DD} 的瞬态功耗 P_T。

在数字电路中，把输入级电路中具有正反馈效应的数字电路统称为施密特输入电路。可见，施密特输入电路的输入特性与模拟电路中的滞回比较器相似，同样具有上、下两个阈值电压，主要用于波形整形及波形变换。在输入电压 v_I 由低电平 V_{IL} 上升到高电平 V_{IH} 过程中对应的阈值电压称为上阈值电压，用 V_{T+} 表示；在输入电压 v_I 由高电平 V_{IH} 下降到低电平 V_{IL} 过程中对应的阈值电压称为下阈值电压，用 V_{T-} 表示。实际上，施密特输入电路可作为任一逻辑电路的输入缓冲级。例如，将反相器输入级电路换成施密特输入电路就获得了具有施密特输入特性的反相器，如 74HC14、74LV14A、CD40106 等；将 2 输入与非门芯片的输入缓冲反相器换成施密特输入电路就获得了具有施密特输入特性的与非门电路芯片，如 74HC132、74LV132A、74LVC1G132、CD4093 等。

3.7.1 由通用反相器构成的施密特输入电路

由通用反相器及电阻构成的施密特输入电路如图 3.7.1 所示。

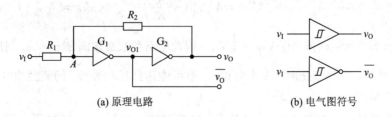

(a) 原理电路   (b) 电气图符号

图 3.7.1 由反相器及电阻构成的施密特输入电路

由于 CMOS 反相器的输入漏电流 i_{IN} 很小(1 μA)，在电阻 R_2 不大的情况下，$i_{R2} \gg i_{IN}$，因此，在忽略反相器 G_1 的输入漏电流 i_{IN} 的情况下，A 点对地电压：

$$v_A = \frac{v_I - v_O}{R_1 + R_2} \times R_2 + v_O = \frac{v_I R_2 + v_O R_1}{R_1 + R_2}$$

当 $v_I = V_{IL}$ 时，A 点电位 v_A 为低电平，反相器 G_1 输出电平 $v_{O1} = V_{OH} \approx V_{DD}$，反相器 G_2 输出电平 $v_O = V_{OL} \approx 0$。此时有：

$$v_A = \frac{v_I R_2 + V_{OL} R_1}{R_1 + R_2} \approx \frac{v_I R_2}{R_1 + R_2}$$

显然，$v_I \uparrow \rightarrow v_A \uparrow$（原因是 G_2 输出低电平，相当于 R_1、R_2 串联后接低电平 V_{OL}，如图 3.7.2 所示）。

当 v_A 接近 G_1 的阈值电压 $V_{TH} \left(\frac{1}{2} V_{DD} \right)$ 时，触发 $v_I \uparrow \rightarrow v_A \uparrow \rightarrow v_{O1} \downarrow \rightarrow v_O \uparrow$ 正反馈过程，强迫电路状态瞬间翻转，使反相器 G_1 输出电平 $v_{O1} = V_{OL}$，反相器 G_2 输出电平 $v_O = V_{OH}$，如图 3.7.3 所示。

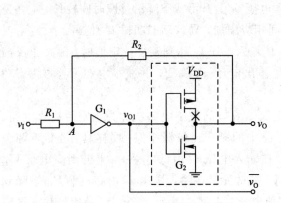

图 3.7.2 $v_O = V_{OL} \approx 0$ 时的等效电路

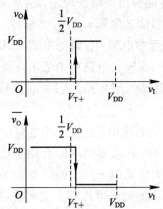

图 3.7.3 输入电压 v_I 由低电平上升到高电平变化过程中的电压传输特性曲线

在 v_I 由低电平上升到高电平变化过程中，当 v_A 接近 G_1 的阈值电压 $V_{TH} \left(\frac{1}{2} V_{DD} \right)$ 时，在电路状态未翻转前（$v_O = V_{OL} = 0$），对应的输入电压 v_I 称为上阈值电压 V_{T+}，即

$$v_A = \frac{v_I R_2 + V_{OL} R_1}{R_1 + R_2} = \frac{V_{T+} R_2 + V_{OL} R_1}{R_1 + R_2} = V_{TH}$$

由此可知，上阈值电压：

$$V_{T+} = \frac{V_{TH}(R_1 + R_2) - V_{OL} R_1}{R_2} = V_{TH} \left(1 + \frac{R_1}{R_2} \right) - \frac{R_1}{R_2} \times V_{OL} \approx V_{TH} \left(1 + \frac{R_1}{R_2} \right)$$

由于 CMOS 反相器阈值电压 $V_{TH} = \frac{1}{2} V_{DD}$，因此电路参数必须满足 $R_1 < R_2$，使 $1 + \frac{R_1}{R_2} < 2$，否则 v_I 在 0 到 V_{DD} 之间变化时，A 点电位 v_A 不可能达到反相器 G_1 的阈值电压 V_{TH}，电路状态也就无法翻转。

电路状态翻转后，A 点电位 v_A 被抬高，这样在输入电压 v_I 从高电平下降到低电平过程中，当 $v_I = V_{T+}$ 时，$v_A = \frac{v_I R_2 + V_{OH} R_1}{R_1 + R_2} = \frac{V_{T+} R_2 + V_{DD} R_1}{R_1 + R_2} = V_{TH} + \frac{R_1}{R_1 + R_2} V_{DD} > V_{TH}$，电路状态并不能翻转！$v_I$ 必须继续下降，才有可能使 v_I 达到某一特定值时，v_A 接近 G_1 的阈值

电压 $V_{TH}\left(\frac{1}{2}V_{DD}\right)$。

$v_I \downarrow \rightarrow v_A \downarrow$，当 v_A 接近 G_1 的阈值电压 $V_{TH}\left(\frac{1}{2}V_{DD}\right)$ 时，触发 $\boxed{v_I\downarrow \rightarrow v_A\downarrow \rightarrow v_{O1}\uparrow \rightarrow v_O\downarrow}$ 正反馈过程，导致电路状态瞬间翻转，使反相器 G_1 输出电平 $v_{O1}=V_{OH}$，反相器 G_2 输出电平 $v_O=V_{OL}$，如图 3.7.4 所示。

在 v_I 由高电平下降到低电平的过程中，当 v_A 接近 G_1 的阈值电压 $V_{TH}\left(\frac{1}{2}V_{DD}\right)$ 时，在电路状态未翻转前（$v_O=V_{OH}=V_{DD}$），对应的输入电压 v_I 称为下阈值电压 V_{T-}，即

$$v_A = \frac{v_I R_2 + V_{OH} R_1}{R_1 + R_2} \approx \frac{V_{T-} R_2 + V_{DD} R_1}{R_1 + R_2} = V_{TH}$$

由此可知，下阈值电压：

$$V_{T-} = \frac{V_{TH}(R_1+R_2) - V_{OH} R_1}{R_2} = V_{TH}\left(1 + \frac{R_1}{R_2}\right) - \frac{R_1}{R_2} \times V_{OH} = V_{TH}\left(1 - \frac{R_1}{R_2}\right)$$

可见，在 $R_1 < R_2$ 情况下，图 3.7.1 所示的由 CMOS 反相器及电阻构成的施密特输入电路的电压传输特性曲线如图 3.7.5 所示。

显然，在 v_I 由高电平下降到低电平过程中，当 v_I 接近 V_{T-}，v_A 接近 V_{TH} 时，电阻 R_2 两端电压差达到最大（$V_{OH}-V_{TH}$）；在 v_I 由低电平升高为高电平过程中，当 v_I 接近 V_{T+}，v_A 接近 V_{TH} 时，电阻 R_2 两端电压差达到最大（V_{TH}）。为避免 G_2 输出高电平时，I_{OH} 超出允许值 $I_{OH(max)}$，或 G_2 输出低电平时，I_{OL} 超出允许值 $I_{OL(max)}$，电阻 R_2 的最小值：

$$R_2 > \max\left(\frac{V_{OH}-V_{TH}}{I_{OH(max)}}, \frac{V_{TH}}{I_{OL(max)}}\right)$$

电阻 R_2 上限与 G_1 反相器的输入漏电流 i_{IN} 有关。为保证上下阈值电压的精度，R_2 一般不宜超过 51 kΩ。

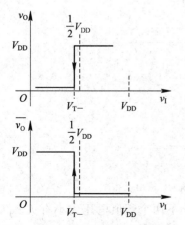 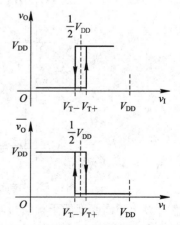

图 3.7.4　输入电压 v_I 从高电平到低电平变化　　　　图 3.7.5　由 CMOS 反相器及电阻构成的施密特
　　　　　过程中的电压传输特性曲线　　　　　　　　　　　　输入电路的电压传输特性曲线

回差电压 $\Delta V = V_{T+} - V_{T-} = 2V_{TH}\dfrac{R_1}{R_2}$，其物理意义将在后面应用示例中介绍。

3.7.2　施密特输入电路应用

施密特输入电路的特性与滞回比较器的特性类似，在电路中主要用于实现波形变换、

整形及脉冲幅度鉴别等。

1. 波形变换

利用施密特输入电路具有上、下两个不同阈值电压的特点,可把正弦波、锯齿波、三角波等变为矩形波。图 3.7.6 所示为把正弦波变为矩形波。

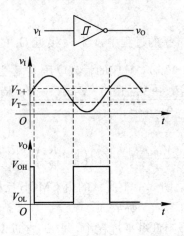

图 3.7.6　把正弦波变为矩形波

2. 波形整形

利用施密特输入电路具有上、下两个不同阈值电压的特征,借助施密特输入电路可以滤除输入信号中寄生的高频干扰信号,如图 3.7.7 所示。

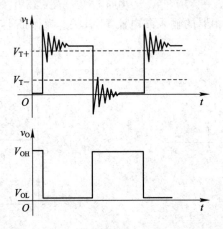

图 3.7.7　滤除高频干扰信号(输入、输出反相)

显然,对于相同幅度的干扰信号,滤除效果与上下两个阈值电压大小有关。例如,对施密特输入反相器来说,在其他条件不变的情况下,如果下阈值电压 V_{T-} 偏高,则在输出信号的下降沿将出现高频干扰脉冲,如图 3.7.8(a)所示;反之,如果上阈值电压 V_{T+} 偏低,则在输出信号的上升沿将出现高频干扰脉冲,如图 3.7.8(b)所示。

可见,上、下阈值电压的差值(即回差电压 ΔV)越大,抗干扰能力就越强。

施密特输入电路也能把上下沿过渡时间长的脉冲信号整理成边缘陡峭的脉冲信号,如图 3.7.9 所示。

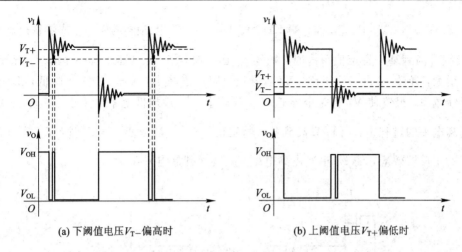

(a) 下阈值电压 V_{T-} 偏高时　　　　　　(b) 上阈值电压 V_{T+} 偏低时

图 3.7.8　上、下阈值电压不正确导致反相输出信号边沿异常

　　因此，在数字电路系统中，输入引脚最好都具有施密特输入特性。实际上，最近十年来开发的许多 MCU 芯片的输入引脚在缺省状态下都具有施密特输入特性，不仅可避免外部高频干扰信号进入 MCU 芯片内部的逻辑电路，也缩短了 MCU 芯片内部逻辑电路输入信号边沿的过渡时间，从而提高了 MCU 芯片信息处理的可靠性，并降低了 MCU 芯片的功耗。

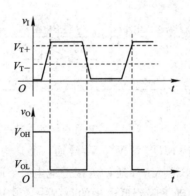

图 3.7.9　把上、下沿过渡时间长的信号整形为边沿陡峭的信号

3.7.3　集成施密特输入电路

　　CD40106 施密特输入反相器的内部结构如图 3.7.10 所示。图中，$V_1 \sim V_6$ 构成了施密特输入电路，V_9 及 V_{10} 构成了 CMOS 反相器，V_7 及 V_8 构成了另一个 CMOS 反相器，两反相器首尾相连，这样在 v_{O1} 上、下沿跳变过程中就引入了正反馈，使输出信号 v_{O2} 边沿更加陡峭，实现了对 v_{O1} 信号的整形，而 V_{11} 及 V_{12} 构成了 CMOS 反相输出缓冲器，显然 v_{O1} 与输出信号 v_O 相位相同。所有 P 沟 MOS 管衬底连在一起后接 V_{DD}，所有 N 沟 MOS 管衬底连在一起后接 GND（地）。

　　当输入端 $v_I = V_{IL}$ 时，P 沟 MOS 管 V_1、V_2 导通，而 N 沟 MOS 管 V_5、V_4 截止，v_{O1} 输出高电平 V_{OH}，结果 P 沟 MOS 管 V_3 截止，v_{S2} 接近 V_{DD}，而 N 沟 MOS 管 V_6 导通，v_{S5} 也接近 V_{DD}。在 v_I 从低电平逐渐上升到高电平的过程中，当 $v_I > V_{GS(th)N}$ 时，V_4 管开始导通，v_{S5}

逐渐下降，在 $v_I - v_{S5} > V_{GS(th)N}$ 前，就算 $v_I > \frac{1}{2}V_{DD}$，V_5 管也不能导通，v_{O1} 依然输出高电平。当 v_I 继续升高到某一特定值 V_{T+} 时，触发 V_5 管导通，使 v_{O1} 迅速下降，N 沟 V_6 管导通电阻迅速增大，导致 v_{S5} 进一步下降，V_5 管导通电阻迅速减小，使 v_{O1} 进一步降低，形成强烈的正反馈效应，最终使 V_5 管完全导通，V_6 管截止，v_{O1} 输出低电平。可见，在 v_I 从低电平上升到高电平的过程中，当 v_I 升高到某一特定值 V_{T+} $\left($ 一般大于 $\frac{1}{2}V_{DD}\right)$ 时，V_5、V_6 管形成了强烈的正反馈效应，使 v_{O1} 迅速由高电平 V_{OH} 跳变到低电平 V_{OL}。

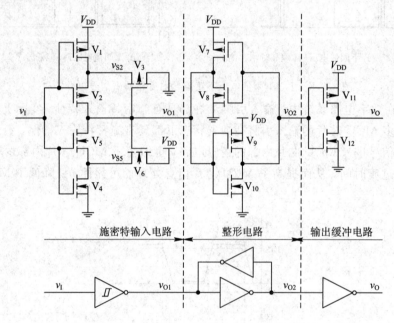

图 3.7.10　CD40106 内部逻辑与等效电路

当输入端 $v_I = V_{IH}$ 时，N 沟 MOS 管 V_5、V_4 导通，而 P 沟 MOS 管 V_1、V_2 截止，v_{O1} 输出低电平 V_{OL}，结果 P 沟 MOS 管 V_3 导通，v_{S2} 接近地电平，而 N 沟 MOS 管 V_6 截止，v_{S5} 也接近地电平。在 v_I 由 V_{IH} 逐渐下降到低电平的过程中，当 $V_{DD} - v_I > |V_{GS(th)P}|$ 时，V_1 管开始导通，v_{S2} 逐渐升高，在 $v_{S2} - v_I > |V_{GS(th)P}|$ 前，就算 $v_I < \frac{1}{2}V_{DD}$，V_2 管也还不能导通，v_{O1} 依然输出低电平。随着 v_I 的继续下降，V_5、V_4 管导通电阻逐渐增加，v_{O1} 电位逐渐上升，V_3 导通电阻也在逐渐增加，v_{S2} 进一步升高，V_2 导通电阻在减小，使 v_{O1} 进一步升高，触发了强烈的正反馈过程，最终使 V_2 管迅速导通，V_3 完全截止，v_{O1} 输出高电平。可见，在 v_I 由高电平下降到低电平的过程中，当 v_I 下降到某一特定值 V_{T-} $\left($ 一般小于 $\frac{1}{2}V_{DD}\right)$ 时，V_2、V_3 管便形成了强烈的正反馈效应，使 v_{O1} 迅速由低电平 V_{OL} 跳变到高电平 V_{OH}。

另一常见的集成施密特输入电路 74HC14（6 施密特输入反相器）的内部等效电路如图 3.7.11 所示，核心电路依然为 $V_1 \sim V_6$ 构成的施密特输入电路，内部与图 3.7.10 差别不大。

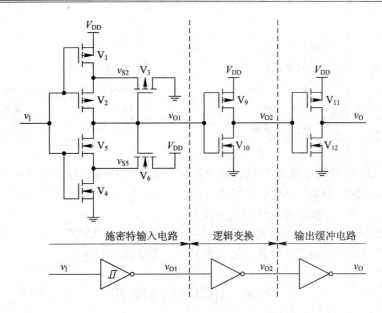

图 3.7.11　74HC14 的内部逻辑与等效电路

　　集成施密特输入电路的特点是上、下阈值电压 V_{T+}、V_{T-} 不可调，对于同一芯片来说，仅与电源电压 V_{DD} 大小及环境温度高低有关；对于不同的芯片，在相同电源电压 V_{DD} 下，上、下两阈值电压存在一定的分散性。例如，对于 74HC14 芯片来说，25℃ 下不同电源电压 V_{DD} 对应的阈值电压如表 3.7.1 所示。

表 3.7.1　74HC14 芯片不同电源下的阈值电压

电源电压 V_{DD}	阈值电压 V_{T+}/V			阈值电压 V_{T-}/V		
	最小值	典型值	最大值	最小值	典型值	最大值
2.0 V	1.0	1.2	1.5	0.3	0.7	1.0
4.5 V	2.0	2.7	3.15	0.9	1.8	2.2
6.0 V	3.0	3.2	4.2	1.22	2.2	3.0

　　常用的具有施密特输入特性的 CMOS 门电路芯片如表 3.7.2 所示。

表 3.7.2　常用施密特集成输入电路芯片

型号	生产工艺	套数	逻辑功能	引脚
CD40106	标准 CMOS	6	反相	兼容 74HC04 反相器
74HC14	高速 CMOS	6	反相	兼容 74HC04 反相器
74AHC14	先进高速 CMOS	6	反相	兼容 74HC04 反相器
74AHC1G14	先进高速 CMOS	1	反相	SOT－23－5 封装
74LVC14	低压 CMOS	6	反相	兼容 74HC04 反相器
74LV14A	低压 CMOS	6	反相	兼容 74HC04 反相器
74LVC1G14	低压 CMOS	1	反相	SOT－23－5 封装
74AUP1T14	先进超低功耗	1	反相电平转换器	SOT－23－5 封装
74LVC1G17	低压 CMOS	1	同相驱动器	SOT－23－5 封装
74LVC2G17	低压 CMOS	2	同相驱动器	SOT－23－6 封装

型号	生产工艺	套数	逻辑功能	引脚
74AUP1T17	先进超低功耗	1	同相电平转换器	SOT-23-5 封装
74HC132	高速 CMOS	4	2 输入与非门	兼容 74HC00
74LV132A	低压 CMOS	4	2 输入与非门	兼容 74HC00
74LVC1G132	低压 CMOS	1	2 输入与非门	SOT-23-5 封装

注意：

（1）CD4093 的逻辑功能与 74HC132 相同，均是具有施密特输入特性的四套 2 输入与非门，但 CD4093 的引脚排列与最常用的与非门电路芯片 74HC00 不兼容，因此在数字电路系统中并不常用，除非电源电压超过 5.0 V。

（2）尽管存在施密特输入的 2 输入与门 74HC7001、2 输入或门 74HC7032 以及 2 输入或非门 74HC7002 芯片，但这三款芯片并不常用，价格高昂。

3.8　电平转换电路

由于 TTL 工艺逻辑电路已经被 74HC、74AHC、74LVC、74LVA、74AUC、74AUP 等 CMOS 电路所取代，仍在使用的 TTL 电路芯片仅有 7406（OC 输出反相驱动器）、7407（OC 输出同相驱动器）两款芯片，因此，目前在数字电路系统中遇到的电平转换问题往往是不同电源电压 CMOS 芯片之间的信号连接问题。

3.8.1　驱动门与负载门之间的连接条件

不同系列以及不同电源电压逻辑电路的输出高电平 V_{OH} 最小值、输出低电平 V_{OL} 最大值、输入高电平 V_{IH} 最小值、输入低电平 V_{IL} 最大值以及阈值电压 V_{TH} 如图 3.8.1 所示。

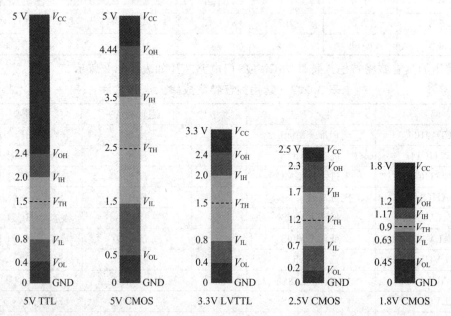

图 3.8.1　常见不同电源电压逻辑电路输入及输出电平限制值

　　因此，不同类型逻辑电路(如 TTL 与 CMOS)、不同电源电压 CMOS 逻辑电路芯片之间连接时就会遇到前级输出电平与后级输入电平之间的匹配问题。也就是说，在数字电路系统中，图 3.8.2 所示的两块逻辑 IC 芯片相连时，前级(有时也称为驱动芯片)输出电压及电流与后级(有时也称为负载芯片)输入电压及电流必须同时满足电压限制条件和电流限制条件。此外，在低功耗系统中，所选的电平接口电路形式还必须满足功耗限制条件；当信号频率较高时，所选的电平转换电路形式还不能降低驱动门到负载门之间的信号传输速度。

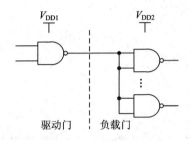

图 3.8.2　驱动门与负载门的连接

1. 电压及电流限制条件

　　当驱动门输出高电平 V_{OH} 时，输入高电平电流 I_{IH} 流入负载门引脚(对于 CMOS 门电路来说，输入高电平电流 I_{IH} 为下输入保护二极管的反向漏电流；对于 TTL 门电路来说，I_{IH} 为输入保护二极管反向漏电流和输入级三极管发射结反向饱和漏电流之和)，如图 3.8.3 (a)所示。驱动门输出高电平 $V_{OH} = (V_{DD1} - R_{on(P)} n I_{IH})$，将随负载门引脚数量 n 的增加而减小。因此，必须满足 $V_{OH(min)} > V_{IH(min)}$，且 $I_{OH(max)} \geqslant n I_{IH(max)}$。

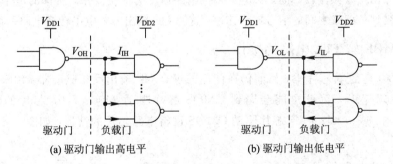

(a) 驱动门输出高电平　　　　　　　　　　(b) 驱动门输出低电平

图 3.8.3　负载门不同输入状态下引脚电流

　　当驱动门输出低电平 V_{OL} 时，输入低电平电流 I_{IL} 流出负载门引脚(对于 CD4000、74HC 系列 CMOS 电路来说，输入低电平电流 I_{IL} 为上输入保护二极管的反向漏电流；对于 TTL 门电路来说，I_{IL} 为输入级三极管基极偏置电流)，如图 3.8.3(b)所示。驱动门输出低电平 V_{OL} 的高低会随负载门引脚数量 n 的增加而增加。因此，必须满足 $V_{OL(min)} < V_{IL(min)}$，且 $I_{OL(max)} \geqslant n I_{IL(max)}$。

2. 功耗限制条件

　　当驱动门电源 V_{DD1} 小于负载门电源 V_{DD2} 时，为避免负载门出现较大的静态附加电流(TI 公司将该电流称为 ΔI_{CC})，驱动门最小输出高电平电压 $V_{OH(min)}$ 最好满足 $V_{DD2} - V_{OH(min)} < |V_{GS(th)P}|$ (负载门 P 沟 MOS 管阈值电压)，保证驱动门输出高电平时负载门输入缓冲反

相器内的 P 沟 MOS 管可靠关断；驱动门输出低电平电压 $V_{OL(max)} < V_{GS(th)N}$（负载门 N 沟 MOS 管阈值电压），保证驱动门输出低电平时负载门输入缓冲反相器内的 N 沟 MOS 管可靠关断，避免产生较大的静态附加电流 ΔI_{CC}。例如，当输入高电平电压 V_{IH} 为 $V_{DD}-0.6$ V 时，74LVC00 芯片的最大附加静态电流 ΔI_{CC} 高达 500 μA；尽管 74HCT 系列芯片的最小输入高电平电压 $V_{IH(min)}$ 可低至 2.0 V，但当输入高电平电压 V_{IH} 下降到 2.4 V 时，附加的静态电流 ΔI_{CC} 竟高达 1.8 mA，而当输入高电平电压 V_{IH} 接近 V_{DD} 时，最大静态电流 I_{CC} 不超过 40 μA，如图 3.8.4 所示。

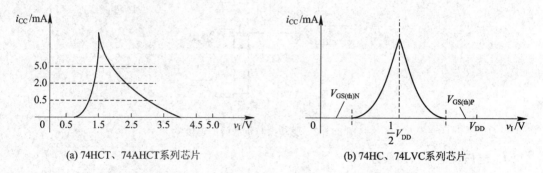

(a) 74HCT、74AHCT系列芯片　　　　(b) 74HC、74LVC系列芯片

图 3.8.4　CMOS 输入电压 v_I 与电源电流 i_{CC} 的关系

因此，在功耗限制严格的数字电路系统中，选择电平转换电路形式时必须充分考虑到功耗限制条件。

3. 速度限制条件

当前级输出信号频率较高时，对电平转换电路速度有严格要求，所选的电平转换电路不能降低驱动级到负载级之间的信号传输速率，这时 OD 输出方式电平转换电路一般不再适用。

3.8.2　CMOS 与 TTL 电路的接口

在 TTL 工艺逻辑芯片中，目前仍在使用的仅有 OC 输出反相驱动器 7406、OC 输出同相驱动器 7407 芯片，因此可能会遇到 CMOS 芯片驱动 7406、7407 芯片的情形，如图 3.8.5(a)所示，或 7406、7407 芯片驱动 CMOS 逻辑电路芯片的情形，如图 3.8.5(b)所示。

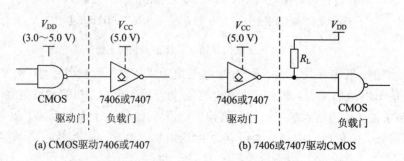

(a) CMOS驱动7406或7407　　　　(b) 7406或7407驱动CMOS

图 3.8.5　CMOS 与 7406 或 7407 接口

对 CMOS 驱动 7406 或 7407 芯片的情形，当电源电压 V_{DD} 在 3.0 V 以上时，CMOS 最小输出高电平电压 $V_{OH(min)} \geqslant 2.40$ V 即可，而 TTL 最小输入高电平电压 $V_{IH(min)}$ 仅为 2.0 V，因此能满足 $V_{OH(min)} > V_{IH(min)}$（电压条件），且 CMOS 最大输出高电平电流 $I_{OH(max)}$（1 mA

以上)远大于 TTL 输入高电平电流 $I_{\text{IH(max)}}$(小于 40 μA),也满足 $I_{\text{OH(max)}} \geqslant n I_{\text{IH(max)}}$(电流条件);CMOS 输出低电平电压最大值 $V_{\text{OL(max)}} \leqslant 0.5$ V,而 TTL 最大输入低电平电压 $V_{\text{IL(max)}}$ 为 0.8 V,因此满足 $V_{\text{OL(max)}} < V_{\text{IL(max)}}$(电压条件),且 CMOS 最大输出低电平电流 $I_{\text{OL(max)}}$(不小于 4 mA)大于 TTL 最大输入低电平电流 $I_{\text{IL(max)}}$(小于 1.1 mA),也满足 $I_{\text{OL(max)}} \geqslant n I_{\text{IL(max)}}$(电流条件)。

对 7406 或 7407 芯片驱动 CMOS 芯片的情形,由于 7406、7407 本身是 OC 输出,输出级 NPN 型三极管的最大耐压为 30 V,而 CMOS 电源电压 V_{DD} 不超过 18 V,因此在 7406、7407 的输出端与 CMOS 负载门电源引脚 V_{DD} 之间接上拉电阻 R_{L} 后就能满足负载门输入电压的要求。

3.8.3　不同电源电压 CD4000 及 74HC 系列 CMOS 器件之间连接存在的问题

对于 CD4000 系列、74HC 系列 CMOS 逻辑 IC 来说,只有当驱动门、负载门电源电压相同或相近时才能直接相连,否则必须增加电平转换电路。

假设驱动门电源电压 V_{DD1} 为 3.3 V,输出高电平电压 V_{OH} 为 2.4~3.2 V(具体数值与负载电流 I_{OH} 大小有关),而负载门电源电压 V_{DD2} 为 5.0 V,要求的最小输入高电平电压 $V_{\text{IH(min)}} = 0.7 V_{\text{DD2}}$,即 3.5 V,那么在负载较重(负载输入引脚多)的情况下,驱动门输出高电平电压 V_{OH} 可能只有 2.4 V,而负载门输入缓冲反相器的阈值电压 $V_{\text{TH}} = \frac{1}{2} V_{\text{DD2}}$,即 2.5 V,负载门视为输入低电平,无法工作!即使负载较轻,驱动门输出高电平电压 V_{OH} 接近 3.2 V,逻辑正常,也会因输入高电平电压 V_{IH} 偏低,使 $V_{\text{DD2}} - V_{\text{IH}} = 5.0 - 3.2 = 1.8$ V 大于负载门输入缓冲反相器内 P 沟 MOS 管的阈值电压 $|V_{\text{GS(th)P}}|$,导致负载门输入缓冲反相器内的 P 沟 MOS 管没有完全截止,造成负载门输入高电平时存在较大的附加静态电流 ΔI_{CC}。

同理,驱动门输出低电平 V_{OL} 也不能太高,除了必须满足 $V_{\text{OL}} < V_{\text{TH}}$ 以保证逻辑正常外,还必须满足 $V_{\text{OL(max)}} < V_{\text{GS(th)N}}$(负载门输入缓冲反相器内 N 沟 MOS 管的阈值电压)。

反过来,当驱动门电源电压 V_{DD1} 为 5.0 V 时,输出高电平电压 V_{OH} 在 4.40 V 以上,而负载门电源电压 V_{DD2} 只有 3.3 V。考虑到 CD4000、74HC 系列 CMOS 反相器存在上输入保护二极管,那么当驱动门输出高电平 V_{OH} 时,V_{DD1} 将借助驱动门 P 沟 MOS 管、负载门上输入保护二极管对 V_{DD2} 充电,如图 3.8.6 所示,造成了驱动门电源 V_{DD1} 的额外损耗,甚至会损坏驱动门内部的 P 沟 MOS 管或负载门的上输入保护二极管。

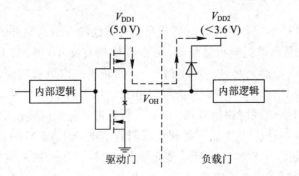

图 3.8.6　驱动门输出高电平电压大于负载门电源电压引起的充电现象

3.8.4   利用特定系列 CMOS 器件的输入特性实现不同电源电压芯片的连接

当驱动门的输出电压与负载门要求的输入电压不匹配时，如果更换负载门器件类型，就能实现彼此的连接，这是一个非常好的策略——不需要增加额外的元器件，电路系统的工作速度也没有受到影响。

例如，当驱动门电源电压 V_{DD1} 为 3.0～3.6 V，而负载门电源电压 V_{DD2} 为 5.0 V 时，由于驱动门输出高电平电压 V_{OH} 在 $V_{DD1}-0.45$ V（即 2.55 V）以上，考虑到 HCT、AHCT 芯片的最小输入高电平电压 $V_{IH(min)}$ 仅为 2.0 V，因此可直接采用 HCT 或 AHCT 芯片作为负载门，如图 3.8.7 所示。

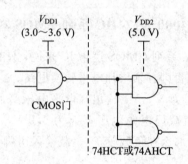

图 3.8.7   用 HCT 或 AHCT 系列芯片作负载门

当然，也可以用具有电平转换功能的逻辑门电路芯片（如 74LV1T00、74LV1T02 等）作为负载门，只是具有电平转换功能的逻辑门电路芯片种类有限。

用 HCT、AHCT 系列芯片作负载门时，逻辑上可实现 3.3～5.0 V 的电平转换，但由于驱动门输出高电平电压 V_{OH} 最高只有 $V_{DD1}-0.10$ V，因此存在如下两个问题：

(1) 驱动门输出高电平电压 V_{OH} 偏低，造成负载门输入缓冲反相器 P 沟 MOS 管未完全关断，使负载门电源的静态电流 I_{DD2} 增加（附加的静态电流 ΔI_{CC} 为 0.2～2.0 mA），静态功耗偏高。

(2) 负载门输入高电平噪声容限 $V_{NH}=V_{OH}-V_{IH(min)}$ 有所下降。

当驱动门电源电压 V_{DD1} 大于负载门电源电压 V_{DD2}（如驱动门电源电压 V_{DD1} 为 5.0 V，而负载门电源电压 V_{DD2} 为 1.65～3.6 V，或驱动门电源电压 V_{DD1} 为 3.3 V，而负载门电源电压 V_{DD2} 为 2.0 V）时，最有效的办法是使用输入电压 V_I 的范围在 0～5.0 V，具有过压输入特性的 74AHC、74LVA、74LVC、74ALVC、74AUC、74AUP 系列芯片作负载门，如图 3.8.8(a)所示。

这一方式的优点是不需要专用的电平转换器件，也没有引入额外的功率损耗，更不会降低工作频率；缺点是负载门输出信号 v_O 的占空比略有减小（输入、输出反相时）或增加（输入、输出同相时），原因是负载门输出信号 v_O 的转折点以负载门阈值电压 V_{TH} 为基准。假设驱动门电源电压 V_{DD1} 为 5.0 V，而负载门电源电压 V_{DD2} 为 3.3 V，则当驱动门输出电压 $v_{O1}(v_I)$ 从 V_{OL} 上升到负载门阈值电压 1.65 V 附近时，负载门输出电压 v_O 就开始下降；而当驱动门输出电压 $v_{O1}(v_I)$ 从 V_{OH} 下降到负载门阈值电压 1.65 V 附近时，负载门输出电压 v_O 才开始上升，如图 3.8.8(b)所示，使负载门输出信号 v_O 的占空比略有减小。因此，对占空比变化敏感的应用场合不宜采用这一方式。

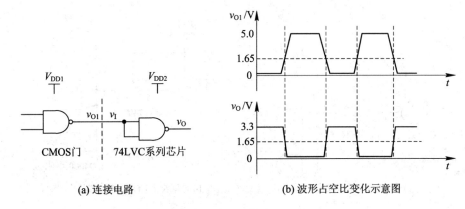

(a) 连接电路　　　　　　　　　　　　(b) 波形占空比变化示意图

图 3.8.8　用 74LVC 系列芯片作负载门

3.8.5　借助 OD 输出结构实现不同电源电压芯片之间的连接

当驱动门输出级为 OD 输出结构电路时，如果驱动门输出级 N 沟 MOS 管的耐压不小于后级芯片电源电压 V_{DD2}，则在驱动门输出端与后级负载门电源引脚 V_{DD2} 之间外接上拉电阻 R_L 后，就能保证驱动门与负载门工作正常，如图 3.8.9 所示。图中，V_{DD2} 可以大于 V_{DD1}，也可以小于 V_{DD1}，外接上拉电阻 R_L 的计算方法可参阅 3.3.2 节。

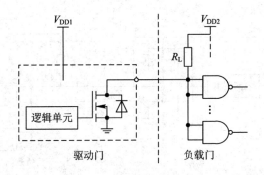

图 3.8.9　OD 门驱动输出

当驱动门输出级为互补 CMOS 结构输出电路时，可借助 OD 输出同相驱动器 74LV07A、74LVC07(六套 14 引脚封装)、74LVC2G07(两套少引脚，如 SOT‐23‐6 封装)或 74LVC1G07(单套少引脚，如 SOT‐23‐5 封装)实现驱动门与负载门之间的连接，如图 3.8.10(a)所示。图中，V_{DD2} 可以大于 V_{DD1}，也可以小于 V_{DD1}。

74LVC1G07 芯片的电源电压范围宽(1.65～5.5 V)，OD 输出级 N 沟 MOS 管的耐压为 5.5 V，负载能力强，当电源电压 V_{DD} 为 4.5 V 时，最大输出低电平电流 $I_{OL(max)}$ 高达 50 mA。

当驱动门电源电压 V_{DD1} 为 5.0 V，后级负载门为 CD4000 系列 CMOS 逻辑 IC 芯片，且电源电压 V_{DD2} 在 5.0 V 以上时，可借助 OC 输出标准 TTL 同相驱动器 7407 实现电平转换，如图 3.8.10(b)所示。不过，原则上能用 74LVC07、74LV07A 芯片驱动时，不用标准 TTL 工艺的 7407 芯片，原因是 7407 芯片功耗大，且没有单门、双门少引脚封装形式。

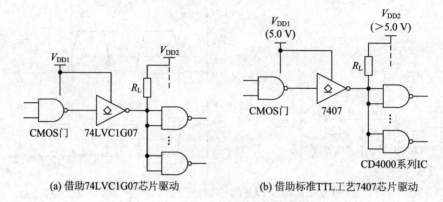

(a) 借助74LVC1G07芯片驱动   (b) 借助标准TTL工艺7407芯片驱动

图 3.8.10　借助 OD 输出同相驱动门连接

当 $V_{DD1} > V_{DD2}$，且 V_{DD2} 较大，使驱动门最大输出低电平电压 $V_{OL(max)} + V_D$（隔离二极管导通压降）不大于 $V_{IL(max)}$ 时，也可以采用如图 3.8.11 所示的电平转换电路。当驱动门输出高电平时，隔离二极管 V_D 截止，负载门输入高电平电压 V_{IH} 由上拉电阻 R_L 大小及负载轻重确定；当驱动门输出低电平时，隔离二极管 V_D 导通，负载门输入低电平电压 $V_{IL} = V_{OL} + V_D$。为避免负载门输入低电平电压 V_{IL} 偏高，导致负载门输入低电平噪声容限 V_{NL} 下降，隔离二极管 V_D 最好采用低导通压降的肖特基二极管，如 1SS389、B0520 等。

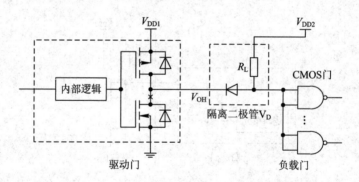

图 3.8.11　当 $V_{DD1} > V_{DD2}$ 时可借助二极管实现电平转换

当然，必要时也可以用价格低廉的 OC 输出模拟比较器（如 LM393 等）构成电平转换电路，如图 3.8.12 所示。

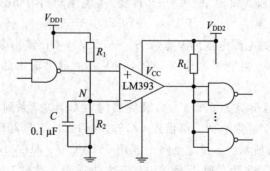

图 3.8.12　用模拟比较器构成电平转换电路

在图 3.8.12 中，模拟比较器电源引脚 V_{CC} 接 V_{DD2}，V_{DD2} 可以大于 V_{DD1}，也可以小于 V_{DD1}，没有限制。通过控制分压电阻 R_1、R_2 的比值，就可以选择触发电平 V_{REF}。例如，当 R_2 取 $(2.0 \sim 2.3)R_1$ 时，基准电位 $V_{REF} = (0.66 \sim 0.70)V_{DD1}$。

当然，如果能通过软件或其他硬件电路方式解决反相问题，也可以借助 BJT 三极管完成电平转换功能，实现不同电源电压驱动门与负载门之间的连接，如图 3.8.13 所示。

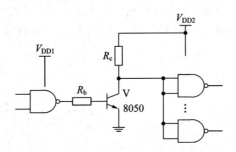

图 3.8.13　用 BJT 三极管构成电平转换电路

借助 OD、OC 门上拉电阻（或三极管反相器）完成电平转换，实现不同电源电压逻辑芯片之间的连接时，具有元件少、成本低的优点，但存在驱动功耗与速度要求相矛盾的致命缺点，即虽然减小上拉电阻 R_L 有利于提高电平转换电路的工作频率，然而减小 R_L 意味着 OD 或 OC 门输出低电平时流过上拉电阻 R_L 的电流增加，不仅加大了电源 V_{DD2} 的损耗，也会使 OD 或 OC 门输出低电平电压 V_{OL} 上升，并使负载门输入低电平噪声容限 V_{NL} 下降，当 R_L 严重偏小时，甚至会引起 OD 或 OC 门过流损坏。此外，由于 R_L 较大，负载门输入信号上升沿过渡时间长，导致负载门功耗增加，并使信号传输延迟时间 t_{pd} 变长，如图 3.8.14 所示，造成这类电平转换电路的上限工作频率不高（一般小于 50 kHz）。

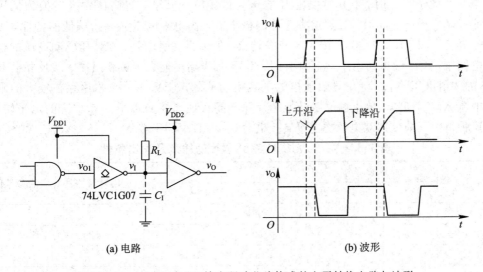

(a) 电路　　　　　　　　　　　　　　　(b) 波形

图 3.8.14　由 OD 或 OC 输出驱动芯片构成的电平转换电路与波形

3.8.6　借助缓冲门或总线驱动器实现电平转换

当工作频率较高而又不能更换负载门器件类型时，只能选择电平转换缓冲门电路芯片，如 TI 公司的 74LV1T34（单电源单向电平转换）、74AUP1T34（先进超低功耗双电源单向电平转换)、74LV1T125 及 74LV1T126(单电源单向三态输出电平转换)、74AVC2T244(双电源单向三态输出电平转换)、74LVC1T45(双电源双向三态输出电平转换)、74AVC2T245(双电源双向三态输出电平转换)、LSF 系列、TXS010×、TXB010×等单向或双向电平转换芯片。这类专用电平转换芯片具有如下特点:电源电压范围宽(1.8~5.5 V 或 0.9~3.6 V),静态功耗小,在电源电压范围内输入端可承受 5.0 V 输入电压,负载能力强,当电源电压为 3.3 V 时,输出电流仍高达 7 mA,平均传输延迟时间在 10 ns 以内,工作频率高。电平转换芯片的典型应用电路如图 3.8.15 所示。

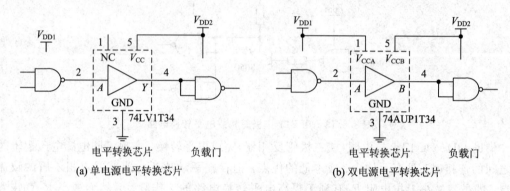

(a) 单电源电平转换芯片　　　　　　(b) 双电源电平转换芯片

图 3.8.15　电平转换芯片的典型应用

对于图 3.8.15(a)所示的单电源电平转换芯片来说,电平转换芯片的电源引脚 V_{CC} 一律接负载门芯片的电源 V_{DD2}。由于 74LV1T×× 系列芯片的输入引脚可承受 5.0 V 输入电压,且 74LV1T×× 的最小输入高电平电压 $V_{IH(min)}$ 比同电源电压的 74HC、74LVC 系列小,而最大输入低电平电压 $V_{IL(max)}$ 比同电源电压的 74HC、74LVC 系列大,如表 3.8.1 所示,因此当 V_{DD1} 大于 V_{DD2} 时,利用这类芯片能承受过压输入特性,将高压输入转换为低压输出,而当 V_{DD1} 小于 V_{DD2} 时,利用这类芯片的最小输入高电平电压 $V_{IH(min)}$ 偏低的特性,可实现 3 V 转 5.0 V、1.8~2.5 V 转 3.3 V 等转换。但值得注意的是,在低压驱动高压的电平转换电路中,由于输出高电平 V_{OH} 偏小,因此 $V_{DD}-V_{OH}$ 可能大于负载门输入缓反相器 P 沟 MOS 的阈值电压 $|V_{GS(th)P}|$,导致承担电平转换功能的 74LV1T×× 芯片存在较大的附加静态电流 ΔI_{CC}。所以,单电源电平转换芯片并不能实现 3.0 V 以下到 5.0 V 的电平转换,遇到这种情况只能使用双电源类电平转换芯片,如 74LVC1T45 等。

表 3.8.1　74LV1T34 **系列芯片的输入及输出特性**

电源电压/V	$V_{IL(max)}$/V		$V_{IH(min)}$/V		通用逻辑器件对应的参考值
	25℃	−40~125℃	25℃	−40~125℃	
1.65~1.80	0.57	0.55	0.95	1.0	
2.0			0.99	1.03	74HC 系列 1.5 V
2.25~2.5	0.75	0.71	1.145	1.18	
2.75			1.22	1.25	
3.0~3.3	0.8	0.65	1.37	1.39	74LVC 系列 2.0 V 以上
3.6			1.47	1.48	
4.5~5.0	0.8	0.8	2.02	2.03	与 TTL 输入电平兼容
5.5			2.1	2.1	

对于双电源电平转换芯片来说，V_{CCA} 与输入反相器 A 关联，V_{CCB} 与输出反相器 B 关联，如图 3.8.16 所示。因此，V_{CCA} 接驱动门电源 V_{DD1}，V_{CCB} 接负载门电源 V_{DD2}。由于 74AUP1T34 输入电源 V_{CCA}、输出电源 V_{CCB} 的电压范围为 $0.9 \sim 3.6$ V，因此图 3.8.15(b) 所示的电平转换电路可以实现 $0.9 \sim 3.6$ V 的电平转换。

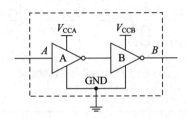

图 3.8.16　双电源供电互补输出同相缓冲器内部等效逻辑

74LVC1T45 采用 SOT-23-6 封装，内部结构如图 3.8.17 所示。显然，当方向控制输入端 DIR 为高电平时，数据传输方向为 $A{\rightarrow}B$；而当方向控制输入端 DIR 为低电平时，数据传输方向为 $B{\rightarrow}A$。

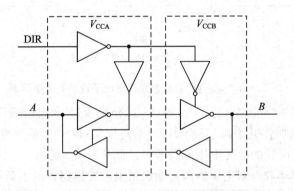

图 3.8.17　74LVC1T45 内部结构

需要注意的是，在双电源电平转换芯片中，如果存在控制信号（如图 3.8.17 中的数据传输方向控制信号 DIR）、输出允许控制信号 $\overline{\text{OE}}$，必须明确控制信号是与 V_{CCA} 电源关联还是与 V_{CCB} 电源关联，不能接错。

TI 公司的双电源自动方向检测电平转换器件 TXS010×（×代表通道数，兼容 OD 及 CMOS 推挽输出，内置上拉电阻）、TXS030×（×代表通道数，兼容 OD 及 CMOS 推挽输出，内置上拉电阻）、TXB010×（×代表通道数，仅支持 CMOS 推挽输出）、TXB030×（×代表通道数，仅支持 CMOS 推挽输出）、TSF010×（×代表通道数，支持 OD 及 CMOS 推挽输出，灵活性大，但需要外接上拉电阻）也常用于实现不同电源电压系统的连接，如通用 IO 引脚 GPIO，以及 SPI、I^2C 等总线接口部件的电平转换，如图 3.8.18 所示。

TXS010×、TXS030× 专门针对 OD 输出（如 I^2C 总线应用）而设计，并内置了 10 kΩ 的上拉电阻，同时兼容 CMOS 互补推挽输出。其功能相对完善，任一电源电压 V_{CCA} 或 V_{CCB} 消失，输出引脚自动进入高阻态。TXS010× 系列与 TXS030× 系列的功能、引脚排列基本相同，唯一差别是两者的电源电压范围不同，如表 3.8.2 所示。

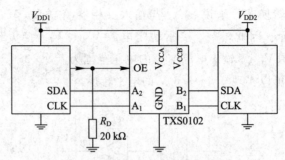

(a) 应用于 I^2C 总线的电平转换电路

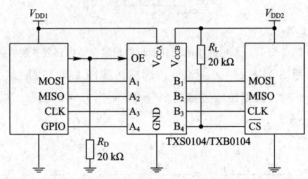

(b) 应用于 SPI 总线的电平转换电路

图 3.8.18　双电源自动方向检测电平转换器应用举例

　　TXB010×、TXB030×专门针对 CMOS 互补推挽输出应用而设计，其工作原理与 TXS 系列相同，但数据传输率高。TXB010×系列与 TXB030×系列的功能、引脚排列也基本相同，唯一差别是两者的电源电压范围不同，如表 3.8.2 所示。

表 3.8.2　双电源方向自动识别电平转换器件的主要特性

参数 系列	OD 输出		CMOS 推挽输出 数据上限传输率 /(Mb/s)	电压范围/V	
	上限传输率 /(Mb/s)	上拉电阻		V_{CCA}	V_{CCB}
TXS010×系列	2	内置	24	1.65～3.6	2.3～5.5
TXS030×系列	2	内置	24	0.9～3.6	0.9～3.6
TXB010×系列	—	—	100	1.2～3.6	1.65～5.5
TXB030×系列	—	—	100	0.9～3.6	0.9～3.6

习　题　3

　　3-1　为什么 CMOS 反相器的电源电压 V_{DD} 存在最小值？请分别指出 74LVA 系列、74HC 系列、CD4000 系列数字 IC 芯片的电源电压范围。

　　3-2　在逻辑状态转换过程中，流出 CMOS 反相器电源 V_{DD} 的瞬态尖峰电流与什么因素有关？

　　3-3　CD4000、74HC 及 74HCT 系列数字 IC 芯片的输入电压 v_I 能大于电源电压 V_{DD}

吗？为什么？

3－4　在什么情况下，74AHC、74LVC、74LVA 系列数字 IC 芯片的输入电压 v_I 可以大于电源电压 V_{DD}？

3－5　74HCT 及 74AHCT 系列逻辑门电路的电源电压 V_{DD}、阈值电压 V_{TH} 分别是多少？

3－6　对于 74HC 系列芯片来说，当电源电压 V_{DD} 为 5.0 V 时，为什么希望的输入低电平电压 V_{IL} 小于 1.0 V，而输入的高电平电压 V_{IH} 大于 4.0 V？

3－7　简述 CMOS 反相器传输延迟的成因，传输延迟时间 t_{pd} 与什么因素有关。

3－8　CMOS 反相器功耗由哪几部分组成？其中动态功耗与电源电压 V_{DD} 是什么关系？为什么高速数字 IC 芯片的电源电压 V_{DD} 一般都小于 5.0 V？

3－9　CMOS 传输门导通电阻 R_{on} 与什么因素有关？

3－10　如果 74HC 系列数字 IC 芯片的电源电压 V_{DD} 为 5.0 V，则最小输入高电平电压 $V_{IH(min)}$、最大输入低电平电压 $V_{IL(max)}$ 分别为多少？

3－11　简述 74LVC00 芯片与 74LVC1G00 芯片的异同。

3－12　分别指出商用级、汽车级、军用级数字 IC 芯片的工作温度范围。

3－13　芯片过压输入功能在数字电路系统中有什么作用？

3－14　说出 TTL 逻辑电路输入电平的范围，即指出 V_{IL} 和 V_{IH} 的范围。

3－15　比较 7407 与 74LVC07 芯片的异同，并说明在什么情况下可用 74LVC07 芯片代替 7407 芯片。

3－16　比较 7406 与 74LVC06 芯片的异同，并说明在什么情况下可用 74LVC06 芯片代替 7406 芯片。

3－17　分别指出 74LS 系列 TTL 电路和 74HC 系列、CD4000 系列数字 IC 芯片的电源电压范围。

3－18　已知 V_{DD2} 为 5.0 V，OD 输出反相器 74HC05 的输出高电平漏电流 I_{OH} 最大为 4.0 μA。当输出低电平电流 I_{OL} 为 4.0 mA，输出低电平 V_{OL} 为 0.30 V 时，74HC00、74HC02、74HC04 芯片的输入高电平电流 I_{IH} 和输入低电平电流 I_{IL} 均为 1.0 μA。在 V_{OL} 不大于 0.30 V，V_{OH} 不小于 4.5 V 的条件下，试计算图 3－1 所示上拉电阻 R_L 的取值范围（取 E24 系列标准值，误差为 5%，假设工程设计余量为 10%）。

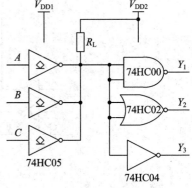

图 3－1

3－19　施密特输入电路的输入特性与什么比较器类似？简述施密特输入电路在数字电路系统中的主要应用。

3－20　如果驱动级芯片电源电压为 3.3 V，而负载级电源电压 5.0 V，如何连接？请给出相应的实现方案。

3－21　如果驱动级芯片电源电压为 5.0 V，而负载级电源电压 3.3 V，如何连接？请给出相应的实现方案。

第4章 组合逻辑电路分析与设计

根据逻辑电路的特征，可将逻辑电路分为组合逻辑电路和时序逻辑电路。组合逻辑电路由逻辑门电路连接而成，电路输出端与输入端之间没有反馈元件；如果不考虑逻辑门电路的传输延迟，则组合逻辑电路的输出完全由各输入端的当前状态决定，而与电路上一时刻的输出状态(高电平或低电平)无关。换句话说，组合逻辑电路没有记忆功能。

4.1 组合逻辑电路分析

根据已知的组合逻辑电路分析其逻辑功能的过程就是组合逻辑电路分析。可按如下步骤对组合逻辑电路进行分析：

(1) 根据给出的逻辑电路图，写出输出函数 Y 的逻辑表达式。

(2) 必要时利用德·摩根定理或反演定理将逻辑表达式 Y(或反函数 $\overline{Y}$)转换成与或式。

(3) 列出函数 Y(或反函数 $\overline{Y}$)的真值表。当输入变量在 4 个以内时，可直接利用卡诺图求出函数 Y(或反函数 $\overline{Y}$)的真值表；当输入变量在 4 个以上时，只能借助逻辑运算规则逐一求出不同输入状态下逻辑函数 Y(或反函数 $\overline{Y}$)的值。

(4) 根据逻辑函数 Y(或反函数 $\overline{Y}$)的真值表，找出逻辑函数 Y 的取值规律，指出逻辑函数 Y 的功能(这一步可能涉及分析者的经验)。

【例 4.1.1】 分析图 4.1.1 所示逻辑电路，指出该逻辑电路的功能。

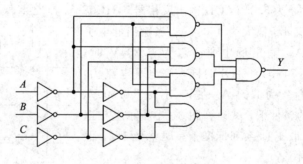

图 4.1.1 例 4.1.1 的逻辑图

解 输出：

$$Y=\overline{\overline{\overline{A}\cdot\overline{B}\cdot C}\cdot\overline{\overline{A}\cdot B\cdot\overline{C}}\cdot\overline{A\cdot\overline{B}\cdot\overline{C}}\cdot\overline{A\cdot B\cdot C}}$$
$$=\overline{A}\cdot\overline{B}\cdot C+\overline{A}\cdot B\cdot\overline{C}+A\cdot\overline{B}\cdot\overline{C}+A\cdot B\cdot C$$

由于只有 A、B、C 三个输入变量，因此可直接利用卡诺图获得如表 4.1.1 所示的真值表。

表 4.1.1　图 4.1.1 逻辑函数 Y 的真值表

$A\,B\,C$	Y	$A\,B\,C$	Y
0 0 0	0	1 0 0	1
0 0 1	1	1 0 1	0
0 1 0	1	1 1 0	0
0 1 1	0	1 1 1	1

对真值表进行分析发现：只要输入变量状态组合中有奇数个 1，则函数值 Y 就为 1。因此，根据经验可判定该逻辑电路是偶校验位信息生成电路或偶校验电路，即输出函数 $Y = A \oplus B \oplus C$。

【例 4.1.2】 分析图 4.1.2 所示逻辑电路，指出该逻辑电路的功能。

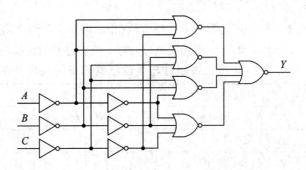

图 4.1.2　例 4.1.2 的逻辑图

解　输出：

$$Y = \overline{\overline{\overline{A + \overline{B} + C}} + \overline{\overline{A} + B + \overline{C}} + \overline{\overline{A} + \overline{B} + \overline{C}} + \overline{A + B + C}}$$

两边取反后得反函数：

$$\overline{Y} = A \cdot B \cdot \overline{C} + A \cdot \overline{B} \cdot C + \overline{A} \cdot B \cdot C + \overline{A} \cdot \overline{B} \cdot \overline{C}$$

由于只有 A、B、C 三个输入变量，因此可直接利用卡诺图获得如表 4.1.2 所示的反函数 $\overline{Y}$ 的真值表。

表 4.1.2　图 4.1.2 逻辑函数 Y 及反函数 $\overline{Y}$ 的真值表

$A\,B\,C$	$\overline{Y}$	Y	$A\,B\,C$	$\overline{Y}$	Y
0 0 0	1	0	1 0 0	0	1
0 0 1	0	1	1 0 1	1	0
0 1 0	0	1	1 1 0	1	0
0 1 1	1	0	1 1 1	0	1

对真值表进行分析发现：只要输入变量状态组合中有奇数个 1，则函数值 Y 就为 1。因此，根据经验可判定该逻辑电路是偶校验位信息生成电路或偶校验电路，即输出函数 $Y = A \oplus B \oplus C$。

4.2　组合逻辑电路设计

组合逻辑电路设计是指根据给定的逻辑命题,找出满足逻辑命题的最合理的逻辑电路图。在组合逻辑设计过程中,当用与、或、非门等逻辑门电路构成目标逻辑电路时,最终选定的逻辑电路必须是工作稳定可靠的最简逻辑电路。设计步骤大致如下:

(1) 分析逻辑命题,确定输入、输出对应的逻辑变量,并对逻辑变量进行命名。

(2) 对逻辑变量赋值。根据逻辑命题,定义每一输入量、输出量取值(0、1)的含义。

(3) 列出函数的真值表,写出输出量的逻辑表示式(即最小项和形式)

(4) 确定实现逻辑功能的技术路线。对给定的逻辑功能,既可以用反相器、与非、或非等逻辑门电路实现,也可以用其他手段(如 4.3 节介绍的二进制译码器或数字选择器电路芯片)实现。当采用逻辑门电路实现时,尚需对逻辑表达式进行化简,以便获得工作稳定可靠的最简逻辑电路图。

【例 4.2.1】　已知 4 位二进制数与 4 位格雷码(相邻的两个代码之间只有 1 位不同)之间的对应关系如表 4.2.1 所示。设计一套转换电路,将 4 位二进制数转换为对应的 4 位格雷码。

表 4.2.1　4 位二进制数与 4 位格雷码间的对应关系

4 位二进制数 $ABCD$	4 位格雷码				4 位二进制数 $ABCD$	4 位格雷码			
	Y_3	Y_2	Y_1	Y_0		Y_3	Y_2	Y_1	Y_0
0 0 0 0	0	0	0	0	1 0 0 0	1	1	0	0
0 0 0 1	0	0	0	1	1 0 0 1	1	1	0	1
0 0 1 0	0	0	1	1	1 0 1 0	1	1	1	1
0 0 1 1	0	0	1	0	1 0 1 1	1	1	1	0
0 1 0 0	0	1	1	0	1 1 0 0	1	0	1	0
0 1 0 1	0	1	1	1	1 1 0 1	1	0	1	1
0 1 1 0	0	1	0	1	1 1 1 0	1	0	0	1
0 1 1 1	0	1	0	0	1 1 1 1	1	0	0	0

解　利用卡诺图对表 4.2.1 进行化简即可获得各输出函数的最简与或式:

$$\begin{cases} Y_3 = A \\ Y_2 = \overline{A} \cdot B + A \cdot \overline{B} \\ Y_1 = \overline{B} \cdot C + B \cdot \overline{C} \\ Y_0 = \overline{C} \cdot D + C \cdot \overline{D} \end{cases}$$

由此可见,既可以用异或门(如四套 2 输入异或门 74HC86、74AHC86、74LVC86A、74LV86A)实现其逻辑功能,如图 4.2.1(a)所示,因为

$$\begin{cases} Y_3 = A = A \oplus 0 \\ Y_2 = \overline{A} \cdot B + A \cdot \overline{B} = A \oplus B \\ Y_1 = \overline{B} \cdot C + B \cdot \overline{C} = B \oplus C \\ Y_0 = \overline{C} \cdot D + C \cdot \overline{D} = C \oplus D \end{cases}$$

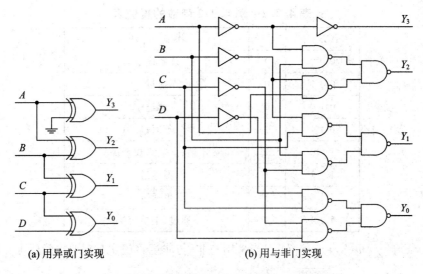

(a) 用异或门实现　　　　　　　(b) 用与非门实现

图 4.2.1　将 4 位二进制数转换为 4 位格雷码的逻辑电路

也可以用与非门、反相器芯片实现其逻辑功能，如图 4.2.1(b)所示，因为

$$\begin{cases} Y_3 = A = \overline{\overline{A}} \\ Y_2 = \overline{A} \cdot B + A \cdot \overline{B} = \overline{\overline{\overline{A} \cdot B + A \cdot \overline{B}}} = \overline{\overline{\overline{A} \cdot B} \cdot \overline{A \cdot \overline{B}}} \\ Y_1 = \overline{B} \cdot C + B \cdot \overline{C} = \overline{\overline{\overline{B} \cdot C + B \cdot \overline{C}}} = \overline{\overline{\overline{B} \cdot C} \cdot \overline{B \cdot \overline{C}}} \\ Y_0 = \overline{C} \cdot D + C \cdot \overline{D} = \overline{\overline{\overline{C} \cdot D + C \cdot \overline{D}}} = \overline{\overline{\overline{C} \cdot D} \cdot \overline{C \cdot \overline{D}}} \end{cases}$$

由于任意逻辑函数 Y 均可转化为或非-或非形式，因此也可以用反相器、或非门电路芯片实现其逻辑功能。

显然，若函数 Y 与或式中的与项仅包含原变量而没有反变量（如 $Y=AB+CD$），则用与非门实现函数的逻辑功能时，信号从输入到输出的传输延迟时间为两个与非门传输延迟时间之和；若函数 Y 与或式中的与项包含有反变量（如 $Y=\overline{A}B+CD$），则用与非门实现函数的逻辑功能时，信号从输入到输出的最大传输延迟时间为反相器传输延迟时间和两个与非门传输延迟时间之和。

同理，使用或非门芯片实现逻辑函数的功能时，信号从输入到输出的传输延迟时间也存在类似问题。

【**例 4.2.2**】　设计一套可供 3 个评委使用的简易表决器。设计要求：表决议案时，评委只能投赞成或反对票，不赞成就视为反对；多数评委赞成时，议案获得通过（指示灯亮）；三人中组长具有否决权。

解　(1) 显然，存在三个输入变量。三个评委投票状态分别用输入量 A、B、C 表示，并假设 A 为组长，具有否决权，议案表决结果用 Y 表示。

(2) 考虑到 CMOS 门电路输入端不能悬空，拟采用上拉输入方式。评委赞成议案时按下按钮，输入端接地，因此输入端为 0 时表示赞成，为 1 时表示反对。考虑到需要用 LED 指示灯提示议案是否通过，因此议案通过时，Y 输出低电平。

(3) 列真值表。根据输入、输出变量的逻辑关系，列出函数真值表，如表 4.2.2 所示。

表 4.2.2 例 4.2.2 函数的真值表

A B C	Y	状 态 说 明
0 0 0	0	全票通过
0 0 1	0	通过
0 1 0	0	通过
0 1 1	1	不通过
1 0 0	1	不通过(被组长否决)
1 0 1	1	不通过
1 1 0	1	不通过
1 1 1	1	不通过(全票否决)

显然,$Y=\sum m(3,4,5,6,7)$。当采用与非-与非逻辑门实现时,化简后可知输出函数 Y 的最简与非-与非式 $Y=\overline{\overline{A}\cdot\overline{BC}}$;当采用或非-或非逻辑门实现时,化简后可知输出函数 Y 的最简或非-或非式 $Y=\overline{\overline{A+C}+\overline{A+B}}$。由此,可画出如图 4.2.2 所示的逻辑图。

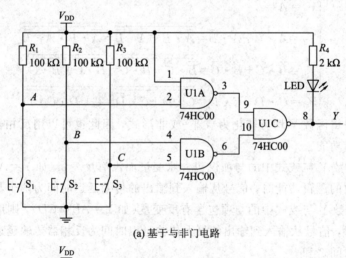

(a) 基于与非门电路

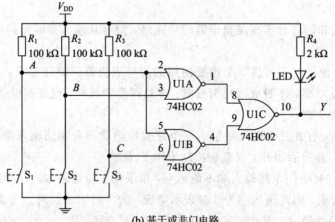

(b) 基于或非门电路

图 4.2.2　实现例 4.2.2 逻辑命题的逻辑电路图

当图 4.2.2 所示按钮被按下时，A、B、C 引脚电压变化波形并不是图 4.2.3(a)所示的理想化的电压波形。实际上，在按钮被按下或放开的瞬间，由于机械触点存在弹跳现象，实际按键电压波形大致如图 4.2.3(b)所示，即机械按键在按下和释放瞬间存在抖动现象，抖动时间的长短与按键的机械特性有关，一般为 5～10 ms，而按键的稳定闭合时间长短与按键时间有关，从数百毫秒到数秒不等。

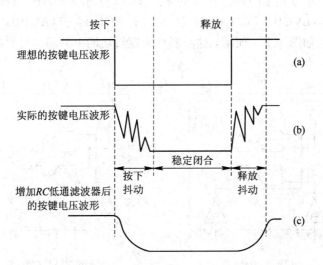

图 4.2.3　按钮被按下时的电压波形

为此在纯硬件逻辑电路中，需要在每一个与按键相连的逻辑门电路的输入端增加输入滤波电容 C(10～100 nF)，与上拉电阻 R 构成 RC 低通滤波器，以消除按键过程中的抖动现象及可能存在的高频寄生干扰，结果按键电压实际波形如图 4.2.3(c)所示。增加 RC 低通滤波电路后，输入引脚电压波形的下降沿、上升沿变化缓慢，因此只能使用具有施密特输入特性的逻辑门电路芯片（如 74HC132、74AHC132、74LV132A）实现该电路的逻辑功能，如图 4.2.4 所示。

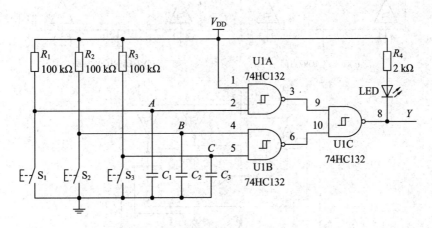

图 4.2.4　工作可靠的例 4.2.2 逻辑命题对应的逻辑电路图

4.3 常用组合逻辑电路芯片

4.3.1 可配置逻辑的门电路

可配置逻辑的门电路芯片主要包括 74LVC1G57（74AUP1G57）、74LVC1G58（74AUP1G58）、74LVC1G97（74AUP1G97）、74LVC1G98（74AUP1G98）、74LVC1G99（74AUP1G99）等，如图 4.3.1 所示，这类器件的逻辑功能由外部引脚的状态确定。

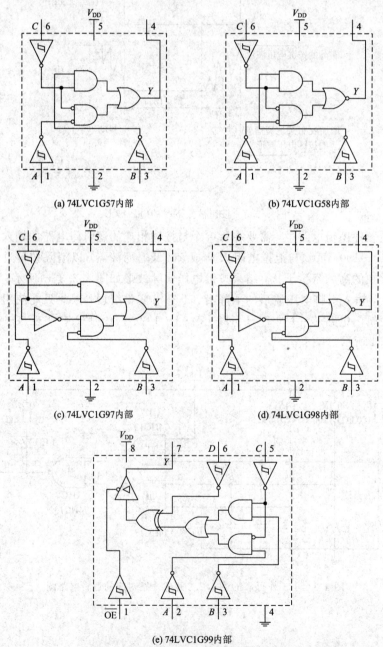

(a) 74LVC1G57内部   (b) 74LVC1G58内部

(c) 74LVC1G97内部   (d) 74LVC1G98内部

(e) 74LVC1G99内部

图 4.3.1 常见可配置逻辑的门电路芯片

显然，对 74LVC1G57(74AUP1G57)芯片来说，输出 $Y=AC+\overline{B}\cdot\overline{C}$，那么当输入端 A、B、C 分别接地或电源 V_{DD} 时，就获得了具有施密特输入特性的不同功能的逻辑门，如表 4.3.1 所示。

表 4.3.1　74LVC1G57(74AUP1G57)芯片可实现的逻辑功能

输入条件	等效逻辑函数	功能	逻辑图
A 接 GND	$Y=\overline{B}\cdot\overline{C}=\overline{B+C}$	或非	
A 接 V_{DD}	$Y=C+\overline{B}=\overline{B\cdot\overline{C}}$	或门 与非门	
B 接 GND	$Y=A+\overline{C}=\overline{\overline{A}\cdot C}$	或门 与非门	
B 接 V_{DD}	$Y=AC$	与门	
C 接 GND	$Y=\overline{B}$	反相器	
$A=B$	$Y=AC+\overline{A}\cdot\overline{C}$	同或	

对 74LVC1G58(74AUP1G58)芯片来说，输出 $Y=\overline{AC+\overline{B}\cdot\overline{C}}$。当输入端 A、B、C 分别接地或电源 V_{DD} 时，就获得了具有施密特输入特性的不同功能的逻辑门。

对 74LVC1G97(74AUP1G97)芯片来说，输出 $Y=A\cdot\overline{C}+BC$。当输入端 A、B、C 分别接地或电源 V_{DD} 时，就获得了具有施密特输入特性的不同功能的逻辑门，如表 4.3.2 所示。

表 4.3.2　74LVC1G97(74AUP1G97)可实现的功能

输入条件	等效逻辑函数	功能	逻辑图
A 接 GND	$Y=BC$	与门	
A 接 V_{DD}	$Y=B+\overline{C}=\overline{\overline{B}\cdot C}$	或门 与非门	

续表

输入条件	等效逻辑函数	功能	逻辑图
B 接 GND	$Y=A \cdot \bar{C}=\overline{\bar{A}+C}$	与门或非门	
B 接 V_{DD}	$Y=A+C$	或门	

对 74LVC1G98(74AUP1G98)芯片来说，输出 $Y=\overline{A \cdot \bar{C}+BC}$。当输入端 A、B、C 分别接地或电源 V_{DD} 时，就获得了具有施密特输入特性的不同功能的逻辑门。

74LVC1G99(74AUP1G99)芯片带输出允许控制端 $\overline{OE}$。当 $\overline{OE}$ 为低电平时，输出 $Y=(\bar{A} \cdot C+\bar{B} \cdot \bar{C}) \oplus \bar{D}$。当输入端 A、B、C、D 分别接地或电源 V_{DD} 时，可获得具有施密特输入特性的逻辑运算种类更多的门电路。例如，当输入端 D 接电源 V_{DD} 时，$Y=\bar{A} \cdot C+\bar{B} \cdot \bar{C}$；而当输入端 D 接地时，$Y=\overline{\bar{A} \cdot C+\bar{B} \cdot \bar{C}}$。

可见，这几种输出逻辑可配置芯片的功能大同小异。

4.3.2 编码器

所谓编码器(Encoder)，就是把 m 条输入线 $I_m \sim I_0$ 的状态用 n 位二进制数 $Y_n \sim Y_0$ 表示，如图 4.3.2 所示。根据输入线、输出线(输出信号编码)的特征，可把编码器分为二进制编码器、优先编码器、BCD 码编码器等。

图 4.3.2 通用编码器

1. 二进制编码器

在二进制编码器中，编码器输入线有 2，4，8，16，…，2^n 条，如果规定输入线低电平有效，则任何时候 2^n 条输入线中有且仅有一条输入线为低电平，而其他输入线为高电平，n 条输出线 $Y_n \sim Y_0$ 的状态指示了哪一输入线为低电平(有效电平)。例如，对于 8-3 二进制编码器来说，输入、输出关系如表 4.3.3 所示。

表 4.3.3　输入低电平有效的 8-3 二进制编码器的真值表

$I_7 I_6 I_5 I_4 I_3 I_2 I_1 I_0$	Y_2	Y_1	Y_0
11111110	0	0	0
11111101	0	0	1
11111011	0	1	0
11110111	0	1	1
11101111	1	0	0
11011111	1	0	1
10111111	1	1	0
01111111	1	1	1

尽管输入变量有 8 个,但约定任何时候输入线中有且仅有一条输入低电平,其他输入高电平(无效电平)。因此,表 4.3.3 中未列出的输入状态组合均属于约束项。根据表 4.3.3 所示的输入、输出特征不难看出,8-3 二进制编码器的输出:

$$Y_2 = \overline{I_7} + \overline{I_6} + \overline{I_5} + \overline{I_4} = \overline{I_7 I_6 I_5 I_4}$$

$$Y_1 = \overline{I_7} + \overline{I_6} + \overline{I_3} + \overline{I_2} = \overline{I_7 I_6 I_3 I_2}$$

$$Y_0 = \overline{I_7} + \overline{I_5} + \overline{I_3} + \overline{I_1} = \overline{I_7 I_5 I_3 I_1}$$

显然,输出端 $Y_2 \sim Y_0$ 的状态完全由输入线 $I_7 \sim I_0$ 的状态确定,即输出与输入之间的逻辑关系属于组合逻辑关系,如图 4.3.3 所示。

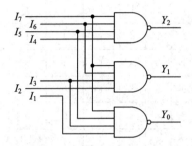

图 4.3.3 输入低电平有效的 8-3 二进制编码器的逻辑图

2. 优先编码器

普通编码器约定任何时候输入端有且仅有一条输入线为有效电平,而其他输入线为无效电平。但在实际应用中由于某种原因使两条或两条以上输入线同时为有效电平,导致编码输出状态异常。例如,在图 4.3.3 中,当输入线 I_4、I_3 同时输入低电平时,编码输出端 $Y_2 \sim Y_0$ 为 111,显然与只有 I_7 为低电平时的输出状态相同。为此,提出了优先编码器。

所谓优先编码器,是指当输入端有两条或两条以上输入线电平同时有效时,按约定的优先级仅承认其中一条输入线有效,忽略其他输入线的电平状态。例如,74HC148 优先编码器约定硬件优先级由高到低的顺序为 $I_7 \sim I_0$,则当 I_7 为低电平(有效)时,无论 $I_6 \sim I_0$ 输入高电平还是低电平,$Y_2 \sim Y_0$ 输出均为 000,当 $I_7 I_6$ 为 10 时,无论 $I_5 \sim I_0$ 输入高电平还是低电平,$Y_2 \sim Y_0$ 输出均为 001,当 $I_7 I_6 I_5$ 为 110 时,无论 $I_4 \sim I_0$ 输入高电平还是低电平,$Y_2 \sim Y_0$ 输出均为 010,以此类推,真值表如表 4.3.4 所示。为了扩展电路的功能,74HC148 芯片带有编码选通控制信号 EI、编码输入无效指示 EO(0 表示编码输入无效)、编码输出正常指示 GS(0 表示编码输出正常)。

在编码选通输入信号 EI 有效(低电平)的状态下,根据如表 4.3.4 所示的输入、输出特征,不难看出 74HC148 二进制优先编码器的输出反相信号:

$$\overline{Y_2} = \overline{I_7} + I_7 \cdot \overline{I_6} + I_7 \cdot I_6 \cdot \overline{I_5} + I_7 \cdot I_6 \cdot I_5 \cdot \overline{I_4}$$

$$= \overline{I_7} + I_7 \cdot \overline{I_6} + I_7 \cdot I_6 (\overline{I_5} + I_5 \cdot \overline{I_4})$$

$$= \overline{I_7} + I_7 \cdot \overline{I_6} + I_7 \cdot I_6 (\overline{I_5} + \overline{I_4})$$

$$= \overline{I_7} + I_7 (\overline{I_6} + \overline{I_5} + \overline{I_4})$$

$$= \overline{I_7} + \overline{I_6} + \overline{I_5} + \overline{I_4}$$

$$\overline{Y_1} = \overline{I_7} + I_7 \cdot \overline{I_6} + I_7 \cdot I_6 \cdot I_5 \cdot I_4 \cdot \overline{I_3} + I_7 \cdot I_6 \cdot I_5 \cdot I_4 \cdot I_3 \cdot \overline{I_2}$$

$$= \overline{I_7} + \overline{I_6} + I_5 \cdot I_4 \cdot \overline{I_3} + I_5 \cdot I_4 \cdot \overline{I_2}$$

$$\overline{Y_0} = \overline{I_7} + I_7 \cdot I_6 \cdot \overline{I_5} + I_7 \cdot I_6 \cdot I_5 \cdot I_4 \cdot \overline{I_3} + I_7 \cdot I_6 \cdot I_5 \cdot I_4 \cdot I_3 \cdot I_2 \cdot \overline{I_1}$$

$$= \overline{I_7} + I_6 \cdot \overline{I_5} + I_6 \cdot I_4 \cdot \overline{I_3} + I_6 \cdot I_4 \cdot I_2 \cdot \overline{I_1}$$

表 4.3.4 具有约定优先级的 74HC148 编码器真值表

EI	I_7	I_6	I_5	I_4	I_3	I_2	I_1	I_0	Y_2	Y_1	Y_0	GS	EO	状态说明
1	×	×	×	×	×	×	×	×	1	1	1	1	1	禁止编码
0	1	1	1	1	1	1	1	1	1	1	1	1	0	编码输入无效
0	1	1	1	1	1	1	1	0	1	1	1	0	1	正常编码状态
0	1	1	1	1	1	1	0	×	1	1	0	0	1	
0	1	1	1	1	1	0	×	×	1	0	1	0	1	
0	1	1	1	1	0	×	×	×	1	0	0	0	1	
0	1	1	1	0	×	×	×	×	0	1	1	0	1	
0	1	1	0	×	×	×	×	×	0	1	0	0	1	
0	1	0	×	×	×	×	×	×	0	0	1	0	1	
0	0	×	×	×	×	×	×	×	0	0	0	0	1	

化简后，各编码输出：

$$Y_2 = \overline{\overline{I_7} + \overline{I_6} + \overline{I_5} + \overline{I_4}}$$

$$Y_1 = \overline{\overline{I_7} + \overline{I_6} + I_5 \cdot I_4 \cdot \overline{I_3} + I_5 \cdot I_4 \cdot \overline{I_2}}$$

$$Y_0 = \overline{\overline{I_7} + I_6 \cdot \overline{I_5} + I_6 \cdot I_4 \cdot \overline{I_3} + I_6 \cdot I_4 \cdot I_2 \cdot \overline{I_1}}$$

而编码输入无效指示端：

$$EO = \overline{I_7 I_6 I_5 I_4 I_3 I_2 I_1 I_0} \; \overline{EI}$$

编码输出正常指示端：

$$GS = \overline{EI + I_7 I_6 I_5 I_4 I_3 I_2 I_1 I_0 \; \overline{EI}} = \overline{\overline{EI} \cdot \overline{I_7 I_6 I_5 I_4 I_3 I_2 I_1 I_0 \; \overline{EI}}} = \overline{\overline{EI} \cdot EO}$$

由此不难画出 74HC148 芯片的内部等效逻辑电路，如图 4.3.4 所示。

BCD 码编码器有 10 条输入线 $I_9 \sim I_0$，有 4 条输出线 $Y_3 \sim Y_0$，用于把 10 条输入线的状态翻译成对应的 BCD 码。

不过，在单片机芯片普及应用后，在数字系统中已基本上不再使用通用编码器芯片（如 74HC148 芯片、BCD 编码器芯片）构成数字系统的键盘输入电路，这类编码电路在单片机应用系统中属于键盘接口电路的范畴，在软件控制下，不仅能处理按键抖动问题，也非常容易解决多按钮同时有效的优先编码问题。

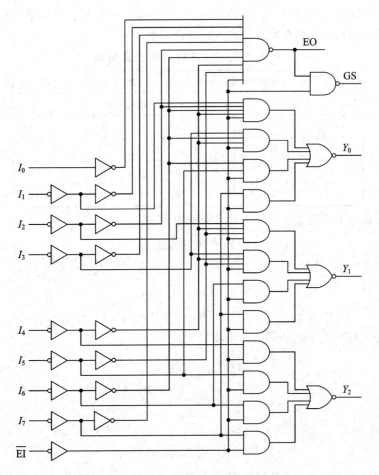

图 4.3.4 74HC148 内部等效逻辑电路

4.3.3 译码器

译码器(Decoder)的作用是把输入的二进制代码转换成另一种形成的代码或输出电平具有某一特征的线簇,如二进制译码器、二-十进制译码器(用于早期的辉光数码显示管)、七段显示译码器等。译码器的共同特征是同一输入组合 $ABCD$ 对应多个输出函数 Y_0,Y_1,Y_2,$\cdots$,Y_n。不过随着单片机芯片在数字电路系统中的普及应用,已不再使用二-十进制译码器、显示译码器芯片,而采用灵活性大、可靠性高、成本低廉的软件译码方式。

1. 二进制译码器

所谓二进制译码器,就是把输入的二进制数转换成一组输出电平与输入的二进制数相对应的输出信号簇。根据输入二进制数的位数,可将二进制译码器分为 2-4 译码器、3-8 译码器、4-16 译码器等。

例如,对 2-4 译码器来说,输入的 2 位二进制数的高低位分别用 A_1、A_0 表示,当输出为高电平有效时,若输入的 2 位二进制数 A_1A_0 为 00B,则 Y_0 输出高电平,而 $Y_1 \sim Y_3$ 输出低电平;若输入的 2 位二进制数 A_1A_0 为 01B,则 Y_1 输出高电平,而 Y_0、Y_2、Y_3 输出低电平;若输入的 2 位二进制数 A_1A_0 为 10B,则 Y_2 输出高电平,而 Y_0、Y_1、Y_3 输出低电平;若输入的 2 位二进制数 A_1A_0 为 11B，则 Y_3 输出高电平，而 $Y_0 \sim Y_2$ 输出低电平。不过，在二进制译码器中多采用输出低电平有效的方式。2-4 译码器的输入与输出关系如表 4.3.5 所示。

表 4.3.5　2-4 译码器的真值表

输入	输出（低电平有效）				输出（高电平有效）			
$A_1\ A_0$	$\overline{Y_3}$	$\overline{Y_2}$	$\overline{Y_1}$	$\overline{Y_0}$	Y_3	Y_2	Y_1	Y_0
0　0	1	1	1	0	0	0	0	1
0　1	1	1	0	1	0	0	1	0
1　0	1	0	1	1	0	1	0	0
1　1	0	1	1	1	1	0	0	0

显然，对高电平有效输出方式来说，译码输出端：

$$\begin{cases} Y_0 = \overline{A_1} \cdot \overline{A_0} = m_0 \\ Y_1 = \overline{A_1} \cdot A_0 = m_1 \\ Y_2 = A_1 \cdot \overline{A_0} = m_2 \\ Y_3 = A_1 \cdot A_0 = m_3 \end{cases}$$

对低电平有效输出方式来说，译码输出端：

$$\begin{cases} \overline{Y_0} = \overline{\overline{A_1} \cdot \overline{A_0}} = \overline{m_0} \\ \overline{Y_1} = \overline{\overline{A_1} \cdot A_0} = \overline{m_1} \\ \overline{Y_2} = \overline{A_1 \cdot \overline{A_0}} = \overline{m_2} \\ \overline{Y_3} = \overline{A_1 \cdot A_0} = \overline{m_3} \end{cases}$$

不过需要指出的是，当采用输出低电平有效方式时，输出端 $\overline{Y_0} \sim \overline{Y_3}$ 中的非号仅表示低电平有效，并不是输出端 $Y_0 \sim Y_3$ 取反后的信号。根据输出端 $\overline{Y_0} \sim \overline{Y_3}$ 与输入变量 A_1、A_0 之间的逻辑关系，不难画出如图 4.3.5 所示的输出低电平有效的 2-4 译码器的逻辑电路图。

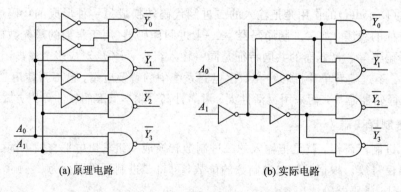

(a) 原理电路　　　　　　　(b) 实际电路

图 4.3.5　2-4 译码器的逻辑电路图

为了控制译码的输出状态，在实际的 2-4 译码器电路中，尚需要增加译码控制输入端 $\overline{G}$（可以是低电平有效，也可以是高电平有效）。当译码控制输入端 $\overline{G}$ 无效时，所有的译码输出端 $\overline{Y_0} \sim \overline{Y_3}$ 输出无效电平（即高电平）。因此，双 2-4 译码器 74HC139 芯片的内部等效电路如图 4.3.6 所示。

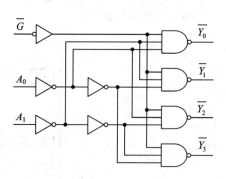

图4.3.6　双 2-4 译码器 74HC139 芯片的内部等效电路

又如，对 3-8 译码器来说，输入的 3 位二进制数各位分别用 A_2、A_1、A_0 表示，当输出采用高电平有效的方式时，若输入的 3 位二进制数 $A_2A_1A_0$ 为 000B，则 Y_0 输出高电平，而 $Y_1\sim Y_7$ 输出低电平，若输入的 3 位二进制数 $A_2A_1A_0$ 为 001B，则 Y_1 输出高电平，而 Y_0、$Y_2\sim Y_7$ 输出低电平，以此类推，若输入的 3 位二进制数 $A_2A_1A_0$ 为 111B，则 Y_7 输出高电平，而 $Y_0\sim Y_6$ 输出低电平。不过，在 3-8 译码器电路中多采用输出低电平有效的方式。3-8译码器的输入与输出关系如表 4.3.6 所示。

表 4.3.6　3-8 译码器的真值表

输入			输出(低电平有效)							
A_2	A_1	A_0	$\overline{Y_7}$	$\overline{Y_6}$	$\overline{Y_5}$	$\overline{Y_4}$	$\overline{Y_3}$	$\overline{Y_2}$	$\overline{Y_1}$	$\overline{Y_0}$
0	0	0	1	1	1	1	1	1	1	0
0	0	1	1	1	1	1	1	1	0	1
0	1	0	1	1	1	1	1	0	1	1
0	1	1	1	1	1	1	0	1	1	1
1	0	0	1	1	1	0	1	1	1	1
1	0	1	1	1	0	1	1	1	1	1
1	1	0	1	0	1	1	1	1	1	1
1	1	1	0	1	1	1	1	1	1	1

显然，译码输出：

$$\overline{Y_0}=\overline{\overline{A_2}\cdot\overline{A_1}\cdot\overline{A_0}}=\overline{m_0}$$

$$\overline{Y_1}=\overline{\overline{A_2}\cdot\overline{A_1}\cdot A_0}=\overline{m_1}$$

$$\overline{Y_2}=\overline{\overline{A_2}\cdot A_1\cdot\overline{A_0}}=\overline{m_2}$$

$$\overline{Y_3}=\overline{\overline{A_2}\cdot A_1\cdot A_0}=\overline{m_3}$$

$$\overline{Y_4}=\overline{A_2\cdot\overline{A_1}\cdot\overline{A_0}}=\overline{m_4}$$

$$\overline{Y_5}=\overline{A_2\cdot\overline{A_1}\cdot A_0}=\overline{m_5}$$

$$\overline{Y_6}=\overline{A_2\cdot A_1\cdot\overline{A_0}}=\overline{m_6}$$

$$\overline{Y_7}=\overline{A_2\cdot A_1\cdot A_0}=\overline{m_7}$$

根据输出端 $\overline{Y_0} \sim \overline{Y_7}$ 与输入变量 A_2、A_1、A_0 之间的逻辑关系，不难画出如图 4.3.7 所示的输出低电平有效的 3-8 译码器的逻辑电路图。

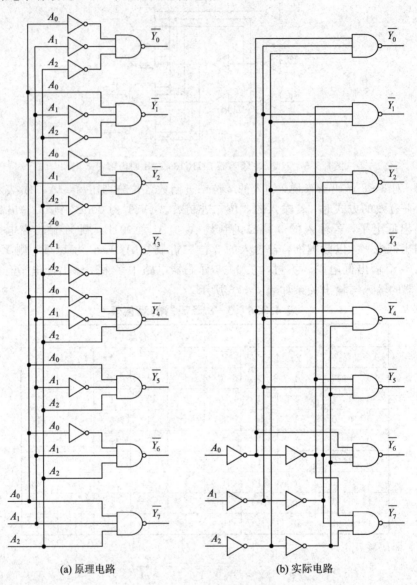

(a) 原理电路　　　　　　(b) 实际电路

图 4.3.7　3-8 译码器的逻辑电路图

为提高译码输出的可靠性，在 3-8 译码器电路芯片 74HC138、74LVC138、74LV138A 中增加了 3 个译码控制输入引脚，当 $G_1 \cdot \overline{G_2} \cdot \overline{G_3}$ 的运算结果为 0（无效）时，所有译码输出端 $\overline{Y_0} \sim \overline{Y_7}$ 输出高电平（无效电平）。因此 3-8 译码器 74HC138 芯片的内部等效电路如图 4.3.8(a) 所示。

二进制译码器（如 74HC138、74LVC138 芯片）在单片机应用系统中主要用于产生 I/O 接口电路的片选信号 $\overline{\text{CS}}$、输入锁存信号 $\overline{\text{LE}}$ 或输出选通信号 $\overline{\text{OE}}$，其典型应用电路如图 4.3.9 和图 4.3.10 所示。

在图 4.3.9 中，MCU 芯片的系统地址总线低位 $\text{SA}_2 \sim \text{SA}_0$ 直接与外设芯片的地址线相

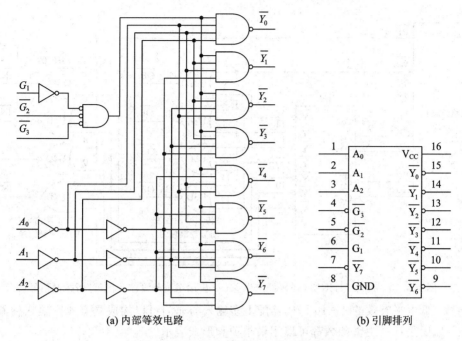

(a) 内部等效电路　　　　　　(b) 引脚排列

图 4.3.8　3-8 译码器 74HC138 芯片的内部等效电路与引脚排列

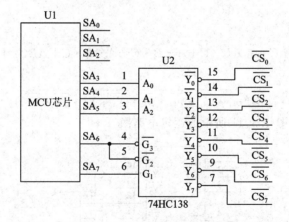

图 4.3.9　通过 74HC138 译码器产生外设片选信号($\overline{\text{CS}}$)

连，而系统地址总线高位 $\text{SA}_7 \sim \text{SA}_3$ 接 74HC138 译码器的地址输入端和译码器输出控制端。在本例中使用了两个译码条件，即当系统地址线 SA_7 为高电平、SA_6 为低电平时译码输出有效。根据连线关系不难得出，$\overline{\text{CS}_0}$ 的地址范围为 87H～80H，$\overline{\text{CS}_7}$ 的地址范围为 B8H～BFH。

在图 4.3.10 中使用了 3 个译码条件，因此只有当 A_{15} 输出高电平、A_{14} 及 A_{13} 输出低电平时，74HC138 译码输出有效(译码输出端有且只有一根输出线为低电平，其他均输出高电平)。

利用二进制译码器、多输入与非门也能构成输入变量与译码器输入端个数相同的逻辑函数。理论上，低电平有效的 2-4 译码器配上多输入与非门可以构成具有 2 个输入变量的逻辑函数，低电平有效的 3-8 译码器配上多输入与非门可以构成具有 3 个输入变量的

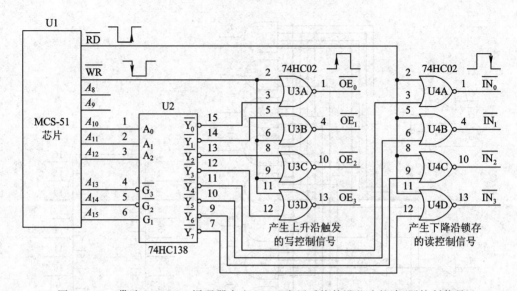

图 4.3.10 借助 74HC138 译码器产生 MCU 应用系统外设芯片的读/写控制信号

逻辑函数，低电平有效的 4 - 16 译码器配上多输入与非门可以构成具有 4 个输入变量的逻辑函数，原因是任一逻辑函数都可以用最小项和形式表示。

【例 4.3.1】 用 74HC138 译码器和多输入端与非门实现逻辑函数 $Y=AB+\overline{A}\cdot C+BC$ 的功能。

解 因为

$$Y=AB+\overline{A}\cdot C+BC=\overline{A}\cdot\overline{B}\cdot C+\overline{A}\cdot B\cdot C+A\cdot B\cdot\overline{C}+ABC=m_1+m_3+m_6+m_7$$

所以

$$Y=\overline{\overline{m_1}\cdot\overline{m_3}\cdot\overline{m_6}\cdot\overline{m_7}}=\overline{\overline{Y_1}\cdot\overline{Y_3}\cdot\overline{Y_6}\cdot\overline{Y_7}}$$

由此不难画出如图 4.3.11 所示的逻辑电路图。

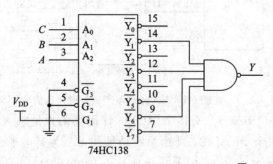

图 4.3.11 用 74HC138 译码器及多输入与非门构成 $Y=AB+\overline{A}\cdot C+BC$ 函数的电路

不过二进制译码器的这种用法意义似乎不大，原因是在译码器输出端后需要增加并不常用的多输入与非门，成本不一定合算。此外，能够实现的逻辑函数的变量个数有限制。二进制译码器的这种用法的唯一优点是一片二进制译码器加 n 套多输入与非门就可以实现输入变量相同的 n 个输出函数 Y_0，Y_1，Y_2，…，Y_n。

根据图 4.3.5(b)所示的 2 - 4 译码器逻辑电路图以及图 4.3.7 所示的 3 - 8 译码器逻辑电路图的连线规律，不难发现：对于输出低电平有效的 n 位二进制译码器来说，将需要 $2n$ 个反相器、2^n 个具有 n 个输入端的与非门。例如，输出低电平有效的 4 - 16 译码器将需要

2×4 个反相器，以及 16 个 4 输入端与非门。

2. 二-十进制译码器

二-十进制译码器用于把 BCD 码转换成 $Y_0 \sim Y_9$ 的输出信号线簇，如图 4.3.12 所示。当译码输出采用高电平有效模式时，若输入的 4 位二进制数为 0000B，则 Y_0 输出高电平，而 $Y_1 \sim Y_9$ 输出低电平；若输入的 4 位二进制数为 0001B，则 Y_1 输出高电平，而 Y_0、$Y_2 \sim Y_9$ 输出低电平；若输入的 4 位二进制数为 0010B，则 Y_2 输出高电平，而 Y_0、Y_1、$Y_3 \sim Y_9$ 输出低电平；以此类推，若输入的 4 位二进制数为 1001B，则 Y_9 输出高电平，而 $Y_0 \sim Y_8$ 输出低电平。反之，当译码输出采用低电平有效模式时，若输入的 4 位二进制数为 0000B，则 Y_0 输出低电平，而 $Y_1 \sim Y_9$ 输出高电平；若输入的 4 位二进制数为 0001B，则 Y_1 输出低电平，而 Y_0、$Y_2 \sim Y_9$ 输出高电平；若输入的 4 位二进制数为 0010B，则 Y_2 输出低电平，而 Y_0、Y_1、$Y_3 \sim Y_9$ 输出高电平；以此类推，若输入的 4 位二进制数为 1001B，则 Y_9 输出低电平，而 $Y_0 \sim Y_8$ 输出高电平。

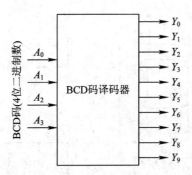

图 4.3.12　BCD 码译码器

由于 BCD 码只有 0000B $\sim$ 1001B 十个码，因此当输入的 4 位二进制数为 1010B $\sim$ 1111B 时，$Y_0 \sim Y_9$ 输出无效电平（采用低电平有效模式时，$Y_0 \sim Y_9$ 输出高电平；采用高电平有效模式时，$Y_0 \sim Y_9$ 输出低电平）。

二-十进制译码器早期主要用作辉光数码显示管的译码电路，但功耗高、体积大的辉光数码显示管早就被 LED、LCD 数码显示器所取代，因此在现代数字电路系统中几乎用不到二-十进制译码器。

3. 显示译码器

显示译码器用于把 BCD 码转换为七段 LED（发光二极管）或 LCD（液晶显示器）数码显示器的笔段码，如图 4.3.13 所示，以便在七段（增加小数点 dp 段后就变成八段）数码显示器上显示出对应的 BCD 码字符。

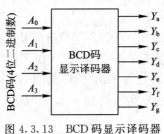

图 4.3.13　BCD 码显示译码器

LED 数码管是数字电路系统中最常用的显示器件之一。在数字电路系统中，常用一只到数只，甚至十几只 LED 数码管来显示数字系统的处理结果、输入/输出信号的状态或大小等。

LED 数码管的外观如图 4.3.14(a)所示，笔段及其对应引脚排列如图 4.3.14(b)所示，其中 a~g 段用于显示数字或字符的笔画，dp 段用于显示小数点，而 3、8 引脚连通，作为公共端。1 英寸(注：1 英寸≈2.54 厘米)以下的 LED 数码管内，每一笔段含有 1 只 LED 发光二极管，导通压降 V_F 为 1.2~2.5V(具体数值与 LED 发光二极管的材料有关)；而 1 英寸以上的 LED 数码管的每一笔段由多只 LED 发光二极管以串、并联方式连接而成，笔段导通电压与笔段内包含的 LED 发光二极管的数目、连接方式有关。在选择驱动电源 V_{cc} 电压时，每只 LED 工作电压 V_F 通常以 2.0 V 计算。例如，4 英寸七段 LED 数码显示器 LC4141 的每一笔段由四只 LED 发光二极管以串联方式连接而成，因此导通电压为 7~8 V，驱动电源 V_{cc} 必须取 9 V 以上。

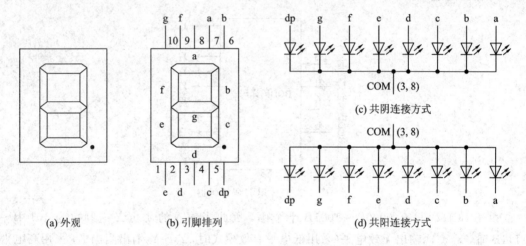

(a) 外观   (b) 引脚排列   (c) 共阴连接方式   (d) 共阳连接方式

图 4.3.14　LED 数码显示管

根据 LED 数码管内各笔段 LED 发光二极管的连接方式，可以将 LED 数码管分为共阴 LED 数码管和共阳 LED 数码管两大类。在共阴 LED 数码管中，所有笔段的 LED 发光二极管的负极连在一起，如图 4.3.14(c)所示；而在共阳 LED 数码管中，所有笔段的 LED 发光二极管的正极连在一起，如图 4.3.14(d)所示。由于共阳 LED 数码管与 OC、OD 门驱动器连接方便，因此在数字电路系统中多采用共阳 LED 数码管。

LED 数码管有单体、双体、三体等多种封装形式。对双体、三体封装方式的 LED 数码管来说，其引脚排列与笔段的对应关系可能会因生产厂家的不同而不同，通过万用表判断出公共端后，再借助外部电源与一只阻值为 1 kΩ 的限流电阻就可以识别出是共阴还是共阳连接方式，以及引脚排列顺序。

从 LED 数码管的结构可以看出，点亮不同的笔段就可以显示出不同的字符。例如，笔段 a、b、c、d、e、f 被点亮时，就显示出数字 0。又如，笔段 a、b、c、d、g 被点亮时，就显示出数字 3。理论上，七个笔段可以显示出 128 种不同的字符，扣除其中没有意义的状态组合后，七段 LED 数码管可以显示的字符如表 4.3.7 所示。

表 4.3.7　七段 LED 数码管可以显示的字符

字符	字形	b_7 dp	b_6 g	b_5 $\bar{\text{f}}$	b_4 $\bar{\text{e}}$	b_3 $\bar{\text{d}}$	b_2 $\bar{\text{c}}$	b_1 $\bar{\text{b}}$	b_0 $\bar{\text{a}}$	共阳笔段码	共阴笔段码
0		1	1	0	0	0	0	0	0	C0H	3FH
1		1	1	1	1	1	0	0	1	F9H	06H
2		1	0	1	0	0	1	0	0	A4H	5BH
3		1	0	1	1	0	0	0	0	B0H	4FH
4		1	0	0	1	1	0	0	1	99H	66H
5		1	0	0	1	0	0	1	0	92H	6DH
6		1	0	0	0	0	0	1	0	82H	7DH
7		1	1	1	1	1	0	0	0	F8H	07H
8		1	0	0	0	0	0	0	0	80H	7FH
9		1	0	0	1	0	0	0	0	90H	6FH
A		1	0	0	0	1	0	0	0	88H	77H
B		1	0	0	0	0	0	0	1	83H	7CH
C		1	1	0	0	0	1	1	0	C6H	39H
D		1	0	1	0	0	0	0	1	A1H	5EH
E		1	0	0	0	0	1	1	0	86H	79H
F		1	0	0	0	1	1	1	0	8EH	71H
P		1	0	0	0	1	1	0	0	8CH	73H
H		1	0	0	0	1	0	0	1	89H	76H
L		1	1	0	0	0	1	1	1	C7H	38H
Y		1	0	0	1	0	0	0	1	91H	6EH
—	—	1	0	1	1	1	1	1	1	BFH	40H
不显示		1	1	1	1	1	1	1	1	FFH	00H

依据显示驱动方式的不同，可将 LED 数码管显示驱动电路分为静态显示驱动电路和动态显示驱动电路。在单片机芯片未普及应用前，1 位 LED 共阳数码管静态显示驱动电路大致如图 4.3.15 所示。该电路由锁存器（保存 BCD 码）、BCD 码显示译码器、驱动器、笔段限流电阻 R 四部分组成。

不过在单片机芯片普及后，在数字电路系统中，一般不再用 BCD 码七段译码器（如 7448、CD4511、74HC4511 等芯片）构成笔段译码电路，而是采用软件译码方式，原因是软件译码方式灵活、方便，除了能显示 0～F 这 16 个数码外，还能显示出其他有意义的字符信息，如 H、L、P 等。此外，在单片机软件控制下，也非常容易实现硬件译码显示芯片提供的"高位灭零"显示功能。在单片机控制系统中，1 位共阳 LED 数码管静态显示接口电路大致如图 4.3.16 所示，其中笔段码锁存器直接由单片机芯片 I/O 引脚的数据输出锁存器承担。

图 4.3.16 中，驱动芯片可以是 7407，也可以是 74LV07A（最大灌电流为 16 mA）、74LVC07A（最大灌电流为 24 mA）等其他芯片；限流电阻 R 的大小由 LED 数码管内笔段

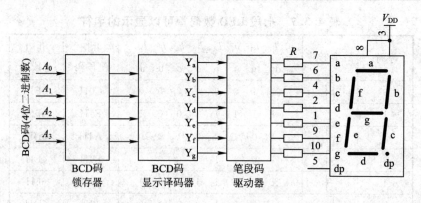

图 4.3.15 传统 1 位共阳 LED 数码管静态显示驱动电路

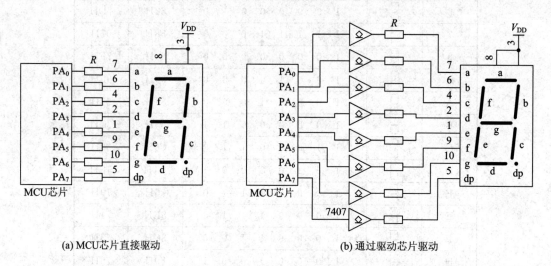

(a) MCU芯片直接驱动 (b) 通过驱动芯片驱动

图 4.3.16 在 MCU 控制系统中 1 位共阳 LED 数码管静态显示接口电路

工作电压 V_F、工作电流 I_F 以及驱动芯片(如图 4.3.16 中的 MCU 或 7407)的输出低电平电压 V_{OL} 确定,即

$$R = \frac{V_{DD} - V_F - V_{OL}}{I_F}$$

例如,假设电源电压 V_{DD} 为 5.0 V,工作电压 V_F 取 2.0 V,工作电流 I_F 为 2.5 mA,OC 输出驱动芯片 7407 在灌电流小于 4.0 mA 时输出低电平电压 V_{OL} 为 0.2 V,则限流电阻:

$$R = \frac{V_{DD} - V_F - V_{OL}}{I_F} = \frac{5.0 - 2.0 - 0.2}{2.5} = 1.12 \text{ k}\Omega$$

取 E24 系列标准值 1.1 kΩ。

由于 LCD 器件的特殊性,即使是最简单的笔段型 LCD 显示器件也不宜采用直流驱动,必须采用类似交流驱动方式,使笔段(或点阵)与背电极的平均电压为 0;同时为保证不显示笔段(或点阵)与背电极的电压小于 LCD 器件的显示阈值电压,还需采用偏压法驱动,这会导致 LCD 显示驱动电路复杂化,为此 LCD 显示器件均附着在 LCD 显示驱动电路板上,形成 LCD 模块(简称 LCM),这里不详细介绍。在笔段型 LCD 显示器件中,可在译码输出端串接异或门后再接 LCD 器件的笔段码输入引脚(正面电极),其中低频显示方波信号(频率为 200~400 Hz)接异或门输入端及背部公共电极,如图 4.3.17 所示。

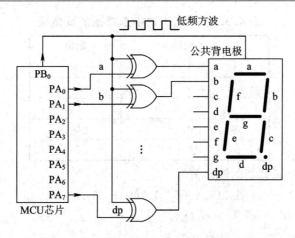

图 4.3.17　借助异或门驱动具有公共背电极的笔段型 LCD 显示器

这样当需要显示某一笔段时，对应笔段信息为 1，相应异或门输出的方波信号被取反，与公共背电极的低频方波信号存在 180° 的相位差，导致笔段与背电极之间存在电位差，液晶分子重新排列，失去旋光效应，显示出相应的图案；反之，当不需要显示某一笔段时，对应笔段信息为 0，相应异或门输出的方波信号与公共背电极的低频方波信号同相，对应笔段与公共背电极之间没有电位差，液晶分子依然保持原来的排列方式。

4.3.4　数字选择器

1. 数字选择器的构成

数字选择器（Data Selector）本质上就是多路开关（Multiplexer），用于实现从多个输入信号中选择一个输入信号作为输出信号，输出端 Y 与哪一输入端相连由控制端的状态编码确定。根据输入信号的数量，有 2 选 1 开关、4 选 1 开关、8 选 1 开关、16 选 1 开关等，如图 4.3.18 所示。

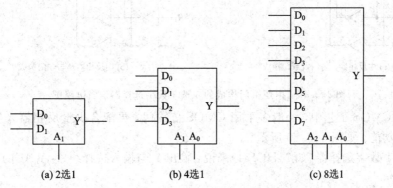

(a) 2 选 1　　　　　　(b) 4 选 1　　　　　　(c) 8 选 1

图 4.3.18　数字选择器的电气图形符号

对 2 选 1 数字选择器来说，只有一个控制端 A。当控制端 A 为 0 时，输出 $Y = D_0$；而当控制端 A 为 1 时，输出 $Y = D_1$。因此，2 选 1 数字选择器的输出信号：

$$Y = \overline{A}D_0 + AD_1$$

对 4 选 1 数字选择器（如 74HC153，为双 4 选 1）来说，输出 Y 与输入选择线 A_1A_0 的状态关系如表 4.3.8 所示。

表 4.3.8   4 选 1 数字选择器的真值表

输入选择	输出
$A_1 A_0$	Y
0 0	D_0
0 1	D_1
1 0	D_2
1 1	D_3

因此，4 选 1 数字选择器的输出信号：

$$Y = (\overline{A_1} \cdot \overline{A_0})D_0 + (\overline{A_1}A_0)D_1 + (A_1 \overline{A_0})D_2 + (A_1 A_0)D_3$$
$$= m_0 D_0 + m_1 D_1 + m_2 D_2 + m_3 D_3$$
$$= \sum_{i=0}^{3} m_i D_i$$

根据数字选择器输出端 Y 的逻辑表达式，既可以用反相器、与门及或门来实现其逻辑功能，如图 4.3.19(a)所示，也可以用反相器和与非门来实现其逻辑功能。例如，对 4 选 1 数字选择器来说，输出：

$$Y = (\overline{A_1} \cdot \overline{A_0})D_0 + (\overline{A_1}A_0)D_1 + (A_1 \overline{A_0})D_2 + (A_1 A_0)D_3$$
$$= \overline{\overline{(\overline{A_1} \cdot \overline{A_0})D_0} \cdot \overline{(\overline{A_1}A_0)D_1} \cdot \overline{(A_1 \overline{A_0})D_2} \cdot \overline{(A_1 A_0)D_3}}$$

因此不难画出图 4.3.19(b)所示的由反相器、与非门构成的 4 选 1 逻辑电路。

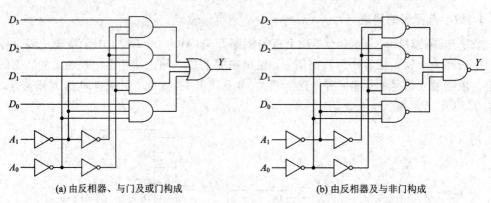

(a) 由反相器、与门及或门构成   (b) 由反相器及与非门构成

图 4.3.19   由逻辑门构成的 4 选 1 数字选择器逻辑电路图

不过在 CMOS 工艺中，一般多采用 CMOS 传输门，再配合少量反相器来实现数字选择器的逻辑功能，如图 4.3.20 所示。

对 8 选 1 数字选择器(如 74HC151)来说，输出 Y 与输入选择线 $A_2 A_1 A_0$ 的状态关系如表 4.3.9 所示。

因此，8 选 1 数字选择器的输出信号：

$$Y = (\overline{A_2} \cdot \overline{A_1} \cdot \overline{A_0})D_0 + (\overline{A_2} \cdot \overline{A_1}A_0)D_1 + (\overline{A_2}A_1 \overline{A_0})D_2 + (\overline{A_2}A_1 A_0)D_3$$
$$+ (A_2 \overline{A_1} \cdot \overline{A_0})D_4 + (A_2 \overline{A_1}A_0)D_5 + (A_2 A_1 \overline{A_0})D_6 + (A_2 A_1 A_0)D_7$$
$$= m_0 D_0 + m_1 D_1 + m_2 D_2 + m_3 D_3 + m_4 D_4 + m_5 D_5 + m_6 D_6 + m_7 D_7$$
$$= \sum_{i=0}^{7} m_i D_i$$

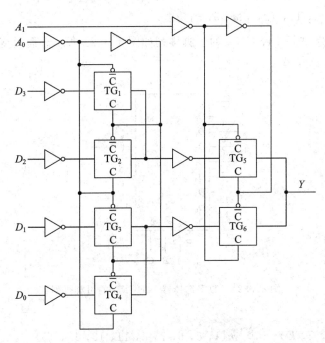

图 4.3.20　由 CMOS 传输门构成的 4 选 1 数字选择器的逻辑电路图

表 4.3.9　8 选择 1 数字选择器 74HC151 真值表

选通控制	输入选择	输出	
$\overline{S}$	$A_2 A_1 A_0$	Y（同相）	W（反相）
1	×　×　×	0	1
0	0　0　0	D_0	$\overline{D_0}$
0	0　0　1	D_1	$\overline{D_1}$
0	0　1　0	D_2	$\overline{D_2}$
0	0　1　1	D_3	$\overline{D_3}$
0	1　0　0	D_4	$\overline{D_4}$
0	1　0　1	D_5	$\overline{D_5}$
0	1　1　0	D_6	$\overline{D_6}$
0	1　1　1	D_7	$\overline{D_7}$

2. 数字选择器应用特例

　　根据数字选择器输出端 Y 的逻辑表达式，原则上用 4 选 1 数字选择器可实现具有 3 个输入变量以内的任一逻辑函数，用 8 选 1 数字选择器可实现具有 4 个输入变量以内的任一逻辑函数，用 16 选 1 数字选择器可实现具有 5 个输入变量以内的任一逻辑函数。例如，用 8 选 1 数字选择器实现具有 4 个输入变量的任一逻辑函数时，3 个输入变量 A，B，C 分别接数字选择器的输入选择线 A_2，A_1，A_0，第 4 个输入变量直接或经反相器反相后接数字选择器的输入端 $D_7 \sim D_0$。

　　【例 4.3.2】 用 8 选 1 数字选择器 74HC151 实现逻辑函数 $Y = F(A，B，C，D) =$

$\sum m(1, 5, 6, 7, 8, 11, 12, 13, 15)$ 的功能。

解 8 选 1 数字选择 74HC151 的引脚排列如图 4.3.21 所示。假设变量 A, B, C 分别接输入选择线 A_2, A_1, A_0。

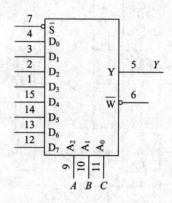

图 4.3.21 数字选择器 74HC151 的引脚排列

目标函数：

$$Y = F(A, B, C, D) = \sum m(1, 5, 6, 7, 8, 11, 12, 13, 15)$$
$$= \overline{A} \cdot \overline{B} \cdot \overline{C} \cdot D + \overline{A} \cdot B \cdot \overline{C} \cdot D + \overline{A} \cdot B \cdot C \cdot \overline{D} + \overline{A} \cdot B \cdot C \cdot D + A \cdot \overline{B} \cdot \overline{C} \cdot \overline{D}$$
$$+ A \cdot \overline{B} \cdot C \cdot D + A \cdot B \cdot \overline{C} \cdot \overline{D} + A \cdot B \cdot \overline{C} \cdot D + A \cdot B \cdot C \cdot D$$
$$= \overline{A} \cdot \overline{B} \cdot \overline{C} \cdot D + \overline{A} \cdot B \cdot \overline{C} \cdot D + \overline{A} \cdot B \cdot C \cdot (\overline{D} + D) + A \cdot \overline{B} \cdot \overline{C} \cdot \overline{D} + A \cdot \overline{B} \cdot C \cdot D$$
$$+ A \cdot B \cdot \overline{C}(\overline{D} + D) + A \cdot B \cdot C \cdot D$$
$$= \overline{A} \cdot \overline{B} \cdot \overline{C} \cdot D + \overline{A} \cdot B \cdot \overline{C} \cdot D + \overline{A} \cdot B \cdot C + A \cdot \overline{B} \cdot \overline{C} \cdot \overline{D} + A \cdot \overline{B} \cdot C \cdot D + A \cdot B \cdot \overline{C}$$
$$+ A \cdot B \cdot C \cdot D$$
$$= m_0 D + m_2 D + m_3 + m_4 \overline{D} + m_5 D + m_6 + m_7 D$$

与 8 选 1 数字选择器的输出逻辑表达式：

$$Y = m_0 D_0 + m_1 D_1 + m_2 D_2 + m_3 D_3 + m_4 D_4 + m_5 D_5 + m_6 D_6 + m_7 D_7$$

比较可知，数字选择器输入端 $D_0 = D_2 = D_5 = D_7 = D$，$D_4 = \overline{D}$，$D_1 = 0$，$D_3 = D_6 = 1$，于是数字选择器输入端 $D_7 \sim D_0$ 的连接方式如图 4.3.22 所示。

当然，也可以将输入变量 B, C, D 分别接输入选择线 A_2, A_1, A_0，而输出变量 A 接数据输入端 $D_7 \sim D_0$。

目标函数：

$$Y = F(A, B, C, D) = \sum m(1, 5, 6, 7, 8, 11, 12, 13, 15)$$
$$= \overline{A} \cdot \overline{B} \cdot \overline{C} \cdot D + \overline{A} \cdot B \cdot \overline{C} \cdot D + \overline{A} \cdot B \cdot C \cdot \overline{D} + \overline{A} \cdot B \cdot C \cdot D + A \cdot \overline{B} \cdot \overline{C} \cdot \overline{D}$$
$$+ A \cdot \overline{B} \cdot C \cdot D + A \cdot B \cdot \overline{C} \cdot \overline{D} + A \cdot B \cdot \overline{C} \cdot D + A \cdot B \cdot C \cdot D$$
$$= A \cdot \overline{B} \cdot \overline{C} \cdot \overline{D} + \overline{A} \cdot \overline{B} \cdot \overline{C} \cdot D + A \cdot \overline{B} \cdot C \cdot D + A \cdot B \cdot \overline{C} \cdot \overline{D} + (\overline{A} + A) \cdot B \cdot \overline{C} \cdot D$$
$$+ \overline{A} \cdot B \cdot C \cdot \overline{D} + (\overline{A} + A) \cdot B \cdot C \cdot D$$
$$= A \cdot \overline{B} \cdot \overline{C} \cdot \overline{D} + \overline{A} \cdot \overline{B} \cdot \overline{C} \cdot D + A \cdot \overline{B} \cdot C \cdot D + A \cdot B \cdot \overline{C} \cdot \overline{D} + B \cdot \overline{C} \cdot D + \overline{A} \cdot B \cdot C \cdot \overline{D}$$
$$+ B \cdot C \cdot D$$
$$= A m_0 + \overline{A} m_1 + A m_3 + A m_4 + m_5 + \overline{A} m_6 + m_7$$

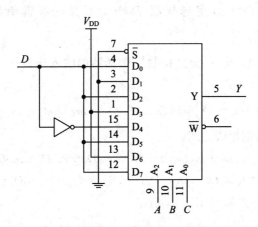

图 4.3.22　用 74HC151 实现逻辑函数 $Y = F(A,B,C,D) =$
$\sum m(1,5,6,7,8,11,12,13,15)$ 的连线图之一

与 8 选 1 数字选择器的输出逻辑表达式：

$$Y = m_0 D_0 + m_1 D_1 + m_2 D_2 + m_3 D_3 + m_4 D_4 + m_5 D_5 + m_6 D_6 + m_7 D_7$$

比较可知，数字选择器输入端 $D_0 = D_3 = D_4 = A$，$D_1 = D_6 = \overline{A}$，$D_2 = 0$，$D_5 = D_7 = 1$，于是数字选择器输入端 $D_7 \sim D_0$ 的连接方式如图 4.3.23 所示。

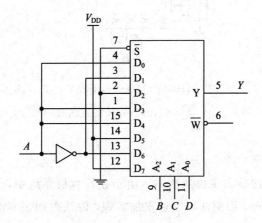

图 4.3.23　用 74HC151 实现逻辑函数 $Y = F(A,B,C,D) =$
$\sum m(1,5,6,7,8,11,12,13,15)$ 的连线图之二

由此可见，当用 8 选 1 数字选择器 74HC151 实现具有 4 个输入变量的任一逻辑函数时，输入变量 A，B，C，D 的接线顺序不同，数字选择器输入引脚的接线方式也就不同：数字选择器输入端 $D_7 \sim D_0$ 可能接地（GND）、电源 V_{DD}、第 4 个输入变量或第 4 个输入变量的反相信号。

当然，也可以用 8 选 1 数字选择器 74HC151 实现具有 3 个输入变量的任一逻辑函数。在这种情况下，输入变量 A，B，C 分别接输入选择线 A_2，A_1，A_0，而数字选择器输入端 $D_7 \sim D_0$ 只需接地（GND）或电源 V_{DD}，不再需要反相器。

【例 4.3.3】 用 8 选 1 数字选择器 74HC151 实现逻辑函数 $Y = F(A, B, C) = \sum m(1, 2, 5, 6, 7)$ 的功能。

解 假设输入变量 A, B, C 分别接数字选择器的输入选择线 A_2, A_1, A_0，则目标逻辑函数：

$$Y = F(A, B, C) = \sum m(1, 2, 5, 6, 7) = m_1 + m_2 + m_5 + m_6 + m_7$$

与 74HC151 芯片的输出逻辑表达式：

$$Y = m_0 D_0 + m_1 D_1 + m_2 D_2 + m_3 D_3 + m_4 D_4 + m_5 D_5 + m_6 D_6 + m_7 D_7$$

比较可知，数字选择器输入端 $D_0 = D_3 = D_4 = 0$，$D_1 = D_2 = D_5 = D_6 = D_7 = 1$，即数字选择器输入端 $D_7 \sim D_0$ 的连接方式如图 4.3.24 所示。

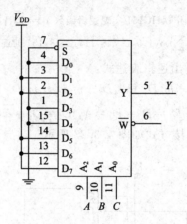

图 4.3.24 用 74HC151 实现逻辑函数 $Y = F(A, B, C)$
$= \sum m(1, 2, 5, 6, 7)$ 的连线图

4.3.5 加法器

加法器包括一位加法器和多位加法器。由于在计算机系统中，负数一律用补码表示，减法完全可通过加法实现，而乘法可通过累加实现，除法可通过累减实现，因此加法运算是计算机系统最基本的算术运算，加法器也就成为计算机系统最基本、最重要的部件。

在单片机芯片普及后，在数字电路系统中已不再使用加法器芯片，如 74LS183、74HC183（双全加器）、74HC283（四位并行进位加法器）构建数字电路系统的运算器，本节介绍加法器也仅仅是为了让读者了解计算机系统执行算术运算的电路基础。

1. 一位加法器

一位加法器包括半加器和全加器。在半加器中，参与加法运算的数据只有 A, B，没有考虑来自低位的进位标志 C_1，其真值表如表 4.3.10 所示。

由此不难得出半加器输出函数的逻辑表达式：

$$\begin{cases} S = \overline{A} \cdot B + A \cdot \overline{B} = A \oplus B \\ C_O = AB \end{cases}$$

内部等效逻辑及电气图形符号如图 4.3.25 所示。

表 4.3.10 半加器真值表

输入	输出	
$A\ B$	S(和)	C_O(进位标志)
0 0	0	0
0 1	1	0
1 0	1	0
1 1	0	1

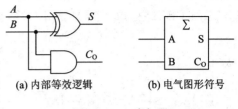

(a) 内部等效逻辑　　　　(b) 电气图形符号

图 4.3.25　半加器

在全加器中，参与加法运算的数据除了 A、B 外，尚有来自低位相加时产生的进位标志 C_I，其真值表如表 4.3.11 所示。

表 4.3.11 全加器真值表

输入			输出	
C_I	A	B	S(和)	C_O(进位标志)
0	0	0	0	0
0	0	1	1	0
0	1	0	1	0
0	1	1	0	1
1	0	0	1	0
1	0	1	0	1
1	1	0	0	1
1	1	1	1	1

由此不难写出全加器输出函数的逻辑表达式：

$$\begin{cases} S = \overline{C_I} \cdot \overline{A} \cdot B + \overline{C_I} \cdot A \cdot \overline{B} + C_I \cdot \overline{A} \cdot \overline{B} + C_I \cdot A \cdot B = C_I \oplus A \oplus B = [\overline{AB}(A+B)] \oplus C_I \\ C_O = AB + C_I \cdot A + C_I \cdot B = AB + C_I(A+B) = \overline{\overline{AB + C_I(A+B)}} = \overline{\overline{AB} \cdot \overline{C_I + \overline{A+B}}} \end{cases}$$

内部等效逻辑及电气图形符号如图 4.3.26 所示。

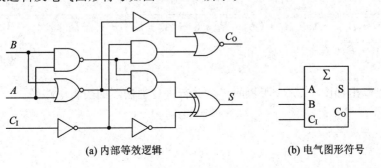

(a) 内部等效逻辑　　　　(b) 电气图形符号

图 4.3.26　全加器

2. 多位加法器

多位加法器包括串行进位多位加法器和并行进位多位加法器。其中，串行进位多位加法器结构简单，可由多个一位全加器串联组成，如图 4.3.27 所示。并行进位多位加法器是计算机系统 CPU(中央处理器)内 ALU(算术逻辑运算)单元的重要部件之一。

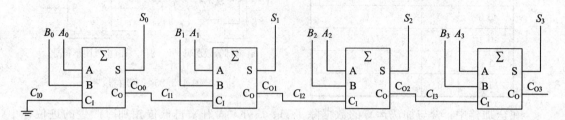

图 4.3.27　四位串行进位加法器

显然，串行进位方式速度较慢，原因是第 $i-1$ 位的运算结果，即进位标志 $C_{O(i-1)}$ 是第 i 位的输入，进位标志必须逐级传送。为此，在实际的多位加法电路中，多采用并行进位方式。根据全加器的逻辑表达式，不难得出并行进位多位加法器的逻辑表达式：

$$\begin{cases} C_{Ii}=C_{O(i-1)} \\ C_{Oi}=A_iB_i+C_{Ii}(A_i+B_i)=\overline{\overline{A_i \cdot B_i} \cdot \overline{C_{Ii}}+\overline{A_i+B_i}} \\ S_i=C_{Ii}\oplus A_i\oplus B_i=[\overline{A_i \cdot B_i}(A_i+B_i)]\oplus C_{Ii} \end{cases}$$

其中：

$$\begin{cases} C_{I0}=C_I \\ C_{O0}=\overline{\overline{A_0 \cdot B_0} \cdot \overline{C_{I0}}+\overline{A_0+B_0}}=\overline{\overline{A_0 \cdot B_0} \cdot \overline{C_I}+\overline{A_0+B_0}} \\ S_0=[\overline{A_0 \cdot B_0}(A_0+B_0)]\oplus C_{I0}==[\overline{A_0 \cdot B_0}(A_0+B_0)]\oplus C_I \end{cases}$$

$$\begin{cases} C_{I1}=C_{O0} \\ C_{O1}=\overline{\overline{A_1 \cdot B_1} \cdot \overline{C_{I1}}+\overline{A_1+B_1}}=\overline{\overline{A_1 \cdot B_1} \cdot (\overline{A_0 \cdot B_0} \cdot \overline{C_I}+\overline{A_0+B_0})+\overline{A_1+B_1}} \\ S_1=[\overline{A_1 \cdot B_1}(A_1+B_1)]\oplus C_{I1} \end{cases}$$

$$\begin{cases} C_{I2}=C_{O1} \\ C_{O2}=\overline{\overline{A_2 \cdot B_2} \cdot \overline{C_{I2}}+\overline{A_2+B_2}} \\ \quad=\overline{\overline{A_2 \cdot B_2} \cdot (\overline{A_1 \cdot B_1} \cdot \overline{C_{I1}}+\overline{A_1+B_1})+\overline{A_2+B_2}} \\ \quad=\overline{\overline{A_2 \cdot B_2} \cdot [\overline{A_1 \cdot B_1} \cdot (\overline{A_0 \cdot B_0} \cdot \overline{C_I}+\overline{A_0+B_0})+\overline{A_1+B_1}]+\overline{A_2+B_2}} \\ S_2=[\overline{A_2 \cdot B_2}(A_2+B_2)]\oplus C_{I2} \\ \vdots \end{cases}$$

由此可以画出如图 4.3.28 所示的三位并行进位加法器的逻辑电路图。

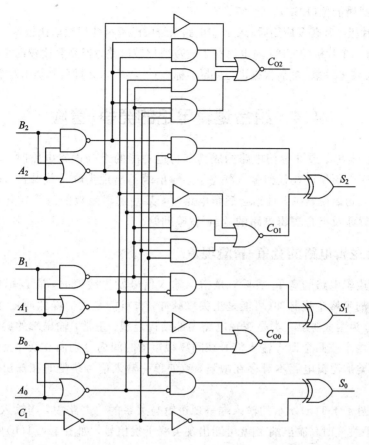

图 4.3.28 三位并行进位加法器的逻辑电路

4.3.6 数值比较器

在数字电路中,数值比较器主要用于比较两个数字量的大小。两个数字量比较自然就存在 $A>B$、$A=B$、$A<B$ 三种可能的结果。

一位数值比较器的真值表如表 4.3.12 所示。

显然,$Y_{(A>B)}=A\overline{B}=A\cdot\overline{AB}$,$Y_{(A<B)}=\overline{A}B=B\cdot\overline{AB}$,$Y_{(A=B)}=\overline{A}\,\overline{B}+AB=\overline{\overline{AB}+A\overline{B}}$,因此不难画出如图 4.3.29 所示的一位数值比较器的逻辑图。

表 4.3.12 一位数值比较器的真值表

输入		输出		
A	B	$A>B$	$A=B$	$A<B$
0	0	0	1	0
0	1	0	0	1
1	0	1	0	0
1	1	0	1	0

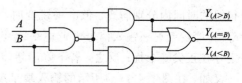

图 4.3.29 一位数值比较器的逻辑图

对多位数值进行比较,应先判别最高位(MSB),当最高位相同时,才需要判别次高位,以此类推，直到最低位(LSB)。

不过在单片机芯片普及应用后，在数字电路系统中已不再使用数值比较器芯片构建数值比较电路。实际上，单片机的 CPU 内也没有集成数值比较电路，当需要比较两个数字量的大小时，将两个数做减法运算，然后根据进位(借位)标志 C、零标志 Z 即可判别出两个数的大小。

4.4　组合逻辑电路的竞争-冒险

用反相器、与非、或非等门电路构成具有特定功能的组合逻辑电路时，不能只要求电路形式最简，还必须保证在任何输入状态下，输出端不出现尖峰干扰脉冲，确保电路工作稳定、可靠。换句话说，在设计组合逻辑电路时，某些逻辑函数的最简式并不是最好的逻辑表达式，这就涉及组合逻辑电路的竞争-冒险问题。

4.4.1　组合逻辑电路的竞争-冒险现象

所谓组合逻辑电路的竞争-冒险，是指当输入信号发生跳变时，在逻辑电路的输出端出现了不期望的尖峰干扰脉冲(可能是正尖峰脉冲，也可能是负尖峰脉冲)。组合逻辑电路的竞争-冒险分为两大类：一类是逻辑电路内部结构合理、正常，输出端的尖峰干扰是由于门电路输入端两个或两个以上输入信号在间隔很短的时间内分别向高低相反方向电平跳变造成的；另一类是逻辑电路本身存在缺陷，致使单一输入信号跳变时在输出端出现尖峰干扰脉冲。

例如，在图 4.4.1(a)所示的输入端呈现逻辑与关系的门电路中，当输入信号 A，B 同时向高、低电平跳变时，输出端 Y 就可能出现尖峰干扰信号，如图 4.4.1(b)所示。

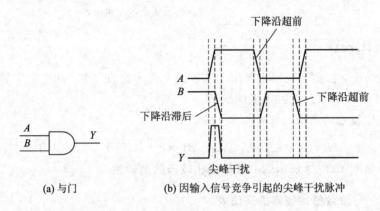

(a) 与门　　　　　　(b) 因输入信号竞争引起的尖峰干扰脉冲

图 4.4.1　与门输入信号竞争引起的尖峰干扰脉冲

不难发现，对输入端呈现逻辑与关系的门电路来说，当两个或两个以上输入信号在间隔很短的时间内分别向高、低电平跳变时，如果某一输入信号由高电平跳变为低电平(即下降沿)滞后于另一输入信号由低电平跳变为高电平(即上升沿)，则在门电路的输出端 Y 一定存在正尖峰干扰；反之，若下降沿超前于上升沿，则不会出现尖峰干扰。

又如，在图 4.4.2(a)所示的输入端呈现逻辑或关系的门电路中，当输入信号 A，B 在间隔很短的时间内分别向高、低电平跳变时，输出端 Y 也可能出现尖峰干扰信号，如图 4.4.2(b)所示。

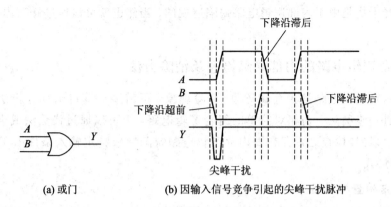

(a) 或门　　　　　　(b) 因输入信号竞争引起的尖峰干扰脉冲

图 4.4.2　或门输入信号竞争引起的尖峰干扰脉冲

不难发现，对于或输入逻辑门电路来说，当两个或两个以上输入信号在间隔很短的时间内分别向高、低电平跳变时，如果某一输入信号由高电平跳变为低电平（即下降沿）超前于另一输入信号由低电平跳变为高电平（即上升沿），则在或输入逻辑门电路的输出端 Y 一定存在负尖峰干扰；反之，若下降沿滞后于上升沿，就不会出现尖峰干扰。

这种由多个输入信号在间隔很短的时间内分别向相反方向电平跳变引起的尖峰干扰脉冲持续时间的长短与输入信号边沿过渡时间 t_{f} 或 t_{r} 成正比，输入信号边沿过渡时间越短，尖峰干扰脉冲持续时间就越短。尖峰干扰脉冲持续时间既不能预测，也不能通过修改内部逻辑门电路结构消除，原因是逻辑门输入信号不同步。造成逻辑门输入信号不同步的原因有很多，如走线长度不同，信号在传输过程中经历的门电路级数不同，负载轻重不同，门电路各输入引脚的输入缓冲反相器传输延迟时间不同等，都可能造成输入信号不同步。

单一输入信号跳变导致输出端 Y 出现尖峰干扰，往往是内部逻辑电路设计缺陷造成的。例如，最简与或式 $Y=AB+\overline{A}C$ 对应的逻辑电路如图 4.4.3(a) 所示。当输入信号 $B=C=1$ 时，$Y=A+\overline{A}$，由于门电路传输延迟时间 t_{pd} 不能忽略，因此输出端 Y 就会出现负的尖峰脉冲，如图 4.4.3(b) 所示（假设每个门电路的平均传输延迟时间均为 t_{pd}）。

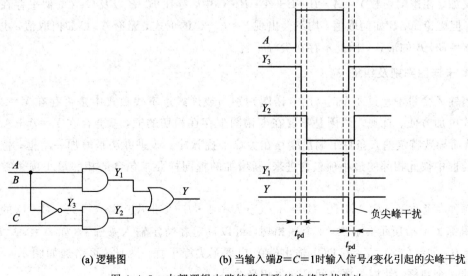

(a) 逻辑图　　　　　　(b) 当输入端 $B=C=1$ 时输入信号 A 变化引起的尖峰干扰

图 4.4.3　内部逻辑电路缺陷导致的尖峰干扰脉冲

这类尖峰干扰是由于内部逻辑电路缺陷造成的，当然也就可以通过修改内部逻辑电路来消除。

4.4.2 组合逻辑电路的内部缺陷检查及消除方法

复杂的组合逻辑电路是否存在竞争-冒险现象，可借助计算机辅助分析法进行检查，并通过试验进一步确认。而相对简单的组合逻辑电路，也可以通过代数法或卡诺图法（输入变量在 4 个以内）检查是否存在因内部逻辑电路缺陷导致特定输入条件下 $Y = A + \bar{A}$ 或 $Y = A \cdot \bar{A}$ 的形式。

1. 代数法检查与纠正

代数法检查与纠正的步骤大致如下：

（1）观察与或形式逻辑代数式中是否存在原变量和反变量，如果同时存在原变量和反变量，则在特定输入条件下可能会出现 $Y = A + \bar{A}$ 的形式，从而导致输出端出现尖峰干扰。如果仅存在原变量或反变量，则输出端不会出现尖峰干扰。

（2）如果在特定输入条件下存在 $Y = A + \bar{A}$ 的形式，则需要增加另一个与项，该与项由导致 $Y = A + \bar{A}$ 形式的输入变量组成。

例如，对逻辑函数 $Y = \bar{A} \cdot \bar{B} + B \cdot \bar{C}$，当 $\bar{A} = \bar{C} = 1$ 时，存在 $Y = \bar{B} + B$ 的形式，从而引起尖峰干扰。为此，需要增加 $\bar{A} \cdot \bar{C}$ 与项，使 $Y = \bar{A} \cdot \bar{B} + B \cdot \bar{C} + \bar{A} \cdot \bar{C}$，这样当 $\bar{A} = \bar{C} = 1$ 时，$Y = \bar{B} + B + 1 = 1$，消除了输出端的尖峰干扰。可见，某些函数在特定输入条件下，最简式未必是最好的逻辑表达式。

又如，逻辑函数 $Y = AB + \bar{A} \cdot C + B \cdot C$，当 $B = C = 1$ 时，$Y = A + \bar{A} + 1 = 1$，因此不会出现尖峰干扰。

又如，逻辑函数 $Y = \bar{A} \cdot \bar{B} \cdot \bar{C} + \bar{A} \cdot \bar{B} \cdot C$，当 $\bar{A} = \bar{B} = 1$ 时，$Y = \bar{C} + C$，似乎会出现尖峰干扰。但最小项 $\bar{A} \cdot \bar{B} \cdot \bar{C}$ 与 $\bar{A} \cdot \bar{B} \cdot C$ 相邻，函数 Y 可进一步化简为 $Y = \bar{A} \cdot \bar{B} \cdot \bar{C} + \bar{A} \cdot \bar{B} \cdot C = \bar{A} \cdot \bar{B}(\bar{C} + C) = \bar{A} \cdot \bar{B}$，因此不会出现尖峰干扰。

又如，在逻辑函数 $Y = \bar{A} \cdot \bar{B} \cdot C + \bar{A} \cdot B \cdot \bar{C}$ 中，存在 B、$\bar{B}$ 以及 C、$\bar{C}$，似乎存在尖峰干扰，但无论 A、B 如何取值，均不会出现 $Y = \bar{C} + C$ 的形式，无论 A、C 如何取值，也不会出现 $Y = \bar{B} + B$ 的形式，因此不存在尖峰干扰。

2. 卡诺图判别及纠正

当输入变量不超过 4 个时，用卡诺图判别与或形式逻辑代数式中是否存在 $Y = A + \bar{A}$ 的形式更加方便、直观。原因是只要在卡诺图上存在相切的框，就会存在 $Y = A + \bar{A}$ 的形式，从而导致特定输入条件下输出端存在尖峰干扰脉冲。改进办法是增加一个框，把两个相切的框中彼此相邻的最小项包含进来（新增加的框同样要求包含的相邻最小项个数达到最大）。

例如，函数 $Y = F(A,B,C,D) = \bar{A} \cdot \bar{C} \cdot D + \bar{A} \cdot B \cdot C + A \cdot B \cdot \bar{C} + A \cdot C \cdot D$ 的卡诺图如图 4.4.4(a)所示。显然，4 个框相切，可以肯定在特定输入条件下（如 $\bar{A} = B = D = 1$ 或 $A = B = D = 1$ 时），$Y = C + \bar{C}$，输出端 Y 出现了尖峰干扰。为此，可增加如图 4.4.4(b)所示的一个新框，使框与框之间呈现出相交关系。

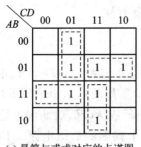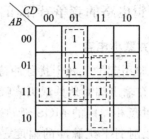

(a) 最简与或式对应的卡诺图　　　(b) 增加了一个多余框后获得的卡诺图

图 4.4.4　尖峰干扰判别及改进特例 1

改进后逻辑函数 $Y=\overline{A}\cdot\overline{C}\cdot D+\overline{A}\cdot B\cdot C+A\cdot B\cdot\overline{C}+A\cdot C\cdot D+BD$。尽管改进后，逻辑表达式不再是最简形式，但消除了特定输入条件下单一输入信号跳变引起的尖峰干扰，因此是最好形式的逻辑电路。

又如，函数 $Y=F(A,B,C)=\overline{A}\cdot\overline{C}+B\cdot C$ 的卡诺图如图 4.4.5(a) 所示。显然，2 个框相切，当 $\overline{A}=B=1$ 时，$Y=C+\overline{C}$，输出端 Y 出现了尖峰干扰。为此，可增加如图 4.4.5(b) 所示的一个新框，使框与框之间呈现出相交关系。

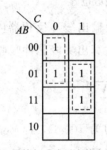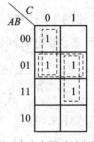

(a) 最简与或式对应的卡诺图　　　(b) 增加了一个多余框后对应的卡诺图

图 4.4.5　尖峰干扰判别及改进特例 2

显然，改进后，逻辑函数 $Y=\overline{A}\cdot\overline{C}+B\cdot C+\overline{A}\cdot B$。

在特定输入条件下，某些逻辑函数 Y 的与或式存在 $Y=A+\overline{A}$ 的形式，即用与或门、与非-与非门实现函数的逻辑功能时存在竞争-冒险现象，但如果其反函数 $\overline{Y}$ 的最简与或式不存在 $Y=A+\overline{A}$ 的形式，则意味着用与或非门及或非-或非门实现逻辑函数功能时不存在竞争-冒险现象。例如，$Y=F(A,B,C)=\sum m(0,2,3,5,7)$ 的最简与或式：

$Y=\overline{A}\cdot\overline{C}+BC+AC$（显然，当 $A=0$，$B=1$ 时，$Y=C+\overline{C}$）

$Y=\overline{A}\cdot\overline{C}+\overline{A}B+AC$（显然，当 $B=C=1$ 时，$Y=A+\overline{A}$）

但反函数 $\overline{Y}$ 的最简与或式 $\overline{Y}=A\cdot\overline{C}+\overline{A}\cdot\overline{B}\cdot C$ 就没有相切的框，不存在 $Y=A+\overline{A}$ 的形式，因此函数 Y 的最简与或非式 $Y=\overline{A\cdot\overline{C}+\overline{A}\cdot\overline{B}\cdot C}$、最简或非-或非式 $Y=\overline{\overline{A+C}+\overline{A+B+\overline{C}}}$ 没有竞争-冒险问题。

由此不难看出，当需要修改内部逻辑缺陷来避免尖峰干扰时，除了在与或、与非-与非式中增加冗余项外，也可以通过更换内部逻辑门电路的类型来消除。

4.4.3 组合逻辑电路的竞争-冒险的一般消除方法

1. 在输出端并联小电容

由于竞争-冒险引起的尖峰干扰脉冲持续时间很短(一般不超过一个门电路的平均传输延迟时间),因此在输出端对地并联尖峰吸收小电容 C,如图 4.4.6(a)所示,使电容 C 和逻辑门电路输出缓冲反相器内的 MOS 管导通电阻 R_O 形成 RC 低通滤波电路。当电容参数合适时,就能有效削弱干扰脉冲的幅度,避免尖峰干扰影响后级电路。其优点是结构简单,可靠性高,且对任何原因引起的尖峰干扰均有效。

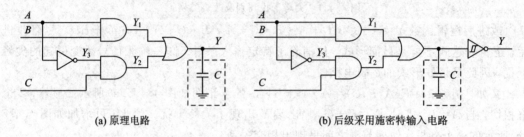

(a) 原理电路   (b) 后级采用施密特输入电路

图 4.4.6　在输出端并联尖峰吸收电容

如果已知逻辑门芯片的平均传输延迟时间 t_{pd},以及输出缓冲反相器内 MOS 管导通电阻 R_O,就可以借助电容充、放电时间的计算公式大致估算出尖峰脉冲吸收电容的大小,即

$$C = \frac{t_{pd}}{R_O \ln \dfrac{V_{OH}}{V_{IH(min)}}} = \frac{t_{pd}}{R_O \ln \dfrac{V_{DD}}{V_{DD} - V_{IL(max)}}}$$

例如,对于 74HC 芯片来说,t_{pd} 约为 10 ns,R_O 约为 100 Ω,若 V_{OH} 接近 V_{DD},则当 $V_{OH(min)}$ 取 $0.7 V_{DD}$、$V_{OL(max)}$ 取 $0.3 V_{DD}$ 时,尖峰脉冲吸收电容:

$$C = \frac{t_{pd}}{R_O \ln \dfrac{V_{DD}}{V_{IH(min)}}} = \frac{10}{100 \ln \dfrac{1}{0.7}} = 280 \text{ pF}$$

而 74HC 系列芯片的输入电容 C_I 仅为 10 pF 左右。可见,该方法会使输出级电路等效容性负载迅速上升,造成输出信号边沿变差,降低了逻辑电路的最高工作频率,为此后级输入缓冲反相器最好采用施密特输入电路,如图 4.4.6(b)所示。此外,也不能在集成电路芯片内部使用这一尖峰脉冲消除方式,原因是在集成电路芯片内部制作 100 pF 以上的大容量电容不易,即只能在工作频率不高的逻辑电路芯片的输出端对地并接消除尖峰干扰的滤波电容 C。

2. 在逻辑电路输出级增加选通脉冲

在逻辑电路输出级门电路的输入端增加选通脉冲 P 避免尖峰干扰的原理是:在电路输入状态变化期间将选通脉冲 P 置为无效态,使输出端 Y 固定为某一特定电平;在电路状态稳定后,将选通脉冲 P 置为有效状态,使输出端 Y 的状态由输入端变量状态确定,如图 4.4.7 所示。这样就可以避免输入信号跳变瞬间在输出端出现尖峰干扰。其缺点是选通脉冲 P 的施加时间必须合适,且正常的输出信号 Y 也变成了脉冲输出信号。

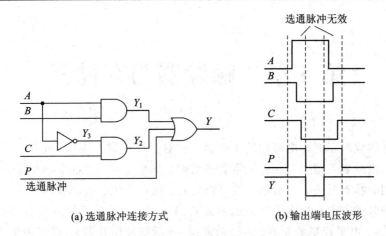

(a) 选通脉冲连接方式　　　　　　　(b) 输出端电压波形

图 4.4.7　在输出级门电路的输入端增加选通脉冲

习　题　4

4-1　分析图 4-1 所示的逻辑电路，指出它的逻辑功能。

4-2　某一逻辑函数 $Y=F(A,B,C,D)$ 借助 74HC151 实现其逻辑功能，试根据图4-2所示的连接关系列出函数的真值表，并指出逻辑函数的功能。

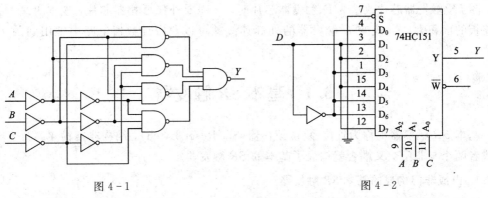

图 4-1　　　　　　　　　　　　　　　图 4-2

4-3　请用 8 选 1 数字选择器 74HC151 实现 $Y=F(A,B,C,D)=\sum m(1,2,4,7,8,11,13,14)$ 的功能（规定输入端 A，B，C 分别接 74HC151 的 A_2，A_1，A_0 输入端）。

4-4　请用反相器和 CMOS 传输门画出 8 选 1 数字选择器的逻辑电路图。

4-5　设计实现函数 $Y=A\oplus B\oplus C\oplus D$ 的逻辑电路。

4-6　分别指出图 4.3.9 所示片选信号 $\overline{CS_7}\sim\overline{CS_0}$ 的地址范围。

4-7　判断逻辑函数 $Y=\overline{A}\cdot\overline{C}+B\cdot C+A\cdot\overline{B}$ 在特定输入条件下是否存在单一输入变量跳变造成的尖峰干扰，如果存在，请纠正。

4-8　判断逻辑函数 $Y=F(A,B,C,D)=\sum m(4,5,6,7,8,9,10,11,12,14)$ 最简与或式是否存在竞争-冒险，其反函数 $\overline{Y}$ 最简与或式是否存在竞争-冒险。

4-9　判断逻辑函数 $Y=F(A,B,C)=\overline{A}\cdot\overline{B}+\overline{A}\cdot C+AB$ 是否存在竞争-冒险，如果存在，请给出可能的改进方法。

第 5 章　触发器与存储器

触发器是构成时序逻辑电路的基本部件,相对于反相器、与非、或非、异或等逻辑门电路的最大区别是触发器具有记忆功能,当前输出状态不仅与当前输入状态有关,还与触发器上一时刻的状态有关。一套触发器可以记录、保存 1 位二进制数。

触发器的分类方法有很多。根据触发方式的不同,可将触发器分为直接触发器(也称为基本触发器)、电平控制触发器、边沿触发器(包括脉冲触发器);根据逻辑功能的不同,可将触发器分为 SR 触发器、D 触发器、JK 触发器、T 触发器以及 T' 触发器五个品种。其中,JK 触发器的功能最强,JK 触发器直接或经过简单改动后就可以得到 SR 触发器、D 触发器、T 触发器以及 T' 触发器。因此,数字集成电路芯片生产商也仅提供 JK 触发器和 D 触发器的商品化芯片,而 SR 触发器、T 触发器以及 T' 触发器等多以单元电路形式出现在为实现某一特定逻辑功能而设计的时序电路芯片内部。在提供 JK 触发器商品化芯片的情况下,再提供商品化 D 触发器芯片的原因是:① D 触发器用途广泛,结构简单,成本低廉;② 采用 CMOS 工艺生产的 JK 触发器本身就由 D 触发器构成,电路复杂,生产成本高,将 JK 触发器芯片改造为 D 触发器芯片时,又需要外接反相器芯片,成本更高,占用电路板的面积大;③ 改变 D 触发器的外部连线就可以获得计数器电路中常用到的 T' 触发器。

5.1　基本 SR 触发器

基本 SR 触发器也称为置位-复位锁存器(Set-Reset Latch),结构非常简单,两个或非门或者两个与非门交叉耦合就构成了基本的 SR 触发器。

1. 由或非门构成的基本 SR 触发器

由两个或非门构成的基本 SR 触发器的逻辑电路如图 5.1.1 所示。

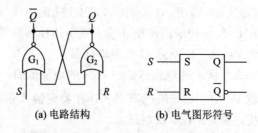

(a) 电路结构　　　　(b) 电气图形符号

图 5.1.1　由或非门构成的基本 SR 触发器

显然,当输入端 S、R 均为 0 时,如果同相输出端 Q 为 1 态,则或非门 G_1 输出低电平(即反相输出端 $\overline{Q}$ 为 0 态),而 $\overline{Q}$ 端为 0 态又会使或非门 G_2 输出高电平(即 Q 端为 1 态);反之,如果输出端 Q 为 0 态,则或非门 G_1 输出高电平(即 $\overline{Q}$ 端为 1 态),而 $\overline{Q}$ 端为 1 态又

会使或非门 G_2 输出低电平(即 Q 端为 0 态)。可见,当输入端 S、R 均为 0 时,由或非门构成的 SR 触发器状态维持不变。

当输入端 $S=1$、$R=0$ 时,或非门 G_1 输出低电平(即 $\overline{Q}$ 端为 0 态),而 $\overline{Q}$ 端为 0 态又会使或非门 G_2 输出高电平,使 Q 端为 1 态(即触发器处于 1 态)。因此,S 输入端也称为置位(Set)输入端。

当输入端 $S=0$、$R=1$ 时,或非门 G_2 输出低电平,Q 端为 0 态,而 Q 端为 0 态又会使或非门 G_1 输出高电平,使 $\overline{Q}$ 端为 1 态,结果触发器处于 0 态。因此,R 输入端也称为复位(Reset)输入端。

当输入端 S、R 均为 1 时,或非门 G_1、G_2 均输出低电平,即触发器同相输出端 Q 和反相输出端 $\overline{Q}$ 均处于 0 态,此时触发器处于异常输出状态。更为严重的是,当输入端 S、R 同时由 1 跳变到 0 时,触发器到底处于 1 态($Q=1$)还是 0 态($Q=0$)将取决于或非门 G_1、G_2 的传输速度,无法确定。因此将 $S=R=1$ 的输入状态视为由或非门构成的基本 SR 触发器的约束态,即 S、R 不能同时为 1,常用 $SR=0$ 的形式表示。

由此不难得到如表 5.1.1 所示的由或非门构成的基本 SR 触发器的特性表。触发器的特性表与组合逻辑电路的真值表相似,但在触发器的特性表中输出量是触发器的新状态 Q^{n+1},而输入量除了触发器输入信号(如 S、R)外,尚有触发器原状态 Q^n。

借助卡诺图化简不难得到由或非门组成的基本 SR 触发器的新状态 Q^{n+1} 与输入信号 S、R 及原状态 Q^n 之间的逻辑关系:

$$\begin{cases} Q^{n+1}=S+\overline{R}Q^n \\ SR=0 \quad (约束条件) \end{cases} \tag{5.1.1}$$

在触发器中,新状态 Q^{n+1} 与输入信号 S、R 及原状态 Q^n 之间的逻辑关系也称为触发器的特性方程。

在时序逻辑电路中,有时也会用状态转换图直观描述不同输入条件下电路中触发器状态、输出量的变化规律。由于单个触发器只有两个状态,因此由或非门构成的基本 SR 触发器的状态转换图可用图 5.1.2 表示。

表 5.1.1　由或非门构成的基本 SR
**　　　　触发器的特性表**

S	R	Q^n(原状态)	Q^{n+1}(新状态)
0	0	0	0
0	0	1	1
0	1	0	0
0	1	1	0
1	0	0	1
1	0	1	1
1	1	0	×
1	1	1	×

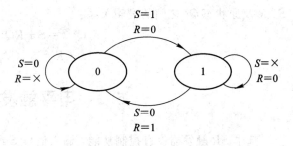

图 5.1.2　由或非门构成的基本 SR 触发器的状态转换图

2. 由与非门构成的基本 SR 触发器

由两个与非门构成的基本 SR 触发器的逻辑电路如图 5.1.3 所示。不难看出：

当输入端 S、R 均为 1 时，触发器的状态保持不变。

当输入端 $S=0$、$R=1$ 时，与非门 G_1 输出高电平（即同相输出端 Q 为 1 态），而 Q 端为 1 态又会使与非门 G_2 输出低电平（反相输出端 $\overline{Q}$ 为 0 态），结果触发器处于 1 态。可见，S 输入端就是置位输入端。显然，在由与非门组成的基本 SR 触发器中，置位输入端 S 低电平有效。

当输入端 $S=1$、$R=0$ 时，与非门 G_2 输出高电平（即 $\overline{Q}$ 端为 1 态），而 $\overline{Q}$ 端为 1 态又会使与非门 G_1 输出低电平（Q 端为 0 态），结果触发器处于 0 态。因此，R 输入端就是复位输入端。显然，复位输入端 R 也是低电平有效。

当输入端 S、R 均为 0 时，与非门 G_1、G_2 均输出高电平，即触发器同相输出端 Q 和反相输出端 $\overline{Q}$ 均为 1，触发器同样处于异常输出状态。更为严重的是，当输入端 S、R 同时由 0 跳变到 1 时，触发器到底处于 1 态（Q 端为高电平）还是 0 态（Q 端为低电平）同样取决于与非门 G_1、G_2 的传输速度，无法确定。因此，将 $S=R=0$ 的输入状态视为由与非门构成的基本 SR 触发器的约束态，即 S、R 不能同时为 0，常用 $S+R=1$ 形式表示。

由此不难得到如表 5.1.2 所示的由与非门构成的基本 SR 触发器的特性表。

表 5.1.2 由与非门构成的基本 SR 触发器的特性表

S	R	Q^n（原状态）	Q^{n+1}（新状态）
0	0	0	$\times$
0	0	1	$\times$
0	1	0	1
0	1	1	1
1	0	0	0
1	0	1	0
1	1	0	0
1	1	1	1

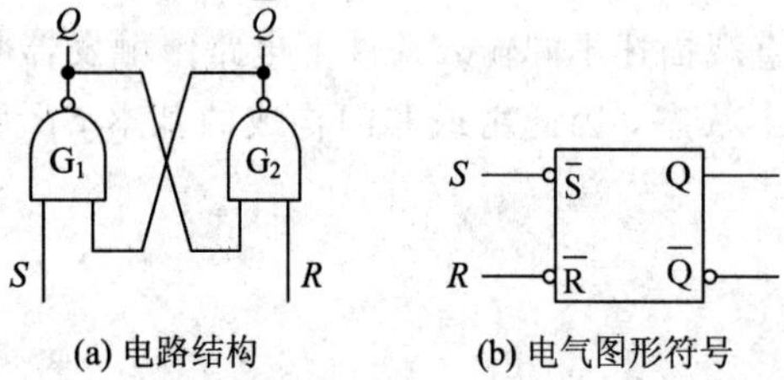

(a) 电路结构   (b) 电气图形符号

图 5.1.3 由与非门构成的基本 SR 触发器

借助卡诺图化简也不难得到由与非门构成的基本 SR 触发器的新状态 Q^{n+1} 与输入信号 S、R 及原状态 Q^n 之间的逻辑关系：

$$\begin{cases} Q^{n+1}=\overline{S}+RQ^n \\ S+R=1 \quad （约束条件） \end{cases} \tag{5.1.2}$$

5.2 电平触发的触发器

基本 SR 触发器没有控制功能，输入信号 S 或 R 的跳变会立即改变触发器的状态，抗干扰能力很差。为此，在基本 SR 触发器的基础上增加时钟 CLK 控制电路便获得了电平触发器：在时钟信号 CLK 有效电平（也称为动作电平）时段内，输入信号才能传送到基本触发器的输入端，从而改变触发器的状态，而在时钟信号 CLK 为无效电平期间，将基本触发器的输入端变为无效电平，使触发器的状态保持不变。

5.2.1　电平触发的 *SR* 触发器

在基本 *SR* 触发器的基础上，增加由与非门 G_3、G_4 组成的时钟信号 CLK 控制电路就构成了电平触发的 *SR* 触发器，如图 5.2.1 所示。

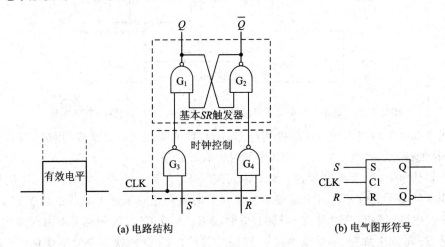

(a) 电路结构　　　　　　　　(b) 电气图形符号

图 5.2.1　电平触发的 *SR* 触发器

当时钟信号 CLK 为低电平时，与非门 G_3、G_4 被封锁，与非门 G_3、G_4 输出高电平，结果基本 *SR* 触发器的输入端变为无效电平，触发器状态（Q 端与 $\overline{Q}$ 端电平）保持不变。

当时钟信号 CLK 为高电平时，与非门 G_3、G_4 解锁，与非门 G_3、G_4 的输出状态分别由输入信号 S、R 确定。显然，在 CLK 为高电平期间，与非门 G_3 输出信号为 $\overline{S}$，与非门 G_4 输出信号为 $\overline{R}$。用 $\overline{S}$、$\overline{R}$ 分别替换式（5.1.2）中的输入信号 S、R 即可获得电平触发的 *SR* 触发器的特性方程：

$$\begin{cases} Q^{n+1}=\overline{\overline{S}}+\overline{R}Q^n=S+\overline{R}Q^n \\ \overline{S}+\overline{R}=1 \rightarrow \overline{SR}=1 \rightarrow SR=0 \end{cases}$$

即

$$\begin{cases} Q^{n+1}=S+\overline{R}Q^n \\ SR=0 \end{cases} \qquad (5.2.1)$$

可见，电平触发的 *SR* 触发器的特性方程与由或非门构成的基本 *SR* 触发器的特性方程完全相同，两者的特性表、状态转换图也完全一致。因此，式（5.2.1）也称为 *SR* 触发器的特性方程。

对图 5.2.1 所示的电平触发的 *SR* 触发器来说，在时钟信号 CLK 为高电平（动作电平）期间，触发器状态受输入信号 S、R 控制，在时钟信号 CLK 下降沿锁存了 CLK 信号由高电平跳变到低电平前触发器的状态。换句话说，图 5.2.1 所示的电平触发的 *SR* 触发器具有"高电平送数，下降沿锁存"的特征。假设触发器初始状态 $Q=0$，当输入信号 S、R 按图

5.2.2 所示规律变化时，由 SR 触发器特性表可推断出电平控制 SR 触发器同相输出端 Q 与反相输出端 $\bar{Q}$ 的波形，如图 5.2.2 所示。

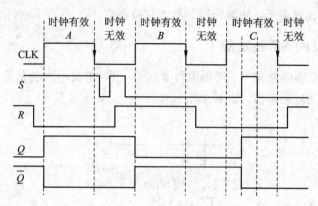

图5.2.2 "高电平送数，下降沿锁存"电平触发 SR 触发器的电压波形

从图 5.2.2 中可以看出，在时钟信号 CLK 有效的时段内，触发器 Q 端状态会随输入信号 S、R 的变化而改变，如图 5.2.2 中的时钟有效时段 C。

在时钟信号 CLK 有效时段内，如果输入信号 S、R 保持不变，则时钟 CLK 信号由高电平跳变到低电平后触发器输出端 Q 的状态与该时段开始时刻输出端 Q 的状态完全相同，如图 5.2.2 中的时钟有效时段 A、时钟有效时段 B。但在 CLK 时钟信号有效时段内，如果输入信号 S、R 发生跳变（如受到干扰），则触发器输出端 Q 的状态会发生变化，干扰消失后时钟 CLK 信号由高电平跳变到低电平，触发器输出端 Q 的状态有可能无法恢复到该时段初始时刻输出端 Q 的状态，如图 5.2.2 中的时钟有效时段 C，开始时 $S=R=0$，触发器处于 0 态，输出端 Q 为低电平，随后输入信号 S 受到干扰，跳变为 1（复位输入端 R 依然为 0），触发器输出端 Q 即刻跳变为高电平，在时钟有效时段 C 结束前，干扰消失，输入信号 S 回到 0（复位输入端 R 依然为 0），输出端 Q 依然维持高电平状态，导致时钟有效时段 C 结束后触发器输出端 Q 为高电平，与 C 时段开始时刻触发器输出端 Q 的状态不同。这说明电平触发的 SR 触发器在 CLK 时钟有效期间，输入端受到干扰后，即使干扰信号已消失，触发器也有可能无法返回到原来的状态，即电平触发的 SR 触发器存在"空翻"现象，抗干扰能力并不强。

将图 5.2.1 所示的时钟信号 CLK 反相后就可以获得"低电平送数，上升沿锁存"的电平触发的 SR 触发器，如图 5.2.3 所示。

将电平触发的 SR 触发器中的 2 输入与非门 G_1、G_2 更换为 3 输入与非门后即可获得具有直接置位、复位输入功能的电平触发的 SR 触发器，如图 5.2.4 所示。

显然，当输入端 $\overline{S_D}=0$（有效电平）、$\overline{R_D}=1$（无效电平）时，触发器输出端 Q 为高电平，反相输出端 $\bar{Q}$ 为低电平（由于时钟 CLK 为无效电平，与非门 G_4 输出高电平），即触发器处于 1 态，因此 $\overline{S_D}$ 称为直接置位输入引脚（或异步置位输入引脚，异步的含义是触发器状态翻转不依赖于时钟信号 CLK 的状态）；当 $\overline{S_D}=1$（无效电平）、$\overline{R_D}=0$（有效电平）时，触发器反相输出端 $\bar{Q}$ 为高电平，同相输出端 Q 为低电平（由于时钟 CLK 为无效电平，与非门 G_3 输出高电平），即触发器处于 0 态，因此 $\overline{R_D}$ 称为直接复位输入引脚（有时也称为异步复位输

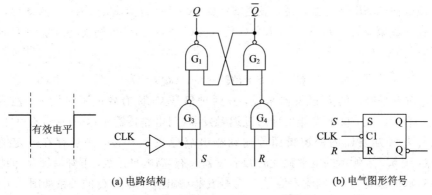

(a) 电路结构　　　　　　　　　　　(b) 电气图形符号

图 5.2.3　低电平触发器的 SR 触发器

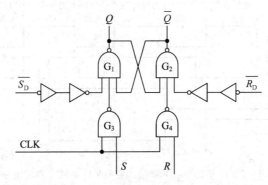

图 5.2.4　具有直接置位及复位功能的电平触发的 SR 触发器

入引脚）。当然，$\overline{S_D}$、$\overline{R_D}$ 输入引脚不能同时为低电平，即 $\overline{S_D}+\overline{R_D}=1$ 的约束条件依然有效。

不过，值得注意的是，$\overline{S_D}$、$\overline{R_D}$ 中的非号仅表示对应引脚输入信号低电平有效，而不是 S_D、R_D 信号反相后再输入到该引脚。

5.2.2　电平触发的 D 触发器（D 型锁存器）

为适应单端输入的应用场合，将电平触发的 SR 触发器的 S 端经反相器 G_5 反相后接 R 端就获得了电平触发器的 D 触发器（也称为 D 型锁存器或 D 锁存器），如图 5.2.5 所示。

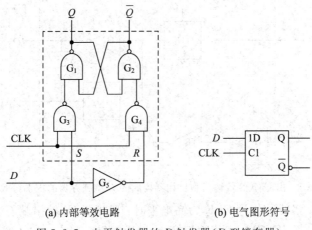

(a) 内部等效电路　　　　　　　　(b) 电气图形符号

图 5.2.5　电平触发器的 D 触发器（D 型锁存器）

对虚线框内的 SR 触发器来说，显然 $S=D$，$R=\overline{D}$，自然满足 $SR=0$ 的条件，即 D 型锁存器不存在约束条件。将 $S=D$，$R=\overline{D}$ 代入式(5.2.1)即可得到电平触发的 D 触发器的特性方程：

$$Q^{n+1}=S+\overline{R}Q^n=D+\overline{\overline{D}}Q^n=D \tag{5.2.2}$$

可见，对电平触发的 D 触发器来说，在时钟信号 CLK 有效电平时段内，触发器输出状态 $Q^{n+1}=D$。因此，D 触发器也称为延迟触发器(门电路传输延迟时间 t_{pd} 不可能为 0，因此输入信号 D 经触发器内部逻辑门传输到输出端 Q 的过程中，必然存在一定的延迟时间)。显然，图 5.2.5 所示的电平触发的 D 触发器具有"高电平送数，下降沿锁存"的特性。假设触发器初始状态 Q 为 0，则输入信号 D 与触发器输出信号 Q 及 $\overline{Q}$ 的关系如图 5.2.6 所示。

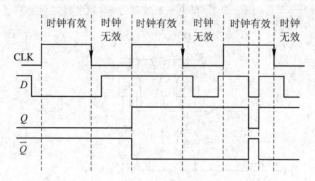

图 5.2.6 "高电平送数，下降沿锁存"的 D 型锁存器的电压波形

从图 5.2.6 中可以看出，对 D 型锁存器来说，尽管在时钟 CLK 信号有效电平时段内，触发器输出端 Q 的状态会随输入信号 D 的变化而变化，但只要输入信号 D 跳变后的维持时间大于 D 型锁存器的信号建立时间 t_{su}，时钟信号 CLK 下降沿过后，D 型锁存器输出端 Q 就一定能保存时钟 CLK 信号跳变到低电平前输入端 D 的电平状态。这说明 D 型锁存器的抗干扰能力比电平触发的 SR 触发器强，不存在空翻现象，因此在时序逻辑电路中得到了广泛应用。

不过，在 CMOS 工艺中多采用 CMOS 传输门、反相器等构成 D 型锁存器，内部等效电路如图 5.2.7 所示，原因是基于 CMOS 传输门的 D 型锁存器结构简单，功耗小，成本低。

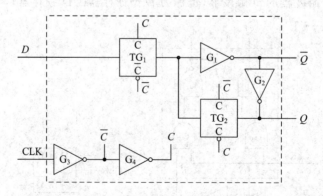

图 5.2.7 由 CMOS 传输门和反相器构成的 D 型锁存器的内部等效电路

在图 5.2.7 中，当时钟信号 CLK 为高电平时，反相器 G_3 输出端 $\overline{C}$ 为低电平，反相器 G_4 输出端 C 为高电平，使 CMOS 传输门 TG_1 导通、TG_2 截止。输入信号 D 经 TG_1 传输

门送反相器 G_1 反相后作为 D 型锁存器的反相输出端 $\overline{Q}$；而反相输出信号 $\overline{Q}$ 经反相器 G_2 反相后作为 D 型锁存器同相输出端 Q，使 $Q=D$。

当时钟信号 CLK 由高电平跳变为低电平后，反相器 G_3 输出端 $\overline{C}$ 为高电平，反相器 G_4 输出端 C 为低电平，结果 CMOS 传输门 TG_1 截止、TG_2 导通，相当于 D 型锁存器输出端 Q 与反相器 G_1 输入端连通，保持了 CLK 时钟信号下降沿来到前输出端 Q 的状态。

用 CMOS 传输门及反相器构成 D 型锁存器的优点是信号传输延迟时间短。例如，图 5.2.5(a) 中的信号传输延迟时间大于图 5.2.7 中的信号传输延迟时间。此外，只要将图 5.2.7 中的传输门 TG_1、TG_2 的控制信号 C 与 $\overline{C}$ 对调就可以获得"低电平送数，上升沿锁存"的 D 型锁存器，使高电平送数下降沿锁存与低电平送数上升沿锁存两类 D 型锁存器的电参数完全相同。

D 型锁存器可作存储器使用，一套 D 型锁存器能记录 1 位二进制数。在一些数字 IC 芯片中，受封装引脚数量的限制，部分引脚被迫采用分时复用技术，在不同时刻输出信号的含义不同。例如，MCS-51 系列 MCU 芯片的 P07～P00 引脚是地址/数据分时复用引脚，在总线操作时序中，先借助 P07～P00 引脚输出地址总线的低 8 位地址信息 A_7～A_0，随后将 P07～P00 引脚作数据总线的 D_7～D_0 使用，在这种情况下就需要用 D 型锁存器锁存最先出现的地址信息。

不同时钟信号 CLK 极性（高电平送数下降沿锁存，还是低电平送数上升沿锁存）、输出方式（三态输出，还是 CMOS 互补推挽输出）的组合就构成了不同品种的 D 型锁存器。其中，常见的 D 型锁存器芯片有 74HC373（8 套高电平送数、下降沿锁存的带三态输出控制的 D 型锁存器，包括 74HCT373、74AHC373、74AHCT373、74LV373A、74LV373AT、74LVC373）、74HC573（包括 74HCT573、74AHC573、74AHCT573、74LV573A、74LV573AT、74LVC573 等，573 芯片的功能与同工艺的 373 芯片相同，但引脚排列更有利于 PCB 布线设计，近年来两者价格也基本接近）、74LVC1G373（单套高电平送数下降沿锁存带三态输出控制的 D 型锁存器）、74LVTH373（8 套功能与 74LVC1G373 相同的 D 型锁存器，但 74LVTH373 支持 5.0～3.3 V 的电平转换）、74LVTH16373（16 套功能与 74LVC1G373 相同的 D 型锁存器）、74LVC32373（32 套功能与 74LVC1G373 相同的 D 型锁存器）等。74HC373 芯片内部一个单元的等效电路如图 5.2.8 所示，74HC373 典型应用电路如图 5.2.9 所示。

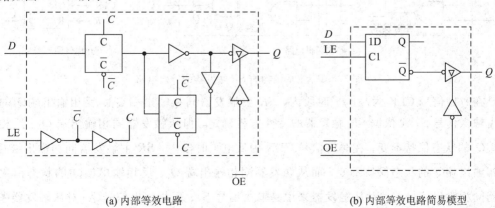

(a) 内部等效电路　　　　　　　　　　　　　　(b) 内部等效电路简易模型

图 5.2.8　74HC373 内部一个单元的等效电路

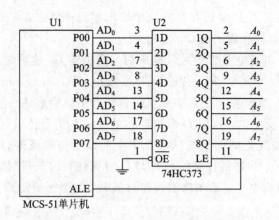

图 5.2.9 74HC373 典型应用电路

5.3 脉冲触发器与边沿触发器

电平触发器在时钟 CLK 有效电平时段内，触发器输出端 Q 的状态依然会随输入信号的变化而变化，因此抗干扰能力较差，限制了电平触发器的应用范围，于是就出现了脉冲触发器和边沿触发器。

5.3.1 主从结构的 SR 触发器

将两个电平触发的 SR 触发器串联在一起就构成了具有脉冲触发特性的 SR 触发器，如图 5.3.1 所示。显然，主触发器具有"高电平送数，下降沿锁存"的特性，而从触发器具有"低电平送数，上升沿锁存"的特性。

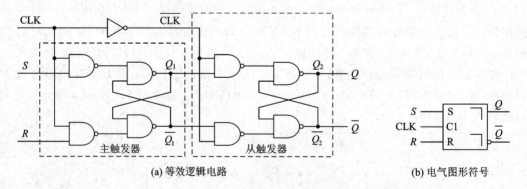

(a) 等效逻辑电路 (b) 电气图形符号

图 5.3.1 主从结构的 SR 触发器的等效电路

在时钟信号 CLK 为高电平时段内，SR 主触发器同相输出端 Q_1、反相输出端 $\overline{Q_1}$ 的状态由输入信号 S、R 依据 SR 触发器的特性方程确定，但从触发器同相输出端 Q_2、反相输出端 $\overline{Q_2}$ 的状态保持不变；在时钟信号 CLK 为低电平时段内，SR 主触发器同相输出端 Q_1、反相输出端 $\overline{Q_1}$ 的状态保持不变，而从触发器同相输出端 Q_2、反相输出端 $\overline{Q_2}$ 的状态由主触发器同相输出信号 Q_1（对从触发器来说是输入信号 S）、反相输出信号 $\overline{Q_1}$（对从触发器来说是输入信号 R）依据 SR 触发器的特性方程确定。

　　当输入信号 S、R 在时钟信号 CLK 为高电平期间保持不变时，主从触发器输出端 Q 的状态仅取决于时钟信号 CLK 由高电平跳变到低电平（即下降沿）前输入信号 S 及 R 的状态，且主从结构 SR 触发器的特性方程与电平触发的 SR 触发器相同，如图 5.3.2(a)所示（假设开始时 $Q_1 = Q_2 = Q = 0$），因此对于图 5.3.1 所示的正脉冲触发的主从触发器，也可以用"⌐⌐"符号表示其触发方式（对于负脉冲触发的主从触发器，可用"⌐⌐"符号表示其触发方式）。

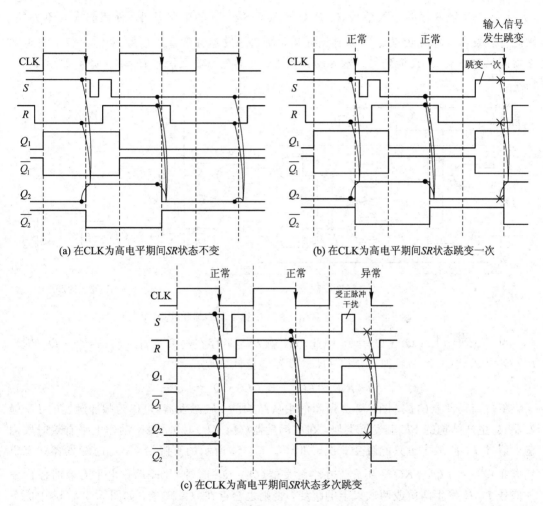

(a) 在CLK为高电平期间SR状态不变　　　　　(b) 在CLK为高电平期间SR状态跳变一次

(c) 在CLK为高电平期间SR状态多次跳变

图 5.3.2　主从结构的 SR 触发器的波形

　　显然，在时钟信号 CLK 为高电平期间，如果输入端 S 或 R 仅发生一次跳变，则时钟信号 CLK 下降沿过后，主从结构的 SR 触发器的新状态 Q^{n+1} 依然由时钟信号 CLK 下降沿来到前的输入信号 S、R 及触发器状态 Q^n 确定，即依然满足 $Q^{n+1} = S + \overline{R}Q^n$，如图 5.3.2(b)所示。也就是说，主从结构的 SR 触发器的输入信号发生一次翻转不会导致输出异常。

　　反之，当输入信号 S、R 在时钟信号 CLK 为高电平期间发生多次（两次或以上）跳变时（相当于输入信号受到了窄脉冲干扰），主触发器输出 Q_1、$\overline{Q_1}$ 状态发生变化，甚至在干扰消失后也不能恢复到原来的状态，导致从触发器的输出端出现异常（尽管从触发器的输出端 Q_2 及 $\overline{Q_2}$ 仅在 CLK 下降沿跳变，但 Q_2 状态与 CLK 下降沿来到前输入信号 S、R 不再遵循

SR 触发器的特性方程)。例如,在图 5.3.2(c)中,最后一个时钟 CLK 下降沿来到前 $S=R=0$,$Q_2=0$,CLK 下降沿过后 Q_2 新状态似乎为 0,但实际上 Q_2 为 1,显然不再满足特性方程 $Q^{n+1}=S+\overline{R}Q^n$! 这说明主从结构的 SR 触发器同样存在空翻现象,抗干扰能力依然较差。

5.3.2　主从结构的 JK 触发器

由于 SR 触发器的输入信号 S、R 必须满足 $SR=0$ 的限制条件,使用起来并不方便,因此将触发器反相输出端 $\overline{Q^n}$ 反馈到输入端,使主触发器置位输入信号 $S=J \cdot \overline{Q^n}$,再将触发器同相输出端 Q^n 反馈到另一输入端,使主触发器复位输入信号 $R=K \cdot Q^n$,如图 5.3.3 所示。

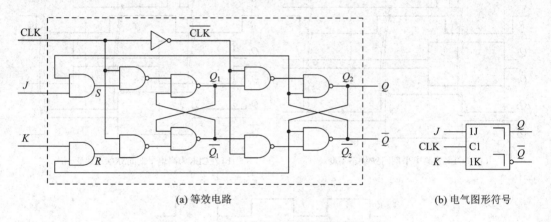

(a) 等效电路　　　　　　　　　　　　　　　(b) 电气图形符号

图 5.3.3　主从结构的 JK 触发器的等效电路

由于 $SR=JK \cdot Q^n \cdot \overline{Q^n} \equiv 0$,因此,$JK$ 触发器不存在约束条件。将 $S=J \cdot \overline{Q^n}$、$R=K \cdot Q^n$ 代入式(5.2.1)后即可获得 JK 触发器的特性方程:

$$Q^{n+1}=S+\overline{R}Q^n=J\,\overline{Q^n}+\overline{K \cdot Q^n} \cdot Q^n=J\,\overline{Q^n}+\overline{K}Q^n \tag{5.3.1}$$

不过值得注意的是,图 5.3.3 所示的主从结构的 JK 触发器(也称为脉冲触发的 JK 触发器)与主从结构的 SR 触发器类似,在主触发器(Q_1、$\overline{Q_1}$)时钟 CLK 动作电平有效时段内输入信号 J、K 最多也只能跳变一次,如图 5.3.4(a)所示的下降沿 C,此时触发器状态仍然遵守 $Q^{n+1}=J\,\overline{Q^n}+\overline{K}Q^n$;不允许在主触发器($Q_1$、$\overline{Q_1}$)时钟 CLK 动作电平有效时段内输入信号 J、K 发生两次或两次以上的跳变,否则也会存在空翻现象,如图 5.3.4(b)中的下降沿 C。

根据 JK 触发器的特性方程,在时钟信号 CLK 下降沿 C 来到前,$J=K=0$,触发器状态 Q^n 也为 0,时钟信号 CLK 下降沿 C 过后,触发器新状态 Q^{n+1} 似乎应为 0,但实际上新状态 Q^{n+1} 为 1,不再满足式(5.3.1),原因是在时钟信号 CLK 下降沿 C 来到前,输入端 J 受到了正脉冲的干扰,内部主触发器 Q_1 状态发生了跳变,干扰消失后,内部主触发器 Q_1 不能恢复,导致主从结构的 JK 触发器状态出错,即主从结构的 JK 触发器在主触发器时钟 CLK 动作电平有效时段内抗干扰能力并不高。

根据 JK 触发器的特性方程 $Q^{n+1}=J\,\overline{Q^n}+\overline{K}Q^n$,不难获得如表 5.3.1 所示的 JK 触发器的特性表,以及图 5.3.5 所示的状态转换图。

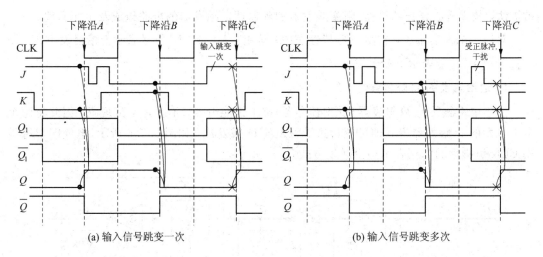

(a) 输入信号跳变一次   (b) 输入信号跳变多次

图 5.3.4 主从结构 JK 触发器在时钟 CLK 动作电平有效时段内输入信号跳变的波形

表 5.3.1 JK 触发器的特性表

J	K	Q^n（原状态）	Q^{n+1}（新状态）
0	0	0	0
0	0	1	1
0	1	0	0
0	1	1	0
1	0	0	1
1	0	1	1
1	1	0	1
1	1	1	0

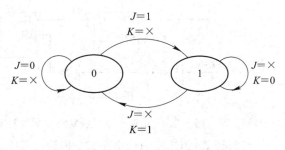

图 5.3.5 JK 触发器的状态转换图

由于脉冲触发的主从结构的 SR 触发器和主从结构的 JK 触发器在主触发器时钟 CLK 有效电平时段内最多只允许输入信号跳变一次，否则就可能存在空翻现象，因此这类主从结构的触发器的抗干扰能力依然较差，在时序逻辑电路中并没有得到广泛应用。

5.3.3 边沿触发器

为解决电平触发器和主从结构 SR 及 JK 触发器抗干扰能力差的问题，电路工程师设计出了不同工作原理的多种边沿触发器。在边沿触发器中，触发器的新状态仅取决于时钟信号 CLK 动作沿（上升沿或下降沿）来到时输入信号及触发器的当前状态，在时钟信号 CLK 稳定为高电平或低电平期间输入信号的任何跳变均不影响触发器的输出状态。构成边沿触发器的方法有很多，如维持-阻塞触发器、延迟锁定触发器、以 CMOS 传输门为核心的电平触发的 D 触发器串联等。在 TTL 工艺中，常用维持-阻塞触发器或延迟锁定触发器构成边沿触发器，而在 CMOS 工艺中多采用以 CMOS 传输门为核心的电平触发的 D 触发器串联构成边沿触发器，原因是在 CMOS 工艺中制作 CMOS 传输门非常容易，传输延迟时间短，成本也远低于维持-阻塞触发器和延迟锁定触发器。鉴于 TTL 数字 IC 工艺已被淘汰,故没有必要介绍维持-阻塞触发器和延迟锁定触发器的电路组成及工作原理。

对边沿触发器来说,在触发器特性表中,常用"┌┘"或"↑"符号表示上沿触发方式,用"┐└"或"↓"符号表示下沿触发方式。

1. 边沿触发的 D 触发器

由于电平触发的 D 触发器(D 型锁存器)抗干扰能力强,不存在空翻现象,因此将两个电平触发的 D 触发器串联即可获得边沿触发的 D 触发器,如图 5.3.6 所示(电气图形符号中 CLK 引脚后的">"表示边沿触发方式)。

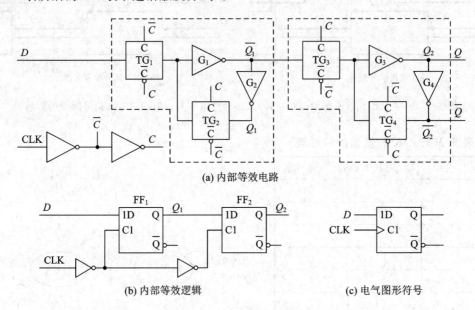

(a) 内部等效电路

(b) 内部等效逻辑　　　　　　　(c) 电气图形符号

图 5.3.6　由两个电平触发的 D 触发器串联构成的上升沿触发的 D 触发器

当时钟信号 CLK 为低电平时,传输门 $TG_1 \sim TG_4$ 状态控制信号 $\overline{C}=1$、$C=0$,结果传输门 TG_1、TG_4 导通,而传输门 TG_2、TG_3 截止,使第一级电平触发的 D 触发器的反相输出端 $\overline{Q_1}=D$,第二级电平触发的 D 触发器的同相输出端 Q_2 状态保持不变,如图 5.3.7 所示。

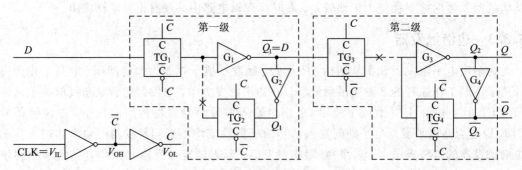

图 5.3.7　时钟信号 CLK 为低电平时的电路状态

当时钟信号 CLK 由低电平跳变到高电平时,传输门 $TG_1 \sim TG_4$ 控制信号 $\overline{C}=0$、$C=1$,使传输门 TG_2、TG_3 导通,而传输门 TG_1、TG_4 截止,结果第一级电平触发的 D 触发器反相输出端$\overline{Q_1}$保持不变(Q_1保存的状态信息是时钟信号 CLK 上升沿来到前输入端 D 的状态),并使第二级电平触发的 D 触发器同相输出端 $Q_2 = \overline{\overline{Q_1}} = D$,实现了 $Q^{n+1} = D$ 的功能,如图 5.3.8 所示。

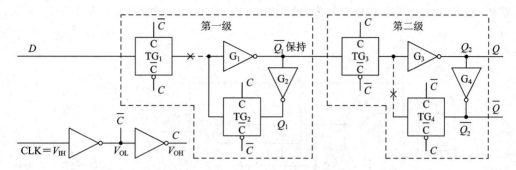

图 5.3.8　时钟信号 CLK 为高电平时电路状态

假设 Q_2 初始状态为 0,而输入信号 D 的变化规律如图 5.3.9 所示,则图 5.3.6 所示的 D 触发器的波形如图 5.3.9 所示。

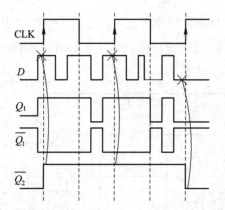

图 5.3.9　上升沿触发 D 触发器的波形

如果将图 5.3.6 中 CMOS 传输门 $TG_1 \sim TG_4$ 控制信号的 C 及 $\overline{C}$ 对调,就获得下降沿(⌐⌐)触发的 D 触发器,如图 5.3.10 所示。

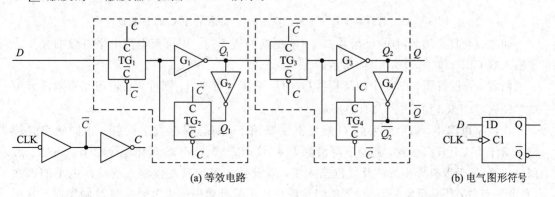

(a) 等效电路　　　　　　　　　　(b) 电气图形符号

图 5.3.10　下降沿触发的 D 触发器

将图 5.3.6 中的反相器 $G_1 \sim G_4$ 换成 2 输入或非门就可以获得具有异步置位输入端 S_D、复位输入端 R_D（高电平有效）的上升沿触发的 D 触发器，如图 5.3.11 所示；将图 5.3.6 中的反相器 $G_1 \sim G_4$ 换成 2 输入与非门就可以获得具有异步置位输入端 $\overline{S_D}$、复位输入端 $\overline{R_D}$（低电平有效）的上升沿触发的 D 触发器（如 74HC74、74LV74A），如图 5.3.12 所示。

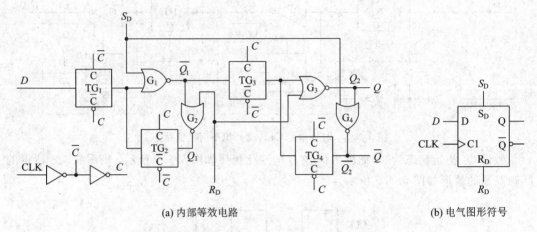

(a) 内部等效电路   (b) 电气图形符号

图 5.3.11　带有异步置位及复位输入功能（高电平有效）的 D 触发器

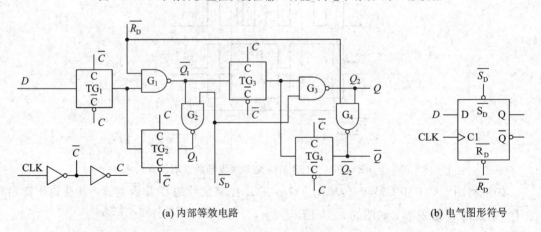

(a) 内部等效电路   (b) 电气图形符号

图 5.3.12　带有异步置位及复位输入功能（低电平有效）的 D 触发器

如果仅将图 5.3.6 中的反相器 G_2、G_3 更换为或非门，则可获得高电平有效的异步清零输入端 CLR，如图 5.3.13(a) 所示。

同理，若仅将图 5.3.6 中的反相器 G_1、G_4 更换为与非门，则可获得低电平有效的异步清零输入端 $\overline{\text{CLR}}$，如图 5.3.14(a) 所示。

在数字电路中，边沿触发的 D 触发器主要用于记录、保存数字信息。不同触发时钟 CLK 动作沿（上升沿触发，还是下降沿触发）、输出方式（CMOS 互补推挽输出，还是三态门输出）、是否带有异步置位及复位输入端，以及异步置位及复位输入端动作电平的极性（高电平有效，还是低电平有效）等的组合就构成了品种繁多的边沿触发的 D 触发器。常用的边沿触发的 D 触发器芯片如表 5.3.2 所示。

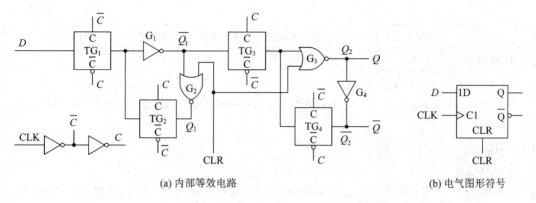

(a) 内部等效电路　　　　　　　　　　　　　(b) 电气图形符号

图 5.3.13　带有异步复位输入 CLR 的 D 触发器

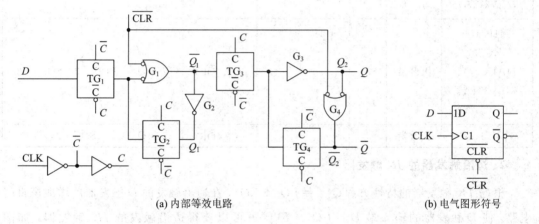

(a) 内部等效电路　　　　　　　　　　　　　(b) 电气图形符号

图 5.3.14　带有异步复位输入 $\overline{CLR}$ 的 D 触发器(74HC175)

表 5.3.2　常用的边沿触发的 D 触发器

型号	触发方式	套数	异步置位及复位	输出方式	输出端	封装方式
74HC74 74AHC74 74LV74A 74LVC74	上升沿	2	$\overline{PRE}$、$\overline{CLR}$	CMOS 互补	Q、$\overline{Q}$	SOIC14
74LVC1G74 (74AUC1G74、 74AUP1G74)	上升沿	1	$\overline{PRE}$、$\overline{CLR}$	CMOS 互补	Q、$\overline{Q}$	VSSO8
74LVC1G79 (74AUC1G79、 74AUP1G79)	上升沿	1	—	CMOS 互补	仅有 Q	SOT - 23 - 5
74LVC1G80 (74AUC1G80、 74AUP1G80)	上升沿	1	—	CMOS 互补	仅有 $\overline{Q}$	SOT - 23 - 5

型号	触发方式	套数	异步置位及复位	输出方式	输出端	封装方式
74LVC1G175	上升沿	1	异步清零$\overline{CLR}$	CMOS 互补	仅有 Q	SOT - 23 - 6
74HC175 (74HCT175、 74LV175A)	上升沿	4	异步清零$\overline{CLR}$	CMOS 互补	Q、$\overline{Q}$	PDIP - 16/SOIC - 16
74HC273 (74HCT273、 74AHC273、 74AHCT273、 74LV273A)	上升沿	8	异步清零$\overline{CLR}$	CMOS 互补	仅有 Q	PDIP - 20/SOIC - 20
74HC374 (74HCT374、 74AHC374、 74LV374A、 74LVC374)	上升沿	8	—	三态($\overline{OE}$)	仅有 Q	PDIP - 20/SOIC - 20
74LVC1G374	上升沿	1	—	三态($\overline{OE}$)	仅有 Q	SOT - 23 - 6

2. 边沿触发器的 JK 触发器

根据 JK 触发器的特性方程 $Q^{n+1}=J\overline{Q^n}+\overline{K}Q^n$，在边沿触发的 D 触发器前增加逻辑门电路，使 D 触发器的输入端 $D=J\overline{Q^n}+\overline{K}Q^n$ 就可以获得边沿触发的 JK 触发器，如图 5.3.15 所示。

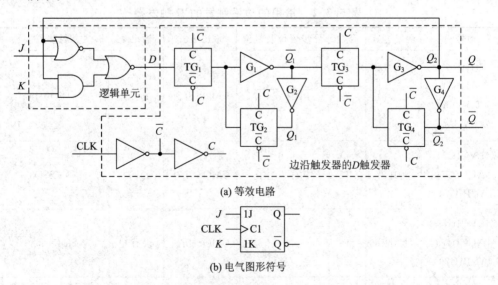

(a) 等效电路

(b) 电气图形符号

图 5.3.15　由上升沿触发的 D 触发器构成的 JK 触发器

显然，在图 5.3.15 中，D 触发器的输入信号：

$$D=\overline{\overline{J+Q^n}+KQ^n}=(J+Q^n)\cdot\overline{KQ^n}=J\,\overline{K}+J\,\overline{Q^n}+\overline{K}Q^n=J\,\overline{Q^n}+\overline{K}Q^n$$

因此：

$$Q^{n+1}=D=J\,\overline{Q^n}+\overline{K}Q^n$$

当然，如果构成 JK 触发器的 D 触发器内部带有异步置位、复位输入端，则获得的 JK 触发器也就具有异步置位、复位输入端，如图 5.3.16 所示。

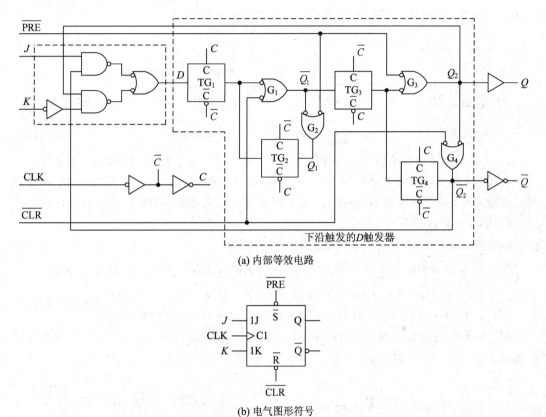

(a) 内部等效电路

(b) 电气图形符号

图 5.3.16　下降沿触发的带有置位与复位输入端的 JK 触发器(74HC112)的内部等效电路

5.4　触发器的种类及其相互转换

除了前面介绍的 D、SR、JK 触发器外，尚有 T 及 T' 触发器。不过，只有 D、JK 触发器有商品化芯片，主要原因是 SR、T、T' 三种触发器均可由 JK 或 D 触发器经简单改动后得到。

1. 将 JK 触发器改为其他触发器

JK 触发器功能很强，号称万能触发器，原因是 JK 触发器经过简单改动就可以变成其他触发器。

例如，把 J、K 输入端连在一起，就可获得 T 触发器，如图 5.4.1(a)所示。

由于 $J=K=T$，因此 T 触发器的特性方程 $Q^{n+1}=J\,\overline{Q^n}+\overline{K}Q^n=T\,\overline{Q^n}+\overline{T}Q^n$。在 T 触

发器中，当时钟信号 CLK 动作沿来到时，如果 $T=0$，则 $Q^{n+1}=Q^n$（保持不变）；反之，如果 $T=1$，则 $Q^{n+1}=\overline{Q^n}$（状态翻转）。因此，T 触发器也称为可控计数型触发器。

把 J、K 输入端连在一起并接到高电平（如电源 V_{DD}），就可以获得 T' 触发器，如图 5.4.2(a)所示。由于 $J=K=1$，因此，T' 触发器的特性方程 $Q^{n+1}=J\overline{Q^n}+\overline{K}Q^n=\overline{Q^n}$。可见，$T'$ 触发器只有时钟信号 CLK，没有输入信号。当时钟信号 CLK 动作沿来到时，$Q^{n+1}=\overline{Q^n}$，即每来一个时钟 CLK，触发器的状态就会翻转一次。

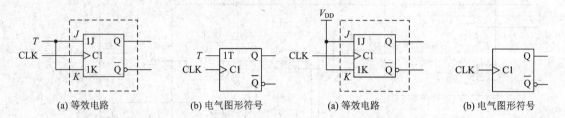

(a) 等效电路 　　(b) 电气图形符号 　　(a) 等效电路 　　(b) 电气图形符号

图 5.4.1　由 JK 触发器获得的 T 触发器 　　图 5.4.2　由 JK 触发器获得的 T' 触发器

其实 SR 触发器不过是 JK 触发器的特例，把 JK 触发器的输入端 J 当成 SR 触发器的置位输入端 S，把输入端 K 当成 SR 触发器的复位输入端 R，则 JK 触发器就可以当成 SR 触发器使用，如图 5.4.3 所示。

因为当满足 $JK=0$ 时，由 JK 触发器特性方程得

$$Q^{n+1}=J\overline{Q^n}+\overline{K}Q^n=J\overline{Q^n}+\overline{K}Q^n(J+1)+JKQ^n=J\overline{Q^n}+J\overline{K}Q^n+JKQ^n+\overline{K}Q^n$$
$$=J\overline{Q^n}+JQ^n(\overline{K}+K)+\overline{K}Q^n=J(\overline{Q^n}+Q^n)+\overline{K}Q^n=J+\overline{K}Q^n$$

可见，在 $JK=0$ 情况下，就可以把 JK 触发器直接当成 SR 触发器使用。

把 JK 触发器的输入端 J 反相后接输入端 K，如图 5.4.4 所示，JK 触发器就变成了 D 触发器。

图 5.4.3　把 JK 触发器当成 SR 触发器 　　图 5.4.4　由 JK 触发器获得的 D 触发器

其原因是将 $J=D$，$K=\overline{D}$ 代入 JK 触发器的特性方程就可获得 D 触发器的特性方程 $Q^{n+1}=D$，即

$$Q^{n+1}=J\overline{Q^n}+\overline{K}Q^n=D\overline{Q^n}+\overline{\overline{D}}Q^n=D$$

不过 JK 触发器内部结构原本就比 D 触发器复杂，把 JK 触发器芯片改为 D 触发器芯片在成本上并不合算，因此在实际电路中很少将 JK 触发器改为 D 触发器。

2. D 触发器改为 T' 触发器

D 触发器品种多，理论上可把 D 触发器改造为其他触发器，如借助异或门即可将 D 触发器改造为 T 触发器。不过基于成本因素，在数字电路中仅将 D 触发器的输入端 D 改接到反相输出端 $\overline{Q}$，以便获得 T' 触发器，如图 5.4.5 所示。其原因是 $Q^{n+1}=D=\overline{Q^n}$。

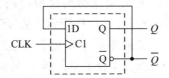

图 5.4.5　由 D 触发器获得的 T' 触发器

5.5　触发器的动态特性

为保证触发器动作可靠，输入信号、时钟信号之间的时序必须满足一定的要求，如触发器输入信号必须先于时钟信号 CLK 动作沿（上升沿或下降沿）到达，时钟信号 CLK 消失后输入信号至少还需要再保持一定时间，时钟信号高电平及低电平最短持续时间也必须大于某一特定值等。

下面以图 5.5.1 所示的上升沿触发的 D 触发器的电压波形为例，介绍与触发器动态特性有关的几个重要的时间参数。

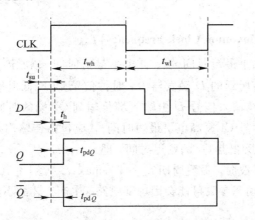

图 5.5.1　上沿触发的 D 触发器的动态特性参数

1. 信号建立时间（Setup Time）t_{su}

为保证触发器动作可靠，时钟信号 CLK 动作沿（即上升沿）到达时，输入信号 D 必须已处于稳定状态，即输入信号 D 相对于时钟信号 CLK 动作沿提前出现的时间称为信号建立时间 t_{su}。例如，在图 5.3.6 所示的 D 触发器中，输入信号 D 经过传输门 TG_1、反相器 G_1、反相器 G_2 延迟后才送达第一级 D 触发器的输出端 Q_1。如果 CMOS 传输门传输延迟用 t_{dTG} 表示，反相器传输延迟时间用 t_d 表示，则 $t_{su} = t_{dTG} + 2t_d$。其中，CMOS 传输门传输延迟 t_{dTG} 远小于反相器传输延迟时间 t_d。如果用图 5.2.5 所示的由与非门构成的 D 型锁存器串联组成 D 触发器，则输入信号 D 必须经过反相器 G_5、与非门 G_4、与非门 G_2、与非门 G_1 延迟后第一级 D 触发器输出 Q_1 的状态才稳定，假设反相器、与非门的传输延迟时间均为 t_d，则 $t_{su} = 4t_d$。

2. 保持时间（Hold Time）t_h

时钟信号 CLK 动作沿到达后输入信号一般不能立即消失，必须再保持一段时间。时钟信号 CLK 动作沿到达后输入信号必须保持的最短时间称为保持时间 t_h。例如，在图 5.3.6 所示的 D 触发器中，时钟信号 CLK 动作沿到达后经第 1 个反相器延迟后 CMOS 传输门控制信号 $\overline{C}$ 才跳变为低电平，再经第 2 个反相器延迟后 CMOS 传输门控制信号 C 才跳变为高电平，使 TG_1 截止、TG_2 导通，保证第一级 D 触发器输出端 Q_1 信号经 TG_2 接反相器 G_1 的输入端，使第一级 D 触发器输出端 Q_1 保持稳定。因此，在时钟信号 CLK 动作沿到达后，输入信号 D 保持时间 t_h 不应小于 $t_{dTG} + 2t_d$。

3. 传输延迟时间(Propagation Delay Time) t_{pd}

传输延迟时间 t_{pd} 是指时钟信号 CLK 动作沿到达后再经历多长时间触发器输出端 Q 的状态稳定。在触发器中，由于信号传输到 Q 端与 $\overline{Q}$ 端的路径一般不同，因此时钟信号 CLK 动作沿到同相输出端 Q 状态稳定的延迟时间 t_{pdQ} 与时钟信号 CLK 动作沿到反相输出端 $\overline{Q}$ 状态稳定的延迟时间 $t_{pd\overline{Q}}$ 一般不同。例如，在图 5.3.6 所示的 D 触发器中，t_{pdQ} 包括了传输门控制信号建立时间(不考虑 CMOS 传输门控制信号建立时间的情况下，近似为两个反相器的延迟时间 t_d)、传输门 TG_3 的延迟时间 t_{dTG}、反相器 G_3 的传输延迟时间 t_d，即 $t_{pdQ} = 2t_d + t_{dTG} + t_d = t_{dTG} + 3t_d$，而 $t_{pd\overline{Q}}$ 还要加上反相器 G_4 的延迟时间，即 $t_{pd\overline{Q}} = t_{pdQ} + t_d = t_{dTG} + 4t_d$。

4. 最高工作频率(Maximum Clock Frequency) f_{max}

时钟信号 CLK 高电平最短时间 t_{wh}、低电平最短时间 t_{wl} 决定了触发器最高工作频率 f_{max}。例如，在图 5.3.6 所示的 D 触发器中，时钟信号 CLK 低电平最短时间 t_{wl} 应包括传输门控制信号建立时间及输入信号 D 由输入端传输到 Q_1 端的时间，即 $t_{wl} = 2t_d + (2t_d + t_{dTG}) = t_{dTG} + 4t_d$；时钟信号 CLK 高电平最短时间 t_{wh} 应包括传输门控制信号建立时间及传输门 TG_3 的延迟时间、反相器 G_3 的延迟时间，即 $t_{wh} = 2t_d + t_{dTG} + t_d = t_{dTG} + 3t_d$。因此，当输入时钟信号 CLK 为方波时，最短周期 $t_{min} = 2 \times \max\{t_{wh}, t_{wl}\} = 2(t_{dTG} + 4t_d)$。

同一型号触发器的动态参数可能会因内部电路、生产工艺的不同而有所区别。

5.6 存 储 器

存储器在数字电路系统中主要用于存储信息(数据或 CPU 的指令代码)，是数字计算机系统中必不可少的重要组成部件。目前，存储器的存取速度已成为制约计算机运行速度的关键因素之一。

存储器的种类有很多。根据存储器能否随机读写，可将存储器分为两大类：只读存储器(Read Only Memory，ROM)和随机读写存储器(Random Access Memory，RAM)。两者的最大区别是 ROM 存储器在非编程状态下只能读出，不能写入；编程写入后，ROM 存储器中的内容就永久存在，不因断电而丢失，因此 ROM 也称为非易失性存储器。而 RAM 存储器可以随机写入，但断电后存储的信息即刻丢失，上电时 RAM 存储器中的内容不确定。

根据接口方式的不同，又可以将存储器分为并行接口方式和串行接口(如 SPI、I^2C 等)方式两大类。在并行接口方式中，根据地址线和数据线是否独立，又可以将存储器分为 NOR 架构(有独立的地址线和数据线)和 NAND 架构(地址线和数据线分时共用)两大类。

存储器中一个存储单元的作用与 SR、D、JK 等触发器类似，也能记录、保存 1 位二进制数，只是在存储器中存储单元的电路组成不同，且存储单元的个数很多，需要用多条输入线来选择不同的存储单元。存储器基本结构如图 5.6.1 所示，由地址译码电路(在二维地址译码电路中包括行地址译码电路和列地址译码电路)、存储单元阵列、读写及功耗控制电路等部分组成。

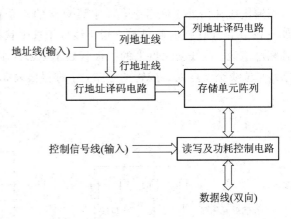

图 5.6.1　存储器基本结构

地址线的数目由可寻址的存储单元的数量决定：1 根地址线有 2 个状态，经地址译码电路译码后可区分 2 个不同的寻址单元；2 根地址线 A_1A_0 有 4 个状态，经地址译码电路译码后可区分 4 个不同的寻址单元；3 根地址线 $A_2A_1A_0$ 有 8 个状态，经地址译码电路译码后可区分 8 个不同的寻址单元；以此类推，n 根地址线 $A_{n-1}A_{n-2}\cdots A_1A_0$ 有 2^n 个状态，经地址译码电路译码后可区分 2^n 个不同的寻址单元。

控制信号线包括片选信号$\overline{CS}$(Chip Select，有时也用 Chip Enable，即$\overline{CE}$表示片选信号)、读控制信号$\overline{RD}$(或输出允许$\overline{OE}$)和写控制信号$\overline{WR}$，具体情况与存储器类型有关。

数据线一般为双向三态，数据线的条数也称为存储器的字长，与存储器的组织结构有关。当一个寻址单元只对应一个存储单元时，存储器芯片只有一根数据线 D_0；当一个寻址单元对应 4 个存储单元时，存储器芯片有 4 根数据线 $D_3 \sim D_0$；当一个寻址单元对应 8 个存储单元时，有 8 根数据线 $D_7 \sim D_0$；当一个寻址单元对应 16 个存储单元时，有 16 根数据线 $D_{15} \sim D_0$；以此类推。

5.6.1　只读存储器(ROM)

只读存储器的种类有很多。根据存储单元结构、工作原理的不同，可将 ROM 分为 Mask ROM(掩模 ROM，用户不可编程的只读存储器)、OTP ROM(一次性编程的只读存储器)、PROM(可多次编程的只读存储器)三大类。

1. Mask ROM

Mask ROM 中的内容由存储器生产厂家按用户提供的信息通过掩模方式制作，结构简单，成本低廉，适合制作无须修改的大批量电子产品的存储器。可用二极管、N 沟增强型 MOS 构成 Mask ROM 的存储单元，如图 5.6.2 所示。

在图 5.6.2(a)中，输出低电平有效的 2-4 译码器输出信号线$\overline{Y_3} \sim \overline{Y_0}$(称为字线，用于选中不同的寻址单元)与位线交叉点接有二极管时，寻址单元对应位的信息为 0；反之，输出低电平有效的 2-4 译码器输出信号线$\overline{Y_3} \sim \overline{Y_0}$与位线交叉点没有连接二极管时，寻址单元对应位的信息为 1。例如，当地址线 A_1A_0 为 00 时，译码输出信号线$\overline{Y_0}$为低电平(即 00 寻址单元处于选中状态)，如果字线$\overline{Y_0}$与对应位线交叉点接有二极管，则该二极管导通，对应位线被强制下拉为低电平(即 0 态)；反之，如果字线$\overline{Y_0}$与对应位线交叉点没有连接二极管，则对应位线为高电平(即 1 态)。当输出允许控制端$\overline{OE}$为低电平时，输出控制电路中的三态输出缓冲门处于低阻态，$\overline{Y_0}$字线对应的 4 个存储单元信息就分别出现在数据输出端$D_3 \sim D_0$。由于任何时候只有一根字线处于选中状态，因此非选中字线处于高电平状态，导致相应字线、位线交叉点上的二极管处于零偏甚至反偏（截止）状态。根据图 5.6.2(a)中各字线、位线交叉点处二极管的分布，不难得出表 5.6.1 所示的各存储单元信息。

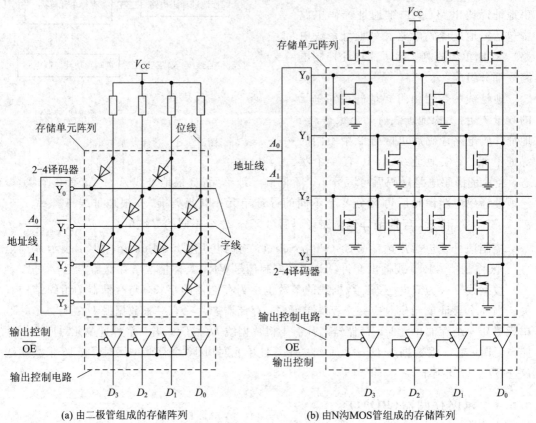

(a) 由二极管组成的存储阵列　　　(b) 由N沟MOS管组成的存储阵列

图 5.6.2　4×4 位容量 Mask ROM 结构示意图

表 5.6.1　图 5.6.2(a)所示掩模 ROM 各寻址单元信息

地址线 A_1A_0	输出控制$\overline{OE}$	寻址单元信息（数据线 $D_3 \sim D_0$）
××	1	高阻态（三态）
00	0	0101
01	0	1010
10	0	0000
11	0	1110

不过，在 CMOS 工艺中一般采用 N 沟增强型 MOS 管取代掩模 ROM 中的二极管阵列，如图 5.6.2(b)所示，以便获得存储单元密度更高，读出速度更快的掩模存储器。在图 5.6.2(b)中，限流电阻也是由 N 沟增强型 MOS 管承担的（将栅极 G 接漏极 D，使 N 沟 MOS 管处于恒流状态，就可以充当限流电阻）。

高电平有效的 2-4 译码器输出信号线 $Y_3 \sim Y_0$（字线）与位线交叉点接有 N 沟增强型 MOS 管时，寻址单元对应位的信息为 0；反之，高电平有效的 2-4 译码器输出信号线$Y_3 \sim$

Y_0 与位线交叉点没有接 MOS 管时，寻址单元对应位的信息为 1。显然，图 5.6.2(b)所示各寻址单元信息与图 5.6.2(a)完全相同。

在大容量存储器中，由于地址线数目多，一般不宜采用图 5.6.2 所示的一维地址译码方式，否则地址译码电路输出信号线（字线）就会很多，不仅增加了地址译码电路的复杂度，也因连线太多造成集成度下降，因此多采用行、列地址译码方式选择相应的存储单元，如图 5.6.3 所示。这样当地址线 $A_6 \sim A_0$ 为某一特定值时，行地址译码输出信号 $Y_{15} \sim Y_0$ 中有且仅有一个输出高电平，至于哪一个输出高电平由行地址线 $A_3 \sim A_0$ 决定，如果对应的行列交叉点上存在 MOS 管，则该 MOS 管导通，相应列线为低电平（表示对应存储单元信号为 0），列地址译码输出信号 $X_7 \sim X_0$ 中有且仅有一个为高电平，至于哪一个输出高电平由列地址线 $A_6 \sim A_4$ 决定，使输出控制电路中对应的与门处于解锁状态，结果相应存储单元的信息就可以借助 8 输入或门、三态输出缓冲器传送到数据输出端 D_0。

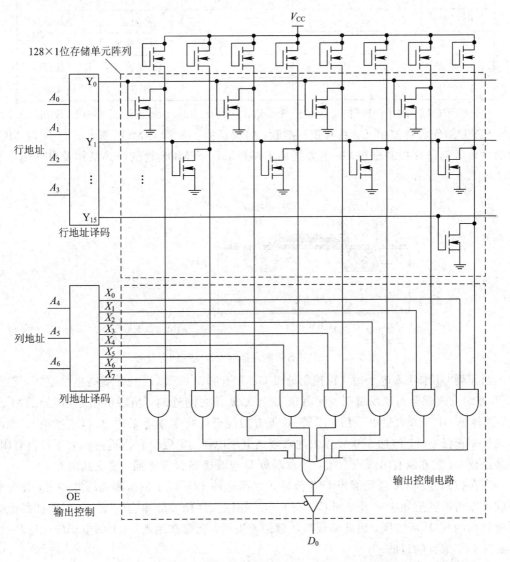

图 5.6.3　采用行列地址译码形式的 128×1 位容量只读存储器的结构示意图

2. PROM

根据工作原理的不同，可将 PROM 细分为 EPROM（紫外光可擦写的只读存储器）、EEPROM（也称为 E²PROM，是一种电可擦写的只读存储器）、Flash ROM（也是一种电可擦写的只读存储器）、FRAM（Ferroelectric RAM，铁电存储器）等。

PROM 的内部结构与图 5.6.1 类似，也是由行地址译码电路、列地址译码电路、存储单元阵列等部分组成的。PROM 的工作状态由输出（读）允许控制信号$\overline{OE}$、编程脉冲$\overline{PGM}$（对于已内置了编程高压的 EEPROM、Flash ROM 芯片来说，没有编程脉冲输入引脚，而是写入允许控制信号$\overline{WE}$）、片选信号$\overline{CS}$确定，如表 5.6.2 所示。

表 5.6.2   PROM 的工作状态

工作状态	$\overline{CS}$	输出允许$\overline{OE}$	编程脉冲$\overline{PGM}$ （写入允许$\overline{WE}$）	数据总线 $D_7 \sim D_0$	备注
芯片未选中	1	×	×	高阻态	功耗下降
读出状态	0	0	1	数据输出	
写入状态	0	1	0	数据输入	编程
输出禁止	0	1	1	高阻态	功耗较大

（1）EPROM 采用叠栅注入 MOS（Stacked－gate Injection Metal Oxide Semiconductor，SIMOS）作为存储单元，具有重复擦除、编程功能。N 沟 SIMOS 管与普通 N 沟 MOS 管的主要区别是在控制栅极 Ge 下方增加了浮栅 Gf。SIMOS 管的内部结构及电气图形符号如图 5.6.4 所示。

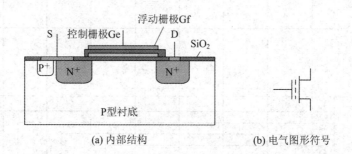

(a) 内部结构   (b) 电气图形符号

图 5.6.4   SIMOS 管的内部结构及电气图形符号

当浮栅 Gf 未注入电子时，在控制栅极 Ge 上施加 5.0V 以内的常规高电平电压，浮栅 Gf 下方沟道内就会出现反型层，使漏极 D 与源极 S 之间连通，呈现低阻态（即导通）；反之，当浮栅 Gf 注入大量电子后，浮栅 Gf 下方的沟道内将聚集等量的空穴（正电荷），此时若在控制栅极 Ge 上施加 5.0 V 以内的常规高电平电压，则吸引到沟道内的电子数目有限，结果浮栅 Gf 下方没有出现反型层，导致漏极 D 与源极 S 没有连通，呈现高阻态。

当在控制栅极 Ge 以及漏极 D 与源极 S 之间施加 12V 以上的编程高压脉冲时，部分电子就可以借助隧道效应穿过浮栅 Gf 下的 SiO₂ 层注入浮栅 Gf。由于浮栅 Gf 四周被高绝缘性能材料的 SiO₂ 所包围，因此编程高压脉冲消失后，聚集在浮栅 Gf 上的电子将无法释放，从而达到了编程的目的。

当需要擦除时，可借助紫外光（其光子能量高），使 SiO₂ 层电离，产生电子-空穴对，给浮栅 Gf 上的电子提供放电通路，使浮栅 Gf 上的电子消失，从而达到擦除的目的。为实现 EPROM 的擦除操作，需要在 EPROM 芯片封装外壳上制作可透紫外光的石英玻璃窗，这一生产工艺较为复杂。EPROM 擦除操作并不方便，且擦除、重编程次数少(一般为 30 次左右)，早已被 EEPROM、Flash ROM 取代。目前以 SIMOS 管作为存储介质的只读存储器芯片已取消了石英玻璃窗，编程后不能再擦除，作为 OTP ROM 使用，如 AT27C256R、AT27C512 芯片等(注：只读存储器芯片容量一般用 kb、Mb 标示，AT27C256 存储器芯片容量为 256 kb，由于该芯片一个寻址单元的字长为 8 位，因此 AT27C256 芯片实际容量为 32 k×8 位，即 32 kB；同理，AT27C512 存储器芯片容量为 512 kb，由于该芯片一个寻址单元的字长也是 8 位，因此 AT27C512 芯片实际容量为 64 k×8 位，即 64 KB)。

(2) EEPROM(也称为 E^2PROM)采用浮栅隧道氧化物 MOS 管(Floating gate Tunnel Oxide)与一个普通 N 沟 MOS 串联后作为存储单元，是一种电可擦写的只读存储器。浮栅隧道氧化物 MOS 管的内部结构与 EPROM 内的 SIMOS 管结构类似，但其浮栅 Gf 下方存在一块面积很小、绝缘层(SiO_2 层)很薄的区域，该区域作为电子双向流动的隧道区，以便高速电子可以穿越浮栅 Gf 与沟道之间隧道区内的绝缘层，实现双向流动，完成电擦除与编程操作。也就是说，E^2PROM 可通过高电压完成擦除、写入操作。其特点是可靠性高，擦除、编程速度快，寿命长(一般可擦写 30 万次以上)，使用方便(支持单字节擦除与写入操作)。但一个存储单元就包括了一只浮栅隧道氧化物 MOS 管和一只普通 N 沟增强型 MOS 管，导致 E^2PROM 存储单元密度偏低，容量小，价格高，在数字电路系统(如 MCU 应用系统)中多作为非易失性数据存储器使用。常见的并行接口 EEPROM 有 AT28C256、AT28C010 芯片等，常见的 I^2C 总线接口 EEPROM 有 AT24C02、AT24C04、AT24C64 等，常见的 SPI 总线接口 EEPROM 有 AT25C01、AT25C02、AT25C04 等。

(3) Flash ROM 也是一种电可擦写的只读存储器，编程速度比 EEPROM 快，采用叠栅 MOS 管作为存储单元，其结构与 EPROM 中的 SIMOS 管相似，只是浮栅 Gf 下的绝缘层很薄，且浮栅 Gf 与源极 S 横向扩散区重叠面积很小，减小了控制栅极 Ge、浮栅 Gf 与源极 S 之间的寄生电容，编程、读出速度比 EEPROM 快，因此也有人将 Flash ROM 称为闪烁存储器。由于一个存储单元只需一只叠栅 MOS 管，因此 Flash ROM 具有存储单元密度高、容量大、价格低的优点(但 Flash ROM 一般不支持单字节编程方式，只能以包含多个存储单元的块或扇区为单位进行擦除)。此外，由于叠栅 MOS 管内浮栅 Gf 下方的绝缘层很薄，无法承受多次高压冲击，因此 Flash ROM 擦除次数少(1 万次以内)。其中，NOR 架构的 Flash ROM 主要用于存放计算机及 MCU 应用系统的固化程序代码；而 NAND 架构的 Flash ROM 主要作为 SD 卡、U 盘、固态硬盘等数据存储设备的存储介质。

常见的串行接口 Flash ROM 有 SST25VF 系列，常见的并行接口 Flash ROM 有 SST39VF 系列、MX29F 系列以及 S29GL 系列、MX29GL 系列等。

(4) 铁电存储器(FRAM)最先由美国 Ramtron 公司开发(该公司已被 Cypress 公司收购)，也是一种非易失性存储器，具有 ROM 的非易失性特征(断电后写入的信息不丢失)，又具有 RAM 的随机写入特性，操作方式与 SRAM 相似，只是价格高，致使其普及率没有 EEPROM、Flash ROM 高。FRAM 采用低压读写，因此寿命远比采用浮栅结构、高压擦除及编程的 EPROM、EEPROM、Flash ROM 等存储器长。代表性芯片有 FM1808(并行接口)、FM24 系列(I^2C 总线接口)、FM25 系列(SPI 总线接口)。

5.6.2 随机读写存储器(RAM)

随机读写存储器也称为易失性存储器,断电后存储在其中的信息即刻丢失,而上电时各存储单元内容不确定。根据存储单元结构和信息保存方式的不同,又可将随机读写存储器分为静态 RAM(Static Random Access Memory,SRAM)和动态 RAM(Dynamic Random Access Memory,DRAM)。根据结构和工作原理的不同,DRAM 又可以细分为 SDRAM(同步动态随机读写存储器)、DDR SDRAM(双倍速率同步动态随机读写存储器)、DDR Ⅱ SDRAM、DDR Ⅲ SDRAM 等。

1. 静态 RAM

SRAM 的基本结构与 ROM 存储器类似,也是由行地址译码电路、列地址译码电路、存储单元阵列、读写及功耗控制电路组成的,如图 5.6.1 所示。与 ROM 相比,只是控制信号种类略有不同。

SRAM 的工作状态由读写控制信号 $R/\overline{W}$(部分 SRAM 具有独立的读控制信号$\overline{OE}$和写入控制信号$\overline{WE}$)、片选信号$\overline{CS}$确定,如表 5.6.3 所示。

表 5.6.3　SRAM 的工作状态

工作状态	$\overline{CS}$	$R/\overline{W}$	数据总线 $D_7 \sim D_0$	备注
芯片未选中	1	×	高阻态	功率下降
读出状态	0	1	数据输出	
写入状态	0	0	数据输入	

SRAM 内一个存储单元由多个双极型晶体管或 MOS 管构成,存取速度快,无需刷新电路,但构成一个存储单元所需的晶体管数目较多,存储单元密度低,价格略高。由于双极型工艺 SRAM 芯片静态功耗大,存储单元密度低,因此目前已被以 MOS 管为存储介质的 SRAM 芯片取代。

以 MOS 管作为存储介质的 SRAM 又可以细分为 NMOS 静态 RAM(NMOS SRAM)和 CMOS 静态 RAM(CMOS SRAM),两者内部结构相似,一个存储单元本质上都是由两个首尾相连的反相器组成的,如图 5.6.5(a)所示。

在 NMOS 结构静态 RAM 中,信息存储单元内的 $V_1 \sim V_4$ 管均为 N 沟 MOS 管,如图 5.6.5(b)所示。其中,V_3、V_4 的栅极 G 与漏极 D 连在一起后接电源V_{CC},分别作为承担反相功能的 V_1、V_3 管的漏极等效限流电阻。当 V_2 管导通时,Q 端输出低电平,处于恒流状态的 V_4 管的漏-源电流 i_{DS4} 较大;反之,当 V_1 管导通时,$\overline{Q}$ 端输出低电平,处于恒流状态的 V_3 管的漏-源电流 i_{DS3} 也较大,即 NMOS 结构静态 RAM 的静态功耗较大。NMOS 结构静态 RAM 的代表性产品为 $62\times\times\times$ 系列,如 Cy6264(8k×8 位)、HM62256(32k×8 位)、Cy62128(16k×8 位)等。

在 CMOS 结构静态 RAM 中,信息存储单元内的 N 沟 MOS 管 V_1、P 沟 MOS 管 V_3 构成了 CMOS 反相器 G_1,而 N 沟 MOS 管 V_2、P 沟 MOS 管 V_4 构成了另一个 CMOS 反相器 G_2,如图 5.6.5(c)所示。由于 CMOS 反相器无论输出高电平还是低电平,总有一只 MOS 管处于截止状态,因此 CMOS 结构静态 RAM 的静态功耗远低于 NMOS 结构静态 RAM,但 CMOS 反相器的输入寄生电容较大,存取速度较慢。

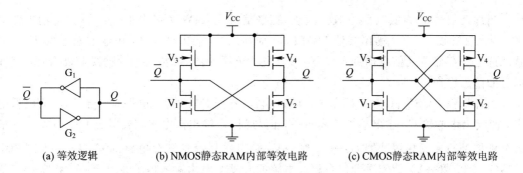

图 5.6.5　以 MOS 管为存储介质的 SRAM 存储单元结构

为便于读者理解 SRAM 存储单元完整的内部结构，图 5.6.6 给出了 6 管 CMOS 静态存储器一个存储单元的内部等效电路（所有 N 沟 MOS 衬底接 GND，P 沟 MOS 管衬底接 V_{CC}）。

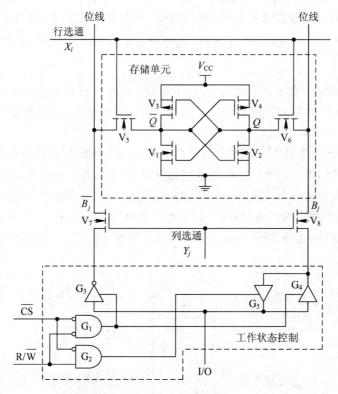

图 5.6.6　6 管 CMOS 静态存储器一个存储单元的内部等效电路

图 5.6.6 中，$V_1 \sim V_4$ 构成了 1 bit 信息的锁存电路，假设由 N 沟 MOS 管 V_1、P 沟 MOS 管 V_3 组成的 CMOS 反相器输出高电平，则由 N 沟 MOS 管 V_2、P 沟 MOS 管 V_4 组成的另一 CMOS 反相器必然输出低电平（即存储单元输出端 Q 为 0），而 V_2、V_4 组成的 CMOS 反相器输出的低电平又反过来保证了由 V_1、V_3 组成的 CMOS 反相器输出高电平；$V_5 \sim V_6$ 构成了本存储单元的门控电路，由行地址译码输出选通信号 X_i 控制；V_7、V_8 构成了本列的门控电路，由列地址译码输出选通信号 Y_j 控制。

当片选信号 $\overline{CS}$ 无效（高电平）时，与门 G_1、G_2 均输出低电平，写入缓冲器 G_3、G_4 以及读出缓冲器 G_5 均为高阻态，使数据线（I/O）处于悬空状态。

当片选信号$\overline{CS}$为低电平(有效)、读写控制信号线$R/\overline{W}$为高电平时,与门G_1输出低电平,写入缓冲器G_3、G_4输出端处于高阻态,而与门G_2输出高电平,由输入地址线$A_m \sim A_0$状态选定的存储单元信息借助V_6、V_8管以及读出缓冲器G_5传送到数据线I/O引脚,完成信息的读出操作。

当片选信号$\overline{CS}$为低电平(有效)、读写控制信号线$R/\overline{W}$为低电平时,与门G_2输出低电平,使读出缓冲器G_5输出端处于高阻态,而与门G_1输出高电平,数据线I/O引脚上的信息分别借助写入反相缓冲器$G_3 \to V_7$管$\to V_5$管传送到信息锁存电路的$\overline{Q}$端、写入同相缓冲器$G_4 \to V_8$管$\to V_6$管传送到信息锁存电路的Q端,对由输入地址线$A_m \sim A_0$状态选定的存储单元进行写入操作。假设原来存储单元的同相输出端Q为0,而反相输出端$\overline{Q}$为1,则当数据线I/O引脚为高电平(即1态)时,写入反相缓冲器G_3输出低电平,经V_7、V_5管传送到存储单元反相输出端$\overline{Q}$,结果$\overline{Q}$被强制钳位为低电平,同时写入同相缓冲器G_4输出高电平,经V_8、V_6管传送到存储单元的相同输出端Q,使Q端电位升高,而Q端电位升高又反过来触发$\overline{Q}$端电位下降,形成强烈的正反馈,使锁存器状态翻转,完成了信息"1"的写入操作。

2. 动态 RAM

根据存储单元结构和工作原理的不同,DRAM 又可以分为 SDRAM(同步动态随机读写存储器)、DDR SDRAM(双倍速率同步动态随机读写存储器)、DDR Ⅱ SDRAM、DDR Ⅲ SDRAM 等。

DRAM 存储器一个基本的存储单元仅由一只 N 沟 MOS 管和信息存储电容 C_S 组成,属于单管结构,存储单元密度高。但信息存储电容 C_S 容量小,而漏电又不可避免,导致信息保存时间短,仅为毫秒级,因此需要定时刷新电路。对 DRAM 存储单元进行读操作时,内容为"1"的存储单元中的信息存储电容 C_S 上的电荷将部分丢失,为补充读操作后损失的电荷,需要增加读出再生电路,如图 5.6.7 所示,导致 DRAM 存储器控制电路比 SRAM 复杂。

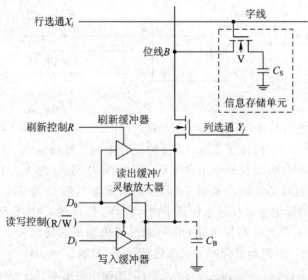

图 5.6.7 DRAM 存储单元内部结构

写入时，读写控制信号 R/$\overline{\text{W}}$ 为低电平，输入数据 D_i 经写入缓冲器传输到列选通 MOS 管的源极 S，列地址译码器相应输出线（列选通信号 Y_j）为高电平，使第 j 列上的列选通 MOS 管导通，结果输入数据 D_i 就出现在对应列的位线 B 上；同时行地址译码器相应输出线（即行选通信号 X_i）为高电平，使第 i 行上各存储单元的 V 管导通，于是写入缓冲器输出端就连接到由地址信息 $A_m \sim A_0$ 指定的存储单元的信息存储电容 C_S 上。当输入数据 D_i 为 1 时，信息存储电容 C_S 充电，使端电压 v_{CS} 为高电平；反之，当输入数据 D_i 为 0 时，信息存储电容 C_S 放电，使端电压 v_{CS} 变为低电平，完成了数据的写入操作。

读出时，读写控制信号 R/$\overline{\text{W}}$ 为高电平，行地址译码器相应输出线（行选通信号 X_i）为高电平，使第 i 行上各存储单元的 V 管导通；同时列地址译码器相应输出线（列选通信号 Y_j）为高电平，使第 j 列上的列选通 MOS 管导通，这样对应存储单元的信息存储电容 C_S 便接入读出缓冲/灵敏放大器的输入端，经放大后获得输出数据 D_O，完成了信息的读操作过程。当存储单元的信息为 1（即信息存储电容 C_S 带正电荷）时，读出缓冲/灵敏放大器输出数据 D_O 就为高电平；反之，当存储单元的信息为 0（即信息存储电容 C_S 没有带电荷）时，读出缓冲/灵敏放大器输出数据 D_O 就为低电平。由于在位线 B 上存在寄生电容 C_B（包括连线寄生电容、读出缓冲/灵敏放大器输入寄生电容、列选通 MOS 管寄生电容等），因此当存储单元控制管 V、列选通 MOS 管导通后，信息存储电容 C_S 上的电荷将重新分配（相当于信息存储电容 C_S 与位线 B 上的寄生电容 C_B 并联）。为提高存储密度，C_S 面积较小，导致 C_S 容量小于 C_B，电荷重新分配后 C_S 上的大部分电荷被转移到 C_B 上，使端电压 v_{CS} 严重下降。为补充读操作过程中信息存储电容 C_S 损失的电荷，保证信息的可靠性，对 DRAM 存储器进行读操作时，还要启动读出再生操作，使输出数据 D_O 通过刷新缓冲器对信息存储电容 C_S 充电。

在大容量、超大容量 DRAM 中，可寻址的存储单元多，为减小芯片地址线的数目，一般采用行地址、列地址分时复用地址线的操作方式。

由于 DRAM 控制电路复杂，因此仅用在需要大容量存储器的微机，尤其是海量存储器的中、大型计算机系统中，并不适用于仅需少量存储容量的单片机应用系统中。

5.6.3　存储器芯片连接

NOR 架构并行接口存储器连接涉及存储容量扩展及字长扩展两种连线方式，下面通过具体实例演示容量扩展与字长扩展的连接规则。不过，随着集成电路工艺的进步，最近十年来进入市场的商品化 MCU 芯片已经将所需的不同容量的 EEPROM、Flash ROM（或 OTP ROM）、SRAM 等集成在 MCU 芯片内。一般不再需要在 MCU 芯片应用系统中外接基于 NOR 架构的并行接口的存储器芯片，即使在某些需要大容量存储器的 MCU 芯片应用系统中，也仅需要外接串行接口的存储器芯片。

1. 容量扩展

当单片存储器容量不足时，可通过图 5.6.8 所示的连线方式将两片或两片以上的小容量存储器连接在一起构成更大容量的存储器系统。连线原则是：各存储器芯片对应地址线并联后接系统地址总线的低位，即存储器芯片 U1 地址线 A_0 与存储器芯片 U2 地址线 A_0 并联后接系统地址线 A_0，存储器芯片 U1 地址线 A_1 与存储器芯片 U2 地址线 A_1 并联后接系统地址线 A_1，存储器芯片 U1 地址线 A_2 与存储器芯片 U2 地址线 A_2 并联后接系统地址线 A_2，以此类推；对应数据线并联后接系统数据总线；输出（读）控制线 $\overline{OE}$ 并接在一起，写（如编程）控制线 $\overline{WE}$ 并接在一起；片选信号 $\overline{CS}$ 由系统高位地址线译码产生（当系统寻址空间较大，未用的高位地址线较多时，可直接将未用的高位地址线作存储器的片选信号，从而省去高位地址译码电路）。

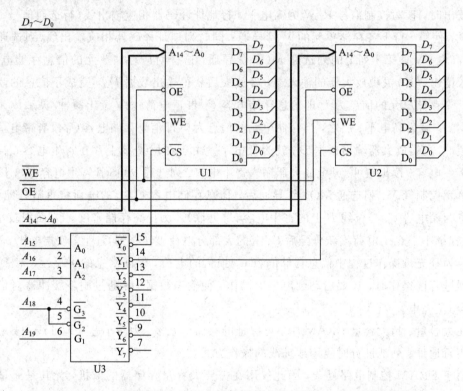

图 5.6.8　由两片容量为 32k×8 位存储器芯片扩展为 64k×8 位存储器

不过，由于目前单片 OTP ROM、EEPROM、Flash ROM、SRAM 容量大，规格多，因此一般可直接选择相应容量的单片存储器芯片构成系统的只读存储器或数据存储器，只有在需要海量存储容量的计算机系统中才需要用容量扩展法将多片 DRAM 扩展为更大容量的存储器系统。

2. 字长扩展

当控制系统的数据总线字长超出存储器芯片的数据总线宽度时，可用两片或两片以上的存储器芯片构成特定字长的存储器系统，如图 5.6.9 所示。连线原则是：各存储器芯片数据总线分别接到系统数据总线的低 8 位和高 8 位，而存储器芯片相应地址线、控制线、片选信号线分别并联后接系统对应的地址线、控制线、片选信号线。

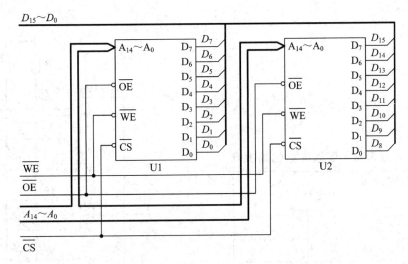

图 5.6.9　由两片容量为 32k×8 位存储器芯片扩展为 32k×16 位存储器

5.6.4　存储器在组合逻辑电路中的应用

由于存储器输入地址线 $A_m \sim A_0$ 的每一状态组合对应组合逻辑函数 Y 的一个最小项，因此可利用存储器芯片实现具有多个输入变量的逻辑函数 Y。具体做法是：先建立逻辑函数 Y 完整的真值表，再从地址线 A_0 开始，将存储器地址线 $A_m \sim A_0$ 顺序接到输入变量 A，B，C，D，…，最后在对应的存储单元顺序填入逻辑函数 Y 的值即可。

【例 5.6.1】　利用输出低电平有效的 3-8 译码器和二极管阵列构成的 Mask ROM 实现如下逻辑函数的功能：

$$\begin{cases} Y_1 = F(A,B,C) = \sum m(1,2,4,7) \\ Y_2 = F(A,B,C) = \sum m(0,3,6) \end{cases}$$

解　显然，逻辑函数 Y_1、Y_2 的真值表如表 5.6.4 所示。

显然，变量 C 应接存储器地址线 A_0，变量 B 应接存储器地址线 A_1，变量 A 应接存储器地址线 A_2，根据逻辑函数 Y_1、Y_2 的取值规律，可用图 5.6.10 所示的 Mask ROM 实现其逻辑功能。

当采用字长为 8 bit 的 EEPROM、Flash ROM 实现 1～8 个具有多个输入变量的逻辑函数 $Y_1 \sim Y_8$ 时，排在最低位的输入变量接存储器地址线 A_0，排在次低位的输入变量接存储器地址线 A_1，以此类推，直到最后一个输入变量，并把存储器芯片剩余的地址线接地（当然也可以接高电平，但逻辑函数的真值表在存储器中的起始地址不同），从编号为 0 的存储单元开始顺序填入各逻辑函数的真值表内容，这样就可以从存储器芯片的数据输出端 $D_7 \sim D_0$ 获得逻辑函数 $Y_1 \sim Y_8$ 的值。

在 MCU 应用系统中，也是将 1～8 个逻辑函数的真值表按顺序存放在存储器内的特定存储区（存储区大小与逻辑函数输入变量个数有关，对于具有 n 个输入变量的逻辑函数，将占用 2^n 个存储单元中），需要时可借助查表指令取出输入变量状态组合对应的逻辑函数值。

表 5.6.4 例 5.6.1 逻辑函数的真值表

输入变量	函数值	
A B C	Y_1	Y_2
0 0 0	0	1
0 0 1	1	0
0 1 0	1	0
0 1 1	0	1
1 0 0	1	0
1 0 1	0	0
1 1 0	0	1
1 1 1	1	0

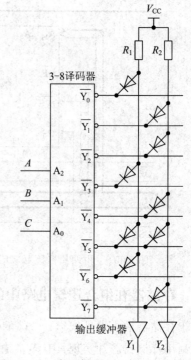

图 5.6.10 实现例 5.6.1 定义的逻辑函数
Y_1 及 Y_2 的 Mask ROM

习　题　5

5-1 已知高电平触发的 SR 触发器的输入波形如图 5-1 所示,假设开始时触发器 Q 处于 0 态,试画出输出端 Q 与 $\overline{Q}$ 的波形。

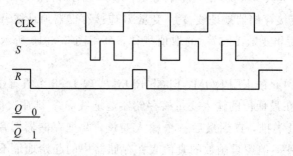

图 5-1

5-2 已知下降沿触发的 SR 触发器的输入波形如图 5-1 所示,假设开始时触发器 Q 处于 0 态,试画出输出 Q 端与 $\overline{Q}$ 端的波形。

5-3 已知高电平触发的 D 触发器(即 D 型锁存器)的输入波形如图 5-2 所示,假设开始时触发器 Q 处于 0 态,试画出输出 Q 端与 $\overline{Q}$ 端的波形。

5-4 假设上升沿触发的 D 触发器的输入信号 D 的波形如图 5-2 所示,假设开始时

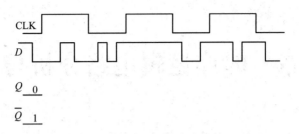

图 5 - 2

触发器 Q 处于 0 态，试画出输出 Q 端与 $\overline{Q}$ 端的波形。

5 - 5　假设下降沿触发的 JK 触发器的输入信号 J、K 的波形如图 5 - 3 所示，假设开始时触发器 Q 处于 0 态，试画出输出 Q 端与 $\overline{Q}$ 端的波形。

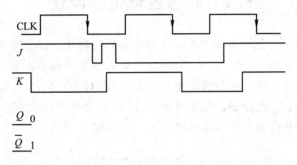

图 5 - 3

5 - 6　简述目前最常用的 ROM 的种类及特征。

5 - 7　画出能够实现逻辑函数 $Y = F(A,B,C,D) = \sum m(1,5,6,7,11,12,13,15)$ 的 Mask ROM。

5 - 8　根据图 5.6.8 所示的存储器连线特征，分别指出存储器芯片 U1、U2 的地址范围。

第6章　时序逻辑电路分析与设计

以触发器为基本部件的时序逻辑电路是数字电路的重要形态。本章在介绍时序逻辑电路概念、特征、类型的基础上，详细介绍时序逻辑电路的分析、设计方法及步骤，再通过具体应用实例，简要阐述常用时序逻辑电路芯片的基本功能。

6.1　时序逻辑电路概述

时序逻辑电路与组合逻辑电路不同。在时序逻辑电路中，任一时刻的输出不仅取决于当前输入信号的电平状态，还与上一时刻电路内部各触发器的状态有关。也就是说，时序逻辑电路具有记忆功能，即在时序逻辑电路中除了逻辑门电路外，一定存在一个甚至多个触发器（或存储单元），以便记录、保存时钟 CLK 信号动作沿（或动作电平）来到时电路的状态，因此时序逻辑电路的大致结构可用图 6.1.1 描述。

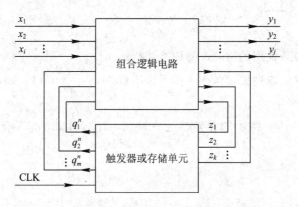

图 6.1.1　时序逻辑电路结构

图 6.1.1 中，CLK 为触发器或存储器的时钟信号；x_1，x_2，x_3，…，x_i 表示时序逻辑电路的输入信号；y_1，y_2，y_3，…，y_j 表示时序逻辑电路的输出信号；z_1，z_2，z_3，…，z_k 表示触发器或存储单元的输入信号，也就是各触发器的驱动信号（即各触发器的驱动方程）；q_1^n，q_2^n，q_3^n，…，q_m^n 表示各触发器或存储单元的当前状态。显然，它们之间的函数关系为

$$\begin{cases} y_1 = f_1(x_1, x_2, x_3, \cdots, x_i, q_1^n, q_2^n, q_3^n, \cdots, q_m^n) \\ y_2 = f_2(x_1, x_2, x_3, \cdots, x_i, q_1^n, q_2^n, q_3^n, \cdots, q_m^n) \\ y_3 = f_3(x_1, x_2, x_3, \cdots, x_i, q_1^n, q_2^n, q_3^n, \cdots, q_m^n) \\ \quad\vdots \\ y_j = f_j(x_1, x_2, x_3, \cdots, x_i, q_1^n, q_2^n, q_3^n, \cdots, q_m^n) \end{cases}$$

$$\begin{cases} z_1 = g_1\,(x_1,\ x_2,\ x_3,\ \cdots,\ x_i,\ q_1^n,\ q_2^n,\ q_3^n,\ \cdots,\ q_m^n) \\ z_2 = g_2\,(x_1,\ x_2,\ x_3,\ \cdots,\ x_i,\ q_1^n,\ q_2^n,\ q_3^n,\ \cdots,\ q_m^n) \\ z_3 = g_3\,(x_1,\ x_2,\ x_3,\ \cdots,\ x_i,\ q_1^n,\ q_2^n,\ q_3^n,\ \cdots,\ q_m^n) \\ \quad\vdots \\ z_k = g_k\,(x_1,\ x_2,\ x_3,\ \cdots,\ x_i,\ q_1^n,\ q_2^n,\ q_3^n,\ \cdots,\ q_m^n) \end{cases}$$

$$\begin{cases} q_1^{n+1} = h_1\,(z_1,\ z_2,\ z_3,\ \cdots,\ z_k,\ q_1^n,\ q_2^n,\ q_3^n,\ \cdots,\ q_m^n) \\ q_2^{n+1} = h_2\,(z_1,\ z_2,\ z_3,\ \cdots,\ z_k,\ q_1^n,\ q_2^n,\ q_3^n,\ \cdots,\ q_m^n) \\ q_3^{n+1} = h_3\,(z_1,\ z_2,\ z_3,\ \cdots,\ z_k,\ q_1^n,\ q_2^n,\ q_3^n,\ \cdots,\ q_m^n) \\ \quad\vdots \\ q_m^{n+1} = h_m\,(z_1,\ z_2,\ z_3,\ \cdots,\ z_k,\ q_1^n,\ q_2^n,\ q_3^n,\ \cdots,\ q_m^n) \end{cases}$$

由于每个触发器(或存储单元)都有两个状态,对于含有 m 个触发器的时序逻辑电路,共有 2^m 个状态,因此也可以把时序逻辑电路看成在时钟信号 CLK 的作用下,m 个触发器在 2^m 个状态之间按特定规律转换,状态转换的轨迹(路径)受输入信号 $x_1,\ x_2,\ x_3,\ \cdots,\ x_i$ 控制。因而时序逻辑电路也称为状态机(State Machine)。

根据触发器状态是否能同步翻转,可将时序逻辑电路分为同步时序逻辑电路和异步时序逻辑电路。在时钟信号 CLK 动作沿到来时,如果各触发器状态能同步翻转,则称为同步时序逻辑电路;反之,称为异步时序逻辑电路。在异步时序逻辑电路中,至少有一个触发器的时钟信号与其他触发器的时钟信号不同(包括时钟信号来源不同或动作沿不同),如图 6.1.2 所示。

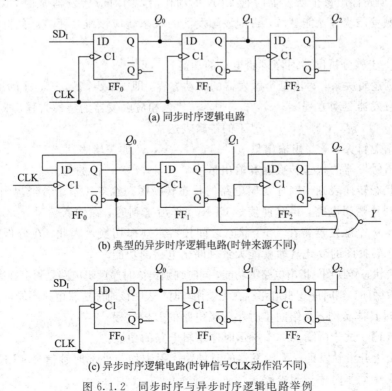

(a) 同步时序逻辑电路

(b) 典型的异步时序逻辑电路(时钟来源不同)

(c) 异步时序逻辑电路(时钟信号CLK动作沿不同)

图 6.1.2　同步时序与异步时序逻辑电路举例

根据时序逻辑电路输出量 y_1，y_2，y_3，…，y_j 的特征，又可以将时序逻辑电路分为米利(Mealy)型和穆尔(Moore)型。在米利型时序逻辑电路中，输出量 y_1，y_2，y_3，…，y_j 不仅与各触发器的当前状态 q_1^n，q_2^n，q_3^n，…，q_m^n 有关，还与输入信号 x_1，x_2，x_3，…，x_i 的当前值有关。但在穆尔型时序逻辑电路中，输出量 y_1，y_2，y_3，…，y_j 仅与各触发器的当前状态 q_1^n，q_2^n，q_3^n，…，q_m^n 有关，与输入信号 x_1，x_2，x_3，…，x_i 无关。

有些时序逻辑电路可能没有输入信号 x_1，x_2，x_3，…，x_i，输出信号 y_1，y_2，y_3，…，y_j 仅是触发器的当前状态 q_1^n，q_2^n，q_3^n，…，q_m^n 的函数(属于穆尔型时序逻辑电路的一种形态)；有些时序逻辑电路可能没有输出信号 y_1，y_2，y_3，…，y_j，在时钟信号 CLK 的作用下，各触发器状态按特定规律转换；有些时序逻辑电路既没有输入信号 x_1，x_2，x_3，…，x_i，也没有输出信号 y_1，y_2，y_3，…，y_j，在时钟信号 CLK 的作用下，仅仅是各触发器的当前状态 q_1^n，q_2^n，q_3^n，…，q_m^n 按特定规律在不同状态之间切换，状态切换的轨迹(即状态转换图)由触发器种类、驱动信号的来源等因素确定。

部分时序逻辑电路可能没有由逻辑门构成的组合逻辑电路，即仅有触发器电路。

6.2　时序逻辑电路分析

所谓时序逻辑电路分析，是指对已知的时序逻辑电路图进行必要的分析，获得对应时序逻辑电路的功能。在分析时序逻辑电路时，必须先判断出该时序逻辑电路是同步时序还是异步时序。对同步时序逻辑电路来说，所有触发器都在同一时钟信号 CLK 动作沿发生翻转，分析过程相对简单；而对异步时序来说，由于各触发器时钟来源不同(或动作沿不同)，因此必须先标出每个触发器时钟 CLK 的动作沿，当对应触发器时钟 CLK 动作沿到来时，相应触发器状态才能翻转，否则该触发器的状态就应该维持不变，分析过程相对复杂一些。

可按如下步骤分析同步时序逻辑电路的功能：

(1) 根据逻辑关系，写出每个触发器的驱动方程，即 z_1，z_2，z_3，…，z_k 的逻辑表达式。

(2) 将触发器驱动方程 z_1，z_2，z_3，…，z_k 代入相应触发器的特性方程，求出各触发器的状态方程 q_1^{n+1}，q_2^{n+1}，q_3^{n+1}，…，q_m^{n+1} 的逻辑表达式。

(3) 根据逻辑关系，写出输出量 y_1，y_2，y_3，…，y_j 的逻辑表达式。

(4) 列出触发器的状态转换表和输出量 y_1，y_2，y_3，…，y_j 的值。

(5) 由状态转换表画出时序逻辑电路的状态转换图。在 6.1 节中曾经提到过，具有 m 个触发器的时序逻辑电路，当时钟信号 CLK 动作沿来到时，在输入信号 x_1，x_2，x_3，…，x_i 的控制下，m 个触发器将在 2^m 个状态之间按特定规律切换。因此，在分析时序逻辑电路时，从状态转换图的变化规律就能大致判断出电路的功能。

(6) 分析状态转换图，指出电路的功能，同时判别出该时序逻辑电路是否存在无效态，以及是否存在无效循环。当时序逻辑电路存在无效循环时，表明该时序逻辑电路不能自启动。

下面通过具体实例，介绍同步时序逻辑电路的分析过程。

【例 6.2.1】 试分析图 6.2.1 所示时序逻辑电路的功能。

解 3 个上升沿触发的 JK 触发器的时钟输入引脚均与外部时钟信号 CLK 连在一起。显然，这是一个同步时序逻辑电路。

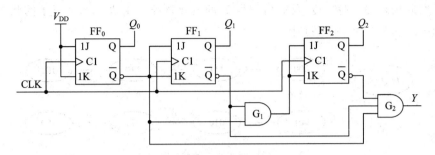

图 6.2.1　时序逻辑电路分析举例图

（1）各触发器的驱动方程如下：

$$J_0 = K_0 = 1$$

$$J_1 = K_1 = \overline{Q_0^n}$$

$$J_2 = K_2 = \overline{Q_1^n} \cdot \overline{Q_0^n}$$

（2）将各触发器的驱动方程代入对应触发器的特性方程 $Q^{n+1} = J\,\overline{Q^n} + \overline{K}Q^n$，获取各触发器的状态方程：

$$Q_0^{n+1} = J_0\,\overline{Q_0^n} + \overline{K_0}Q_0^n = \overline{Q_0^n}$$

$$Q_1^{n+1} = J_1\,\overline{Q_1^n} + \overline{K_1}Q_1^n = \overline{Q_1^n} \cdot \overline{Q_0^n} + Q_1^n \cdot Q_0^n$$

$$Q_2^{n+1} = J_2\,\overline{Q_2^n} + \overline{K_2}Q_2^n = \overline{Q_2^n} \cdot \overline{Q_1^n} \cdot \overline{Q_0^n} + Q_2^n \cdot Q_0^n + Q_2^n \cdot Q_1^n$$

当输入信号个数和触发器个数总和不大于 4 时，可随手将触发器的状态方程转换为与或形式，并将与项中的触发器编号由高到低按顺序排列，以便能借助卡诺图迅速获得各触发器的状态转换表。

（3）输出信号：

$$Y = \overline{Q_2^n} \cdot \overline{Q_1^n} \cdot \overline{Q_0^n}$$

（4）列出状态转换表。由于该时序逻辑电路没有输入量，仅有 3 个触发器的状态量，因此可利用卡诺图迅速获得各触发器的新状态 Q_2^{n+1}、Q_1^{n+1}、Q_0^{n+1} 以及输出量 Y 的值，如表 6.2.1 所示。

表 6.2.1　例 6.2.1 时序逻辑电路的状态转换表

Q_2^n	Q_1^n	Q_0^n	Q_2^{n+1}	Q_1^{n+1}	Q_0^{n+1}	Y
0	0	0	1	1	1	1
0	0	1	0	1	0	0
0	1	0	0	0	1	0
0	1	1	0	1	0	0
1	0	0	0	1	1	0
1	0	1	1	0	0	0
1	1	0	1	1	1	0
1	1	1	1	1	0	0

（5）根据状态转换表画出状态转换图。在状态转换图上，体现了在输入信号的控制

下，各触发器状态 Q_2^n、Q_1^n、Q_0^n 及输出信号 Y 的变化规律。由表 6.2.1 所示的状态变化规律，可画出图 6.2.2 所示的转换图。

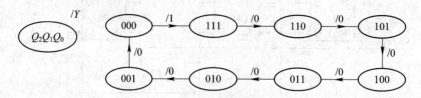

图 6.2.2　例 6.2.1 的状态转换图

在时序逻辑电路状态转换图中，圆圈内的信息表示各触发器的状态（有时也称为触发器的状态编码），右斜线"/"上方表示各输入变量的值（当时序逻辑电路没有输入变量时为空白），右斜线"/"下方表示各输出量的值（当时序逻辑电路没有输出量时为空白）。为明确状态转换图中各状态编码的含义，必须在状态转换图旁注明各触发器在圆圈内的排列顺序，并在右斜线"/"上方标出各输入变量的排列顺序，在右斜线"/"下方标出各输出量的排列顺序。

从状态转换图中可看出，图 6.2.1 所示的时序逻辑电路是八进制减法计数器，没有无效态，因此不存在无效循环问题，电路肯定能够自启动。

【例 6.2.2】　试分析图 6.2.3 所示的时序逻辑电路的功能，指出该电路能否自启动。

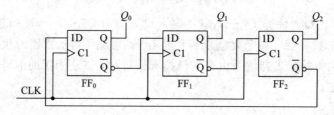

图 6.2.3　例 6.2.2 电路图

解　显然，这是一个同步时序逻辑电路，既没有输入信号，也没有输出信号，在时钟信号 CLK 上升沿的作用下，3 个上升沿触发的 D 触发器在 8 个状态编码之间进行切换。

（1）各触发器的驱动方程如下：

$$D_0 = \overline{Q_2^n}$$

$$D_1 = \overline{Q_0^n}$$

$$D_2 = \overline{Q_1^n}$$

（2）将各触发器的驱动方程代入各触发器的特性方程 $Q^{n+1} = D$，获取各触发器的状态方程：

$$Q_0^{n+1} = D_0 = \overline{Q_2^n}$$

$$Q_1^{n+1} = D_1 = \overline{Q_0^n}$$

$$Q_2^{n+1} = D_2 = \overline{Q_1^n}$$

（3）列出各触发器的状态转换表。由于该时序逻辑电路没有输入量，仅有 3 个触发器的状态量，且各触发器的状态方程简单，因此可用卡诺图或逻辑运算方式求出各触发器新状态 Q_2^{n+1}、Q_1^{n+1}、Q_0^{n+1} 的值，如表 6.2.2 所示。

表 6.2.2　例 6.2.2 时序逻辑电路的状态转换表

Q_2^n	Q_1^n	Q_0^n	Q_2^{n+1}	Q_1^{n+1}	Q_0^{n+1}
0	0	0	1	1	1
0	0	1	1	0	1
0	1	0	0	1	1
0	1	1	0	0	1
1	0	0	1	1	0
1	0	1	1	0	0
1	1	0	0	1	0
1	1	1	0	0	0

(4) 根据状态转换表画出状态转换图。由表 6.2.2 所示的状态转换规律，可画出如图 6.2.4 所示的状态转换图。

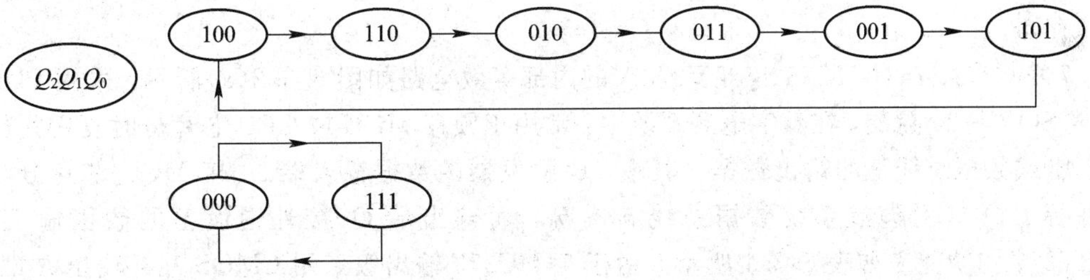

图 6.2.4　例 6.2.2 的状态转换图

(5) 由状态转换图可看出，图 6.2.3 所示的时序逻辑电路可作为三相步进电机按“三相六拍”($A\to AB\to B\to BC\to C\to CA\to A$)方式正转(或反转)的驱动时序(假设 Q_2^n 接步进电机的 A 相，Q_1^n 接步进电机的 B 相，Q_0^n 接步进电机的 C 相)。该电路存在两个无效态(000、111)，如果电路进入 000 态，则下一个时钟 CLK 过后将进入 111 态；在 111 态时再来一个时钟 CLK，又返回到 000 态，存在无效循环(死循环)，因此该电路不能自启动。

6.3　常用时序逻辑电路

6.3.1　寄存器

一个触发器可以存储、记忆一位二进制数。理论上，可以使用 SR、D、JK 等触发器构成字长为 1 bit 的寄存器。但在寄存器电路中，仅要求在时钟 CLK 作用下，保存输入数据 D_i，因此用 D 触发器(包括 D 型锁存器)构成寄存器电路最简单，这是因为 D 触发器在时钟 CLK 动作沿(上沿或下沿)来到时触发器新状态 $Q^{n+1}=D$，如图 6.3.1 所示。

当需要同时记录多位二进制数时，可由多个 D 触发器构成多位寄存器。在数字系统中多采用 8 位、16 位、32 位单片机芯片作为系统的控制核心，而在计算机系统中，数据线的数目一般为 8、16、32、64 条。因此，在数字电路系统中常用 74HC273(带异步清除输入的上升沿触发的 8 套 D 触发器)作为数据输出锁存器，常用 74HC374(三态输出上升沿触发

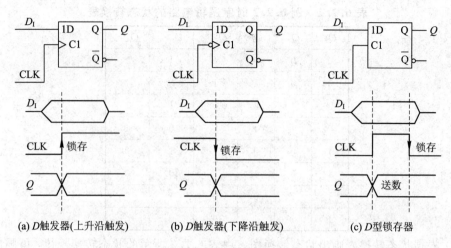

(a) D触发器(上升沿触发)　　(b) D触发器(下降沿触发)　　(c) D型锁存器

图 6.3.1　由 D 触发器或 D 型锁存器构成的字长为 1 bit 的寄存器

的 8 套 D 触发器)、74HC373(8 套 D 型锁存器)、74HC573(8 套 D 型锁存器)作为数据输入寄存器。

74HC273、74HCT273、74LV273A 的内部等效电路如图 6.3.2(a)所示,采用 PDIP-20 或 SOIC-20 封装,在数字电路系统中,常用于锁存 MCU 或 CPU 芯片分时复用并行 I/O 引脚或数据总线上的输出数据。其中,D 触发器的数据输入端 D_i 接 MCU 芯片分时复用并行 I/O 口引脚或系统数据总线 $b_7 \sim b_0$,而输出端 Q_i 接外围设备的数据输入端。74HC273 的功能表如表 6.3.1 所示。由于 74HC273 输出级采用 CMOS 互补输出方式,而不是三态门结构,致使其输出端不能与 MCU 系统数据总线相连,因而不宜作为数据输入芯片使用。

表 6.3.1　74HC273 的功能表

输入			输出	说　明
$\overline{CLR}$	CLK	D	Q	
L	×	×	L	清零
H	↑	D	D	在 CLK 上沿锁存 D 端的输入数据
H	×	×	Q^0	保持

为扩展其用途,TI 公司在 74HC273 芯片的每个 D 触发器的同相输出端 Q 后接导通电阻为 1.3 Ω、耐压为 45 V 的 N 沟功率 MOS 管组成功率逻辑电路芯片 TPIC6273,内部等效电路如图 6.3.2(b)所示。显然,TPIC6273 采用 OD 输出方式,在时钟 CLK 上升沿来到时,$Q^{n+1} = \overline{D}$。TPIC6273 芯片可以驱动吸合电流在 200 mA 以内的直流继电器或工作电流在 200 mA 以内的 LED 显示器件。

74HC374、74HCT374、74LVC374A、74LV374A 芯片的内部等效电路如图 6.3.3 所示,采用 PDIP-20 或 SOIC-20 封装方式。在数字电路系统中,这些芯片常用于锁存并行输入的外部设备总线上的数据。其中,D 触发器的数据输入端 D_i 接外设的数据总线,而输出端 Q_i 与 MCU 或 CPU 芯片的数据总线相连。74HC374 芯片的功能表如表 6.3.2 所示。

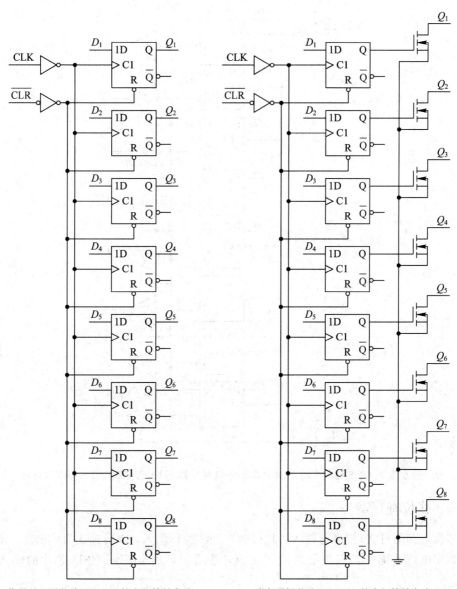

(a) 信号处理用芯片74HC273的内部等效电路　　(b) 功率逻辑芯片TPIC6273的内部等效电路

图 6.3.2　带异步清除输入端的上升沿触发的 8 套 D 触发器

表 6.3.2　74HC374 的功能表

输入			输出	说　明
$\overline{OE}$	CLK	D	Q	
H	$\times$	$\times$	Z	高阻态
L	$\uparrow$	D	D	在 CLK 上沿锁存 D 端的输入数据
L	$\times$	$\times$	Q^0	保持

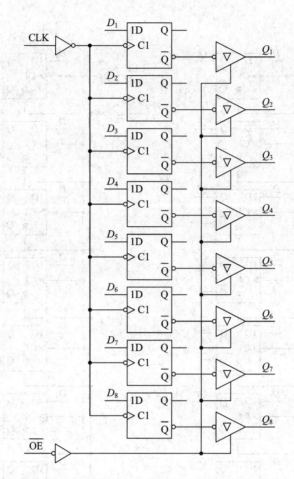

图 6.3.3　三态输出上升沿触发的 8 套 D 触发器 74HC374 芯片的内部等效电路

6.3.2　移位寄存器

移位寄存器可实现"串行输入，并行输出"或"并行输入，串行输出"的功能。移位寄存器在数字电路系统中具有重要的应用价值，常用于扩展 MCU、CPU 芯片的输入、输出引脚。

利用 m 个 D 触发器就可以构成"串行输入，并行输出"的移位寄存器，如图 6.3.4 所示。

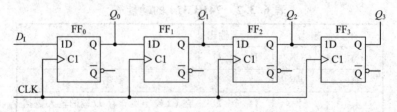

图 6.3.4　由 D 触发器构成的"串行输入，并行输出"的移位寄存器

当然，也可以用 SR 触发器或 JK 触发器构成"串行输入，并行输出"的移位寄存器，如图 6.3.5 所示。

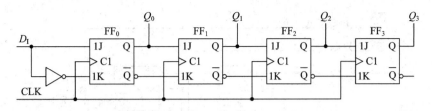

图 6.3.5 由 JK 触发器构成的"串行输入,并行输出"的移位寄存器

图 6.3.5 中,FF_0 触发器的 J 端经反相器反相后接输入端 K,这样 JK 触发器就变成 D 触发器,这是因为 JK 触发器的特性方程 $Q^{n+1}=J \cdot \overline{Q^n}+\overline{K} \cdot Q^n=J \cdot \overline{Q^n}+\overline{\overline{J}} \cdot Q^n=J=D$。$FF_1$、$FF_2$、$FF_3$ 触发器的输入端 K 可分别接到前一级 JK 触发器的反相输出端 $\overline{Q}$,无须外接反相器。

在数字系统中,常用的移位寄存器芯片有 74HC595(带有三态输出寄存器的"串行输入,并行输出"移位寄存器)、74HC594(带有异步清零输出寄存器的"串行输入,并行输出"移位寄存器)、74HC164(仅有串行移位寄存器的"串行输入,并行输出"芯片)、74HC165(仅有移位寄存器的"并行输入,串行输出"芯片)、74HC597("并行输入,串行输出"移位寄存器)等。其中,74HC595(包括 74HCT595、74AHC595、74LV595A)芯片的引脚排列及内部等效电路如图 6.3.6 所示。该芯片功能很强,是常见的串行移位寄存器芯片之一。在串行移位脉冲 SCLK(上升沿触发)的作用下,外部串行数据依次从 SD_1 引脚输入(先送 MSB,即 b_7 位,最后送 LSB,即 b_0 位),当第 8 个串行移位脉冲 SCLK 结束后,串行输入的 8 位数据已全部移入到串行移位寄存器中;在输出并行锁存脉冲 RCLK 动作沿(上升沿触发)过后,串行移位寄存器中的信息就传送到输出寄存器中保存,如果输出允许控制信号 $\overline{OE}$ 有效(低电平),则输出寄存器中的信息就会出现在输出端 $Q_A \sim Q_H$ 引脚上。

"串行输入,并行输出"移位寄存器 74HC595 芯片的功能如表 6.3.3 所示。

表 6.3.3 74HC595 芯片的功能表

输入				输出		说 明
$\overline{SCLR}$	$\overline{OE}$	SCLK	RCLK	Q	SD_O	
×	H	×	×	Z	×	输出端 $Q_A \sim Q_H$ 为高阻
L	×	×	×	Q^0	L	所有串行移位寄存器被清 0,输出寄存器保持不变
H	×	↑	×	移位	移位	在串行时钟 SCLK 信号的上升沿发生串行移位
H	×	×	↑	×	×	在并行锁存时钟 RCLK 上升沿将串行移位寄存器内容送到并行输出寄存器中

由于该芯片提供了串行数据输出端 SD_O,因此可利用 SD_O 引脚将两片或两片以上的 74HC595 芯片级联在一起,构成 16 位、24 位、32 位及更多位的"串行输入,并行输出"移位寄存器,如图 6.3.7 所示。

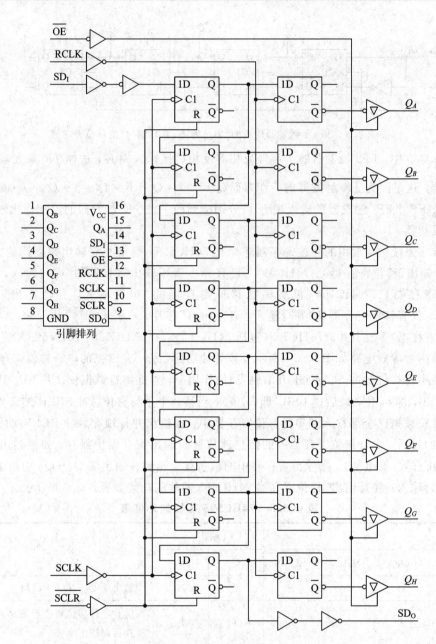

图 6.3.6 74HC595 芯片的引脚排列与内部等效电路

在串行移位寄存器中,串行移位时钟 SCLK 边沿过渡时间要尽可能短,否则可能会出现异常移位现象。例如,在图 6.3.4 所示的上升沿触发的 4 位串行移位寄存器中,当串行移位脉冲 SCLK 边沿过渡时间较短(即时钟输出信号驱动能力较强)时,移位操作正确,如图 6.3.8(a)所示;反之,当串行移位脉冲 SCLK 边沿过渡时间较长(即时钟输出信号驱动能力弱)时,SCLK 时钟上升沿对应的输入数据可能已改变,如图 6.3.8(b)所示,导致串行移位异常。因此,当连线较长或级联的芯片数量较多时,需在移位寄存器芯片的串行移位时钟 SCLK 引脚前增加具有施密特输入特性的同相或反相驱动芯片,如图 6.3.7 中的 U3 芯片,对串行时钟 SCLK 信号整形。当使用施密特输入同相驱动芯片(如 74LVC1G17)驱

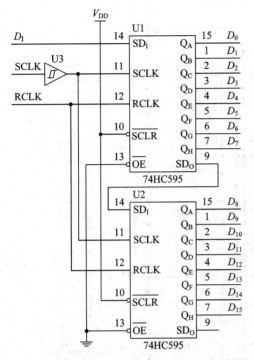

(a) 利用施密特输入同相驱动器驱动SCLK时钟

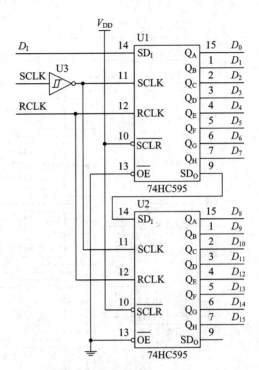

(b) 利用施密特输入反相驱动器驱动SCLK时钟

图 6.3.7　两片 74HC595 芯片级联进一步扩展并行输出口

动 SCLK 时钟信号时，串行移位动作依然出现在串行移位时钟 SCLK 的上升沿；反之，当使用施密特输入反相驱动芯片（如 74AHC1G14、74LVC1G14、74HC14、CD40106 等）驱动 SCLK 时钟信号时，串行移位动作发生在串行移位时钟 SCLK 的下降沿。

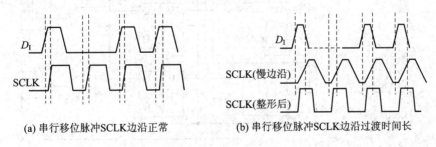

(a) 串行移位脉冲SCLK边沿正常　　　　　(b) 串行移位脉冲SCLK边沿过渡时间长

图 6.3.8　串行输入数据波形对串行移位脉冲边沿的要求

　　为扩展其用途，TI 公司在 74HC595 芯片每个 D 触发器的同相输出端 Q 后接导通电阻为 7Ω、耐压为 33 V 的 N 沟功率 MOS 管构成功率逻辑电路芯片 TPIC6595、TPIC6A595、TPIC6B595、TPIC6C595。这几款芯片的内部等效电路如图 6.3.9 所示，彼此间的差别仅仅是封装引脚排列不同。其中，TPIC6595、TPIC6A595、TPIC6B595 采用 20 引脚封装方式，而 TPIC6C595 采用 16 引脚封装方式（引脚功能与 74HC595 兼容，但引脚排列顺序与 74HC595 不同）。显然，功率逻辑芯片 TPIC6595 采用 OD 输出方式，且输出端数据与串行输入数据 SD_I 反相。此外，这类功率逻辑串行移位寄存器芯片的异步清零引脚 $\overline{CLR}$ 有效时，将同时清除串行移位寄存器和输出锁存器。

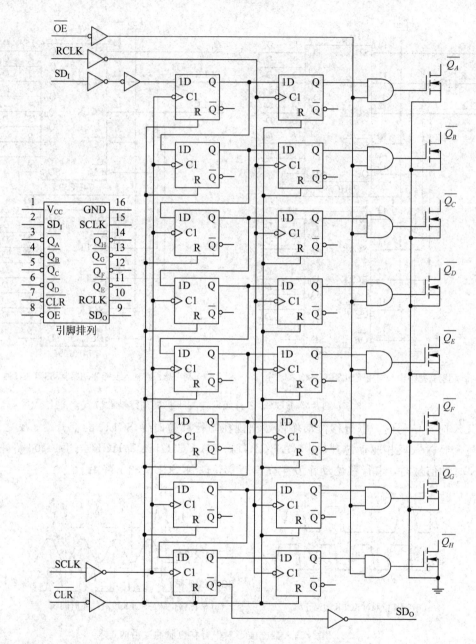

图 6.3.9 功率逻辑芯片 TPIC6C595 的内部等效电路

74HC594 芯片也是较常用的串行移位寄存器芯片，功能与 74HC595 大致相同，唯一区别是 74HC594 取消了三态输出控制，增加了并行输出寄存器异步清零功能。74HC594 和 74HC595 的引脚排列也基本相同，将 74HC595 的 $\overline{OE}$ 引脚位置替换为并行输出寄存器异步清零输入引脚 RCLR 后就是 74HC594 芯片。

74HC164 属于早期产品，功能相对简单，仅有串行移位寄存器，没有并行输出寄存器，也不支持级联扩展功能，内部等效电路如图 6.3.10 所示，其特征是串行数据输入端 A、B 具有逻辑与运算功能。74HC164 芯片的功能表如表 6.3.4 所示。

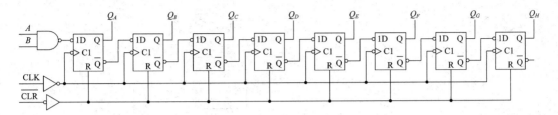

图 6.3.10　74HC164 的内部等效电路

表 6.3.4　74HC164 芯片的功能表

输入				输出	说　明
$\overline{\text{CLR}}$	CLK	A	B	Q	
L	×	×	×	L	串行移位寄存器被清 0，输出端 $Q_A \sim Q_H$ 为低电平
H	↑	H	H	$Q_A = H$	在串行时钟 CLK 上升沿发生串行移位
H	↑	L	X	$Q_A = L$	在串行时钟 CLK 上升沿发生串行移位
H	↑	×	L	$Q_A = L$	在串行时钟 CLK 上升沿发生串行移位
H	×	×	×	Q^0	移位寄存器的内容保持不变

　　"并行输入，串行输出"移位寄存器在数字电路系统中主要用于扩展 MCU（单片机）、CPU 芯片的输入引脚。不过，为方便输入数据的实时处理，输入数据往往需要直接送 MCU 芯片的 I/O 引脚，因此在数字电路中使用 74HC165（包括 74HCT165、74LV165A）、74HC597 等"并行输入，串行输出"移位寄存器芯片的机会相对较少。

　　74HC165（包括 74HCT165、74LV165A）芯片采用 PDIP-16、SOIC-16 封装方式，内部等效电路如图 6.3.11 所示，由 8 个具有异步置位输入端 $\overline{S}$（低电平有效）、异步复位输入端 $\overline{R}$（低电平有效）的 D 触发器组成串行移位寄存器。当移位/装入（SH/$\overline{\text{LD}}$）引脚为低电平时，与非门解锁，8 个 D 触发器分别接收 $A \sim H$ 引脚的并行输入数据（即完成数据的并行输入操作）；当移位/装入（SH/$\overline{\text{LD}}$）引脚为高电平时，异步置位输入端 $\overline{S}$、复位输入端 $\overline{R}$ 均为高电平（无效），在移位时钟 CLK（上升沿触发）的作用下发生串行移位。根据图 6.3.11 所示的内部等效电路，不难总结出如表 6.3.5 所示的 74HC165 芯片的功能表。

表 6.3.5　74HC165 的功能表

输入				输出		说　明
SH/$\overline{\text{LD}}$ （移位/装入）	CLKINH （时钟禁止）	CLK （移位时钟）	$A \sim H$ （并行输入）	$Q_A \sim Q_H$ （内部）	Q_H	
L	×	×	$a \sim h$	$a \sim h$	h	并行接收输入引脚 $A \sim H$ 的信息
H	H	×	×	Q^0	Q_H^0	保持（触发器无操作）
H	L	↑	×	移位	移位	在串行时钟 CLK 上升沿发生串行移位

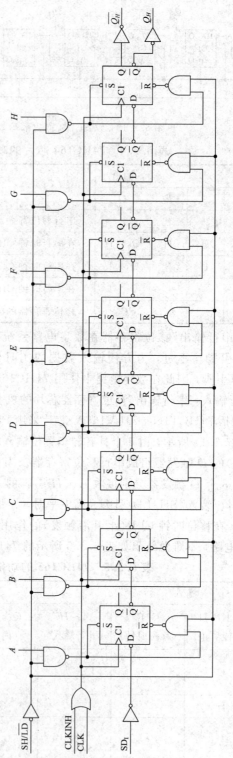

图6.3.11 74HC165的内部等效电路

为方便借助级联方式扩展并行输入引脚，74HC165 芯片还提供了串行数据输入端 SD_I（不使用时接地或电源 V_{DD}）和串行数据输出端 Q_H，借助这两个引脚就很容易将多片 74HC165 连接成 16 位、24 位甚至 32 位的并行输入串行输出移位寄存器，如图 6.3.12 所示。

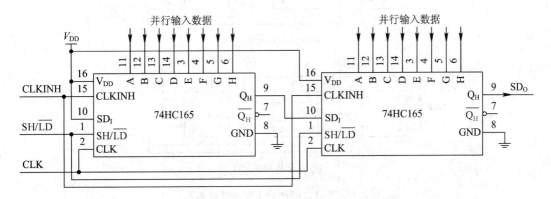

图 6.3.12　两片 74HC165 芯片级联时的典型接线方式

6.3.3　二进制计数器

计数器主要用于计数和定时。计数器最基本的操作是对输入脉冲信号 CLK 的脉冲个数（周期）进行计数，每输入一个脉冲信号 CLK，计数器的状态加 1 或减 1。如果输入的计数脉冲信号 CLK 的频率精度及稳定度很高，则通过对脉冲周期进行计数，就可以利用计数器实现定时功能。当然，借助计数器也可以对输入脉冲信号 CLK 进行指定系数的分频操作。

计数器的种类很多，根据计数器中各触发器在计数脉冲动作沿来到时是否会同步翻转，可将计数器分为同步计数器和异步计数器两大类；根据计数方向，可将计数器分为加法计数器、减法计数器和双向计数器（既可以按加法计数，也可以按减法计数，由外部输入信号控制）；根据计数器中各触发器状态编码方式的不同，又可以将计数器分为二进制计数器、十进制计数器、任意进制计数器及格雷码计数器等。

由于在数字电路系统中已广泛采用单片机芯片作为控制系统的核心部件，而单片机芯片一般都内嵌了多个溢出后能自动重装初值的 8 位、16 位或 32 位计数器，因此在数字电子技术中仅需要理解二进制计数器的组成、工作原理即可。

1. 二进制异步计数器

二进制异步计数器电路结构最简单。例如，将 3 个 D 触发器或 JK 触发器连接成 T' 触发器就获得了 3 位二进制异步计数器，如图 6.3.13 所示。由 T' 触发器的特性可知，外部计数脉冲 CLK 与各触发器状态波形如图 6.3.14 所示。

从图 6.3.14 所示的波形图可以看出，当触发器 $Q_2Q_1Q_0$ 状态为 000 时，再输入一个计数脉冲 CLK，触发器 $Q_2Q_1Q_0$ 状态变为 001；而当触发器 $Q_2Q_1Q_0$ 状态为 001 时，再输入一个计数脉冲 CLK，触发器 $Q_2Q_1Q_0$ 状态变为 010；以此类推，当触发器 $Q_2Q_1Q_0$ 状态为 110 时，再输入一个计数脉冲 CLK，触发器 $Q_2Q_1Q_0$ 状态变为 111，同时进位标志 C 置 1（表示当前状态是计数器的最后一个状态）；当触发器 $Q_2Q_1Q_0$ 状态为 111 时，再输入一个计数脉

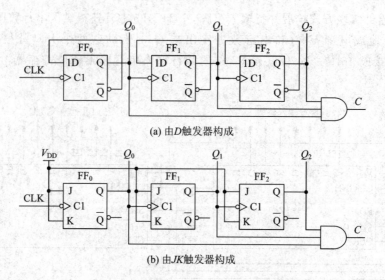

(a) 由 D 触发器构成

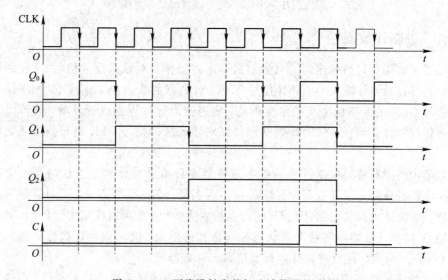

(b) 由 JK 触发器构成

图 6.3.13　3 位二进制异步加法计数器示意图

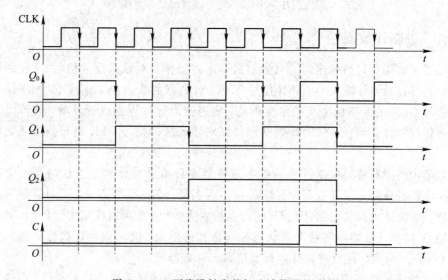

图 6.3.14　下降沿触发的加法计数器的波形

冲 CLK, 触发器 $Q_2 Q_1 Q_0$ 状态又回到 000, 同时进位标志 C 被清零。因此, 3 位二进制计数器有时也称为八进制计数器。

如果期望进位标志 C 出现在由 111 态跳变到 000 态, 而不是由 110 态跳变到 111 态, 则可采用如图 6.3.15 所示的进位标志 C 产生电路。

同理, 用 4 个 D 触发器就可以组成 4 位二进制(即十六进制)异步计数器; 用 8 个 D 触发器就可以组成 8 位二进制(即 256 进制)异步计数器, 如图 6.3.16 所示。

由此推知, 将 m 个 D 触发器或 JK 触发器连接成 T' 触发器就构成了 m 位二进制异步计数器, 其中外部计数脉冲 CLK 接 $\mathrm{LSB}(Q_0)$ 位触发器的时钟信号输入端, 第 i 位触发器时钟 CLK_i 接第 $i-1$ 位触发器的同相输出端 Q_{i-1} 或反相输出端 $\overline{Q_{i-1}}$, 再结合触发器时钟动作沿的种类就可以构成 4 种形式的二进制异步加法或减法计数器, 如表 6.3.6 所示。

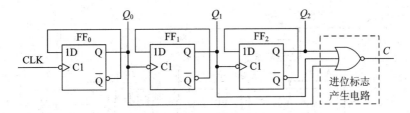

图 6.3.15　由 111 态进入 000 态时进位 C 有效的加法电路

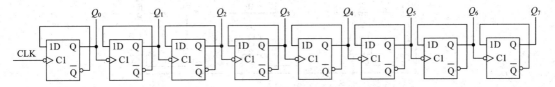

图 6.3.16　8 位二进制异步加法计数器示意图

表 6.3.6　二进制异步计数器的 4 种形式

触发时钟边沿	CLK_i 来源	计数方向
上升沿	Q_{i-1}	减法
	$\overline{Q_{i-1}}$	加法
下降沿	Q_{i-1}	加法
	$\overline{Q_{i-1}}$	减法

根据异步计数器的结构特征，只要改变第 i 位触发器时钟的极性就可以由加法计数器变为减法计数器，或由减法计数器变为加法计数器，因此不难构造出如图 6.3.17 所示的双向二进制异步计数器。当 DIR 引脚接低电平时，相当于第 i 位触发器时钟接第 $i-1$ 位触发器的输出端 Q，属于加法计数器；而当 DIR 引脚接高电平时，相当于第 i 位触发器时钟接第 $i-1$ 位触发器的反相输出端 $\overline{Q}$，属于减法计数器。

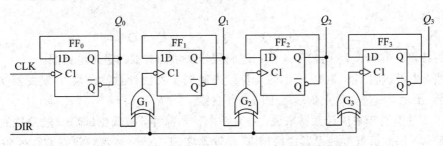

图 6.3.17　4 位双向二进制异步计数器

利用具有异步置位、复位功能的 D 触发器就可以构建计数初值可任意设定的异步计数器，如图 6.3.18 所示。当引脚 $\overline{LD}$ 为低电平时，反相器 G_7 输出高电平，与非门 $G_1 \sim G_6$ 解锁，各触发器初值输入端 $D_2 \sim D_0$ 立即被锁存到各自的 D 触发器中。

2. 二进制同步计数器

在二进制同步计数器中，所有触发器的时钟信号均来自同一计数脉冲 CLK。计数脉冲 CLK 动作沿来到时，各触发器状态同时翻转。

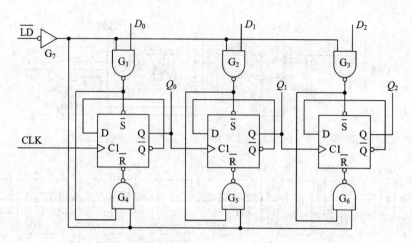

图 6.3.18 初值可任意设置的 3 位二进制异步减法计数器

对于二进制同步加法计数器来说，每来一个计数脉冲，最低位(即 b_0)触发器状态一定会翻转，因此最低位触发器理所当然要用 T' 触发器实现；b_1 位触发器状态翻转的条件是 b_0 位触发器的状态为 1，因为 $1+1=10$，产生了进位；b_2 位触发器状态翻转的条件是 b_1b_0 位触发器的状态为 11，因为 $11+1=100$，又产生了进位；以此类推，第 i 位触发器状态翻转的条件是第 $i-1$ 及以下位触发器的状态全为 1。可见，b_1 及更高位触发器应采用 T 触发器，且第 i 位对应的 T 触发器的驱动信号 T 由第 $i-1$ 及以下位触发器同相输出端 Q 经逻辑与运算得到。于是二进制同步加法计数器各位对应的 T 触发器的驱动方程为

$$\begin{cases} T_0 = 1 \\ T_1 = Q_0 \\ T_2 = Q_1 Q_0 \\ \quad \vdots \\ T_i = Q_{i-1} \cdot Q_{i-2} \cdot \cdots \cdot Q_1 \cdot Q_0 \end{cases}$$

进位标志：

$$C = Q_i \cdot Q_{i-1} \cdot Q_{i-2} \cdot \cdots \cdot Q_1 \cdot Q_0$$

作为特例，图 6.3.19 给出了 4 位二进制同步加法计数器的逻辑电路图。

当然，也可以将图 6.3.19 所示的 4 位二进制同步加法计数器改用 T' 触发器实现，如图 6.3.20 所示，不过本质上依然属于同步计数器。

对于二进制同步减法计数器来说，每来一个计数脉冲，最低位(即 b_0)触发器的状态也一定要翻转，因此最低位触发器应采用 T' 触发器实现；b_1 位触发器状态翻转的条件是 b_0 位触发器状态为 0(不够减，向 b_1 位借位)；b_2 位触发器状态翻转的条件是 b_1b_0 位触发器状态为 00(不够减，向 b_2 位借位)；以此类推，第 i 位触发器状态翻转的条件是第 $i-1$ 及以下位触发器的状态全为 0(不够减，向第 i 位借位)。因此，b_1 及更高位触发器应采用 T 触发器构成，且第 i 位对应的 T 触发器的驱动信号 T 由第 $i-1$ 及以下位触发器的反相输出端 $\overline{Q}$ 经逻辑与运算得到，于是二进制同步减法计数器各位对应的 T 触发器的驱动方程为

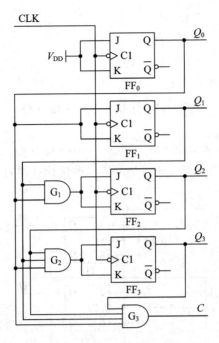

图6.3.19　4 位二进制同步加法计数器的原理电路

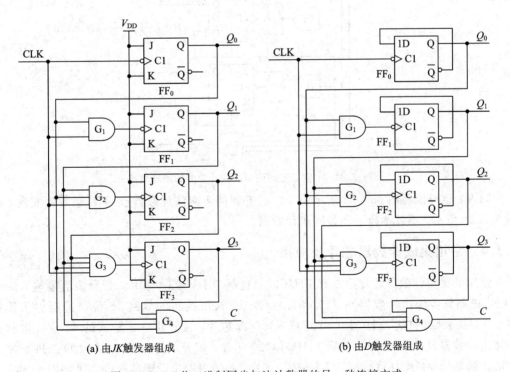

(a) 由JK触发器组成　　　　　　　　　　　　(b) 由D触发器组成

图 6.3.20　4 位二进制同步加法计数器的另一种连接方式

$$\begin{cases} T_0 = 1 \\ T_1 = \overline{Q_0} \\ T_2 = \overline{Q_1} \cdot \overline{Q_0} \\ \quad \vdots \\ T_i = \overline{Q_{i-1}} \cdot \overline{Q_{i-2}} \cdot \cdots \cdot \overline{Q_1} \cdot \overline{Q_0} \end{cases}$$

借位标志：

$$C = \overline{Q_i} \cdot \overline{Q_{i-1}} \cdot \overline{Q_{i-2}} \cdot \cdots \cdot \overline{Q_1} \cdot \overline{Q_0}$$

作为特例，图 6.3.21 给出了 4 位二进制同步减法计数器的逻辑电路图。

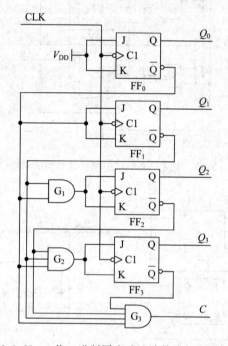

图6.3.21　4 位二进制同步减法计数器的原理电路

同理，也可以将图 6.3.21 所示的 4 位二进制同步减法计数器改用 T' 触发器实现，如图 6.3.22 所示，不过本质上还是同步计数器。

6.3.4　常用集成计数器芯片及应用

常用的集成计数器芯片主要有 74HC393（包括 74LV393A 芯片，带异步清零输入的双 4 位二进制异步加法计数器）、74LV8154（带三态输出控制的双路 16 位二进制加法计数器）、74HC4040（包括 74HCT4040、74LV4040A 芯片，带异步清零输入的 12 位二进制异步加法计数器）、74HC4020（包括 74HCT4020 芯片，带异步清零输入的 14 位二进制异步加法计数器）、74HC161（包括 74LV161A 芯片，初值可同步设置的 4 位二进制同步加法计数器）、74HC163（包括 74LV163A 芯片，初值可同步设置的 4 位二进制同步加法计数器）。其中，74HC161（74LV161A）、74HC163（74LV163A）芯片的引脚功能及排列顺序完全一致，如图 6.3.23 所示，它们都是初值可同步设置的 4 位二进制同步加法计算器，彼此之间的差别仅仅是 74HC161（74LV161A）带有异步清零输入端 $\overline{\text{CLR}}$（功能表如表 6.3.7 所示），

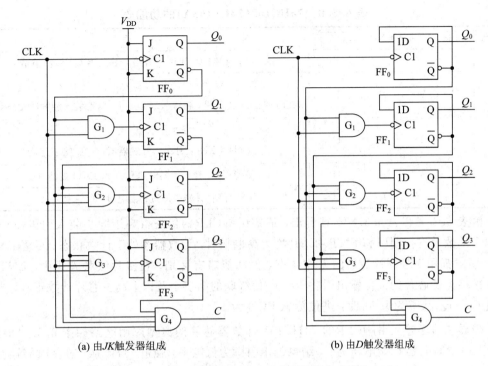

(a) 由 JK 触发器组成　　　　　　　　(b) 由 D 触发器组成

图 6.3.22　4 位二进制同步减法计数器的另一种连接方式

而 74HC163(74LV163A)带有同步清零输入端 CLR(功能表如表 6.3.8 所示)。

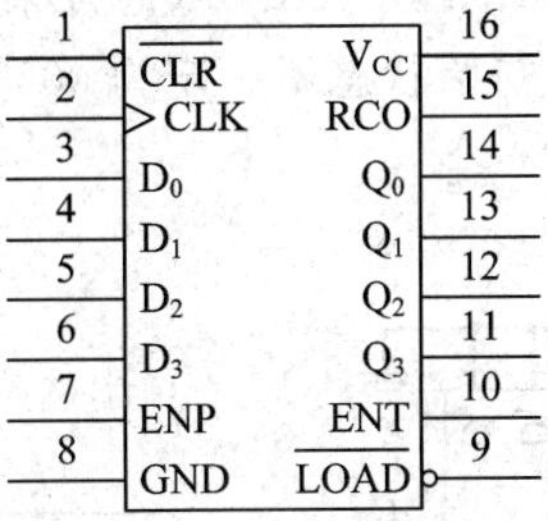

图 6.3.23　4 位二进制同步加法计数器 74HC161 及 74HC163 的引脚排列

表 6.3.7　74HC161(74LV161A)的功能表

CLK	$\overline{\text{CLR}}$	ENT	ENP	$\overline{\text{LOAD}}$	动　　作
×	L	×	×	×	异步清零
↑	H	×	×	L	同步装入 (在时钟 CLK 上升沿，将输入端 $D_3 \sim D_0$ 状态装入触发器 $Q_3 \sim Q_0$)
↑	H	H	H	H	计数 (在时钟 CLK 上升沿，触发器 $Q_3 \sim Q_0$ 状态递增)
×	H	L	×	H	保持(停止计数，同时进位输出标志 RCO 被清 0)
×	H	H	L	H	保持(停止计数，但进位输出标志 RCO 保持不变)

表 6.3.8   74HC163(74LV163A)的功能表

CLK	$\overline{\text{CLR}}$	ENT	ENP	$\overline{\text{LOAD}}$	动 作
↑	L	×	×	×	同步清零(在时钟 CLK 上升沿,触发器 $Q_3 \sim Q_0$ 被清 0)
↑	H	×	×	L	同步装入 (在时钟 CLK 上升沿,将输入端 $D_3 \sim D_0$ 状态装入触发器 $Q_3 \sim Q_0$)
↑	H	H	H	H	计数 (在时钟 CLK 上升沿,触发器 $Q_3 \sim Q_0$ 状态递增)
×	H	L	×	H	保持(停止计数,同时进位标志 RCO 被清 0)
×	H	H	L	H	保持(停止计数,但进位标志 RCO 保持不变)

由表 6.3.7 和表 6.3.8 不难看出,清零引脚$\overline{\text{CLR}}$的优先权高于同步装入引脚$\overline{\text{LOAD}}$;当两个计数允许控制引脚 ENT、ENP 均为高电平时,计数器才处于计数状态;尽管 ENT、ENP 引脚都用于控制计数器的工作状态,但功能略有区别,在多片级联方式中,ENT 引脚往往接低位芯片的进位输出引脚 RCO,使级联的第三个及以上高位芯片计数正常;当触发器 $Q_3 \sim Q_0$ 状态为 1111 时,进位标志 RCO 为 1。

带异步清零输入引脚$\overline{\text{CLR}}$的 74HC161 计数器芯片的典型应用电路如图 6.3.24(a)所示,上电瞬间电容 C 端电压为 0,结果$\overline{\text{CLR}}$引脚为低电平,强迫 74HC161 芯片内部触发器复位,在时钟信号 CLK 的作用下从 0000 态开始计数,当触发器 $Q_3 \sim Q_0$ 状态为 1111 时,进位输出引脚 RCO 为 1,再来一个计数脉冲 CLK 时,触发器复位,再从 0000 态开始计数。对于带有同步清零输入引脚$\overline{\text{CLR}}$的 74HC163 芯片来说,可采用如图 6.3.24(b)所示的连接方式,上电后触发器 $Q_3 \sim Q_0$ 初始状态不一定为 0000,但第一次溢出后将从 0000 态开始计数。

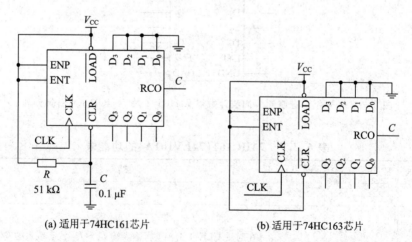

(a) 适用于74HC161芯片   (b) 适用于74HC163芯片

图 6.3.24   4 位二进制同步计数器 74HC161 及 74HC163 芯片的典型应用电路

利用 74HC161、74HC163 芯片的计数允许控制引脚 ENT 可将多片 74HC161 或 74HC163 串联在一起,构成 8 位、12 位、16 位等多位二进制同步加法计数器,如图 6.3.25 所示。

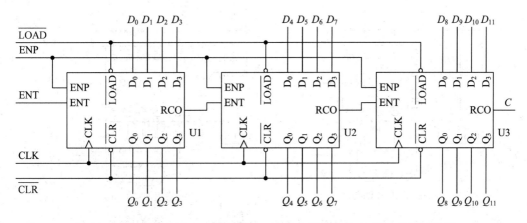

图 6.3.25　3 片 74HC161 或 74HC163 芯片串联构成的 12 位二进制计数器

6.3.5　任意进制计数器

理论上可借助反馈清零法、反馈置数法等方式将一片 N 进制计数器芯片连接成模小于 N 的 M 进制计数器；将两片或两片以上的 N 进制计数器芯片级联后，再借助反馈清零法、反馈置数法可连接成模大于 N 的 M 进制计数器。

下面通过实例，介绍反馈清零法、反馈置数法的具体连接方式。

1. 反馈清零法

由于十进制计数器具有 10 个计数状态（即 0000～1001），因此对于具有异步清零输入端的计数器芯片（如 74HC161）来说，当计数状态为 1010 后，强迫计数器复位，即可获得十进制计数器，如图 6.3.26(a)所示。当计数状态 $Q_3 \sim Q_0$ 为 1001（最后一个状态）时，与门 G_2 输出高电平，即进位标志 C 有效。再来一个计数脉冲时，计数状态 $Q_3 \sim Q_0$ 跳变为 1010，结果与非门 G_1 输出低电平，使异步清零输入引脚 $\overline{CLR}$ 为低电平，强迫触发器 $Q_3 \sim Q_0$ 状态迅速跳变为 0000，同时强迫与非门 G_1 输出高电平。可见，1010 态属于过渡态，出现时间很短，一般不会影响正常的计数操作。

对于具有同步清零输入功能的计数器芯片（如 74HC163）来说，当计数状态为 1001 时，进位标志 C 为 1，同时使同步清零输入引脚 $\overline{CLR}$ 为低电平，在下一个计数脉冲 CLK 来到时，强迫计数器状态为 0000，获得十进制计数器，如图 6.3.26(b)所示。其优点是没有出现 1010 过渡态，触发器同相输出端 Q（在本例中仅在 Q_1 端）也就不会出现尖峰干扰，可靠性高。

2. 反馈置数法

对于初值可同步设置的计数器芯片（如 74HC161、74HC163）来说，将初值输入引脚 $D_3 \sim D_0$ 接地，当计数状态为 1001 时，使进位标志 C 为 1 的同时，强迫初值装入控制引脚 $\overline{LOAD}$ 为低电平，则在下一个计数脉冲 CLK 来到时，将初值输入引脚 $D_3 \sim D_0$ 的状态装入内部对应的触发器中，强制计数器从 0000 态开始计数，也能获得十进制计数器，如图 6.3.27 所示。

对于初值可任意设定的加法计数器芯片（如 74HC161、74HC163）来说，如果计数初值

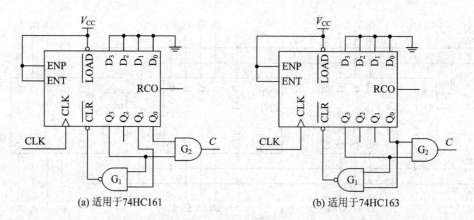

图 6.3.26　用反馈清零法将十六进制计数器改为十进制计数器

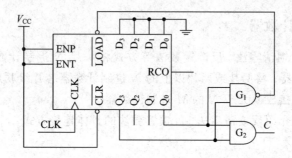

图 6.3.27　用反馈置数法将 74HC161(74HC163)芯片改为十进制计数器

允许从非 0 状态开始，那么采用如图 6.3.28 所示的反馈置数法连线方式将更加方便、简洁。由于 74HC161、74HC163 芯片是 4 位二进制加法计数器，共有 16 个计数状态，因此将初值设为 16−10＝6 即可。

在图 6.3.28 中，当计数状态为 1111 时，进位标志 C 为 1，使初值装入控制引脚$\overline{\text{LOAD}}$为低电平，则在下一个计数时钟 CLK 信号来到时，将初值输入引脚 $D_3 \sim D_0$ 状态 0110 装入内部各对应触发器中，强迫计数器从 0110 态开始计数，经过 10 个计数脉冲 CLK 后，计数状态为 1111，于是就获得了十进制计数器。

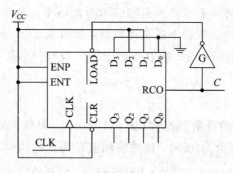

图 6.3.28　连线更简洁的反馈置数法

6.3.6　移位寄存器型计数器

移位寄存器型计数器的电路基础是 m 个 D 触发器组成的串行移位寄存器和门电路组成的反馈网络，反馈网络输出函数 $D_0 = F(Q_0^n, Q_1^n, Q_2^n, \cdots, Q_m^n)$，接串行数据输入端 $\mathrm{SD_I}$（即第一个 D 触发器的输入端 D_0），如图 6.3.29 所示。根据计数器的状态特征，移位寄存器型计数器可分为环形计数器和扭环形计数器两大类。

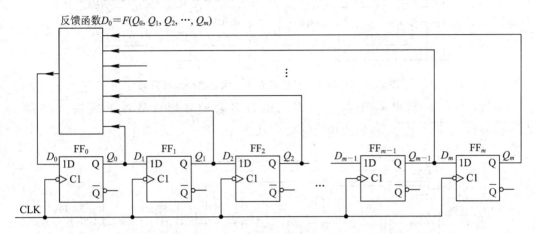

图 6.3.29　移位寄存器型计数器的一般结构

1. 环形计数器

将 m 个 D 触发器组成的串行移位寄存器的输出端 Q_m^n 接到串行数据输入端 $\mathrm{SD_I}$（即第一个 D 触发器的输入端 D_0）就构成了环形计数器。例如，将图 6.3.4 所示的串行移位寄存器的输出端 Q_3 接 D_0，使 $D_0 = F(Q_0^n, Q_1^n, Q_2^n, Q_3^n) = Q_3^n$，便获得了如图 6.3.30 所示的环形计数器。

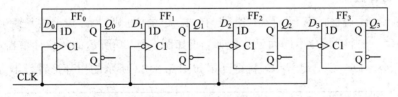

图 6.3.30　环形计数器

显然，当触发器 $Q_0^n Q_1^n Q_2^n Q_3^n$ 初始状态为 1000 时，在时钟 CLK 的作用下，触发器 $Q_0^n Q_1^n Q_2^n Q_3^n$ 的状态将按 1000→0100→0010→0001→1000 的顺序循环变化。可见，触发器状态编码与时钟 CLK 信号周期数目有关。

由于 4 个触发器共有 16 个状态，因此必然存在多个无效态，可能形成多个死循环。例如，当触发器 $Q_0^n Q_1^n Q_2^n Q_3^n$ 的初始状态为 1001 时，在时钟 CLK 的作用下，触发器 $Q_0^n Q_1^n Q_2^n Q_3^n$ 的状态将按 1001→1100→0110→0011→1001 的顺序变化。又如，当触发器 $Q_0^n Q_1^n Q_2^n Q_3^n$ 的初始状态为 1011 时，在时钟 CLK 的作用下，触发器 $Q_0^n Q_1^n Q_2^n Q_3^n$ 的状态将按 1011→1101→1110→0111→1011 的顺序变化。因此，环形计数器一般不能自启动。

为此，可令反馈函数 $D_0 = F(Q_0^n, Q_1^n, Q_2^n, Q_3^n) = \overline{Q_0^n + Q_1^n + Q_2^n}$，当触发器 Q_0^n、Q_1^n、Q_2^n 中

任一触发器的输出状态为 1 时，使反馈函数输出 D_0 为低电平。这样便获得了如图 6.3.31 所示的只有一个触发器的状态为 1，而其他触发器的状态为 0，能自启动的 4 状态环形计数器。

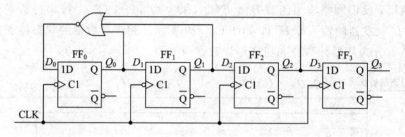

图 6.3.31 能自启动的具有 4 个状态的环形计数器

同理，可以推断出具有 m 个状态的能自启动的环形计数器的反馈函数 $D_0 = \overline{Q_0^n + Q_1^n + Q_2^n + \cdots + Q_{m-1}^n}$，电路结构如图 6.3.32 所示。

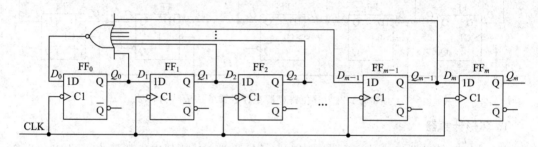

图 6.3.32 能自启动的具有 m 个状态的环形计数器

环形计数器的最大缺点是触发器状态的利用率低。例如，对于由 m 个 D 触发器构成的环形计数器，共有 2^m 个状态，但只用了其中的 m 个状态。

2. 扭环形计数器

扭环形计数器与环形计数器没有本质的区别，仅仅是反馈函数 $D_0 = F(Q_0^n, Q_1^n, Q_2^n, \cdots, Q_{m-1}^n)$ 不同而已。例如，将如图 6.3.30 所示的环形计数器的反馈函数改为 $D_0 = F(Q_0^n, Q_1^n, Q_2^n, Q_3^n) = \overline{Q_3^n}$ 就得到了如图 6.3.33 所示的扭环形计数器。

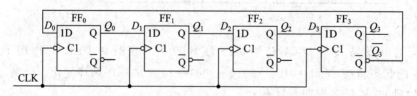

图 6.3.33 8 状态扭环形计数器

当触发器 $Q_0^n Q_1^n Q_2^n Q_3^n$ 的初始状态为 0000 时，在 CLK 的作用下，触发器 $Q_0^n Q_1^n Q_2^n Q_3^n$ 的状态将按 0000→1000→1100→1110→1111→0111→0011→0001→0000 的顺序循环变化。可见，在扭环形计数器中，触发器状态的利用率比环形计数器提高了一倍。

利用同步时序逻辑电路分析法，不难获得如表 6.3.9 所示的状态转换表（无效态用×表示），及如图 6.3.34 所示的各触发器新状态 Q^{n+1} 的卡诺图。

表 6.3.9　图 6.3.33 所示扭环形计数器的状态转换表

Q_0^n	Q_1^n	Q_2^n	Q_3^n	Q_0^{n+1}	Q_1^{n+1}	Q_2^{n+1}	Q_3^{n+1}
0	0	0	0	1	0	0	0
0	0	0	1	0	0	0	0
0	0	1	0	×(1)	×(0)	×(0)	×(1)
0	0	1	1	0	0	0	1
0	1	0	0	×(1)	×(0)	×(1)	×(0)
0	1	0	1	×(0)	×(0)	×(1)	×(0)
0	1	1	0	×(1)	×(0)	×(1)	×(1)
0	1	1	1	0	0	1	1
1	0	0	0	1	1	0	0
1	0	0	1	×(0)	×(1)	×(0)	×(0)
1	0	1	0	×(0)	×(1)	×(0)	×(0)
1	0	1	1	×(0)	×(1)	×(0)	×(1)
1	1	0	0	1	1	1	0
1	1	0	1	×(0)	×(1)	×(1)	×(0)
1	1	1	0	1	1	1	1
1	1	1	1	0	1	1	1

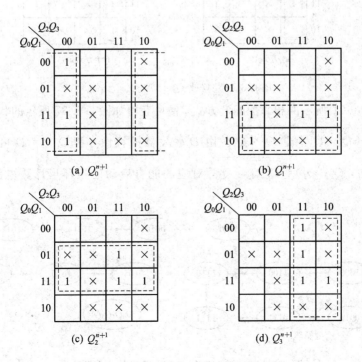

图 6.3.34　状态转换表对应的卡诺图

由此可以得到如图 6.3.35 所示的状态转换图。

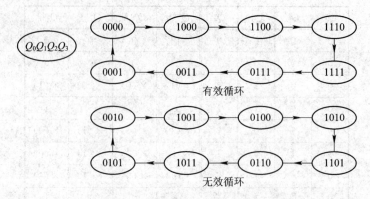

图 6.3.35　扭环形计数器的状态转换图

显然，该扭环形计数器不能自启动。因此，可重新圈定卡诺图中的相邻项，打破无效循环，使某一无效状态的下一状态为有效态。根据图 6.3.34 所示的各触发器新状态 Q^{n+1} 的卡诺图的特征，既可以改动 Q_0^{n+1} 的卡诺图，也可以改动 Q_1^{n+1} 甚至 Q_2^{n+1}、Q_3^{n+1} 的卡诺图。改动 Q_0^{n+1} 的圈定也有多种可行方式，如图 6.3.36 所示。

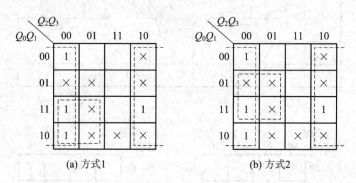

图 6.3.36　修改 Q_0^{n+1} 状态的卡诺图

按图 6.3.36(a)所示的相邻项圈定方式，便可获得如图 6.3.37 所示的状态转换图。显然，$Q_0^{n+1} = \overline{Q_3^n} + Q_0^n \cdot \overline{Q_2^n} = \overline{\overline{Q_0^n \overline{Q_2^n}} \cdot Q_3^n}$。由 D 触发器的特性方程 $Q^{n+1} = D$ 可知，反馈函数 $D_0 = F(Q_0^n, Q_1^n, Q_2^n, Q_3^n) = \overline{\overline{Q_0^n \overline{Q_2^n}} \cdot Q_3^n}$，对应的能自启动的扭环形计数电路如图 6.3.38 所示。

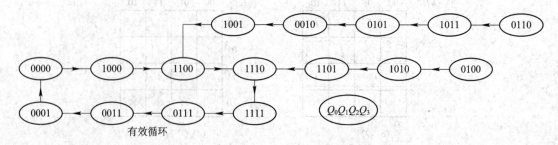

图 6.3.37　增加 $Q_0^n \overline{Q_2^n}$ 与项后获得的状态转换图

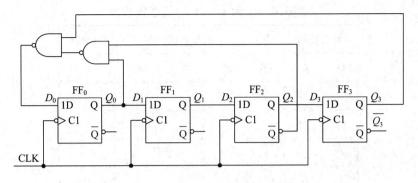

图 6.3.38　能自启动的扭环形计数

按图 6.3.36(b)所示的方案修改，则 $Q_0^{n+1}=\overline{Q_3^n}+Q_1^n\cdot\overline{Q_2^n}=\overline{\overline{Q_1^n\ \overline{Q_2^n}}\cdot Q_3^n}$，相应的反馈函数 $D_0=F(Q_0^n,Q_1^n,Q_2^n,Q_3^n)=\overline{\overline{Q_1^n\ \overline{Q_2^n}}\cdot Q_3^n}$，对应的扭环形计数器同样能自启动。

6.4　时序逻辑电路设计

在现代电子电路中，时序逻辑电路既可以由传统触发器及逻辑门电路实现，也可以借助 MCU 或 FPGA 芯片实现逻辑函数的功能。

6.4.1　时序逻辑电路传统设计方法

时序逻辑电路传统设计是指根据逻辑命题，找出能实现其逻辑功能的工作稳定可靠的最合理的时序逻辑电路。与组合逻辑电路设计类似，时序逻辑电路所包含的触发器数量要尽可能少，组合逻辑部分也要尽可能简单。此外，如果触发器构成的状态数大于所需状态数，则存在无效态(多余态)。当电路进入无效态，经历有限个 CLK 时钟周期后，能返回到某一有效态时，称为有效循环，否则会形成无效循环(也称为死循环)，对应的时序逻辑电路将无法自启动。

同步时序逻辑电路设计并不复杂，有章可循。不过某些时序逻辑电路(如二进制计数器)使用异步时序逻辑电路实现时可能更简单。

【例 6.4.1】　设计一个八进制同步加法计数器。当计数到最后一个状态 111 时，进位标志 C 有效。

设计步骤如下：

(1) 逻辑抽象，列出时序逻辑电路的状态，并确定所需触发器的个数。

八进制计数器有 000～111 八个状态，因此需要 3 个触发器，分别用 Q_2、Q_1、Q_0 表示；进位标志(输出量)用 C 表示，且规定 $C=1$ 时表示进位标志有效。

(2) 列出状态转换图或状态转换表。

根据逻辑命题，不难列出如表 6.4.1 所示的状态转换表。

表 6.4.1 例 6.4.1 的状态转换表

触发器当前状态			触发器新状态			输出量
Q_2^n	Q_1^n	Q_0^n	Q_2^{n+1}	Q_1^{n+1}	Q_0^{n+1}	C
0	0	0	0	0	1	0
0	0	1	0	1	0	0
0	1	0	0	1	1	0
0	1	1	1	0	0	0
1	0	0	1	0	1	0
1	0	1	1	1	0	0
1	1	0	1	1	1	0
1	1	1	0	0	0	1

（3）由于仅有三个触发器的状态量作为输入量，即触发器状态 Q_2^{n+1}、Q_1^{n+1}、Q_0^{n+1} 以及输出函数 C 对应的输入变量总数为 3，因此可借助卡诺图化简各触发器的状态方程及输出函数 C 的逻辑表达式，如图 6.4.1 所示。

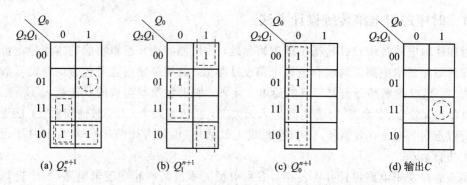

图 6.4.1 由状态转换表获得的卡诺图

由于在本例中不存在无效态，因此完成了卡诺图圈定后即可写出相应触发器的状态方程：

$$Q_2^{n+1} = \overline{Q_2^n} \cdot Q_1^n \cdot Q_0^n + Q_2^n \cdot \overline{Q_0^n} + Q_2^n \cdot \overline{Q_1^n} = Q_1^n \cdot Q_0^n \cdot \overline{Q_2^n} + (\overline{Q_0^n} + \overline{Q_1^n})Q_2^n$$

$$Q_1^{n+1} = Q_0^n \cdot \overline{Q_1^n} + \overline{Q_0^n} \cdot Q_1^n$$

$$Q_0^{n+1} = \overline{Q_0^n}$$

$$C = Q_2^n \cdot Q_1^n \cdot Q_0^n$$

（4）由于在各触发器状态方程中既有 Q^n 又有 $\overline{Q^n}$，因此最好选用 JK 触发器，于是各触发器的驱动方程如下：

$$J_2 = Q_1^n \cdot Q_0^n, \quad K_2 = Q_1^n \cdot Q_0^n$$
$$J_1 = Q_0^n, \quad K_1 = Q_0^n$$
$$J_0 = 1, \quad K_0 = 1$$

（5）根据各触发器的驱动方程和输出函数 C 的表达式，即可画出如图 6.4.2 所示的时序逻辑电路。

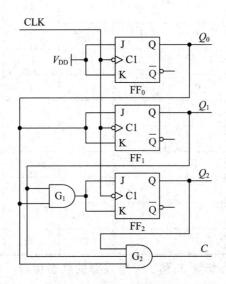

图 6.4.2　八进制加法器计数器的等效逻辑图

【**例 6.4.2**】　设计一个六进制双向计数器。要求：当计数方向控制 X 为 0 时，做加法计数，在计数值递增到最后一个状态 101 时，进位标志 C 有效；反之，当计数方向控制 X 为 1 时，做减法计数，在计数值回到 000 态时，再来一个计数脉冲 CLK，计数器跳到 101 态，同时借位标志 C 有效。

（1）逻辑抽象，列出时序逻辑电路的状态转换图，并确定所需触发器的个数。

六进制计数器有 000～101 六个状态，因此需要 3 个触发器来记录计数状态，分别用 Q_2、Q_1、Q_0 表示。其中，110、111 未用，属于无效态，输入量为 X，输出量为 C，有进位或借位时 C 为 1。

（2）列出状态转换表。根据逻辑命题，可列出如表 6.4.2 所示的状态转换表（表中无效态的下一个状态暂用×表示）。

表 6.4.2　例 6.4.2 状态转换表

触发器当前状态			输入量	触发器新状态			输出量
Q_2^n	Q_1^n	Q_0^n	X	Q_2^{n+1}	Q_1^{n+1}	Q_0^{n+1}	C
0	0	0	0	0	0	1	0
0	0	0	1	1	0	1	1
0	0	1	0	0	1	0	0
0	0	1	1	0	0	0	0
0	1	0	0	0	1	1	0

续表

触发器当前状态			输入量	触发器新状态			输出量
Q_2^n	Q_1^n	Q_0^n	X	Q_2^{n+1}	Q_1^{n+1}	Q_0^{n+1}	C
0	1	0	0	0	0	1	0
0	1	1	0	1	0	0	0
0	1	1	1	0	1	0	0
1	0	0	0	1	0	1	0
1	0	0	1	0	1	1	0
1	0	1	0	0	0	0	1
1	0	1	1	1	0	0	0
1	1	0	0	×(1)	×(1)	×(1)	×(0)
1	1	0	1	×(0)	×(0)	×(1)	×(0)
1	1	1	0	×(0)	×(0)	×(0)	×(1)
1	1	1	1	×(1)	×(1)	×(0)	×(0)

（3）由于仅有一个输入变量 X 和三个触发器的状态量 Q_2^n、Q_1^n、Q_0^n，即触发器新状态 Q_2^{n+1}、Q_1^{n+1}、Q_0^{n+1} 以及输出函数 C 对应的输入变量总数在 4 以内，因此可利用卡诺图化简触发器的状态方程及输出函数 C 的逻辑表达式，如图 6.4.3 所示。

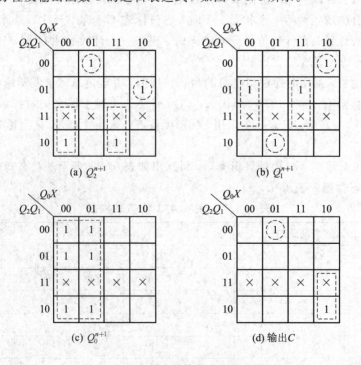

图 6.4.3 由状态转换表获得的卡诺图

需要注意的是，在带有约束项的卡诺图中圈定相邻最小项时，如果某一最小项与某一约束项相邻，则不一定非要把它们圈在一起，如图 6.4.3(a)中的最小项 m_6 与约束项 m_{14}。其原因是当把最小项 m_6 和约束项 m_{14} 圈在一起时获得的与项为 $Q_1^n Q_0^n \overline{X}$，不包含 Q_2^n 或 $\overline{Q_2^n}$，而在逻辑关系较复杂的时序逻辑电路中，可能需要使用功能完善的 JK 触发器作为状态记录器件，在这种情况下，Q_2^{n+1} 的特性方程形式为 $Q_2^{n+1} = J_2 \cdot \overline{Q_2^n} + \overline{K_2} \cdot Q_2^n$。另一方面，图 6.4.3(a)中的最小项 m_6、约束项 m_{14} 形成的圈与最小项 m_{11}、约束项 m_{15} 形成的圈相切，由组合逻辑电路竞争-冒险的相关知识可知，在特定输入条件下，输出端将出现尖峰干扰，但去掉最小项 m_6、约束项 m_{14} 形成的圈后就不存在尖峰干扰了。由于相同的理由，没有将图 6.4.3(b)中的最小项 m_9 与约束项 m_{13} 圈在一起。

由于在本例中存在无效态，因此完成卡诺图圈定后不宜立即写出逻辑表达式，应先判别电路进入无效态后是否会形成死循环，若存在死循环则必须修正卡诺图中的画圈方式，避免出现死循环。根据带约束项逻辑函数的化简原则"被圈定的约束项其值视为 1，未被圈定的约束项其值视为 0"，显然由图 6.4.3 所示的圈定方式可知，当触发器进入 110、111 两个无效态后，循环路径如图 6.4.4 所示。

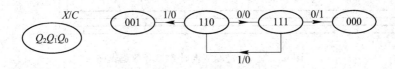

图 6.4.4　例 6.4.2 的无效态循环

当触发器状态进入 110(无效态)后，如果计数方向控制 X 为 0，则下一个状态为 111(无效态)，再来一个脉冲将进入 000(有效态)。尽管在 111 态时，输入变量 X 为 1 将返回 110 态，似乎会形成死循环，但考虑到在启动过程中输入变量 X 不会跟随时钟信号 CLK 跳变，也就不会形成死循环，因此电路能自启动，无须修正卡诺图中相邻最小项的圈定方式，相应的状态方程如下：

$$Q_2^{n+1} = \overline{Q_2^n} \cdot \overline{Q_1^n} \cdot \overline{Q_0^n} \cdot X + \overline{Q_2^n} \cdot Q_1^n \cdot Q_0^n \cdot X + Q_2^n \cdot \overline{Q_0^n} \cdot \overline{X} + Q_2^n \cdot Q_0^n \cdot X$$

$$= (\overline{Q_1^n} \cdot \overline{Q_0^n} \cdot X + Q_1^n \cdot Q_0^n \cdot X) \cdot \overline{Q_2^n} + (\overline{Q_0^n} \cdot \overline{X} + Q_0^n \cdot X) \cdot Q_2^n$$

$$Q_1^{n+1} = \overline{Q_2^n} \cdot \overline{Q_1^n} \cdot Q_0^n \cdot \overline{X} + Q_2^n \cdot \overline{Q_1^n} \cdot \overline{Q_0^n} \cdot X + Q_1^n \cdot \overline{Q_0^n} \cdot \overline{X} + Q_1^n \cdot Q_0^n \cdot X$$

$$= (\overline{Q_2^n} \cdot Q_0^n \cdot \overline{X} + Q_2^n \cdot \overline{Q_0^n} \cdot X) \cdot \overline{Q_1^n} + (\overline{Q_0^n} \cdot \overline{X} + Q_0^n \cdot X) \cdot Q_1^n$$

$$Q_0^{n+1} = \overline{Q_0^n}$$

$$C = Q_2^n \cdot Q_0^n \cdot \overline{X} + \overline{Q_2^n} \cdot \overline{Q_1^n} \cdot \overline{Q_0^n} \cdot X$$

(4) 由于在触发器状态方程中既有 Q^n 又有 $\overline{Q^n}$，因此最好选用 JK 触发器。各触发器的驱动方程如下：

$$J_2 = \overline{Q_1^n} \cdot \overline{Q_0^n} \cdot X + Q_1^n \cdot Q_0^n \cdot X = \overline{Q_1^n \oplus Q_0^n} \cdot X = \overline{Q_1^n \oplus Q_0^n + \overline{X}}$$

$$K_2 = \overline{\overline{Q_0^n} \cdot \overline{X} + Q_0^n \cdot X} = Q_0^n \oplus X$$

$$J_1 = \overline{Q_2^n} \cdot Q_0^n \cdot \overline{X} + Q_2^n \cdot \overline{Q_0^n} \cdot X = \overline{\overline{Q_2^n} \cdot Q_0^n \cdot \overline{X} \cdot \overline{Q_2^n \cdot \overline{Q_0^n} \cdot X}}$$

$$K_1 = \overline{\overline{Q_0^n} \cdot \overline{X} + Q_0^n \cdot X} = Q_0^n \oplus X$$
$$J_0 = 1$$
$$K_0 = 1$$

（5）根据各触发器的驱动方程和输出函数 C 的表达式，可画出如图 6.4.5 所示的时序逻辑电路。

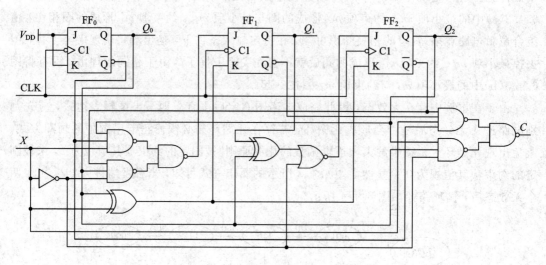

图 6.4.5　六进制双向计数器等效逻辑图

【**例 6.4.3**】　设计一个三相六拍发生器。当方向控制信号 X 为 0 时，步进电机正转，状态转换顺序如图 6.4.6(a) 所示；当方向控制信号 X 为 1 时，步进电机反转，状态转换顺序如图 6.4.6(b) 所示。

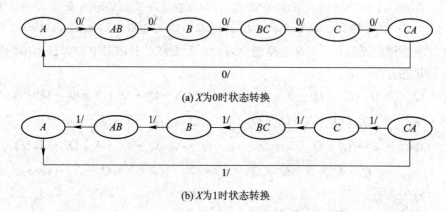

(a) X 为 0 时状态转换

(b) X 为 1 时状态转换

图 6.4.6　例 6.4.3 的状态转换图

（1）有 6 个状态，需要 3 个触发器。其中，FF_0 触发器的输出端 Q_0^n 接步进电机的 A 相，FF_1 触发器的输出端 Q_1^n 接步进电机的 B 相，FF_2 触发器的输出端 Q_2^n 接步进电机的 C 相。

（2）根据设计要求，不难获得如表 6.4.3 所示的状态转换表。

表 6.4.3　例 6.4.3 的状态转转换表

触发器当前状态			输入量	触发器新状态		
$Q_2^n(C)$	$Q_1^n(B)$	$Q_0^n(A)$	X	$Q_2^{n+1}(C)$	$Q_1^{n+1}(B)$	$Q_0^{n+1}(A)$
0	0	0	0	×(1)	×(1)	×(1)
0	0	0	1	×(1)	×(1)	×(1)
0	0	1	0	0	1	1
0	0	1	1	1	0	1
0	1	0	0	1	1	0
0	1	0	1	0	1	1
0	1	1	0	0	1	0
0	1	1	1	0	0	1
1	0	0	0			
1	0	0	1			
1	0	1	0	0	0	1
1	0	1	1	0	0	0
1	1	0	0	1	0	0
1	1	0	1	0	1	0
1	1	1	0	×(0)	×(0)	×(0)
1	1	1	1	×(0)	×(0)	×(0)

（3）由于仅有一个输入变量 X 和三个触发器的状态量 Q_2^n、Q_1^n、Q_0^n，即触发器新状态 Q_2^{n+1}、Q_1^{n+1}、Q_0^{n+1} 对应的输入变量总数在 4 以内，因此仍可借助卡诺图化简触发器的状态方程，如图 6.4.7 所示。

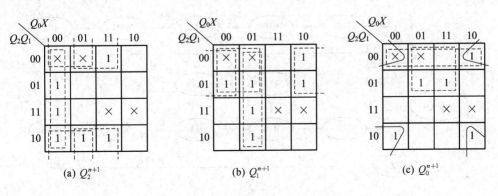

图 6.4.7　由状态转换表获得的卡诺图

　　显然，这种圈定相邻项的方式存在死循环。根据"被圈定的约束项其值视为 1，未被圈定的约束项其值视为 0"的规则，当 Q_2^n、Q_1^n、Q_0^n 为 000 态时，无论方向控制变量 X 取 0 还是 1，下一状态均为 111；而进入 111 态后，无论方向控制变量 X 取 0 还是 1，再下一状态又都返回了 000 态，如图 6.4.8 所示。因此，必须修改卡诺图的画圈方式（原则是修改后获得的状态方程尽可能简单，而修改谁，如何修改，可能需要仔细观察，甚至反复比较化简的结果后才能确定）。

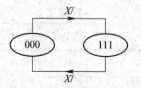

图 6.4.8　按图 6.4.7 画圈方式形成的死循环

　　经分析发现：修改 Q_2^{n+1}、Q_1^{n+1}、Q_0^{n+1} 卡诺图中的任意两个卡诺图即可避免出现死循环，例如按如图 6.4.9 所示重新圈定卡诺图中的相邻项就可以获得如图 6.4.10 所示的没有死循环、能自启动的状态转换图。

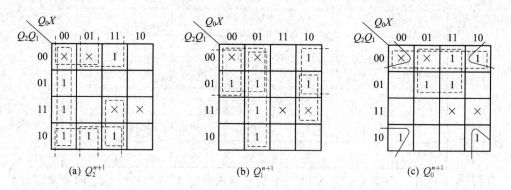

图 6.4.9　由状态转换表获得的卡诺图

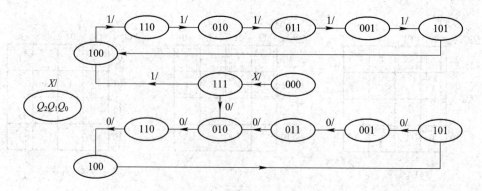

图 6.4.10　按图 6.4.9 画圈方式获得的能自启动的状态转换图

对应的状态方程为

$$Q_2^{n+1} = \overline{Q_0^n} \cdot \overline{X} + \overline{Q_1^n} \cdot \overline{Q_0^n} + \overline{Q_1^n} \cdot X + Q_2^n \cdot Q_0^n \cdot X$$

$$Q_1^{n+1} = \overline{Q_0^n} \cdot X + \overline{Q_2^n} \cdot \overline{Q_0^n} + \overline{Q_2^n} \cdot \overline{X} + Q_1^n \cdot Q_0^n \cdot \overline{X}$$

$$Q_0^{n+1} = \overline{Q_2^n} \cdot \overline{Q_1^n} + \overline{Q_2^n} \cdot X + \overline{Q_1^n} \cdot \overline{X}$$

（4）由于在各触发器状态方程中仅有 Q^n，因此可选择 D 触发器。根据 D 触发器的特性方程 $Q^{n+1} = D$，各触发器的驱动方程为

$$D_2 = \overline{Q_0^n} \cdot \overline{X} + \overline{Q_1^n} \cdot \overline{Q_0^n} + \overline{Q_1^n} \cdot X + Q_2^n \cdot Q_0^n \cdot X$$

$$D_1 = \overline{Q_0^n} \cdot X + \overline{Q_2^n} \cdot \overline{Q_0^n} + \overline{Q_2^n} \cdot \overline{X} + Q_1^n \cdot Q_0^n \cdot \overline{X}$$

$$D_0 = \overline{Q_2^n} \cdot \overline{Q_1^n} + \overline{Q_2^n} \cdot X + \overline{Q_1^n} \cdot \overline{X}$$

（5）根据各触发器的驱动方程，可画出如图 6.4.11 所示的时序逻辑电路。

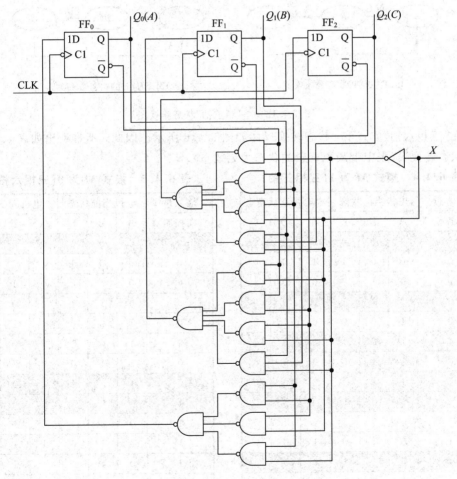

图 6.4.11　三相六拍发生器的等效逻辑图

6.4.2　基于 MCU 芯片的时序逻辑电路解决方案

在 MCU 芯片普及应用后，在速度要求不高的情况下，利用 MCU 芯片软硬件资源解

决逻辑电路设计问题更加简单、方便。原因是：在基于 MCU 芯片的逻辑电路问题的解决方案中，并不需要化简逻辑代数式，只需列出真值表或状态转换表；不涉及触发器、逻辑门电路芯片，不仅没有功耗问题，而且硬件成本低廉；灵活性大，一旦特定问题算法确定，就可以解决类似逻辑问题。

下面以设计三相步进电机控制时序为例，简要介绍基于 MCU 芯片的逻辑命题设计方法。对于三相步进电机来说，可以按"三相三拍"方式运行，也可以按"三相六拍"方式运行。在"三相三拍"方式下，当方向控制变量 $X=0$(正转)时，状态循环顺序如图 6.4.12(a)所示；当方向控制变量 $X=1$(反转)时，状态循环顺序如图 6.4.12(b)所示。由此不难列出如表 6.4.4 所示的状态转换表。表中，带灰色背景的状态为无效态。在触发器传统手工设计方式中，对应的新状态用 X 表示；但在 MCU 芯片解决方式中，需要给出具体值。在本例中设为 000，作为无效态的标志。

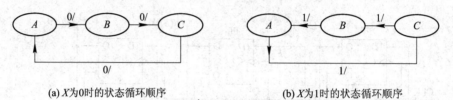

(a) X 为 0 时的状态循环顺序　　　　　　　(b) X 为 1 时的状态循环顺序

图 6.4.12　"三相三拍"状态转换图

在"三相六拍"方式下，状态转换规律如图 6.4.6 所示。因此，不难列出如表 6.4.5 所示的状态转换表(表中带灰色背景的状态为无效态)。

表 6.4.4　模式 M 为 1(三相三拍)

输入量	电机当前状态			电机新状态		
方向控制 X	A	B	C	A	B	C
0	0	0	0	0	0	0
0	0	0	1	1	0	0
0	0	1	0	0	0	1
0	0	1	1	0	0	0
0	1	0	0	0	1	0
0	1	0	1	0	0	0
0	1	1	0	0	0	0
1	0	0	0	0	0	0
1	0	0	1	0	1	0
1	0	1	0	1	0	0
1	0	1	1	0	0	0
1	1	0	0	0	0	1
1	1	0	1	0	0	0
1	1	1	0	0	0	0
1	1	1	1	0	0	0

表 6.4.5　模式 M 为 0(三相六拍)

输入量	电机当前状态			电机新状态		
方向控制 X	A	B	C	A	B	C
0	0	0	0	0	0	0
0	0	0	1	1	0	1
0	0	1	0	0	1	1
0	0	1	1	0	0	1
0	1	0	0	1	1	0
0	1	0	1	1	0	0
0	1	1	0	0	1	0
0	1	1	1	0	0	0
1	0	0	0	0	0	0
1	0	0	1	0	1	1
1	0	1	0	1	1	0
1	0	1	1	1	0	0
1	1	0	0	1	0	1
1	1	0	1	0	0	1
1	1	1	0	1	0	0
1	1	1	1	0	0	0

在步进电机控制中，除了方向控制变量 X、节拍模式选择变量 M 两个输入量外，尚有停止输出控制 STOPM（取 0 时，电机按 X、M 变量确定的步进方式走动；取 1 时，电机处于停止状态）、手工移动方式输入量 Hmode（取 1 时，步进电机 A、B、C 相均不带电，以便能借助手工方式转动步进电机）。

MSturam0 的 $b_2 \sim b_0$ 分别存放上一时刻步进电机 A、B、C 相的状态；MSturam1 的 $b_2 \sim b_0$ 分别存放当前时刻步进电机 A、B、C 相的状态。这样当定时时间到（相当于触发器时钟信号 CLK 动作沿有效）时，按图 6.4.13 所示的流程输出相应的信息，就能实现步进电机的控制。

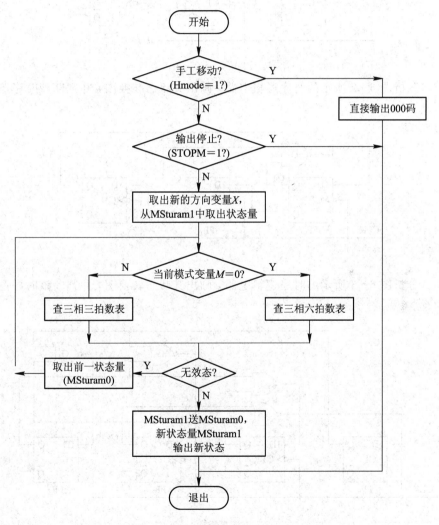

图 6.4.13　定时时间到步进电机控制流程

显然，只要更换表中数据，就可以应用于四相步进电机的控制。可见，通过 MCU 芯片解决逻辑设计问题非常灵活、方便。也正因如此，传统数字电子技术课程中介绍的顺序脉冲发生器、序列信号发生器等几乎很少出现在现代数字电路系统中，毕竟借助 MCU 芯片软硬件资源，利用软件方式形成各种复杂时序信号更方便、灵活。

习　题　6

6-1　分析图 6-1 所示的时序逻辑电路，画出其状态转换图，并判断该时序逻辑电路能否自启动。

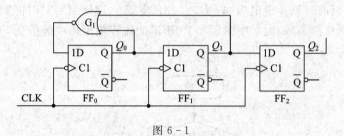

图 6-1

6-2　分析图 6-2 所示的时序逻辑电路，画出其状态转换图，并判断该时序逻辑电路能否自启动。

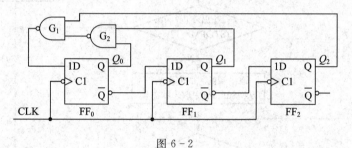

图 6-2

6-3　分析图 6-3 所示的时序逻辑电路，画出其状态转换图，并判断该时序逻辑电路能否自启动。

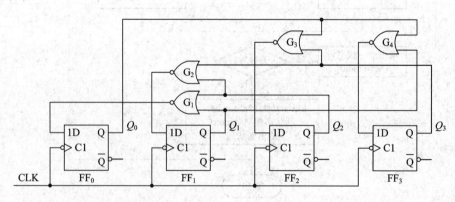

图 6-3

6-4　五进制计数器的状态转换图如图 6-4 所示，试设计一个能自启动的同步时序逻辑电路实现其功能。

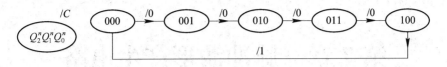

图 6 - 4

6 - 5　设计由上升沿触发的 D 触发器构成十六进制异步加法计数器。

6 - 6　设计由下降沿触发的 D 触发器构成十六进制异步减法计数器。

6 - 7　设计由下降沿触发的 JK 触发器构成十六进制异步加法计数器。

6 - 8　设计初值可设置的 3 位二进制异步加法计数器。

6 - 9　设计初值可设置的 4 位二进制异步双向计数器。

6 - 10　设计由或非门、JK 触发器构成的 3 位同步加法计数器。

6 - 11　设计由或非门、JK 触发器构成的 3 位同步减法计数器。

6 - 12　设计图 6.3.31 所示环形计数器的状态转换表和状态转换图。

6 - 13　根据二进制同步加法、减法电路的构成规律，请用 JK 触发器和逻辑门电路构建 4 位二进制双向同步计数器。

第7章　脉冲波形产生电路

脉冲波形产生电路是数字电路系统重要的单元电路之一,其主要任务是产生不同频率、占空比的脉冲信号,包括单个触发脉冲信号(如定时时间较长的单次定时信号)以及重复输出的矩形脉冲信号等。

7.1　单稳态电路

单稳态电路只有一个稳定态,另一个状态为过渡态,也称为暂稳态或暂态。在外部触发信号的作用下,电路由稳定态进入暂稳态,但电路进入暂稳态后,经历特定延迟时间(本质上就是其内部 RC 充放电电路的充放电时间)后,电路又自动返回到稳定态。

由此可见,单稳态电路的主要作用是实现单次定时操作,定时时间由外接电阻 R 阻值或电容 C 容量决定,但鉴于 RC 元件精度较低,温度系数偏高,导致 RC 定时电路的定时精度不高,稳定性也较差。此外,受 RC 元件参数的限制,RC 定时电路几乎不宜用在分钟级以上的超长定时电路中。在 MCU 芯片普及应用后,在数字电路系统中,一般会利用 MCU 芯片内置的定时、计数器实现单次定时功能,不仅精度高,稳定性好,功耗小,成本低,而且能结合软件计数操作方式实现高精度、超长时间的定时操作,因此在现代数字电路系统中已很少使用单稳态集成电路芯片。

单稳态电路分析要领可概括为:先明确稳定态(即稳定时,电路状态触发输入端、输出端处于高电平状态还是低电平状态),需要什么类型的触发信号(高电平触发、低电平触发、正脉冲触发还是负脉冲触发),以及触发脉冲维持时间的长短(即需要宽脉冲触发还是窄脉冲触发)等。当不能一眼看出电路的稳定态时,可先假设电路处于稳定态时输出端为高电平(或低电平),再分析电路是否稳定。

1. 微分型单稳态电路

微分型单稳态电路如图 7.1.1(a)所示,定时元件包括电阻 R 和电容 C。由于在电容充放电过程中,电容端电压 v_C 变化缓慢,考虑到 CMOS 反相器的输入特性,图 7.1.1(a)中的或非门 G_1 并不宜使用 74HC02、74LVC1G02、74LV02A 等芯片,最好使用具有施密特输入特性的四 2 输入或非门 74HC7002 芯片。同理,G_2 也应使用具有施密特输入特性的反相器(简称施密特输入反相器),如 CD40106、74HC14、74LVC1G14 芯片,如图 7.1.1(b)所示。

考虑到 2 输入或非门电路芯片 74HC7002 不常用,价格高,采购困难,不妨借助可配置逻辑门电路芯片,如 74LVC1G57,获得如图 7.1.1(b)所示的具有施密特输入特性的或非门电路。

当然,也可以使用 2 输入与门 74LVC1G08 和施密特输入反相器构成的等效或非逻辑门代替 2 输入或非门芯片 74HC7002,获得如图 7.1.1(c)所示的微分型单稳态实用电路。

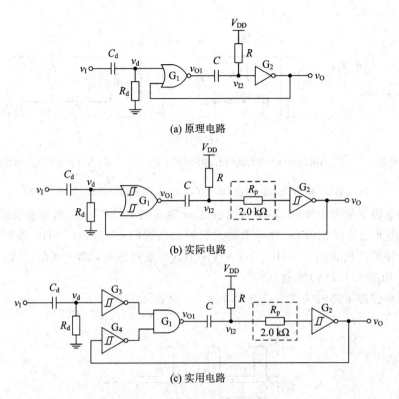

(a) 原理电路

(b) 实际电路

(c) 实用电路

图 7.1.1　微分型单稳态电路

未触发时，触发输入端 v_I 为低电平，施加到输入端 v_I 的正触发脉冲借助隔直电容 C_d 加入到或非门 G_1 的输入端，因此稳态时 v_d 为 0。由于反相器 G_2 的输入端通过电阻 R 接电源 V_{DD}，因此在稳定状态下反相器 G_2 的输入端一定为高电平，结果 G_2 输出低电平，即 $v_O = V_{OL}$，或非门 G_1 输出信号 $v_{O1} = V_{OH} \approx V_{DD}$。可见，在稳定状态下，电容 C 未充电，端电压 v_C 为 0。

在正触发脉冲信号的作用下，使 $v_d > V_{T+} \rightarrow v_{O1}$ 输出低电平 $\rightarrow v_{I2}$ 为低电平（电容 C 端电压 v_C 不能突变）$\rightarrow v_O$ 输出高电平，使或非门 G_1 输出低电平，电路进入暂稳态。可见，只要 $v_d > V_{T-}$（下阈值电压）维持时间大于或非门 G_1、反相器 G_2 传输延迟时间 t_{pd} 之和，就能保证电路进入暂稳态。

进入暂稳态后，电容 C 开始充电，如图 7.1.2(a) 所示。当 v_{I2} 达到反相器 G_2 上阈值电压 V_{T+} 时，反相器 G_2 输出低电平，$v_O = V_{OL} \approx 0$，导致 G_1 立即输出高电平，即 $v_{O1} = V_{OH} \approx V_{DD}$，使 v_{I2} 电位由 V_{T+} 跳变为 $V_{T+} + V_{DD}$，脱离暂稳态，电容 C 开始放电，如图 7.1.2(b) 所示，定时电容 C 的放电(恢复)时间约为

$$t_{re} = (3 \sim 5) R_{on(P)} C$$

显然，充电前端电压 $v_C(0) = 0$，充电结束后端电压 $v_C(t) = V_{T+}$，而电源 V_{DD} 通过电阻 R 对电容 C 充电时，$v_C(\infty) = V_{DD}$。利用 RC 充放电时间的计算公式不难得到定时电容 C 的充电时间：

$$t_w = RC \ln \frac{v_C(\infty) - v_C(0)}{v_C(\infty) - v_C(t)} = RC \ln \frac{V_{DD} - 0}{V_{DD} - V_{T+}} = RC \ln \frac{V_{DD}}{V_{DD} - V_{T+}}$$

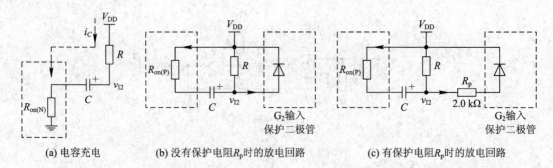

(a) 电容充电　　　(b) 没有保护电阻 R_p 时的放电回路　　　(c) 有保护电阻 R_p 时的放电回路

图 7.1.2　电容充放电回路(假设 G_2 为 CD4000 或 74HC 系列芯片)

考虑到电容开始放电瞬间 G_2 输入端电位 v_{I2} 跳变到 $V_{T+}+V_{DD}$，有可能会损坏 G_2 输入保护电路，因此无论反相器 G_2 含有上输入保护二极管的 CD4000、74HC 系列芯片，还是没有上输入保护二极管的 74AHC、74LVA、74LVC 系列芯片，都应该在 G_2 输入端串联保护电阻 R_p，如图 7.1.1(b) 所示。

微分型单稳态电路的关键节点波形如图 7.1.3 所示。

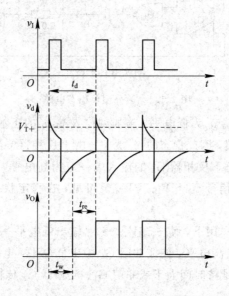

图 7.1.3　微分型单稳态电路的关键节点波形

2. 积分型单稳态电路

宽脉冲触发的积分型单稳态电路如图 7.1.4 所示。图中，定时元件依然是电阻 R 和电容 C，G_1 可以是不具有施密特输入特性的反相器，如 74HC04、74LVC1G04 等，也可以是具有施密特输入特性的反相器，如 74HC14、74LVC1G14 等；但与定时电容 C 相连的与非门 G_2 最好采用具有施密特输入特性的与非门，如 74HC132、74LV132A 或 74LVC1G132 芯片等。

未触发时 v_I 为低电平 V_{IL}，反相器 G_1 输出高电平 $v_{O1}=V_{OH}\approx V_{DD}$，定时电容 C 处于充电状态，$v_A=V_{OH}\approx V_{DD}$。由于未触发时 v_I 为低电平，因此与非门 G_2 也输出高电平，即 $v_O=V_{OH}$。

该电路需要采用宽的正脉冲触发，当 v_I 跳变为高电平 V_{IH} 时，反相器 G_1 输出低电平

（$v_{O1}=V_{OL}\approx0$）。由于电容 C 端电压 v_A 不能突变，因此与非门 G_2 立即输出低电平，使 $v_O=V_{OL}$，然后定时电容 C 开始放电，如图 7.1.5 所示。

在电容 C 放电过程中，当电容 C 端电压 v_A 下降到使 $v_A\leqslant V_{T-}$ 时，与非门 G_2 状态翻转，输出高电平，使 $v_O=V_{OH}$，完成了定时操作。积分型单稳态电路的关键节点波形如图 7.1.6 所示。

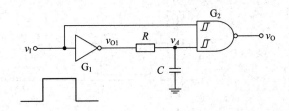

图 7.1.4　积分型单稳态基本电路

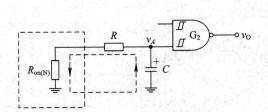

图 7.1.5　电容 C 放电电流回路

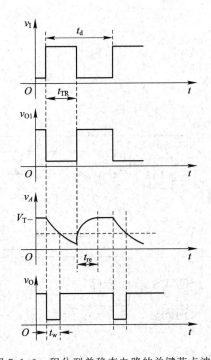

图 7.1.6　积分型单稳态电路的关键节点波形

电容放电时间（输出信号 v_O 负脉冲维持时间）：

$$t_w=RC\ln\frac{v_C(\infty)-v_C(0)}{v_C(\infty)-v_C(t)}=RC\ln\frac{0-V_{OH}}{0-V_{T-}}=RC\ln\frac{V_{DD}}{V_{T-}}$$

在图 7.1.4 所示的积分型单稳态电路中，触发脉冲 v_I 高电平持续时间 t_{TR} 必须大于输出信号 v_O 低电平时间 t_w，即需要采用宽脉冲触发，否则输出信号 v_O 低电平维持时间就会小于电容放电时间 t_w。为此，可在图 7.1.4 所示的积分型单稳态电路的输入端增加与非门 G_3，并将输出信号 v_O 反馈到与非门 G_3 的一个输入端，锁定触发后反相器 G_1 输入端的电平状态，如图 7.1.7（a）所示。其中，G_3 可以是不具有施密特输入特性的与非门，如 74HC00、74LV00A、74LVC1G00 芯片等，也可以是具有施密特输入特性的与非门，如 74HC132、74LV132A 芯片等。在实际电路中，为减少元件类型，反相器 G_1 也可以由与非门组成，如图 7.1.7（b）所示。

显然，该电路需要用负脉冲触发。触发前，输入端 v_I 为高电平。在稳定状态下，与非门 G_2 输出高电平，与非门 G_3 输出低电平，而反相器 G_1 输出高电平，定时电容 C 处于充电状态，端电压 $v_C=v_A$ 为高电平。在输入端 v_I 施加负的窄脉冲时，与非门 G_3 输出 v_{O3} 跳变为高电平，与非门 G_2 输出 v_O 跳变为低电平，于是只要输入端 v_I 触发脉冲低电平维持时间 t_{TR} 大于两个与非门传输延迟时间（$2t_{pd}$）即可。窄脉冲触发积分型单稳态电路的关键节点波形如图 7.1.8 所示。

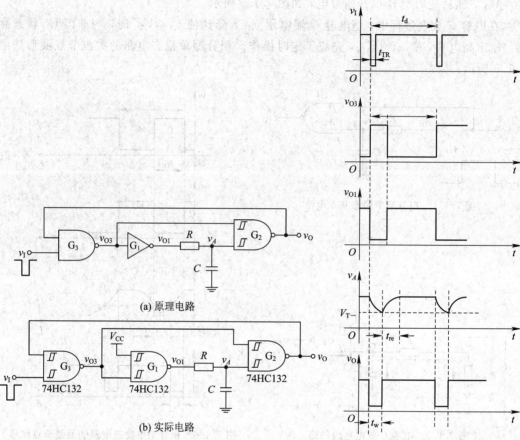

(a) 原理电路

(b) 实际电路

图 7.1.7 支持窄脉冲触发的积分型单稳态电路

图 7.1.8 窄脉冲触发积分型单稳态
电路的关键节点波形

7.2 多谐振荡电路

由于非正弦周期信号可以分解为直流、基波、二次谐波、高次谐波等，因此所谓多谐振荡器，实际上就是正弦波振荡器以外的振荡器，如矩形波发生器、三角波发生器、锯齿波发生器等。在数字电路中，多谐振荡器主要指矩形波及方波发生器。

多谐振荡电路没有稳定态，电路不停地在 0、1 两个暂稳态之间来回切换，结果在电路的输出端就获得了高低电平交替出现的矩形波或方波信号。

7.2.1 对称多谐振荡电路

由 CMOS 反相器构成的对称多谐振荡电路如图 7.2.1 所示，其中 $R_{p1} = R_{p2} = R_p$，$R_1 = R_2 = R$，$C_1 = C_2 = C$。由于电路结构、参数均对称，因此被称为对称多谐振荡器。保护电阻 R_p 的阻值一般取为 $51 \sim 510 \text{ k}\Omega$，原则上 $R_p > (20 \sim 100)R$；反相器 G_3 起隔离作用，属于可选元件，用来避免负载轻重变化影响振荡频率。

之所以在反相器 G_1、G_2 的输入端串联保护电阻 R_p，是因为在电路状态翻转瞬间，反

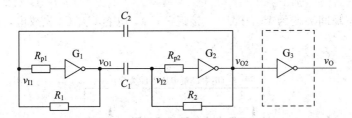

图 7.2.1　由 CMOS 反相器构成的对称多谐振荡电路

相器 G_1 输入端 v_{I1} 和反相器 G_2 输入端 v_{I2} 电位将跳变到 $-\frac{1}{2}V_{DD}$ 和 $+\frac{3}{2}V_{DD}$，可能造成 CMOS 电路输入保护二极管过流损坏。

用线性电阻元件将 CMOS 反相器的输出端与输入端连接起来，就构成了放大倍数很高的反相放大器，原因是 CMOS 反相器直流输入阻抗很高，从电阻端电压看必然存在 $v_O = v_I$（斜率为 45° 的直线），与 CMOS 反相器电压传输特性曲线相交于 P 点，如图 7.2.2 所示。而在 CMOS 反相器电压传输特性曲线的转折区内电压放大倍数 $|A_u| = \dfrac{\Delta v_O}{\Delta v_I}$ 很高，v_I 微小变化就会引起 v_O 剧烈变化，使图 7.2.1 所示电路产生强烈的正反馈，瞬间就能触发电路状态翻转，强迫电容 C_1、C_2 进入充放电状态，使反相器输入端电位反复接近阈值电压 V_{TH}，从而产生振荡。

假设上电后，v_{I1} 有减小的趋势，将会引起图 7.2.3 所示的正反馈过程，导致电路状态迅速翻转，使反相器 G_1 输出高电平、反相器 G_2 输出低电平，结果 v_{I1} 瞬间突变为 V_{OL}（接近 0 V），接着电容 C_1、C_2 开始充电，如图 7.2.4 所示。

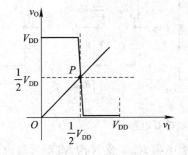

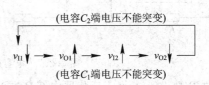

图 7.2.2　CMOS 反相放大器的静态工作点　　图 7.2.3　上电瞬间 v_{I1} 下降引起的正反馈

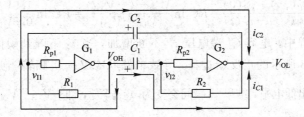

图 7.2.4　反相器 G_1 输出高电平、反相器 G_2 输出低电平时的电容充电电流方向

当 v_{C2} 端电压升高到 V_{TH} 时，v_{I1} 接近 CMOS 反相器阈值电压 V_{TH}，又引起图 7.2.5 所示的正反馈过程，触发电路状态再次翻转，使反相器 G_1 输出低电平，反相器 G_2 输出高电

平，结果 v_{I1} 电位瞬间突变为 $V_{OH}+V_{TH}$，接近 $\dfrac{3}{2}V_{DD}$，电容 C_1、C_2 先放电，再反向充电，如图 7.2.6 所示。

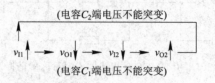

图 7.2.5　v_{I1} 升高引起的正反馈

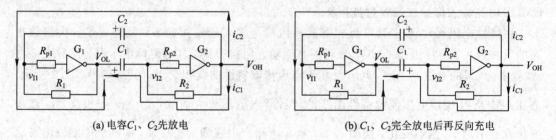

(a) 电容 C_1、C_2 先放电　　　　　　(b) C_1、C_2 完全放电后再反向充电

图 7.2.6　反相器 G_1 输出低电平、反相器 G_2 输出高电平时的电容放电充电电流

显然，电容 C_1、C_2 放电及充电等效电路如图 7.2.7 所示。

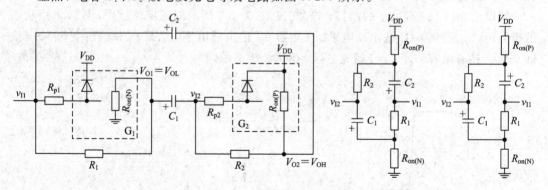

图 7.2.7　电容放电、充电等效电路

当电阻 R_1、R_2 远大于反相器内部 P 沟 MOS 导通电阻 $R_{on(P)}$ 及 N 沟 MOS 导通电阻 $R_{on(N)}$ 且 $V_{OH} \approx V_{DD}$，$V_{OL} \approx 0$ 时，电容 C_1、C_2 放电再反向充电时间（即 G_2 输出高电平 V_{OH} 时间）：

$$t_1 = RC\ln\frac{v_C(\infty)-v_C(0)}{v_C(\infty)-v_C(t)} = RC\ln\frac{V_{DD}-(-V_{TH})}{V_{DD}-V_{TH}} = RC\ln\frac{1.5V_{DD}}{0.5V_{DD}} = RC\ln 3$$

在反向充电过程中，电容 C_2 端电压 v_{C2} 不断增加，当 v_{I1} 下降到阈值电压 V_{TH} 附近时，再一次引起图 7.2.3 所示的正反馈过程，导致电路状态又一次翻转，使反相器 G_1 输出高电平，反相器 G_2 输出低电平，结果 v_{I1} 瞬间突变为 $v_{C2}+V_{OL}$，即 $-V_{TH}+V_{OL}$，接近 $-\dfrac{1}{2}V_{DD}$，电容 C_1、C_2 又重复先放电后再反向充电的过程，如图 7.2.8 所示。

显然，反相器 G_2 输出低电平 V_{OL} 时间 t_2 等于 t_1，即对称多谐振荡器输出 v_{O2} 为方波信号，如此往复就获得了图 7.2.9 所示的波形。

当然，上电后 v_{I1} 也有可能升高，使电路进入 G_1 输出低电平、G_2 输出高电平的起始状态。

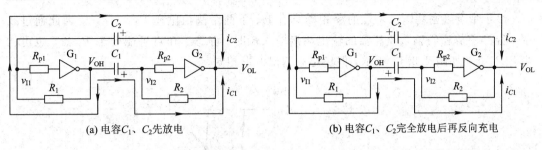

(a) 电容C_1、C_2先放电　　　　　　　(b) 电容C_1、C_2完全放电后再反向充电

图 7.2.8　反相器 G_1 输出高电平、反相器 G_2 输出低电平时的电容放电及充电电流

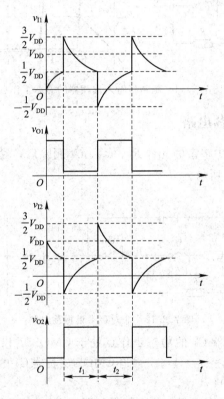

图 7.2.9　对称多谐振荡器波形

考虑到电容 C 充电、放电时端电压 v_C 变化缓慢，使反相器 G_1 输入电压 v_{I1}、反相器 G_2 输入电压 v_{I2} 接近阈值电压 V_{TH} 时，电源瞬态电流 i_{DD} 很大，导致对称多谐振荡电路动态功耗高。为此，在实际电路中可考虑用具有施密特输入特性的反相器，如 74HC14、74LV14A、74LVC3G14 等作 G_1、G_2，如图 7.2.10 所示。其中，输出缓冲反相器 G_3 可以是普通反相器，也可以是具有施密特输入特性的反相器。

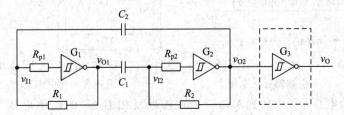

图 7.2.10　由具有施密特输入特性的反相器构成的对称多谐振荡电路

由于带有施密特输入特性的反相器具有上、下两个阈值电压 V_{T+}、V_{T-}，因此通过线性电阻 R 将施密特输入反相器的输出端接输入端时，静态工作点可能处于 P_1 点，也可能处于 P_2 点，如图 7.2.11 所示，但稳定后输出波形相同。

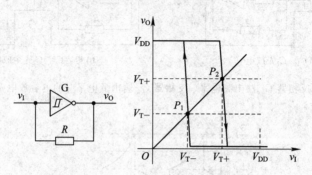

图 7.2.11　施密特输入反相器的静态工作点

7.2.2　非对称多谐振荡电路

将对称多谐振荡电路中多余的元件 R_2、R_{p2}、C_1 删除后，就获得了更常用的非对称多谐振荡电路，如图 7.2.12 所示。

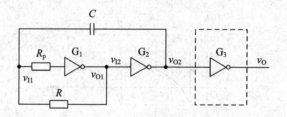

图 7.2.12　非对称多谐振荡电路

电阻 R 的存在使反相器 G_1 的静态工作点处于 CMOS 反相器电压传输特性曲线的 P 点。因此，静态时 $v_{I1}=v_{O1}=v_{I2}=V_{TH}$，强迫 CMOS 反相器 G_2 的静态工作点也处于 CMOS 反相器电压传输特性曲线的 P 点。

假设上电后，v_{I1} 有减小的趋势，将会触发如图 7.2.13 所示的正反馈过程，导致电路状态瞬间翻转，使反相器 G_1 输出高电平，反相器 G_2 输出低电平，结果 v_{I1} 突变为 V_{OL}（接近 0 V），接着电容 C 开始充电，如图 7.2.14 所示。

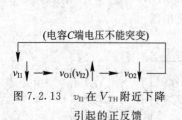

图 7.2.13　v_{I1} 在 V_{TH} 附近下降引起的正反馈

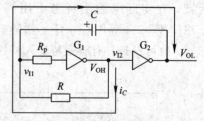

图 7.2.14　G_1 输出高电平、G_2 输出低电平时电容的充电电流

当电容 C 端电压 v_C 升高到 V_{TH} 时，v_{I1} 接近反相器 G_1 的阈值电压 V_{TH}，又触发图 7.2.15 所示的正反馈过程，导致电路状态再次翻转，使反相器 G_1 输出低电平，反相器 G_2

输出高电平，结果 v_{I1} 电位瞬间突变为 $V_{OH}+V_{TH}$，接近 $\dfrac{3}{2}V_{DD}$，电容 C 先放电，再反向充电，如图 7.2.16 所示。

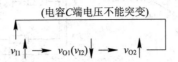

图 7.2.15　v_{I1} 在 V_{TH} 附近升高引起的正反馈

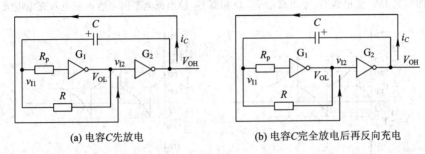

(a) 电容 C 先放电　　　　　　　(b) 电容 C 完全放电后再反向充电

图 7.2.16　G_1 输出低电平、G_2 输出高电平时电容的充电电流

显然，电容 C 放电及充电等效电路如图 7.2.17 所示。

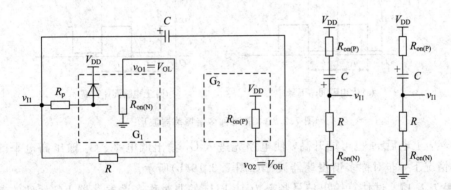

图 7.2.17　电容 C 放电、充电等效电路

当反馈电阻 R 远大于反相器内部 P 沟 MOS 导通电阻 $R_{on(P)}$ 及 N 沟 MOS 导通电阻 $R_{on(N)}$ 时，电容 C 放电再反向充电时间（即 G_2 输出高电平 V_{OH} 时间）：

$$t_1 = RC\ln\frac{v_C(\infty)-v_C(0)}{v_C(\infty)-v_C(t)} = RC\ln\frac{V_{DD}-(-V_{TH})}{V_{DD}-V_{TH}} = RC\ln3$$

在反向充电过程中，电容 C 端电压 v_C 不断增加，使 v_{I1} 电位不断下降，当 v_{I1} 下降到 CMOS 反相器阈值电压 V_{TH} 附近时，再一次触发图 7.2.13 所示的正反馈过程，导致电路状态又一次翻转，使反相器 G_1 输出高电平，反相器 G_2 输出低电平，结果 v_{I1} 瞬间突变为 v_C+V_{OL}，即 $-V_{TH}+V_{OL}$，接近 $-\dfrac{1}{2}V_{DD}$，电容 C 再次重复先放电后反向充电的过程，如图 7.2.18 所示。

显然，反相器 G_2 输出低电平 V_{OL} 时间 t_2 等于 t_1，即非对称多谐振荡器也输出方波信号，如此往复就获得图 7.2.19(a) 所示的波形。

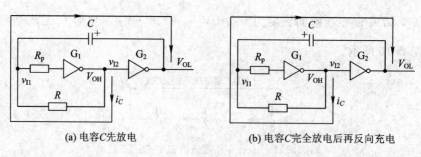

(a) 电容C先放电　　　　　　　(b) 电容C完全放电后再反向充电

图 7.2.18　反相器 G_1 输出高电平、反相器 G_2 输出低电平时电容的放电及充电电流

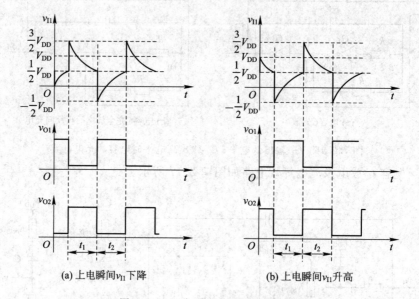

(a) 上电瞬间 v_{I1} 下降　　　　　　　(b) 上电瞬间 v_{I1} 升高

图 7.2.19　非对称多谐振荡器波形

　　当然，上电后 v_{I1} 也可能升高，使电路先进入 G_1 输出低电平、G_2 输出高电平的状态，在这种情况下，非对称多谐振荡器波形如图 7.2.19(b)所示。

　　【例 7.2.1】　试估算输出信号频率为 10 kHz 的非对称多谐振荡器 RC 元件的参数（假设反相器用 74HC04、74LV04A 或 74LVC04 芯片，电源电压 V_{DD} 为 5.0 V）。

　　解　根据非对称多谐振荡器的特征，在图 7.2.19 中，当反相器 G_1 由高电平跳变到低电平时，G_1 输入端电位 v_{I1} 瞬时值为 $\dfrac{3}{2}V_{DD}$；而当反相器 G_1 由低电平跳变到高电平时，G_1 输入端电位 v_{I1} 瞬时值为 $-\dfrac{1}{2}V_{DD}$，即电阻 R 端电压最大为 $\dfrac{3}{2}V_{DD}$。为避免反相器 G_1、G_2 输出高电平电流 I_{OH} 及输出低电平电流 I_{OL} 偏大，造成反相器 G_1、G_2 芯片功耗偏高，甚至过流损坏，电阻 R 不宜太小。

　　如果 I_{OH}、I_{OL} 取 2 mA 以下，则电阻：

$$R > \frac{\dfrac{3}{2}V_{DD}}{I_{OH}} = 3.75 \text{ k}\Omega$$

而非对称多谐振荡器输出信号高、低电平时间：

$$t_1 = t_2 = RC \ln 3 = \frac{T}{2} = \frac{1}{2f}$$

因此振荡电容

$$C < \frac{1}{2f \times R \times \ln 3} = 12 \text{ nF}$$

例如，当电容 C 取 10 nF 时，振荡电阻 $R = \dfrac{1}{2f \times C \times \ln 3} = 4.55$ kΩ，用两只阻值为 9.1 kΩ 的电阻并联，而电位隔离（保护）电阻 R_p 可取 150～200 kΩ。

为减小振荡电路的动态功耗，在实际电路中，可使用具有施密特输入特性的反相器，如 74HC14、74LV14A、74LVC1G14、74LVC3G14 等构成非对称多谐振荡电路中的 G_1，如图 7.2.20 所示（反相器 G_2、G_3 可以是普通反相器，也可以是具有施密特输入特性的反相器）。

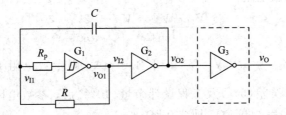

图 7.2.20　由施密特输入反相器构成的非对称多谐振荡电路

如果具有施密特输入特性的反相器 G_1 上、下两个阈值电压分别用 V_{T+} 和 V_{T-} 表示，则各点电压波形如图 7.2.21 所示（假设上电后 G_1 的静态工作点位于 P_1，且开始时输入电压 v_{I1} 有下降趋势）。

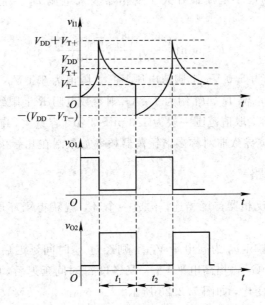

图 7.2.21　由具有施密特输入特性的反相器构成的非对称多谐振荡器波形

在 G_2 输出高电平 V_{OH} 期间，电容 C 先放电再反向充电时间：

$$t_1 = RC \ln \frac{v_C(\infty) - v_C(0)}{v_C(\infty) - v_C(t)} = RC \ln \frac{V_{DD} - (-V_{T+})}{V_{DD} - (V_{DD} - V_{T-})} = RC \ln \frac{V_{DD} + V_{T+}}{V_{T-}}$$

在 G_2 输出低电平 V_{OL} 期间，电容 C 先放电再反向充电时间：

$$t_2 = RC \ln \frac{v_C(\infty) - v_C(0)}{v_C(\infty) - v_C(t)} = RC \ln \frac{V_{DD} - [-(V_{DD} - V_{T-})]}{V_{DD} - V_{T+}} = RC \ln \frac{2V_{DD} - V_{T-}}{V_{DD} - V_{T+}}$$

可见，当 G_1 采用具有施密特输入特性的反相器时，输出信号 v_{O2} 高、低电平时间一般不再相同，输出信号 v_{O2} 多为矩形波。

由图 7.2.21 不难看出，当 v_{I1} 瞬时电位为 $V_{DD} + V_{T+}$、反相器 G_1 输出低电平 V_{OL} 时，参数电阻 R 两端电压 $V_{DD} + V_{T+} - V_{OL}$ 达到最大；同理，当 v_{I1} 瞬时电位为 $-(V_{DD} - V_{T-})$、反相器 G_1 输出高电平 V_{OH} 时，参数电阻 R 两端电压 $V_{OH} + V_{DD} - V_{T-}$ 也达到最大。一般情况下，集成施密特反相器 $V_{T+} > 0.5V_{DD}$，$V_{T-} < 0.5V_{DD}$。为降低动态功耗，并避免反相器 G_1、G_2 过流损坏，参数电阻：

$$R > \frac{V_{DD} + V_{T+} - V_{OL}}{I_{OL(max)}} \approx \frac{2V_{DD}}{I_{OL(max)}}$$

假设电源电压 V_{DD} 为 5.0 V，$I_{OL(max)}$ 取 4.0 mA，则参数电阻 $R > \dfrac{2V_{DD}}{I_{OL(max)}} = \dfrac{2 \times 5}{4.0} = 2.5 \text{ k}\Omega$，考虑到电阻误差（5%）及工程设计余量（10%）后，参数电阻 R 最小值为 $2.5 \times (1 + 5\%) \times (1 + 10\%) = 2.89 \text{ k}\Omega$，即 3.0 kΩ。

另一方面，在 G_1 输出低电平、G_2 输出高电平期间，当 v_{I1} 电位接近 V_{T-} 时，参数电阻 R 两端电压 $V_{T-} - V_{OL}$ 达到最小；同理，在 G_1 输出高电平、G_2 输出低电平期间，当 v_{I1} 电位接近 V_{T+} 时，参数电阻 R 两端电压 $V_{OH} - V_{T+}$ 也达到最小。为保证振荡频率的精度和稳定性，流过参数电阻 R 的最小电流最好大于反相器输入电流 I_{IL}、I_{IH} 的 10 倍以上，即参数电阻：

$$R < \min\left(\frac{V_{T-} - V_{OL}}{10 I_{IL}}, \frac{V_{OH} - V_{T+}}{10 I_{IH}}\right)$$

如果电源电压 V_{DD} 为 5.0 V，上阈值电压 V_{T+} 上限值为 3.1 V，下阈值电压 V_{T-} 下限值为 0.9 V，反相器输入电流 I_{IL}、I_{IH} 约为 1 μA，则参数电阻 R 上限约 91 kΩ。

电容 C 为无极电容，取值范围一般为 470 pF～1 μF（容量大，漏电流高；容量小，寄生电容影响就不能忽略），导致非对称多谐振荡器频率被限制在几赫兹至几百千赫兹范围内。

7.2.3　环形振荡电路

把奇数（$2n+1$）个反相器首尾相连，构成一个环，就获得了环形振荡器，如图 7.2.22 所示。

假设开始时，G_3 输出 v_O 为高电平 V_{OH}，则经过 t_d 时间延迟后，G_1 输出低电平 V_{OL}，再经过 t_d 时间延迟后，G_2 输出高电平 V_{OH}，又经过 t_d 时间延迟后，G_3 输出低电平 V_{OL}，结果输出 v_O 的状态发生变化，如图 7.2.23 所示。

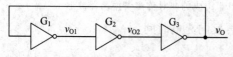

图 7.2.22　由三个反相器构成的环形振荡器

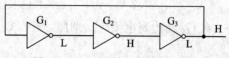

图 7.2.23　环形振荡器状态变化

显然，反相器 G_3 输出 v_O 高电平 V_{OH} 维持时间为 $3t_d$。同理，反相器 G_3 输出 v_O 低电平 V_{OL} 维持时间也是 $3t_d$，即输出方波信号，周期为 $6t_d$，各反相器输出波形如图 7.2.24 所示。

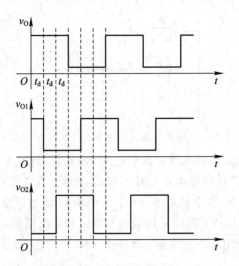

图 7.2.24　由三个反相器构成的环形振荡器波形

由此不难看出，如果反相器传输延迟时间为 t_{pd}，则由 $2n+1$ 个反相器首尾相连构成的环形振荡器输出信号高、低电平维持时间均为 $(2n+1) \times t_{pd}$，即振荡周期为 $2(2n+1) \times t_{pd}$。

由于环形振荡器输出信号的频率无法调节，因此可在环形振荡器中串联 RC 延迟电路，使振荡周期可调，如图 7.2.25(a) 所示。

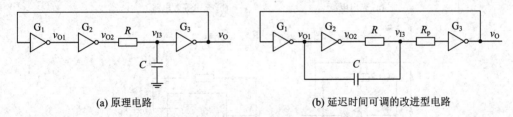

(a) 原理电路　　　　　　　　　　　　　(b) 延迟时间可调的改进型电路

图 7.2.25　可调振荡周期的环形振荡器

不过图 7.2.25(a) 所示的电路并不实用，原因是反相器 G_3 只有一个阈值电压 V_{TH}，当电容 C 端电压 v_C 略为升高时，v_{I3} 就会大于 V_{TH}，使 G_3 翻转，经过两个反相器的延迟后，G_2 也会翻转，电容 C 又开始放电，当端电压 v_C 下降到略小于阈值电压 V_{TH} 时，会使 G_3 再度翻转，即加入 RC 元件获得的附加延迟时间并不长，且动态功耗较大。为此，可采用图 7.2.25(b) 所示的延迟时间可调的改进型电路，由于 v_{I3} 电位可在 $V_{OH}+V_{TH}$ 到 $V_{OL}-V_{TH}$ 之间变化，因此为避免 G_3 输入保护二极管形成钳位效应，限制 v_{I3} 电位的变化范围，可在 G_3 输入端串联保护电阻 R_p。图 7.2.25(b) 所示环形振荡器电路工作过程、输出波形、延迟时间的计算方法等均与非对称多谐振荡器相同。为减小动态功耗，反相器 G_3 最好采用具有施密特输入特性的反相器，如 74HC14、74LV14A 或 74LVC1G14 等。

7.2.4　由施密特输入反相器构成的振荡电路

由于施密特输入电路具有 V_{T+}、V_{T-} 两个阈值电压，因此借助 RC 积分电路与施密特输入反相器就可以构成一个元件数量最少的矩形波发生器，如图7.2.26所示。其中，反相器 G_2 属于可选元件，起隔离作用，避免负载轻重影响振荡器的振荡频率。

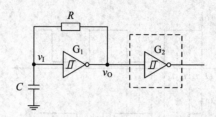

图 7.2.26 由施密特输入反相器构成的矩形波发生器

上电瞬间电容 C 尚未来得及充电，其端电压 $v_C(v_I)$ 接近 0 V，反相器 G_1 输出高电平 V_{OH}，通过电阻 R 对电容 C 进行充电，如图7.2.27所示；当电容 C 端电压 $v_C(v_I)$ 升高到上阈值电压 V_{T+} 时，反相器 G_1 输出低电平 V_{OL}，结果电容 C 通过电阻 R 放电，如图7.2.28所示；当电容 C 端电压 $v_C(v_I)$ 下降到下阈值电压 V_{T-} 时，反相器 G_1 又输出高电平 V_{OH}，通过电阻 R 对电容 C 再次充电，如此往复，就获得了图7.2.29所示的矩形波信号。

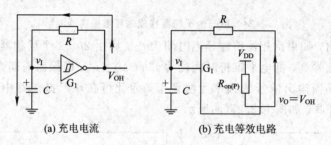

(a) 充电电流   (b) 充电等效电路

图 7.2.27 电容 C 充电

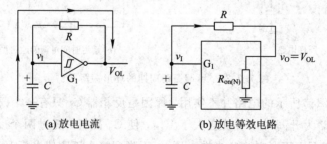

(a) 放电电流   (b) 放电等效电路

图 7.2.28 电容 C 放电

显然，电容 C 放电时间：

$$t_1 = RC \ln \frac{v_C(\infty) - v_C(0)}{v_C(\infty) - v_C(t)} = RC \ln \frac{0 - V_{T+}}{0 - V_{T-}} = RC \ln \frac{V_{T+}}{V_{T-}}$$

当 G_1 输出高电平电压 V_{OH} 接近 V_{DD} 时，电容 C 充电时间：

$$t_2 = RC \ln \frac{v_C(\infty) - v_C(0)}{v_C(\infty) - v_C(t)} = RC \ln \frac{V_{OH} - V_{T-}}{V_{OH} - V_{T+}} = RC \ln \frac{V_{DD} - V_{T-}}{V_{DD} - V_{T+}}$$

可见，一般情况下，充电时间 t_2 并不等于放电时间 t_1，因此由施密特输入反相器构成的多谐振荡电路的输出信号 v_O 往往是矩形波。

当需要独立调节充电时间与放电时间时，可采用如图7.2.30所示的充放电时间独立

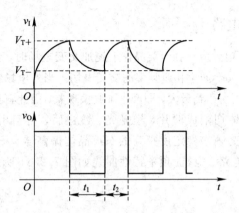

图 7.2.29　输入、输出波形

可调的多谐振荡电路。其中，二极管 V_{D1}、V_{D2} 可以是最常见的高频小功率硅材料二极管，如 1N4148，不过为避免施密特输入反相器 G_1 下阈值电压 V_{T-} 可能小于 0.7 V，上阈值电压 V_{T+} 可能偏高，使 $V_{DD}-V_{T+}<0.7$ V，导致反相器 G_1 状态不能翻转，二极管 V_{D1}、V_{D2} 最好采用低导通压降的肖特基二极管，如 ISS389、B0520 等。

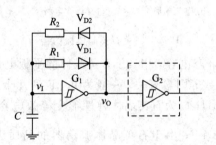

图 7.2.30　充放电时间独立可调的多谐振荡电路

【**例 7.2.2**】　试估算输出信号频率为 10 kHz 的由施密特输入反相器构成的矩形波发生器的 RC 元件的参数（假设反相器用 74HC14、74LV14A 或 74LVC14 芯片，电源电压 V_{DD} 为 5.0 V）。

解　在图 7.2.26 中，上电瞬间反相器 G_1 输入端电位 v_I 瞬时值为 0；而在正常状态下，输入端电位 v_I 在 V_{T-} 到 V_{T+} 之间变化，即上电瞬间电阻 R 端电压最大为 V_{DD}。为避免反相器 G_1 输出高电平电流 I_{OH} 太大，导致反相器功耗偏高，甚至过流损坏，电阻 R 不宜太小。

假设 I_{OH} 不超过 2 mA，则电阻 $R>\dfrac{V_{DD}}{I_{OH}}=2.5$ kΩ。

根据集成施密特输入反相器芯片的特性，当电源电压 V_{DD} 为 5.0 V 时，上阈值电压 V_{T+} 约为 2.0～3.1 V，典型值为 2.7 V，下阈值电压 V_{T-} 约为 0.9～2.2 V，典型值为 1.8 V。

因此，输出矩形波信号周期：

$$T=RC\ln\frac{V_{T+}}{V_{T-}}+RC\ln\frac{V_{DD}-V_{T-}}{V_{DD}-V_{T+}}=RC\ln\frac{2.7}{1.8}+RC\ln\frac{5-1.8}{5-2.7}=0.736\,RC=\frac{1}{f}$$

由此可知，电容 C 的容量在 54 nF 以下。例如，当电容 C 取 51 nF 时，振荡电阻约为 2.7 kΩ。

7.2.5 石英晶体振荡电路

石英晶体(SiO_2)具有压电效应。在石英晶体上施加交变电场时，会产生与交变电场频率一致的机械振动，而机械振动又会产生相应频率的交变电场。当外电场频率与石英晶体固有谐振频率 f_0 一致时，机械形变幅度达到最大，即产生了共振现象，因此石英晶体具有选频特性。

沿特定晶向将石英晶体切割成薄片，经抛光、镀银后，再引出两个电极，并将其封装在金属管壳中就获得了振荡频率稳定度很高的石英晶体振荡器。石英晶体振荡器的内部结构、电气图形符号、等效电路、电抗-频率特性曲线如图 7.2.31 所示。

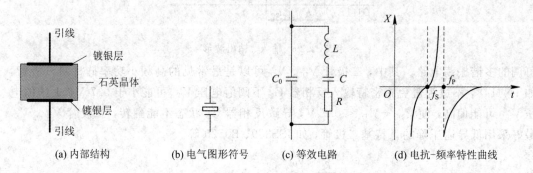

| (a) 内部结构 | (b) 电气图形符号 | (c) 等效电路 | (d) 电抗-频率特性曲线 |

图 7.2.31 石英晶体振荡器

图 7.2.31 中，C_0 称为静态电容，相当于石英晶体的平板电容，大小与晶体表面积、晶片厚度、石英晶体的介电常数等因素有关，一般为几 pF 到几十 pF；L 为机械形变等效电感，大小为几 mH 到几十 mH；C 为石英晶体弹性形变等效电容，其容量远小于等效静态电容 C_0，一般为 $0.01 \sim 0.5$ pF；由于石英晶体振荡器的品质因数 $Q = \dfrac{2\pi f_0 L}{R}$ 很高（大于5000），因此等效损耗电阻 R 很小，一般在 $100\ \Omega$ 以下。

由等效电路可知，石英晶体振荡器具有两个谐振频率，其中 RLC 串联支路的谐振频率：

$$f_s = \frac{1}{2\pi\sqrt{LC}}$$

当 RLC 串联支路发生谐振时，串联支路电抗为 0，阻抗等于损耗电阻 R。此时，石英晶体相当于静态电容 C_0 与损耗电阻 R 并联。由于静态电容 C_0 只有几 pF，因此容抗 $\dfrac{1}{2\pi f_s \times C_0}$ 远大于损耗电阻 R。如果外电路的等效串联电阻较大，则可将石英晶体视为短路线。

当静态电容 C_0 与 RLC 串联支路发生并联谐振时，并联谐振频率：

$$f_P = \frac{1}{2\pi\sqrt{L\dfrac{CC_0}{C+C_0}}} = \frac{1}{2\pi\sqrt{LC\dfrac{C_0}{C+C_0}}} = f_s\sqrt{\frac{C_0+C}{C_0}} = f_s\sqrt{1+\frac{C}{C_0}} \approx \frac{1}{2\pi\sqrt{LC}}$$

由于静态电容 C_0 远大于弹性形变等效电容 C，致使 f_P 仅略大于 f_s，因此，在应用中均认为 $f_P \approx f_s = f_0$，不再区分。

石英晶体的固有谐振频率 f_0 与晶向有关。振荡频率的稳定性好，精度高，常温下精度会达到 5 个 9 以上，常用于产生频率精度、稳定性要求很高的正弦信号或矩形信号。石英晶体的典型应用电路如图 7.2.32 所示。

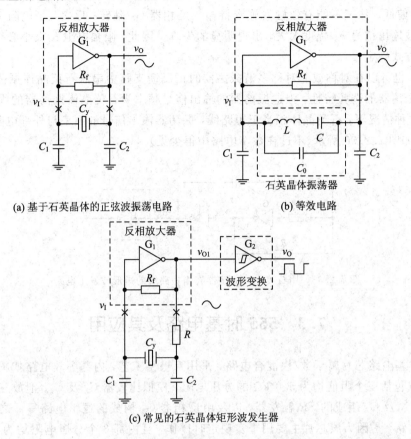

(a) 基于石英晶体的正弦波振荡电路　　　　　(b) 等效电路

(c) 常见的石英晶体矩形波发生器

图 7.2.32　石英晶体典型波形发生器

在图 7.2.32 中，电容 C_1、C_2 容量往往相同，且 C_1、C_2 容量与静态电容 C_0 相当，因此振荡频率：

$$f = \cfrac{1}{2\pi \sqrt{\cfrac{LC\left(C_0 + \cfrac{C_1 C_2}{C_1 + C_2}\right)}{C + C_0 + \cfrac{C_1 C_2}{C_1 + C_2}}}}$$

$$= f_s \sqrt{\cfrac{C_0 + \cfrac{C_1}{2} + C}{C_0 + \cfrac{C_1}{2}}} = f_s \sqrt{1 + \cfrac{C}{C_0 + \cfrac{C_1}{2}}} \approx \cfrac{1}{2\pi \sqrt{LC}}$$

与电容 C_1、C_2 容量大小无关，依然由晶体振荡器的固有谐振频率决定，C_1、C_2 大小仅影响起振过程和正弦波输出信号的幅度。C_1、C_2 一般取 10～47 pF。当晶振频率较高时，C_1、C_2 容量要取小一些；反之，C_1、C_2 容量可取大一点。

将图 7.2.32(a)所示正弦波发生器的输出信号送施密特输入反相器 G_2 整形后就可以获得矩形波信号，如图 7.2.32(c)所示。为避免当石英晶体振荡频率较低(如 4.0 MHz 以内)时正弦波输出信号 v_{O1} 严重失真，对外电路产生较强的干扰，可在晶体振荡器的输出引脚串联反馈信号限幅电阻 R(大小一般在 10 kΩ 内)。当电阻 R 偏大时,会使正弦波输出信号 v_{O1} 幅度偏低,甚至不能有效触发施密特输入反相器 G_2 翻转;反之,当电阻 R 偏小时,会使正弦波输出信号 v_{O1} 幅度太大,出现明显的失真。因此,限幅电阻 R 大小必须适中,可通过实验方式确定。

当然,也可以在对称或非对称多谐振荡器的正反馈支路中串联石英晶体振荡器,利用石英晶体振荡器的选频特性,强迫振荡器的输出信号频率为石英晶体振荡器的固有谐振频率 f_0(在这种情况下,石英晶体相当于短路线,振荡器输出信号的频率与外部电阻 R、电容 C 无关),如图 7.2.33 所示(不过在数字电路中很少见)。

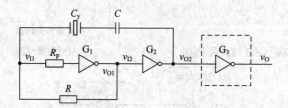

图 7.2.33　用石英晶体振荡器充当短路线的矩形波发生电路

7.3　555 时基电路及其应用

555 时基电路芯片属于数/模混合电路,采用双极型工艺,内部等效电路如图 7.3.1 所示,其组成包括三个阻值均为 5.0 kΩ 的分压电阻、模拟比较器 C_1 及 C_2、泄放三极管 V_T、由与非门 G_1 及 G_2 组成的 SR 触发器,以及由反相器 G_3 构成的逻辑电路等。之所以称为 555 时基电路,是因为该芯片主要用于实现定时操作,且内部 3 个分压电阻均为 5 kΩ。除了 8 引脚封装的 555 时基芯片外,尚有 14 引脚封装的双时基 556 芯片(两套 555 时基电路制作在同一芯片上,并共用电源和地线引脚)以及采用 CMOS 工艺生产的 7555 时基电路(其功能与采用双极型工艺的 555 时基芯片相同,只是内部分压电阻阻值较大,静态功耗小)。

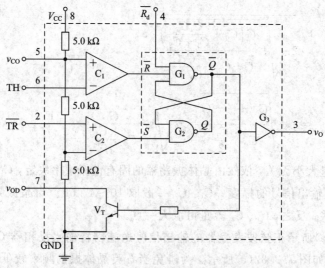

图 7.3.1　555 时基内部等效电路

这类时基电路芯片具有功能相对完善、使用较灵活的特征,增加少量外围元器件后就具备施密特输入反相器、单稳态电路(单次定时)、多谐振荡电路等功能,在单片机(MCU)尚未普及的 20 世纪 90 年代前后曾广泛用于数字电路系统中。不过,2000 年后,MCU 技术日趋成熟,价格低廉,电路设计者已非常习惯使用功能更强、灵活性更高、功耗更低的 MCU 芯片实现 555 时基芯片的功能。

7.3.1　由 555 时基芯片构成的施密特输入电路

将异步清零输入端 $\overline{R_d}$(第 4 引脚)接电源 V_{CC},在参考电位控制端 v_{CO}(第 5 引脚)接容量为 $0.01\sim0.1~\mu F$ 的电容 C_1,形成 RC 低通滤波电路,以便滤除基准电位 v_{CO} 节点上可能存在的高频噪声,再将第 6、2 引脚连在一起作为信号输入端 v_I,就获得了上下阈值电压分别为 $\frac{2}{3}V_{CC}$、$\frac{1}{3}V_{CC}$ 的施密特输入反相器,如图 7.3.2 所示。

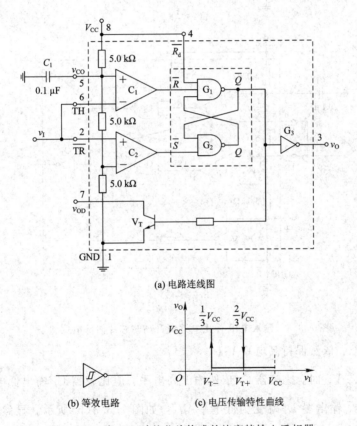

(a) 电路连线图

(b) 等效电路　　　　(c) 电压传输特性曲线

图 7.3.2　由 555 时基芯片构成的施密特输入反相器

当输入电压 v_I 从 0 逐渐升高到 $\frac{2}{3}V_{CC}$ 以上时,芯片内部关键节点电位的变化过程如下:

(1) 当 $v_I < \frac{1}{3}V_{CC}$ 时,比较器 C_1 输出高电平,比较器 C_2 输出低电平,芯片内部各关键节点电位状态如图 7.3.3(a)所示,v_O 端输出高电平 V_{OH}。

(2) 当 $\frac{1}{3}V_{CC} \leqslant v_I < \frac{2}{3}V_{CC}$ 时,比较器 C_1、C_2 均输出高电平,内部 SR 触发器的状态维

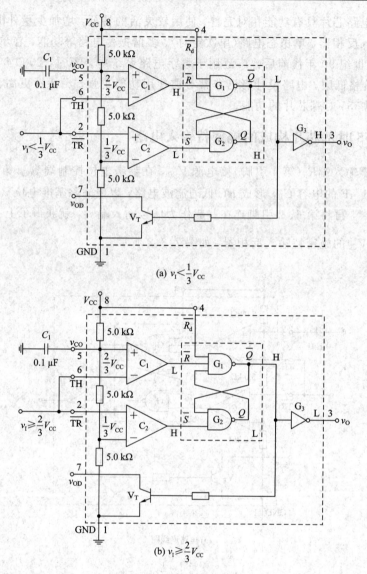

图 7.3.3　输入电压 v_I 由 0 逐渐升高时芯片内部电位状态

持不变，输出端 v_O 依然保持高电平 V_{OH}。

（3）当 $v_I \geqslant \dfrac{2}{3}V_{CC}$ 时，比较器 C_2 依然输出高电平，但比较器 C_1 输出低电平，内部 SR 触发器状态翻转，输出端 v_O 跳变为低电平 V_{OL}，如图 7.3.3（b）所示。显然，上阈值电压 $V_{T+} = \dfrac{2}{3}V_{CC}$。

当输入电压 v_I 由高电平 $\left(> \dfrac{2}{3}V_{CC} \right)$ 逐渐下降到低电平 $\left(< \dfrac{1}{3}V_{CC} \right)$ 时，芯片内部关键节点电位的变化过程如下：

（1）当 v_I 下降到 $\dfrac{1}{3}V_{CC} \leqslant v_I < \dfrac{2}{3}V_{CC}$ 时，比较器 C_1、C_2 均输出高电平，内部 SR 触发器状态维持不变，输出端 v_O 依然保持低电平 V_{OL}。

（2）当 v_I 下降到 $\frac{1}{3}V_{CC}$ 以下电平时，比较器 C_1 依然输出高电平，但比较器 C_2 输出跳变为低电平，内部 SR 触发器状态翻转，输出端 v_O 跳变为高电平 V_{OH}，如图 7.3.3（a）所示。显然，下阈值电压 $V_{T-} = \frac{1}{3}V_{CC}$。

在图 7.3.2 所示的施密特输入反相器中，回差电压 $\Delta V = V_{T+} - V_{T-} = \frac{1}{3}V_{CC}$。不过，在参考电位控制端 v_{CO} 引脚与电源 V_{CC} 或 GND 之间并接外部调节电阻 R_{CO} 后就可以改变比较器 C_1 同相端与比较器 C_2 反相端的基准电位，从而改变施密特输入电路的上、下阈值电压，如图 7.3.4 所示。

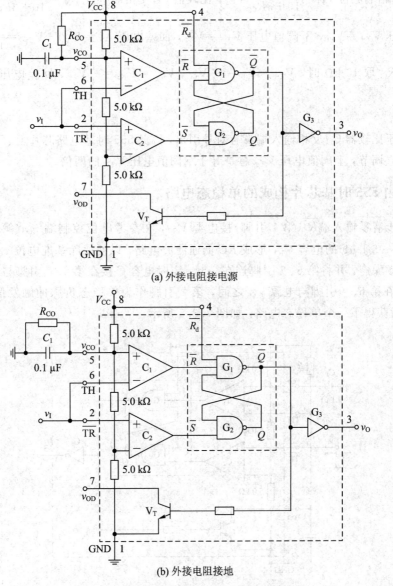

(a) 外接电阻接电源

(b) 外接电阻接地

图 7.3.4　借助外部电阻改变比较器基准电位

对图 7.3.4(a)来说，外部电位调节电阻 R_{CO} 接在 v_{CO} 引脚与电源 V_{CC} 之间，可以证明：比较器 C_1 同相端电位 $V_{P1} = \dfrac{2(5+R_{CO})}{10+3R_{CO}}V_{CC}$，比较器 C_2 反相端电位 $V_{N2} = \dfrac{5+R_{CO}}{10+3R_{CO}}V_{CC}$。因此，上阈值电压 $V_{T+} = V_{P1}$，下阈值电压 $V_{T-} = V_{N2}$，回差电压 $\Delta V = V_{T+} - V_{T-} = \dfrac{5+R_{CO}}{10+3R_{CO}}V_{CC}$。例如，当 R_{CO} 取 10 kΩ 时，$V_{T+} = V_{P1} = \dfrac{6}{8}V_{CC}$，$V_{T-} = V_{N2} = \dfrac{3}{8}V_{CC}$，回差电压 $\Delta V = V_{T+} - V_{T-} = \dfrac{3}{8}V_{CC}$。

对图 7.3.4(b)来说，外部电位调节电阻 R_{CO} 接在 v_{CO} 引脚与 GND 之间，可以证明：比较器 C_1 同相端电位 $V_{P1} = \dfrac{2R_{CO}}{10+3R_{CO}}V_{CC}$，比较器 C_2 反相端电位 $V_{N2} = \dfrac{R_{CO}}{10+3R_{CO}}V_{CC}$。因此，上阈值电压 $V_{T+} = V_{P1}$，下阈值电压 $V_{T-} = V_{N2}$，回差电压 $\Delta V = V_{T+} - V_{T-} = \dfrac{R_{CO}}{10+3R_{CO}}V_{CC}$。例如，当 R_{CO} 取 10 kΩ 时，$V_{T+} = V_{P1} = \dfrac{2}{4}V_{CC}$，$V_{T-} = V_{N2} = \dfrac{1}{4}V_{CC}$，回差电压 $\Delta V = V_{T+} - V_{T-} = \dfrac{1}{4}V_{CC}$。

但由于比较器 C_2 反相输入端没有对外引出，因此 555 时基电路芯片上、下两个阈值电压不能独立调节，上阈值电压 V_{T+} 总是等于下阈值电压 V_{T-} 的两倍。

7.3.2　由 555 时基芯片构成的单稳态电路

将异步清零输入端 $\overline{R_d}$（第 4 引脚）接电源 V_{CC}，在参考电位控制端 v_{CO}（第 5 引脚）接容量为 $0.01\sim0.1~\mu F$ 的电容 C_1，形成 RC 低通滤波电路，以便滤除基准电位 v_{CO} 节点上可能存在的高频噪声，并将第 6、7 引脚连在一起，定时电容 C 接在第 6、7 引脚与地之间，定时电阻 R 接在第 6、7 引脚与电源 V_{CC} 之间，第 2 引脚作为单稳态负脉冲触发信号的输入端 v_I，这样就获得了一个单稳态电路，如图 7.3.5 所示。

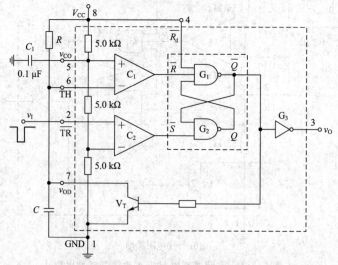

图 7.3.5　由 555 时基芯片构成的单稳态电路

　　未触发时，输入端 v_I 为高电平 V_{IH}，比较器 C_2 输出高电平，内部 SR 触发器 $\overline{Q}$ 端输出高电平 V_{OH}（一定是这样，否则电容 C 充电后也会触发 SR 触发器回到这一稳定态），输出端 v_O 为低电平 V_{OL}，泄放三极管 V_T 饱和导通，定时电容 C 处于完全放电状态，端电压 v_C 为 0，结果比较器 C_1 输出高电平，如图 7.3.6(a) 所示。

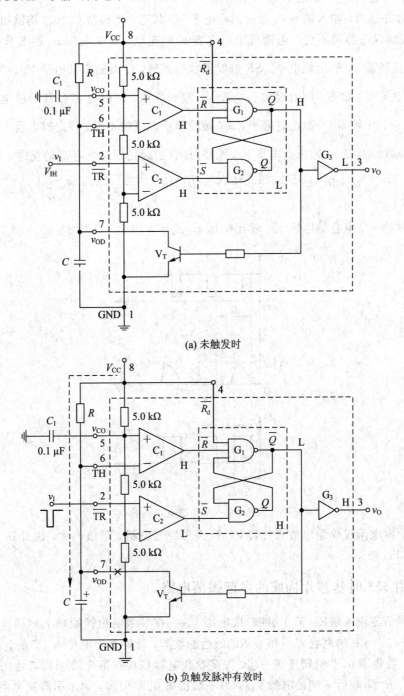

(a) 未触发时

(b) 负触发脉冲有效时

图 7.3.6　单稳态电路触发前后的状态

当负的窄触发脉冲来到时，比较器 C_2 输出低电平，内部 SR 触发器状态翻转（触发脉冲低电平维持时间包括比较器 C_2 状态建立时间和 SR 触发器状态建立时间），$\overline{Q}$ 端输出低电平 V_{OL}，泄放三极管 V_T 进入截止状态，电容 C 开始充电，此时输出端 v_O 变为高电平 V_{OH}，电路进入暂稳态，如图 7.3.6(b)所示。

触发脉冲过后，输入端 v_I 又返回到高电平 V_{IH} 状态，比较器 C_1、C_2 均输出高电平，内部 SR 触发器状态维持不变。但随着定时电容 C 的充电，其端电压 v_C 逐渐升高，当 $v_C \geqslant \frac{2}{3}V_{CC}$ 时，比较器 C_1 输出低电平，SR 触发器状态翻转，$\overline{Q}$ 端输出高电平 V_{OH}，结果输出端 v_O 回到低电平 V_{OL} 状态，同时泄放三极管 V_T 饱和导通，定时电容 C 开始放电，当端电压 $v_C < \frac{2}{3}V_{CC}$ 后，比较器 C_1 输出高电平，SR 触发器状态维持不变，使定时电容 C 完全放电。

显然，第 3 引脚 v_O 输出高电平 V_{OH} 维持时间（也就是定时电容 C 的充电时间）：

$$t_w = RC \ln \frac{v_C(\infty) - v_C(0)}{v_C(\infty) - v_C(t)} = RC \ln \frac{V_{CC} - 0}{V_{CC} - \frac{2}{3}V_{CC}} = RC \ln 3$$

触发脉冲 v_I、电容端电压 v_C、输出电压 v_O 波形如图 7.3.7 所示。

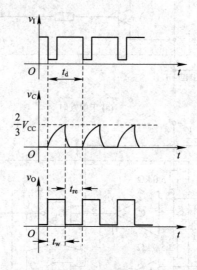

图 7.3.7 单稳态电路波形

由于放电电阻仅仅是泄放三极管 CE 极饱和导通电阻，阻值不大，因此这一单稳态电路恢复时间 t_{re} 较短。

7.3.3 由 555 时基芯片构成的多谐振荡电路

将异步清零输入端 $\overline{R_d}$（第 4 引脚）接电源 V_{CC}，在参考电位控制端 v_{CO}（第 5 引脚）接容量为 $0.01 \sim 0.1\ \mu F$ 的电容 C_1，组成 RC 低通滤波器，滤除基准电位 v_{CO} 节点上可能存在的高频噪声，并将第 6、2 引脚连在一起，振荡参数电容 C 接在第 6、2 引脚与地之间，振荡参数电阻 R_1、R_2 串联后一端接电源 V_{CC}，另一端接第 6、2 引脚，第 7 引脚接电阻 R_1、R_2 的中点，这样就获得了基于施密特输入反相器的多谐振荡电路，如图 7.3.8 所示。

上电瞬间，由于电容 C 尚未充电，其端电压 v_C 为 0，比较器 C_1 输出高电平，而比较器

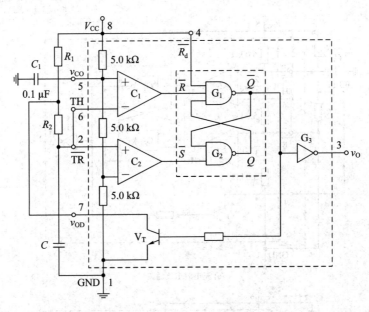

图 7.3.8　由 555 时基芯片构成的多谐振荡电路

C_2 输出低电平,因此内部 SR 触发器 Q 端输出高电平,$\overline{Q}$ 端输出低电平,输出端 v_O 为高电平,同时泄放三极管 V_T 截止,电容 C 开始充电,端电压 v_C 将逐渐升高;当 $\frac{1}{3}V_{cc} \leqslant v_C < \frac{2}{3}V_{cc}$ 时,比较器 C_1、C_2 均输出高电平,SR 触发器状态维持不变,定时电容 C 继续充电,如图 7.3.9(a)所示。

当 $v_C \geqslant \frac{2}{3}V_{cc}$ 时,比较器 C_1 输出低电平,SR 触发器状态翻转,$\overline{Q}$ 端输出高电平,输出端 v_O 返回低电平 V_{OL} 状态,同时泄放三极管 V_T 饱和导通,第 7 引脚 v_{OD} 输出低电平,电容 C 借助电阻 R_2 放电(在电容 C 放电过程中,电阻 R_1 的电流 i_{R1} 同样会流入第 7 引脚),如图 7.3.9(b)所示。电容 C 端电压 v_C 逐渐下降,当 $v_C < \frac{1}{3}V_{cc}$ 时,比较器 C_2 输出低电平,SR 触发器状态又一次翻转,内部 SR 触发器 $\overline{Q}$ 端输出低电平,输出端 v_O 跳变为高电平,同时泄放三极管 V_T 截止,电容 C 再次进入充电状态,如此往复,于是在输出端 v_O 就获得图 7.3.10 所示的矩形波信号。

显然,电容 C 放电时间(输出端 v_O 低电平 V_{OL} 状态维持时间):

$$t_1 = R_2 C \ln \frac{v_C(\infty) - v_C(0)}{v_C(\infty) - v_C(t)} = R_2 C \ln \frac{0 - \frac{2}{3}V_{cc}}{0 - \frac{1}{3}V_{cc}} = R_2 C \ln 2$$

电容 C 充电时间(输出端 v_O 高电平 V_{OH} 状态维持时间):

$$t_2 = (R_1 + R_2) C \ln \frac{v_C(\infty) - v_C(0)}{v_C(\infty) - v_C(t)} = (R_1 + R_2) C \ln \frac{V_{cc} - \frac{1}{3}V_{cc}}{V_{cc} - \frac{2}{3}V_{cc}} = (R_1 + R_2) C \ln 2$$

输出信号 v_O(矩形波)周期 $T = t_1 + t_2 = (R_1 + 2R_2) C \ln 2$。

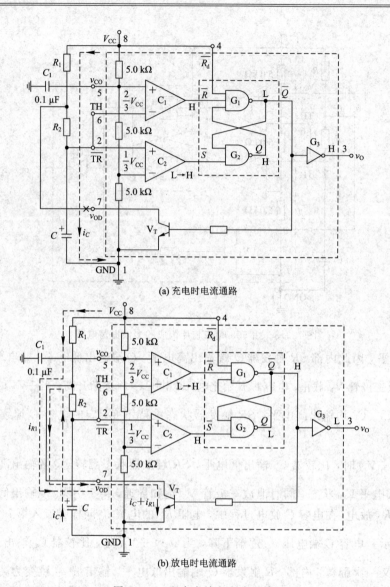

(a) 充电时电流通路

(b) 放电时电流通路

图 7.3.9   电容充放电电流通路

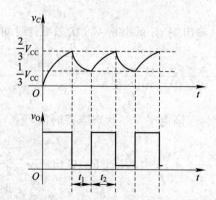

图 7.3.10   电容 C 端电压 v_C 及输出电压 v_O 的波形

习　题　7

7-1　画出图 7.1.7 所示的支持窄脉冲触发的积分型单稳态电路的关键节点的波形。

7-2　为什么不宜用单稳态电路实现分钟级的超长定时？

7-3　分别用 74HC04 和 74HC14 芯片搭建非对称多谐振荡电路，并用示波器观察相关参数，指出两者的区别。

7-4　画出由 74HC04 构成的振荡频率最低的环形振荡器。如果 74HC04 的传输延迟时间 t_{pd} 为 10 ns，则输出信号频率为多少？

7-5　画出由 74HC04 构成的振荡频率最高的环形振荡器。如果 74HC04 的传输延迟时间 t_{pd} 为 10ns，则输出信号周期为多少？

7-6　在其他条件不变的情况下，观察并比较用 74HC04 芯片及 74HC14 芯片构成的非对称多谐振荡器的功耗及输出信号的波形。

7-7　用 74HC04 芯片可以构成不同振荡频率的环形振荡器，观察当只用一套反相器时会出现什么情况，请说明原因。

7-8　将图 7.2.26 中的施密特输入反相器换成普通反相器芯片时，电路能工作吗？为什么？

7-9　试估算输出信号频率为 1 kHz 的非对称多谐振荡器的 RC 元件的参数（假设反相器用 74HC04、74LV04A 或 74LVC2G04 芯片，电源电压 V_{DD} 为 5.0 V）。

7-10　将习题 7-9 中的反相器芯片换成具有施密特输入特性的反相器芯片，如 74HC14、74LV14A、74LVC2G14 芯片后，电源功耗（电流）、输出信号波形将如何变化？请用实验方法验证。

第8章　A/D转换与D/A转换

由于模拟电子技术的固有缺陷——失真不可避免,保密性不强,功耗大等无法克服,因此数字化成为了一种必然的选择。微弱的模拟信号经放大、滤波后,送模/数转换器(Analog-Digital Converter,ADC)转化为一系列离散的数字信号,以便数字信号处理器件(如 MCU、DSP、FPGA 等)进行处理;当需要将数字信号还原为模拟信号时,把数字信号送数/模转换器(Digital-Analog Converter,DAC),再经低通滤波器滤除 D/A 转换引入的高频阶梯信号后即可获得所需要的模拟信号。由此可见,ADC 和 DAC 是模拟信号与数字信号转换的接口电路,是实现电子技术数字化的关键器件。

数/模及模/数转换器件的主要生产商有 TI(Texas Instruments)、AD(Analog Devices)、Maxim、Microchip、NXP(恩智浦)等。其中,TI 及 AD 公司生产与数/模、模/数转换有关的器件,其生产的 A/D 转换器、D/A 转换器、基准电源、线性放大器、多路转换开关等芯片的规格、品种最为齐全。

8.1　D/A 转换器

在现代电子电路中,完整的数/模转换系统如图 8.1.1 所示,外部数字信号处理器件输出的数字信号 D_n 送 DAC 器件,生成带有高频阶梯信号的模拟信号 v_O,经外部低通滤波器滤除高频阶梯信号后即可获得平滑干净的模拟信号。

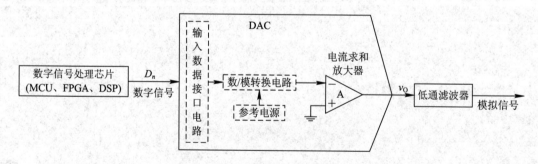

图 8.1.1　完整的 D/A 转换系统

早期的 DAC 器件内部一般仅包含数/模转换电路,需要外接数据输入接口电路(如并行输入方式的数据锁存器、串行接口输入方式的串-并转换移位寄存器)、参考电源以及实现电流求和运算的线性放大器等单元电路才能构成完整的 D/A 转换系统。随着数/模混合 CMOS 集成电路工艺的进步,近年来商品化的 DAC 芯片功能日趋完善,几乎包含了 D/A 转换过程所需的全部单元电路。

DAC 器件的种类有很多,根据转换精度,可将 DAC 器件分为低分辨率(8~10 位)、中分辨率(12~16 位)、高分辨率(16 位以上)三大类;根据转换速度,可将 DAC 器件分为低速(转换速率在 250k 次/s 以下)、中速(转换速率在 1M 次/s 以下)、高速(转换速率在 10M 次/s 以上)三大类；根据转换原理，可将 D/A 转换方式分为权电阻网络、倒 T 形电阻网络(简称 *R2R* 型)、权电流网络、开关树型、权电容网络、电阻串(Resistor String)、PWM 方式等，但除了倒 T 形电阻网络、电阻串两种架构外，其他形式的 D/A 转换电路都存在缺点，并没有在实际的 DAC 器件中得到广泛应用；根据数字信号的输入方式，可将 DAC 器件分为并行接口 DAC、串行接口 DAC 两大类。高速 DAC 器件多采用并行接口方式，待转换的 n 位二进制数同时输入，速度快，但器件封装引脚多，常用 QFP 封装方式，价格较高，PCB 布线有一定的难度。为方便与数字信号处理器件的连接，部分并行接口 DAC 器件内置了输入锁存器，但也有部分并行接口 DAC 器件没有内置输入锁存器，当这类 DAC 器件与 MCU 芯片连接时，必须借助 MCU 芯片 I/O 引脚的输出锁存器或外部寄存器，如 74HC273、74HC374、74HC373(74HC573)等芯片锁存输入的数字信号。部分中高速 DAC 器件采用 LVDS 接口(Low-Voltage Differential Signaling，低压差分信号接口)，LVDS 接口(又称 RS-644 总线接口)是美国国家半导体公司在 1994 年提出的一种信号传输模式；中低速 DAC 器件多采用 SPI 或 I²C 串行接口方式，封装形式多以 SO-8 或 SOT-23-6 (内置了基准电压发生器的串行 DAC 器件一般采用 SOT-23-6 贴片封装，如 DAC7571) 为主，成本低，体积小，连线方便。

8.1.1　权电阻网络 D/A 转换器

4 位权电阻网络 D/A 转换器的原理电路如图 8.1.2 所示，由权电阻网络、电子开关以及实现电流求和运算的线性放大器等单元电路组成。

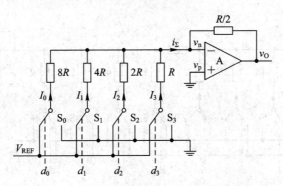

图 8.1.2　4 位权电阻网络 D/A 转换器的原理电路

在权电阻网络中，如果 d_i 位为 0，则对应位的电子开关 S_i 转向右边，接地(即 GND)；反之，d_i 位为 1，则对应位的电子开关 S_i 转向左边，接参考电压 V_{REF}。在 n 位权电阻网络 D/A 转换电路中，第 i 位电阻 R_i 大小为 $2^{(n-1)-i}R$，这正是"权电阻网络"名称的来由。

由运算放大器的"虚短"规则可知，$v_n = v_p = 0$，于是各支路电流：

$$I_3 = \frac{V_{REF}}{R}d_3, \ I_2 = \frac{V_{REF}}{2R}d_2, \ I_1 = \frac{V_{REF}}{4R}d_1, \ I_0 = \frac{V_{REF}}{8R}d_0$$

当电流求和运算放大器 A 的输入阻抗 R_i 为无穷大时，输出信号：

$$v_O = -\frac{R}{2}i_\Sigma = -(I_3 + I_2 + I_1 + I_0)\frac{R}{2} = -\frac{V_{REF}}{2^4}(d_3 2^3 + d_2 2^2 + d_1 2^1 + d_0 2^0)$$

由此可推断出，对于 n 位权电阻网络的 D/A 转换器，其模拟输出信号：

$$v_O = -\frac{V_{REF}}{2^n}(d_{n-1}2^{n-1} + d_{n-2}2^{n-2} + \cdots + d_3 2^3 + d_2 2^2 + d_1 2^1 + d_0 2^0) = -\frac{V_{REF}}{2^n}D_n$$

权电阻网络 D/A 转换器有以下特点：

（1）权电阻网络 D/A 转换器所需元件数量不多。例如，n 位权电阻网络 D/A 转换器仅需 $n+1$ 只电阻、n 套电子开关以及一个为实现电流求和运算的电压模运算放大器。但在权电阻网络 DAC 中需要不同阻值的电阻，且各电阻阻值差别很大。例如，对于 8 位 D/A 转换器来说，需要 9 种规格的电阻，如果 b_7 位对应的电阻 $R_7 = R$，取 10.0 kΩ，则 b_0 位对应电阻 R_0 应为 $2^7 R$，即 1.28 MΩ。可见，误差大，精度低，且高阻值电阻在集成电路中占用的硅片面积大，制作成本高。

（2）每一支路的电流与该位数码有关，即流入（V_{REF} 为负电压）或流出（V_{REF} 为正电压）参考电源 V_{REF} 的电流（近似等于 i_Σ）与输入的数字量有关。如果参考电源 V_{REF} 内阻 R_0 较大，那么误差将不可避免。可见，要保证转换精度，参考电源 V_{REF} 内阻必须尽可能小，稳定度还要尽可能高，即温度系数尽可能小，负载调整率尽可能高。

因此，权电阻网络 D/A 转换器只用于理解 D/A 转换器的工作原理，没有实用价值。

8.1.2 双级权电阻网络

为克服高分辨率权电阻网络 D/A 转换器各电阻阻值相差较大的缺点，有人提出了双级权电阻网络 D/A 转换器。8 位双级权电阻网络 D/A 转换器的原理电路如图 8.1.3 所示。

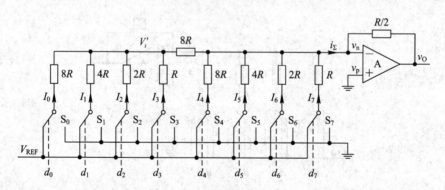

图 8.1.3 8 位双级权电阻网络 D/A 转换器的原理电路

显然：

$$I_7 = \frac{V_{REF}}{R}d_7, \quad I_6 = \frac{V_{REF}}{2R}d_6, \quad I_5 = \frac{V_{REF}}{4R}d_5, \quad I_4 = \frac{V_{REF}}{8R}d_4$$

而

$$I_3 = \frac{V_{REF}d_3 - V_i'}{R}, \quad I_2 = \frac{V_{REF}d_2 - V_i'}{2R}, \quad I_1 = \frac{V_{REF}d_1 - V_i'}{4R}, \quad I_0 = \frac{V_{REF}d_0 - V_i'}{8R}$$

另一方面，$\dfrac{V_i'}{8R} = I_0 + I_1 + I_2 + I_3 = I_{O3}$，因此 $V_i' = 8R \times I_{O3}$，所以有

$$I_3 = \frac{V_{REF}d_3 - V_i'}{R} = \frac{V_{REF}}{R}d_3 - 8I_{O3}$$

$$I_2 = \frac{V_{REF}d_2 - V_i'}{2R} = \frac{V_{REF}}{2R}d_2 - 4I_{O3}$$

$$I_1 = \frac{V_{REF}d_1 - V_i'}{4R} = \frac{V_{REF}}{4R}d_1 - 2I_{O3}$$

$$I_0 = \frac{V_{REF}d_0 - V_i'}{8R} = \frac{V_{REF}}{8R}d_0 - I_{O3}$$

两边相加，整理后得

$$I_{O3} = \frac{1}{16}\left(\frac{V_{REF}}{R}d_3 + \frac{V_{REF}}{2R}d_2 + \frac{V_{REF}}{4R}d_1 + \frac{V_{REF}}{8R}d_0\right)$$

反相放大器的输出信号：

$$v_O = -(I_7 + I_6 + I_5 + I_4 + I_3 + I_2 + I_1 + I_0)\frac{R}{2}$$

$$= -(I_7 + I_6 + I_5 + I_4 + I_{O3})\frac{R}{2}$$

$$= -\left[\frac{V_{REF}}{R}d_7 + \frac{V_{REF}}{2R}d_6 + \frac{V_{REF}}{4R}d_5 + \frac{V_{REF}}{8R}d_4 + \frac{1}{16}\left(\frac{V_{REF}}{R}d_3 + \frac{V_{REF}}{2R}d_2 + \frac{V_{REF}}{4R}d_1 + \frac{V_{REF}}{8R}d_0\right)\right]\frac{R}{2}$$

$$= -\frac{V_{REF}}{2^8}(2^7 d_7 + 2^6 d_6 + 2^5 d_5 + 2^4 d_4 + 2^3 d_3 + 2^2 d_2 + 2^1 d_1 + 2^0 d_0)$$

可见，双级权电阻网络 D/A 转换器仅能有效地减少阻值差别大的问题，但转换精度与参考电源 V_{REF} 内阻 R_0 依然有关，因此也没有实用价值。

8.1.3 倒 T 形电阻网络 D/A 转换器

8 位倒 T 形电阻网络 D/A 转换器的原理电路如图 8.1.4 所示。该电路只使用 R 与 $2R$ 两种规则的电阻，彻底克服了权电阻网络 D/A 转换器各电阻阻值差别较大的缺陷，因此倒 T 形电阻网络也称为 $R2R$ 架构。更为重要的是，如果承担电流求和运算的运算放大器的开环增益 A_u 足够大，则由"虚短"规则可知 $v_n = v_p = 0$，这样无论输入的数码为 0 还是 1，即无论开关接左边还是右边，各支路的电流始终不变。换句话说，每一支路的电流 I_i 与输入的第 i 位代码 d_i 是 0 还是 1 无关，原因是 $2R$ 电阻一端电位总是接近 0 V，即直接接地或虚地，因此对参考电源 V_{REF} 内阻 R_0 要求不高。

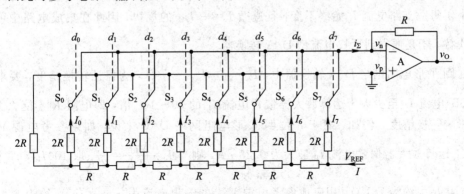

图 8.1.4 8 位倒 T 形电阻网络 D/A 转换器的原理电路

不难看出：

$$I_0 = \frac{1}{2}I_1$$

$$I_1 = \frac{1}{2}I_2$$

$$I_2 = \frac{1}{2}I_3$$

$$\vdots$$

$$I_{n-2} = \frac{1}{2}I_{n-1}$$

$$I_7 = \frac{1}{2}I = \frac{1}{2}\left(\frac{V_{\mathrm{REF}}}{R}\right)$$

如果第 i 位代码 d_i 为 1，则电子开关 S_i 转向右边，支路电流 I_i 是 i_Σ 电流的一部分；反之，第 i 位代码 d_i 为 0，电子开关 S_i 转向左边，支路电流 I_i 流入地（GND）节点，对 i_Σ 电流没有贡献。因此，运算放大器的输出电压：

$$v_O = -(I_7 d_7 + I_6 d_6 + I_5 d_5 + I_4 d_4 + I_3 d_3 + I_2 d_2 + I_1 d_1 + I_0 d_0)R$$

$$= -\left(\frac{V_{\mathrm{REF}}}{2R}d_7 + \frac{V_{\mathrm{REF}}}{4R}d_6 + \frac{V_{\mathrm{REF}}}{8R}d_5 + \frac{V_{\mathrm{REF}}}{16R}d_4 + \frac{V_{\mathrm{REF}}}{32R}d_3 + \frac{V_{\mathrm{REF}}}{64R}d_2 + \frac{V_{\mathrm{REF}}}{128R}d_1 + \frac{V_{\mathrm{REF}}}{256R}d_0\right)R$$

$$= -\frac{V_{\mathrm{REF}}}{2^8}(2^7 d_7 + 2^6 d_6 + 2^5 d_5 + 2^4 d_4 + 2^3 d_3 + 2^2 d_2 + 2^1 d_1 + 2^0 d_0)$$

$$= -\frac{V_{\mathrm{REF}}}{2^8}D_8$$

由此不难导出，n 位倒 T 形电阻网络 D/A 转换器的输出电压：

$$v_O = -\frac{V_{\mathrm{REF}}}{2^n}(d_{n-1}2^{n-1} + d_{n-2}2^{n-2} + \cdots + d_3 2^3 + d_2 2^2 + d_1 2^1 + d_0 2^0) = -\frac{V_{\mathrm{REF}}}{2^n}D_n$$

由于倒 T 形电阻网络 D/A 转换器只用 R、$2R$ 两种规格的电阻，电阻精度控制容易，在转换过程中流入或流出参考电源 V_{REF} 的电流始终等于 $\frac{V_{\mathrm{REF}}}{R}$，对参考电源 V_{REF} 内阻 R_0 要求低，尖峰干扰相对较小，因此得到了广泛应用，成为 DAC 器件的主流架构之一。

由于每一支路电流 I_i 始终不变，且遵循 $I_i = \frac{1}{2}I_{i+1}$ 的规律，因此在集成电路中可用电流源代替，于是便得到了权电流型 D/A 转换器。

在倒 T 形电阻网络 D/A 转换器中，$I_0 = \frac{1}{2^{n-1}}I_{n-1} = \frac{V_{\mathrm{REF}}}{2^n R}$，为保证转换精度，要求最低位（LSB）电流 I_0 至少大于运算放大器偏置电流 I_{IB} 的 $50 \sim 100$ 倍，即电阻 R 不能太大，否则会影响转换精度。例如，对于 8 位倒 T 形电阻网络 DAC 来说，如果参考电源 V_{REF} 为 5.0 V，运算放大器偏置电流 I_{IB} 最大为 0.25 μA，则当 $I_0 = \frac{V_{\mathrm{REF}}}{2^n R} = \frac{5.0}{2^8 R}$ 取 $100I_{\mathrm{IB}}$，即 25 μA 时，电阻 R 大约为 781 Ω，相应地参考电源 V_{REF} 的输出电流为 $\frac{V_{\mathrm{REF}}}{R} = \frac{5.0}{781}$，约为 6.4 mA，偏高！为减小功耗，用于实现电流求和运算的线性放大器的偏置电流 I_{IB} 必须尽可能小，一般不宜超过 100 nA。

基于倒 T 形电阻网络电流输出模式的 10 位 D/A 转换器 AD7520 的内部等效电路如图 8.1.5 中的虚线框所示,使用时需要外接电流求和放大器、参考电源芯片 V_{REF} 以及输入数据 D_n 锁存器。

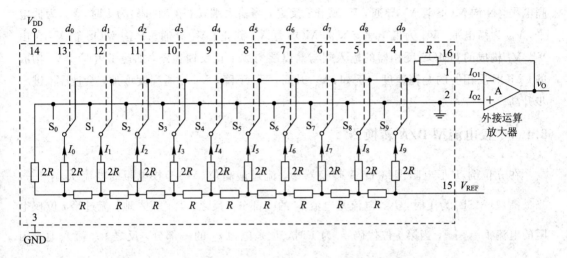

图 8.1.5 基于倒 T 形电阻网络的 10 位 D/A 转换器 AD7520

在 D/A 转换器中,所需的单刀双掷电子开关既可以由 CMOS 传输门实现,如图 8.1.6 (a)所示,也可以用 CMOS 逻辑门电路实现,如图 8.1.6(b)所示。

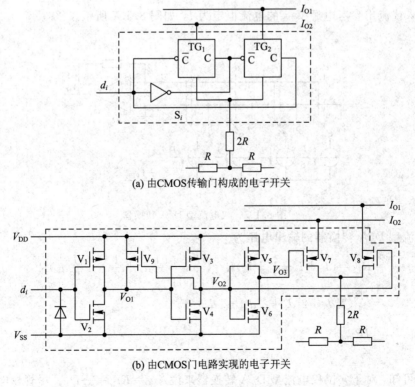

图 8.1.6 单刀双掷电子开关

在图 8.1.6(a)中，当输入端 d_i（第 i 位码）为 0 时，传输门 TG_1 导通，TG_2 截止；反之，当输入端 d_i（第 i 位码）为 1 时，传输门 TG_1 截止，TG_2 导通。

在图 8.1.6(b)中，当输入端 d_i（第 i 位码）为 0 时，V_{O1} 为高电平，V_{O2} 为低电平，V_{O3} 为高电平，N 沟 MOS 管 V_7 导通，V_8 截止；反之，当输入端 d_i（第 i 位码）为 1 时，V_{O1} 为低电平，V_{O2} 为高电平，V_{O3} 为低电平，N 沟 MOS 管 V_7 截止、V_8 导通。P 沟 MOS 管 V_9 在由 V_3、V_4 构成的 CMOS 反相器的输入端与输出端构成了正反馈通路，加速了由 V_3、V_4 构成的 CMOS 反相器的翻转速度。例如，V_{O1} 升高，V_{O2} 下降，V_9 导通程度增加，会使 V_{O1} 进一步升高。

8.1.4　权电流型 D/A 转换器

在 n 位倒 T 形电阻网络 D/A 转换器中，流过最高位（MSB）权电阻的电流 $I_{n-1} = \dfrac{I}{2}$，当最高位（MSB）为 1 时，I_{n-1} 电流是电流 i_Σ 的一部分，反之，I_{n-1} 流入地；流过第 i 位权电阻的电流 $I_i = \dfrac{I}{2^{n-i}}$，当第 i 位代码 d_i 为 1 时，I_i 是电流 i_Σ 的一部分，反之，I_i 流入地。因此对 4 位权电流型 D/A 转换器来说，d_0 位（LSB）对应的电流 $I_0 = \dfrac{I}{2^{4-0}} = \dfrac{I}{16}$，$d_1$ 位对应的电流 $I_1 = \dfrac{I}{2^{4-1}} = \dfrac{I}{8}$，$d_2$ 位对应的电流 $I_2 = \dfrac{I}{2^{4-2}} = \dfrac{I}{4}$，$d_3$ 位（MSB）对应的电流 $I_3 = \dfrac{I}{2^{4-3}} = \dfrac{I}{2}$，而流入或流出参考电源 V_{REF} 的电流恒定为 I，如图 8.1.7 所示。

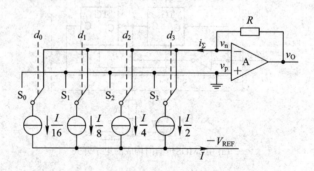

图 8.1.7　权电流型 D/A 转换器

权电流型 D/A 转换器的输出电压为

$$v_O = Ri_\Sigma = (I_3 + I_2 + I_1 + I_0)R = \left(\frac{I}{2}d_3 + \frac{I}{4}d_2 + \frac{I}{8}d_1 + \frac{I}{16}d_0\right)R$$

$$= \frac{IR}{2^4}(2^3 d_3 + 2^2 d_2 + 2^1 d_1 + 2^0 d_0)$$

$$= \frac{IR}{2^4}D_4$$

由此可知，对于 n 位权电流型 D/A 转换器来说，$v_O = Ri_\Sigma = \dfrac{IR}{2^n}D_n$。尽管权电流型 D/A 转换器具有元件少、成本低等优点，但不容易精确控制各支路电流源的大小，因此并不适合应用在基于 CMOS 工艺的高分辨率、高精度 DAC 器件中。

对于权电阻网络、倒 T 形电阻网络、权电流型 D/A 转换器，当没有内置实现各支路电流求和的运算放大器时就称为电流输出型 DAC，如 AD7520、DAC0832 芯片等。对于这类芯片，使用时一般需要外接运算放大器，将电流信号转换为电压信号输出。

当内置了实现各支路电流求和的运算放大器时，称为电压输出型 D/A 转换器，如 DAC7714 等。

8.1.5　开关树型 D/A 转换器

开关树型 D/A 转换电路由电阻分压器、电子开关阵列组成。为便于读者理解其工作原理，图 8.1.8 和图 8.1.9 分别给出了 3 位及 4 位开关树型 D/A 转换器的原理电路。

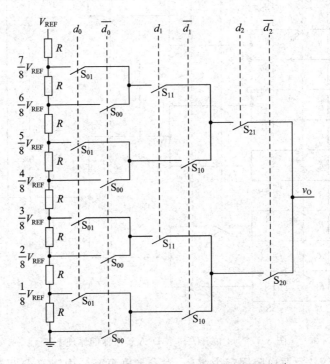

图 8.1.8　3 位开关树型 D/A 转换器的原理电路

对于 3 位开关树型 D/A 转换器来说，8 个阻值相同的电阻 R 将参考电压 V_{REF} 分成 8 等份。由电路结构可知，模拟输出信号：

$$v_O = \frac{V_{REF}}{2^3}(d_2 2^2 + d_1 2^1 + d_0 2^0)$$

同理，对于 4 位开关树型 D/A 转换器来说，16 个阻值相同的电阻 R 将参考电压 V_{REF} 分成 16 等份，从电路结构不难看出，模拟输出信号：

$$v_O = \frac{V_{REF}}{2^4}(d_3 2^3 + d_2 2^2 + d_1 2^1 + d_0 2^0)$$

开关树型 D/A 转换电路所需电阻种类单一，在输出端与负载之间增加输出缓冲器(电压跟随器)后，电子开关导通电阻 R_0 对转换精度影响很小，且 n 位开关树型 D/A 转换器中

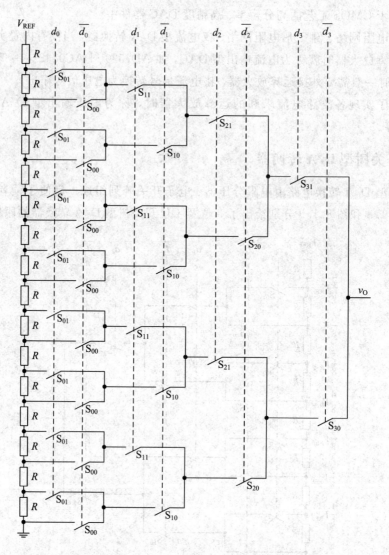

图 8.1.9　4 位开关树型 D/A 转换器的原理电路

参考电压 V_{REF} 的等效负载电阻固定为 $2^n R$，对参考电源 V_{REF} 内阻要求也不高，转换精度仅由参考电压 V_{REF} 的精度、稳定性决定。此外，模拟输出信号 v_O 与参考电压 V_{REF} 的极性相同。

显然，n 位开关树型 D/A 转换电路需要 2^n 个分压电阻、$2(2^n-1)$ 个电子开关，所需元件数目将随分辨率的增加呈几何级数增长，功耗大。例如，对于 8 位开关树型 D/A 转换电路来说，需要 256 只电阻、510 个电子开关。因此，开关树型 D/A 转换架构并没有成为 D/A 转换器的主流架构。

8.1.6　电阻串架构的 D/A 转换器

电阻串（Resistor String）架构的 D/A 转换器所需元件数目少，在高分辨率 DAC 中采用开尔文-瓦莱分压器（由 Kelvin-Varley 发明，因此有时也称为 Kelvin 分压器、Kelvin-Varley 分压器或 K-V 分压器）后，所需元件数目更少（成本低，功耗小）。因此基于电阻串架构的 D/A 转换器已发展成为主流 DAC 电路的架构之一。

　　3 位基于基本电阻串分压器的 D/A 转换器的原理电路如图 8.1.10 所示。该电路由 2^3 个分压电阻、2^3 个电子开关、输出缓冲器以及逻辑控制(包含输入数据锁存器、译码器)等部分组成。8 只分压电阻将参考电源 V_{REF} 均分为 8 等份,逻辑控制单元内的译码器依据输入数据 $d_2 \sim d_0$ 状态,使 8 个电子开关中的一个处于连通状态(完成 8 选 1 操作),将输入数据对应的分压值连接到输出缓冲器 A 的输入端。

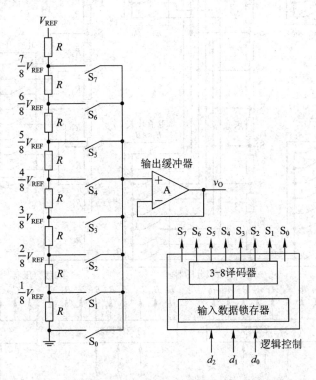

图 8.1.10　3 位基于基本电阻串分压器的 DAC 的原理电路

　　显然,基本电阻串 D/A 转换电路所需元件比同分辨率开关树型 DAC 少。例如,8 位基本电阻串架构的 D/A 转换电路仅需要 256 只电阻、256 个电子开关和相应的译码控制电路,实际上在中高分辨率电阻串架构的 D/A 转换电路内,为进一步减小元件数目,多采用 Kelvin 分压器。

　　基于 Kelvin 分压器的 D/A 转换电路的连接方式有很多,为便于理解,图 8.1.11 给出了一种基于 Kelvin 分压器的 9 位电阻串 DAC 模型电路。

　　在图 8.1.11 中,采用了 3 级分压方式,每级分辨率为 3 位。其中,第 1 级分压器由 9 个阻值为 R_1 的电阻串联组成;第 2 级分压器也由 9 个阻值为 R_2 的电阻串联组成,第 2 级分压器两端 $A_1 - A_0$ 总是并联在第 1 级分压器相邻两电阻 R_1 的两端,如 $S_{02} - S_{00}$、$S_{03} - S_{01}$、$S_{04} - S_{02}$,…,$S_{09} - S_{07}$ 等,具体由输入数据中的 $d_8 \sim d_6$ 位状态确定;第 3 级分压器由 8 个阻值为 R_3 的电阻串联组成,第 3 级分压器两端 $B_1 - B_0$ 也总是并联在第 2 级分压器相邻两电阻 R_2 的两端,如 $S_{12} - S_{10}$、$S_{13} - S_{11}$、$S_{14} - S_{12}$,…,$S_{19} - S_{17}$ 等,具体由输入数据中的 $d_5 \sim d_3$ 位状态确定;输出缓冲器 A 同相输入端接第 3 级分压器 $S_{27} \sim S_{20}$,具体由输入数据中的 $d_2 \sim d_0$ 位状态确定。

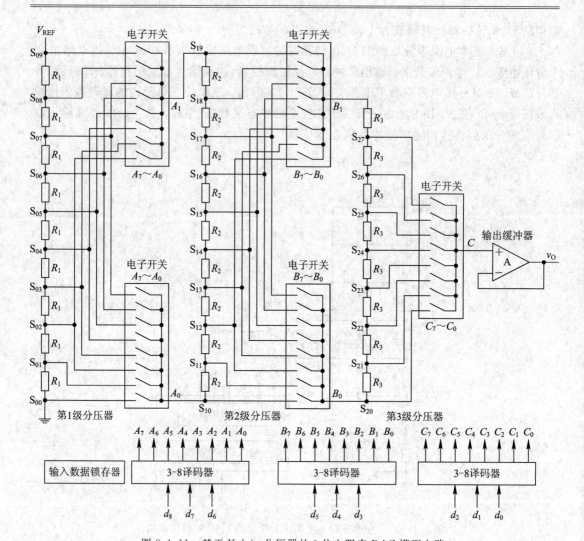

图 8.1.11　基于 Kelvin 分压器的 9 位电阻串 DAC 模型电路

当满足"$2R_1=9R_2$，即 $R_1=4.5R_2$""$2R_2=8R_3$，即 $R_2=4R_3$"时，第 1 级分压器将参考电源 V_{REF} 划分为 8 等份，分辨率为 $\frac{1}{8}V_{REF}$；第 2 级分压器又将 $\frac{1}{8}V_{REF}$ 电压再细分为 8 等份，步进值为 $\frac{1}{8\times8}V_{REF}$；第 3 级分压器又将 $\frac{1}{8\times8}V_{REF}$ 电压再进一步细分为 8 等份，步进值为 $\frac{1}{8\times8\times8}V_{REF}$。于是，输出模拟电压 v_O 与输入数字量 $d_8\sim d_0$ 之间的关系为

$$v_O=\frac{V_{REF}}{8}(2^2d_8+2^1d_7+2^0d_6)+\frac{V_{REF}}{8\times8}(2^2d_5+2^1d_4+2^0d_3)+\frac{V_{REF}}{8\times8\times8}(2^2d_2+2^1d_1+2^0d_0)$$

$$=\frac{V_{REF}}{8\times8\times8}(2^8d_8+2^7d_7+2^6d_6+2^5d_5+2^4d_4+2^3d_3+2^2d_2+2^1d_1+2^0d_0)$$

$$=\frac{V_{REF}}{2^9}D_9$$

由于基于 Kelvin 分压器的电阻串架构 D/A 转换电路中含有输出缓冲器，因此它天生就是电压输出型。此外，参考电源 V_{REF} 的等效负载电阻也总是固定不变(在图 8.1.11 中固定为 $8R_1$)，对参考电源 V_{REF} 内阻 R_O 要求不高。

8.1.7　具有双极性输出的 D/A 转换器

数不总是无符号，更多的时候数是有正负的。在计算机系统中，带符号数一般用补码表示，最高位为 0，表示该数为正数；最高位为 1，表示该数为负数。假设一个 3 位无符号二进制数对应的模拟电压为 $0.0 \sim 8.0$ V，当作为有符号数时，相应的模拟电压应为 $-4.0 \sim +3.0$ V，如表 8.1.1 所示。

表 8.1.1　3 位无符号及有符号二进制数的 D/A 转换结果

无符号数 $d_2\,d_1\,d_0$	十进制数	期望的 模拟电压/V	有符号数 $d_2\,d_1\,d_0$	十进制数	期望的 模拟电压/V
111	7	+7.0	011	+3	+3.0
110	6	+6.0	010	+2	+2.0
101	5	+5.0	001	+1	+1.0
100	4	+4.0	000	0	0.0
011	3	+3.0	111	-1	-1.0
010	2	+2.0	110	-2	-2.0
001	1	+1.0	101	-3	-3.0
000	0	+0.0	100	-4	-4.0

通过观察不难发现，只要把无符号二进制数 D/A 转换结果向下平移，使 100B 对应的模拟电压为 0，011B～000B 对应的模拟电压为负，即可获得所需要的有符号数对应的模拟电压，对无符号数代码最高位(MSB)取反后就获得补码形式的二进制代码。因此，对应的基于倒 T 形电阻网络的双极性 D/A 转换电路如图 8.1.12 所示。

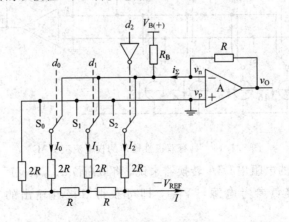

图 8.1.12　基于倒 T 形电阻网络的双极性 D/A 转换器

由 3 位单极性倒 T 形电阻网络 D/A 转换器的输出电流 $i_\Sigma = \dfrac{I}{2^3}(d_2 2^2 + d_1 2^1 + d_0 2^0)$ 可知，当输入代码为 100 时，输出电流 $i_\Sigma = \dfrac{I}{2}$。因此，对于双极性倒 T 形电阻网络 D/A 转换器来说，只要外接的补偿电流 $I_B = \dfrac{V_{B(+)}}{R_B} = \dfrac{I}{2} = I_2$，就能保证当输入代码为 000 时流过运算放大器负反馈电阻的电流为 0，使 $v_O = v_n = 0$。

可见，将 n 位单极性输出倒 T 形电阻网络的 D/A 转换器变为双极性输出 D/A 转换器时，最高位 (MSB) d_{n-1} 需增加反相器，而外加偏置电压源 V_B 的极性与参考电源 V_{REF} 相反，V_B 与偏置电阻 R_B 之比 $\dfrac{V_B}{R_B} = \dfrac{I}{2} = I_{n-1}$，如图 8.1.13 所示；将 n 位单极性输出权电流型 D/A 转换器变为双极性输出 D/A 转换器时，最高位 (MSB) d_{n-1} 同样需要增加反相器，偏置电流源 $I_B = I_{n-1} = \dfrac{I}{2}$，如图 8.1.14 所示。

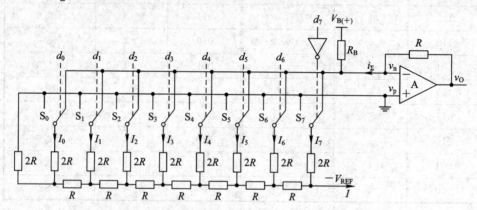

图 8.1.13　具有双极性输出的倒 T 形电阻网络 DAC

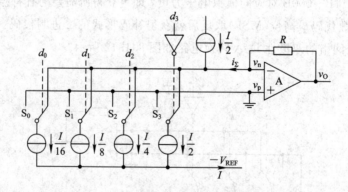

图 8.1.14　具有双极性输出的权电流型 DAC

对于单极性输出的电阻串 D/A 转换器来说，将最高位 d_{n-1} 取反后，再把分压电阻串下端由接地 (GND) 改接负参考电源 $-V_{REF}$，即可获得双极性输出的 D/A 转换器，如图 8.1.15 所示。

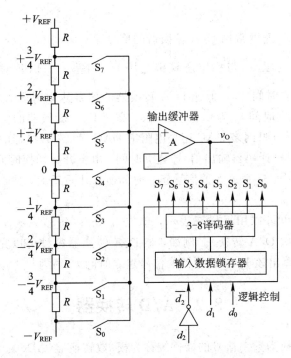

图 8.1.15　具有双极性输出的 3 位电阻串架构 DAC

8.1.8　D/A 转换器的性能指标

体现 D/A 转换器性能指标的参数主要有分辨率、转换精度以及转换速度等。

1. 分辨率

分辨率可以用输入数字量位数 n 的多少来表示。显然，n 位(二进制)D/A 转换器将参考电源 V_{REF} 等分为 2^n 份，每份大小为 $\dfrac{V_{REF}}{2^n}$。

分辨率也可以用输入数据为 1 时对应的模拟电压与最大输入数据对应的最大模拟电压比表示，因此 n 位 D/A 转换器的分辨率也可以表示为 $\dfrac{1}{2^n-1}$。

2. 转换精度

理论上，n 位单极性 D/A 转换器的输入数字量 D^n 对应的模拟输出电压为 $\dfrac{V_{REF}}{2^n}D_n$，但实际输出的模拟电压与 $\dfrac{V_{REF}}{2^n}D_n$ 有偏差。例如，对于 8 位 D/A 转换器来说，当参考电源 V_{REF} 为 5.0 V 时，输入数字信号 80 H 对应的模拟电压应为 2.50 V，但实际输出的模拟电压并不一定是 2.5 V，与理论输出电压 2.50 V 有偏差，即转换精度达不到 100%，主要原因是：

(1) 实现电流求和运算的放大器输入阻抗、电压增益不够高，线性度低，热稳定性差(即温漂偏大)。

(2) 基准电源的精度和稳定度(包括基准电源温度系数及负载调整率)不高。

(3) 分压电阻精度不高，温升一致性差，也会影响 D/A 转换的精度。

3. 转换速度

D/A 转换器的转换速度常用 D/A 转换器的信号建立时间 t_{set} 表示。从输入的数字量发生跳变到输出的模拟电压 v_0 与稳定态模拟电压 V_0 相差 $\pm \frac{1}{2}$ LSB 时所经历的时间称为 D/A 转换器的信号建立时间 t_{set}。低速 D/A 转换器的信号建立时间 t_{set} 在 $1~\mu s$ 以上，中速 D/A 转换器的信号建立时间 t_{set} 为 $0.1 \sim 1.0~\mu s$，高速 D/A 转换器的信号建立时间 t_{set} 小于 $0.1~\mu s$。无论是倒 T 形电阻网络 DAC 还是电阻串 DAC，D/A 转换器的信号建立时间 t_{set} 均包括电子开关选通信号（译码器输出信号）建立时间、电子开关切换时间以及运算放大器的信号建立时间等。其中，运算放大器信号建立时间所占比重最大，是制约 D/A 转换速度提高的关键因素之一。

当然，转换速率也可以用采样率表示，单位为 kS/s（每秒完成 x 千次 D/A 转换）或 MS/s（每秒完成 x 兆次 D/A 转换）。例如，某 D/A 转换器每秒可以完成 10×10^6 次 D/A 转换，由此可大致推算出该 D/A 转换器的信号建立时间 t_{set} 约为 $0.1~\mu s$。

8.2　A/D 转换器

能将模拟信号转换为数字信号的器件统称为模/数转换器（ADC）。

ADC 器件的种类有很多，根据数据输出方式可分为并行接口 A/D 转换器和串行接口 A/D 转换器两大类。

根据输出数据类型，并行接口 A/D 转换器有二进制输出和 BCD 码输出两种。并行接口 ADC 芯片的输出数据引脚多，常见于高速 A/D 转换器中，如 8 位高速视频 ADC 一般采用并行接口方式。

根据串行通信协议的不同，数据串行输出的 ADC 种类也很多，如 SPI 总线接口、I^2C 总线接口、LVDS 接口、UART 接口等，引脚少，多见于中低速、高分辨率（如 12 位、14 位、16 位、24 位）A/D 转换芯片中。

根据工作原理的不同，可将 A/D 转换器分为并联比较型（即 Flash 型，也称为闪速型）、逐次逼近型（Successive Approximation Register，SAR）、$\Sigma - \Delta$（Sigma Delta）型、双积分型（计数型 ADC 的一种）、V-F（电压-频率）变换型等。

并联比较型架构需要使用多个模拟比较器、锁存器以及复杂的译码电路，线路复杂，但速度快，完成一次 A/D 转换所需时间甚至小于 1 ns，常见于高速、低分辨率 ADC 中。

基于并联比较型架构的 ADC 主要有折叠式（Folding Interpolating）、两步式（Two Step，即半闪速型，由两级低分辨率并联比较型 ADC 串联组成）、流水线型（Pipeline）等。这类 ADC 芯片的转换速率接近 Flash 型，但电路复杂度有所降低，在中高速、中高分辨率 ADC 中得到了广泛应用。

双积分型（Dual Slope）架构线路简单，但速度慢，主要用于测量慢速的电平信号，尤其是直流信号，早期曾广泛应用于低速、高分辨率（12 位、14 位、16 位等）ADC 中，但近年来已逐步被速度更快的 $\Sigma - \Delta$ 型 ADC 架构所取代。

逐次逼近型架构的优缺点介于并联比较型与双积分型之间。在 CPU 控制下，逐次逼近型完成一次 A/D 转换显得非常简单，因此单片机芯片内的 A/D 转换器多采用逐次逼近型，转换时间可达 μs，甚至亚 μs 级。目前集成了 8 位、10 位、12 位、14 位基于逐次逼近型的多路 A/D 转换器的 MCU 芯片种类很多，且价格低廉，因此在数字系统中已不再使用转换速率低于 1MHz，分辨率小于等于 10 位的外置 ADC 转换芯片。

以 $\Sigma - \Delta$ 调制器为核心的 $\Sigma - \Delta$ 型 ADC 属于过采样 ADC，其转换速率介于双积分型和逐次逼近型之间，但精度高，目前已成为低中速、高分辨率 ADC 器件的主流架构。

V－F 变换型 ADC 的原理是：输入的模拟信号借助压控振荡器转换为脉冲信号，且脉冲信号频率与输入的模拟信号电压幅度成正比，对脉冲信号频率进行计数，即可间接推算出模拟输入信号的大小。尽管 V－F 变换器的转换速度慢，但可将脉冲信号调制后实现远距离传输，或经光电转换器件、变压器耦合实现测量设备与被测信号的电隔离。

8.2.1　A/D 转换器的工作原理

A/D 转换器把时间和幅度连续的模拟信号转换为时间、幅度均离散的一系列数字信号。将模拟信号转为数字信号时，首先按特定频率对模拟信号进行采样并保存采样值，以便获得一系列时间上离散的模拟信号(但幅度依然是连续的模拟信号)，然后对幅度连续的采样信号进行量化和编码，最终获得了数值上也是离散的数字信号。

由于模拟信号中可能含有高频干扰信号，因此根据采样定理(采样频率 $f_s \geqslant 2f_{imax}$，其中 f_{imax} 是输入模拟信号中最高频率成分的谐波)，采样前需经低通滤波器，滤除模拟信号中的高频干扰信号。完整的模/数转换系统结构大致如图 8.2.1 所示，它包括了外置的低通滤波器、ADC 以及数字信号处理芯片(如 MCU、FPGA、DSP)等。ADC 本身由采样-保持(S/H)电路(某些 A/D 转换架构不需要 S/H 电路)、量化编码电路、数字信号输出控制电路，以及参考电源、时钟发生器等辅助电路组成。对于支持多通道输入的 ADC 器件，在采样-保持电路前还设有多路模拟开关部件。不过，早期的 ADC 器件可能仅包含量化编码电路、数字信号输出控制电路两部分，但随着数/模混合 CMOS 工艺的进步，ADC 器件功能日趋完善，几乎集成了模/数转换系统所需的全部单元电路，如采样-保持电路(或输入缓冲器)以及参考电源、时钟发生器等辅助电路。

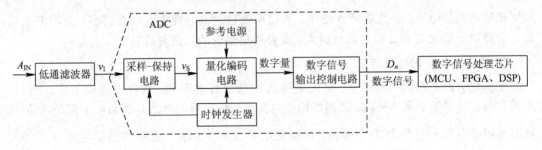

图 8.2.1　A/D 转换系统

对模拟信号进行采样是为了将时间上连续的模拟信号在时间上实现离散化，如图 8.2.2 所示。

如果采样时间为 Δt，则采样结束后保持电路输出信号 v_S 显然是采样时间 Δt 时段内模拟信号 v_I 的平均值，并非是模拟输入信号 v_I 的瞬时值(毕竟模拟信号时刻都在变化)。在实际电路中，由于采样时间 Δt 很短，因此可将 Δt 时间内的平均值近似为 t_i 时刻模拟信号 v_I 的瞬时值。

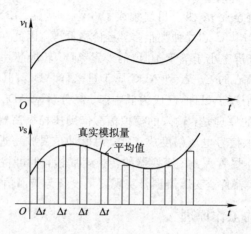

图 8.2.2　采样输出电压

由于模拟信号时刻都在变化，因此，保持采样信号的目的是为后级量化、编码电路提供稳定的输入信号。

1. 量化电平及量化误差的概念

采样后的模拟信号尽管在时间上已是离散信号，但幅度（采样时段内的平均值）上依然是连续的模拟信号，必须将其转化为某一最小数值 Δ（delta）的整数倍，其中 Δ 也称为量化电平或量化单位。这样模拟电压就可以用量化电平 Δ 的倍数（数字信号）表示。显然，数字信号中最低有效位（LSB）的"1"所代表的模拟电压大小就是 Δ。

由于模拟信号大小连续变化，因此当某一时刻输入的模拟信号不一定刚好是量化电平 Δ 的整数倍时，便产生了量化误差。量化误差的大小与量化电平 Δ 的大小有关，Δ 越小，量化误差就越小。例如，对于大小为 0.230 V 的模拟电压，如果量化电平 Δ 取 0.125 V，则量化误差为 $0.125 \times \mathrm{mod}\left(\dfrac{0.230}{0.125}\right)$，即 0.105 V；反之，如果量化电平 Δ 取 0.0625 V（量化分辨率提高了一倍），则量化误差为 $0.0625 \times \mathrm{mod}\left(\dfrac{0.230}{0.0625}\right)$，即 0.0425 V。显然，对于幅度相同的模拟电压，量化电平 Δ 越小，量化精度就越高，量化误差就越小，但模拟电压最大值相对于量化电平 Δ 的倍数就越大，需要用更多位的二进制数表示。

2. 量化电平 Δ 的选择方法

在量化分辨率相同的情况下，量化电平 Δ 的选取方式不同，量化误差也不同。例如，当用 3 位二进制数表示 $0 \sim V_{\mathrm{REF}}$ 之间的模拟电压时，最简单的办法是借助 8 个阻值为 R 的电阻将模拟电压 V_{REF} 分为 2^3 个等份，即量化电平 Δ 取 $\dfrac{1}{8} V_{\mathrm{REF}}$。这样当模拟电压 v_{I} 为 $0 \sim \dfrac{1}{8} V_{\mathrm{REF}}$ 时，视为 0Δ，用 000B 表示；v_{I} 为 $\dfrac{1}{8} V_{\mathrm{REF}} \sim \dfrac{2}{8} V_{\mathrm{REF}}$ 时，视为 1Δ，用 001B 表示；v_{I} 为 $\dfrac{2}{8} V_{\mathrm{REF}} \sim \dfrac{3}{8} V_{\mathrm{REF}}$ 时，视为 2Δ，用 010B 表示；以此类推，当模拟电压 v_{I} 为 $\dfrac{7}{8} V_{\mathrm{REF}} \sim \dfrac{8}{8} V_{\mathrm{REF}}$ 时，视为 7Δ，用 111B 表示，如图 8.2.3（a）所示。显然，最大量化误差为 $\Delta = \dfrac{1}{8} V_{\mathrm{REF}}$。

为减小量化误差，将第一分压电阻改为 $\dfrac{R}{2}$，则量化电平 Δ 相应地变为 $\dfrac{2}{15} V_{\mathrm{REF}}$。这样当

模拟电压 v_I 为 $0\sim\frac{1}{15}V_{REF}$ 时，视为 0Δ，用 000B 表示；v_I 为 $\frac{1}{15}V_{REF}\sim\frac{3}{15}V_{REF}$ 时，视为 1Δ，用 001B 表示；v_I 为 $\frac{3}{15}V_{REF}\sim\frac{5}{15}V_{REF}$ 时，视为 2Δ，用 010B 表示；以此类推，当模拟电压 v_I 为 $\frac{13}{15}V_{REF}\sim\frac{15}{15}V_{REF}$ 时，视为 7Δ，用 111B 表示，如图 8.2.3(b) 所示。显然，改进后的最大量化误差为 $\frac{\Delta}{2}=\frac{1}{15}V_{REF}$，原因是 001B 代码对应的模拟电压 v_I 为 $\frac{2}{15}V_{REF}$，与上限电压 $\frac{3}{15}V_{REF}$ 及下限电压 $\frac{1}{15}V_{REF}$ 的最大误差均为 $\frac{1}{15}V_{REF}$。

当模拟电压 v_I 为双极性时，在量化过程中，可用补码表示，最高位表示模拟电压的极性。例如，当用 3 位二进制数表示 $-V_{REF}\sim+V_{REF}$ 之间的模拟电压信号时，量化电平 Δ 可取 $\frac{1}{4}V_{REF}$。这样当模拟电压 v_I 为 $-V_{REF}\sim-\frac{3}{4}V_{REF}$ 时，视为 -4Δ，用 100B 表示；v_I 为 $-\frac{3}{4}V_{REF}\sim-\frac{2}{4}V_{REF}$ 时，视为 -3Δ，用 101B 表示；v_I 为 $-\frac{2}{4}V_{REF}\sim-\frac{1}{4}V_{REF}$ 时，视为 -2Δ，用 110B 表示；v_I 为 $-\frac{1}{4}V_{REF}\sim0$ 时，视为 -1Δ，用 111B 表示；v_I 为 $0\sim+\frac{1}{4}V_{REF}$ 时，视为 0Δ，用 000B 表示；v_I 为 $+\frac{1}{4}V_{REF}\sim+\frac{2}{4}V_{REF}$ 时，视为 1Δ，用 001B 表示；依此类推，当模拟电压 v_I 为 $+\frac{3}{4}V_{REF}\sim+V_{REF}$ 时，视为 3Δ，用 011B 表示，如图 8.2.4 所示。

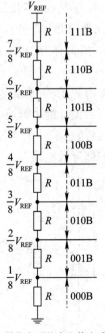

(a) 量化电平基本取值方式

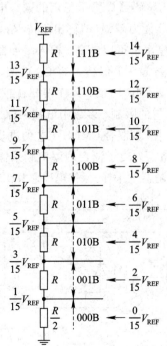

(b) 改进的量化电平取值方式

图 8.2.3　量化电平选择方式

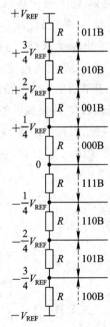

图 8.2.4　双极性模拟信号的
量化与编码

8.2.2 采样-保持电路

对于转换速度较慢的 A/D 转换方式,如半闪速型、逐次逼近型、双积分型、$\Sigma - \Delta$ 型等,在量化前需要采样-保持电路完成模拟信号的采样和保持操作。采样-保持电路的基本功能是将时间连续的模拟信号进行离散并保存,使量化编码器输入信号保持稳定。不过随着半导体器件生产工艺的进步,需要采样-保持电路的 A/D 转换器多数已内置了采样-保持电路。

采样-保持原理电路如图 8.2.5 所示,假设输入缓冲器 A_1、输出驱动器 A_2 的性能接近理想运算放大器(开环增益 A_u 很高,输入阻抗 R_1 很大,输出阻抗 R_0 很小),则输入缓冲器 A_1 的输出信号 $v_{O1} = v_1$,输出驱动器 A_2 的输出信号 $v_O = v_{CH}$(保持电容 C_H 的端电压)。在忽略采样开关 S 的导通电阻、保持电容 C_H 的漏

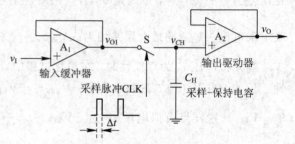

图 8.2.5 采样-保持原理电路

电流的情况下,在采样脉冲 CLK 为高电平期间,采样开关 S 闭合,保持电容 C_H 被迅速充电,在很短的 Δt 时间内使采样电容端电压 $v_{CH} = v_{O1} = v_1$,完成了对输入信号 v_1 的采样操作;在采样脉冲 CLK 从高电平跳变为低电平后,采样开关 S 断开,由于输出驱动器 A_2 的输入阻抗 R_1 很大,保持电容 C_H 的漏电流很小,因此可忽略短时间内保持电容 C_H 释放掉的电荷,结果端电压 v_{CH} 基本保持恒定,使输出电压 $v_O = v_{CH} = v_1$ 保持不变,实现了对输入信号 v_1 的保持功能,为后级量化编码器提供了稳定的输入电压。

显然,输入缓冲器 A_1 的负载能力越强(即输出阻抗 R_0 越小),保持电容 C_H 容量越小,采样时间 Δt 就可以越短,采样速率就可以越高;输入缓冲器 A_1、输出驱动器 A_2 的线性度越高,输出驱动器 A_2 的输入阻抗越大,保持电容 C_H 的漏电流越小,则采样-保持电路的输出电压 v_O 就越接近输入电压 v_1 的瞬时值,采样误差就越小。

由于早期受集成电路制造工艺的限制,多数中低速 ADC 芯片没有内置采样-保持电路,不过随着 IC 芯片集成度的提高,模/数混合 CMOS 工艺的进步,2000 年后设计的中低速 ADC 芯片多数已内置了采样-保持电路。为便于读者理解实际采样-保持电路的组成及工作原理,图 8.2.6 给出了具有输入电压跟随器的采样-保持电路芯片 LM398 的内部等效电路。

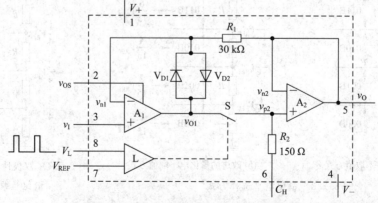

图 8.2.6 采样-保持电路 LM398 的内部等效电路

图 8.2.6 中，v_{OS} 为运算放大器 A_1 的失调电压输入引脚，V_+、V_- 分别是正负电源引脚，而 V_{REF} 是参考电压输入端，当控制引脚 $V_L > V_{REF} + V_{TH}$ 时，内部采样开关 S 吸合，而内部阈值电压 V_{TH} 的典型值为 1.4 V。在实际应用中，一般将 V_{REF} 引脚接地。采样-保持电路芯片 LM398 的典型应用电路如图 8.2.7 所示。

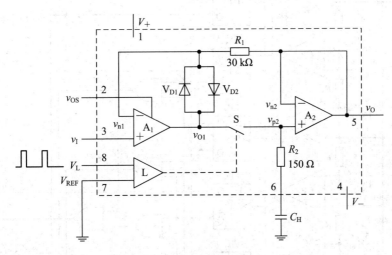

图 8.2.7　采样-保持电路芯片 LM398 的典型应用电路

在 LM398 中，运算放大器 A_2 处于电压跟随状态，结果 $u_{p2} = u_{n2} = v_O$。当采样脉冲 V_L 跳变为高电平时，内部逻辑单元 L 控制采样开关 S 吸合，导致 $v_{O1} = u_{p2} = u_{n2} = v_O = v_{n1} = v_I$，使运算放大器 A_1 也处于电压跟随状态。由于 A_1 输入阻抗 R_I 很高，因此对被采样的模拟信号 v_I 几乎没有影响，输出阻抗 R_O 很低，使保持电容 C_H 迅速充电。

在采样脉冲 V_L 从高电平跳变为低电平后，内部逻辑单元 L 控制采样开关 S 断开，运算放大器 A_1 处于没有反馈通路的开环状态，外接保持电容 C_H 上的电荷没有放电通路，端电压 $v_{CH} = u_{p2} = u_{n2} = v_O$ 保持不变。

为防止采样开关 S 未吸合时输入信号 v_I 的微小变化，导致处于开环状态的运算放大器 A_1 进入截止或饱和状态，影响采样速度，在运算放大器 A_1 的输出端与反相端之间增加了限幅二极管 V_{D1}、V_{D2}，强迫运算放大器 A_1 的输出信号 v_{O1} 被钳位在反相端 $u_{n1} \pm V_D$，避免进入饱和或截止状态。

8.2.3　并联比较型 ADC

并联比较型 ADC(Flash ADC) 由电压比较器、寄存器、承担代码转换的译码电路三部分组成。3 位并联比较型 ADC 的原理电路如图 8.2.8 所示。

图 8.2.8 中，电压比较器由分压电阻链和模拟比较器组成，分压电阻链将参考电压 V_{REF} 划分为 7 个电平值 $\left(\frac{1}{15}V_{REF} \sim \frac{13}{15}V_{REF}\right)$，并分别接到 7 个模拟比较器的反相输入端，作为各比较器的基准电位；输入信号 v_I 大小为 $0 \sim V_{REF}$，接比较器同相输入端，即比较器把输入的模拟信号 v_I 量化为 $0, \frac{1}{15}V_{REF}, \frac{3}{15}V_{REF}, \cdots, \frac{13}{15}V_{REF}$ 系列值（当输出信号 v_I 不等于 $\frac{2n-1}{15}V_{REF}$ 时，其中 $n = 1, 2, \cdots, 7$，量化误差 $\Delta = \frac{1}{15}V_{REF}$）。可见，比较器 $CP_1 \sim CP_7$ 的输

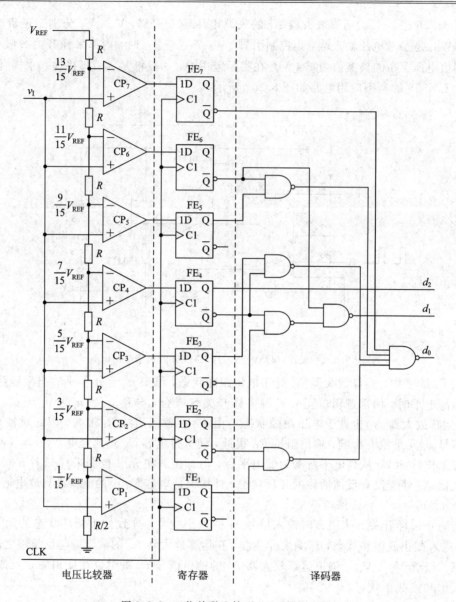

图 8.2.8 3 位并联比较型 ADC 的原理图

出结果体现了输入模拟信号 v_1 的范围。例如，当输入信号 v_1 为 $0\sim\frac{1}{15}V_{REF}$ 时，比较器 $CP_1\sim CP_7$ 全部输出低电平；当输入信号 v_1 为 $\frac{1}{15}V_{REF}\sim\frac{3}{15}V_{REF}$ 时，比较器 CP_1 输出高电平，而 $CP_2\sim CP_7$ 输出低电平；以此类推，当输入信号 v_1 为 $\frac{11}{15}V_{REF}\sim\frac{13}{15}V_{REF}$ 时，比较器 $CP_1\sim CP_6$ 输出高电平，而 CP_7 输出低电平；当输入信号 v_1 为 $\frac{13}{15}V_{REF}\sim\frac{15}{15}V_{REF}$ 时，比较器 $CP_1\sim CP_7$ 全部输出高电平。

锁存脉冲 CLK(也就是采样脉冲)上升沿将比较器 $CP_1\sim CP_7$ 输出端的电平状态锁存到 D 触发器中保存，经译码电路译码后，便获得了与输入信号 v_1 对应的数字量 $d_2d_1d_0$。

由此不难列出 3 位 ADC 的输入信号 v_I、触发器状态 $Q_7 \sim Q_1$ 以及输出数字量 $d_2 d_1 d_0$ 之间的对应关系，如表 8.2.1 所示。

表 8.2.1　3 位并联比较型 ADC 的输入与输出之间的关系

输入模拟量 v_I	触发器状态 $Q_7 \sim Q_1$							输出数字量		
	Q_7	Q_6	Q_5	Q_4	Q_3	Q_2	Q_1	d_2	d_1	d_0
$\left(0 \sim \dfrac{1}{15}\right) V_{\text{REF}}$	0	0	0	0	0	0	0	0	0	0
$\left(\dfrac{1}{15} \sim \dfrac{3}{15}\right) V_{\text{REF}}$	0	0	0	0	0	0	1	0	0	1
$\left(\dfrac{3}{15} \sim \dfrac{5}{15}\right) V_{\text{REF}}$	0	0	0	0	0	1	1	0	1	0
$\left(\dfrac{5}{15} \sim \dfrac{7}{15}\right) V_{\text{REF}}$	0	0	0	0	1	1	1	0	1	1
$\left(\dfrac{7}{15} \sim \dfrac{9}{15}\right) V_{\text{REF}}$	0	0	0	1	1	1	1	1	0	0
$\left(\dfrac{9}{15} \sim \dfrac{11}{15}\right) V_{\text{REF}}$	0	0	1	1	1	1	1	1	0	1
$\left(\dfrac{11}{15} \sim \dfrac{13}{15}\right) V_{\text{REF}}$	0	1	1	1	1	1	1	1	1	0
$\left(\dfrac{13}{15} \sim \dfrac{15}{15}\right) V_{\text{REF}}$	1	1	1	1	1	1	1	1	1	1

根据触发器状态 $Q_7 \sim Q_1$ 与输出数字量 $d_2 d_1 d_0$ 之间的关系，不难导出彼此间的逻辑关系为

$$
\begin{cases}
d_2 = Q_4 \\
d_1 = Q_6 + \overline{Q_4} Q_2 \\
d_0 = Q_7 + \overline{Q_6} Q_5 + \overline{Q_4} Q_3 + \overline{Q_2} Q_1
\end{cases}
$$

显然，并联比较型 ADC 具有如下优点：

(1) 速度快（因此也有人将其称为 Flash ADC，即闪速型 ADC，其转换速度与比较器状态建立时间、触发器信号建立时间、译码电路传输延迟时间等因素有关），可达 ns 级，即每秒可以完成 10^9 次以上模/数转换操作，如 HMCAD5831(3 位，26G 采样率)芯片。

(2) 理论上，相同生产工艺的并联比较型 ADC 的转换时间与分辨率无关，总是等于比较器建立时间＋触发器信号建立时间＋译码电路信号传输延迟时间。

(3) 无须采样-保持电路。由于模拟比较器已完成了输入信号的采样操作，因此当 D 触发器锁存脉冲 CLK 动作沿有效时，模拟比较器的状态即刻被锁存到 D 触发器中保存，自然完成了信号的采样-保持过程，即并联比较型 ADC 无须采样-保持电路。

(4) 工作原理容易理解。

但并联比较型 ADC 的致命缺点是随着分辨率的提高，所需模拟比较器、触发器的个数会迅速增加，译码电路所需门电路的个数也在迅速膨胀，即元件的数目、译码电路的复杂度等会随着转换分辨率的提高按几何级数增加。例如，对于 4 位分辨率来说，需要 2^4 只分压电阻，需要 $2^4 - 1$ 个（即 15 个）比较器、触发器以及 14 个与非门组成的译码电路，如图 8.2.9 所示。

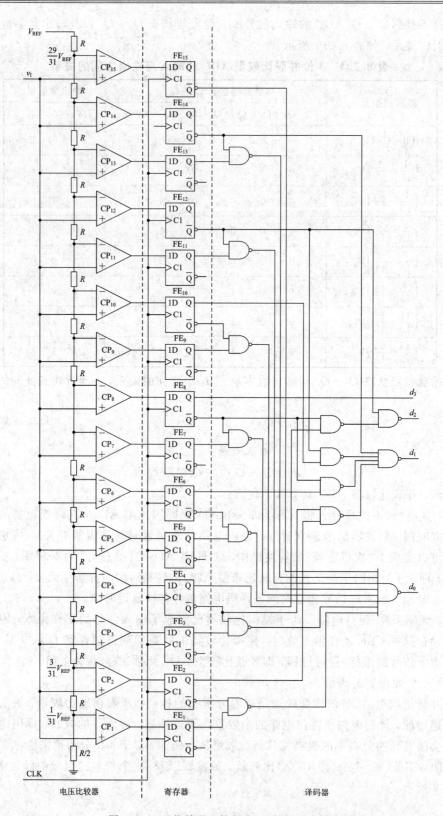

图 8.2.9　4 位并联比较型 ADC 的原理电路

显然，输入信号 v_1、触发器状态 $Q_{15} \sim Q_1$ 以及输出数字量 $d_3 d_2 d_1 d_0$ 之间的关系如表 8.2.2 所示。

表 8.2.2　4 位并联比较型 ADC 的输入与输出之间的关系

输入模拟量 v_1	触发器状态 $Q_7 \sim Q_1$															输出数字量			
	Q_{15}	Q_{14}	Q_{13}	Q_{12}	Q_{11}	Q_{10}	Q_9	Q_8	Q_7	Q_6	Q_5	Q_4	Q_3	Q_2	Q_1	d_3	d_2	d_1	d_0
$\left(0 \sim \dfrac{1}{31}\right)V_{REF}$	0	0	0	0	0	0	0	0	0	0	0	0	0	0	0	0	0	0	0
$\left(\dfrac{1}{31} \sim \dfrac{3}{31}\right)V_{REF}$	0	0	0	0	0	0	0	0	0	0	0	0	0	0	1	0	0	0	1
$\left(\dfrac{3}{31} \sim \dfrac{5}{31}\right)V_{REF}$	0	0	0	0	0	0	0	0	0	0	0	0	0	1	1	0	0	1	0
$\left(\dfrac{5}{31} \sim \dfrac{7}{31}\right)V_{REF}$	0	0	0	0	0	0	0	0	0	0	0	0	1	1	1	0	0	1	1
$\left(\dfrac{7}{31} \sim \dfrac{9}{31}\right)V_{REF}$	0	0	0	0	0	0	0	0	0	0	0	1	1	1	1	0	1	0	0
$\left(\dfrac{9}{31} \sim \dfrac{11}{31}\right)V_{REF}$	0	0	0	0	0	0	0	0	0	0	1	1	1	1	1	0	1	0	1
$\left(\dfrac{11}{31} \sim \dfrac{13}{31}\right)V_{REF}$	0	0	0	0	0	0	0	0	0	1	1	1	1	1	1	0	1	1	0
$\left(\dfrac{13}{31} \sim \dfrac{15}{31}\right)V_{REF}$	0	0	0	0	0	0	0	0	1	1	1	1	1	1	1	0	1	1	1
$\left(\dfrac{15}{31} \sim \dfrac{17}{31}\right)V_{REF}$	0	0	0	0	0	0	0	1	1	1	1	1	1	1	1	1	0	0	0
$\left(\dfrac{17}{31} \sim \dfrac{19}{31}\right)V_{REF}$	0	0	0	0	0	0	1	1	1	1	1	1	1	1	1	1	0	0	1
$\left(\dfrac{19}{31} \sim \dfrac{21}{31}\right)V_{REF}$	0	0	0	0	0	1	1	1	1	1	1	1	1	1	1	1	0	1	0
$\left(\dfrac{21}{31} \sim \dfrac{23}{31}\right)V_{REF}$	0	0	0	0	1	1	1	1	1	1	1	1	1	1	1	1	0	1	1
$\left(\dfrac{23}{31} \sim \dfrac{25}{31}\right)V_{REF}$	0	0	0	1	1	1	1	1	1	1	1	1	1	1	1	1	1	0	0
$\left(\dfrac{25}{31} \sim \dfrac{27}{31}\right)V_{REF}$	0	0	1	1	1	1	1	1	1	1	1	1	1	1	1	1	1	0	1
$\left(\dfrac{27}{31} \sim \dfrac{29}{31}\right)V_{REF}$	0	1	1	1	1	1	1	1	1	1	1	1	1	1	1	1	1	1	0
$\left(\dfrac{29}{31} \sim \dfrac{31}{31}\right)V_{REF}$	1	1	1	1	1	1	1	1	1	1	1	1	1	1	1	1	1	1	1

触发器状态 $Q_{15} \sim Q_1$ 与输出数字量 $d_3 d_2 d_1 d_0$ 之间的逻辑关系为

$$\begin{cases} d_3 = Q_8 \\ d_2 = Q_{12} + \overline{Q_8}Q_4 \\ d_1 = Q_{14} + \overline{Q_{12}}Q_{10} + \overline{Q_8}Q_6 + \overline{Q_4}Q_2 \\ d_0 = Q_{15} + \overline{Q_{14}}Q_{13} + \overline{Q_{12}}Q_{11} + \overline{Q_{10}}Q_9 + \overline{Q_8}Q_7 + \overline{Q_6}Q_5 + \overline{Q_4}Q_3 + \overline{Q_2}Q_1 \end{cases}$$

由此不难推断出，8 位分辨率并联比较型 ADC 将需要 2^8 只分压电阻及 $2^8 - 1$（即 255）个模拟比较器、触发器，同时译码电路所需的逻辑门电路个数就更多了。

可见，高分辨率并联比较型 ADC 电路非常复杂，功耗大，成本高（占用硅片面积大，成品率低）。此外，随着分辨率的提高，比较器数目会迅速增加，输入端寄生电容 C_{IN} 随之迅速增大，在输入信号源 v_1 内阻一定的情况下，采样时间 Δt 必然要相应增加，只能被迫

降低采样频率 f_s，从而限制了并联比较型 ADC 架构在高速、中高分辨率 ADC 中的应用，但理解低分辨率并联比较型 ADC 的电路结构、工作原理将有助于理解两步式以及流水线型 ADC 器件的组成、工作原理及参数含义。

8.2.4　基于并联比较型的衍生 ADC

为解决并联比较型 ADC 随着分辨率的提高比较器、触发器数量呈几何级数增长的问题，提出了两步式(即 Two-Step，也称为半闪速型 ADC)、流水线型等基于低分辨率并联比较型 ADC 的衍生 ADC。

1. 两步式 ADC

两步式 ADC 能有效降低高分辨率并联比较型 ADC 电路的元件数目和复杂度。例如，利用 4 位并联比较型 ADC 就可以构成 8 位半闪速型 ADC，原理电路如图 8.2.10 所示。

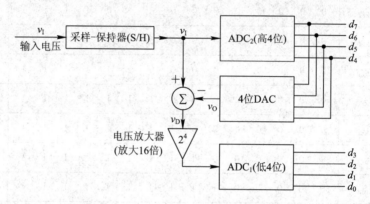

图 8.2.10　由 4 位并联比较型 ADC 组成的 8 位半闪速型 ADC

为理解半闪速型 ADC 的工作原理，不妨先看一个例子：用量程为 10 个刻度的电子秤称量 0～99 克的重物，如果读数为 2.4(实际重量为 24 克)，可将读数中整数部分"2"作为十位码，小数部分"0.4"乘 10 后作为个位码。

由此可得到 8 位分辨率半闪速型 ADC 的构建思路：采样-保持器(由于速度相对较慢，因此需要采样-保持器)输出信号送 4 位并联比较型 $ADC_2 \left(量化电平取 \frac{1}{16} V_{REF}\right)$，获得高 4 位 $d_7 \sim d_4$ 的转换结果，该转换结果送 4 位 DAC 获得输出信号 v_O 后与采样-保持器输出信号 v_1 相减获得余差电压 v_D，再放大 2^4 (即 16)倍后送 4 位并联比较型 ADC_1 $\left(量化电平可以取 \frac{2}{31} V_{REF}，也可以取 \frac{1}{16} V_{REF}\right)$ 就获得了低 4 位 $d_3 \sim d_0$ 的转换结果。

同理，用相同思路不难构建出如图 8.2.11 所示的 16 位分辨率半闪速型 ADC。图 8.2.11 中，高 8 位并联比较型 ADC_2 量化电平取 $\frac{1}{256} V_{REF}$，而低 8 位并联比较型 ADC_1 量化电平可以取 $\frac{2}{511} V_{REF}$，也可以取 $\frac{1}{256} V_{REF}$。

尽管半闪速型 ADC 电路的元件数量比同分辨率闪速型 ADC 电路少了许多，但转换时间比闪速型 ADC 增加了一倍以上，只能应用于中高速 ADC 电路中，不过基于半闪速型 ADC 架构的商品化芯片并不多。在中高速 ADC 电路中，广泛采用转换速度更快、元件更

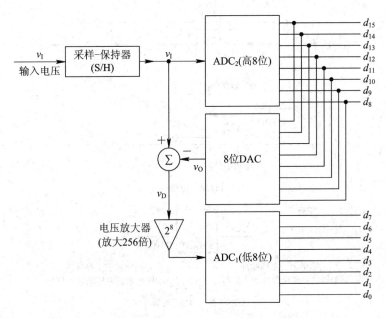

图 8.2.11　由 8 位并联比较型 ADC 组成的 16 位半闪速型 ADC

少、功耗更低的流水线型 ADC 架构。

2. 流水线型(Pipeline) ADC

Pipeline ADC 由多个以低分辨率并联比较型 ADC 为核心的子 ADC 电路串联组成，内部结构大致如图 8.2.12 所示，包括输入缓冲器、多级流水线子 ADC、延迟对准移位寄存器阵列、数字量输出锁存器、参考电源、时钟发生器等。

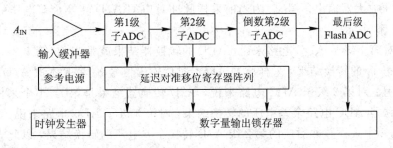

图 8.2.12　Pipeline ADC 结构

在流水线型 ADC 中，最后一级子 ADC 为并联比较型，其内部电路形式与同分辨率并联比较型 ADC 相似(参见图 8.2.8 和图 8.2.9)；而第 1 级子 ADC 到倒数第 2 级子 ADC 的内部原理电路如图 8.2.13(a)所示，由采样-保持(S/H)电路、低分辨率的 k 位并联比较型 ADC、包含了输入锁存器的同分辨率 DAC、求和电路(余差电压生成电路)、本级 A/D 转换余差电压放大器(增益为 2^k)等部分组成。

在采样脉冲 CLK 为低电平期间，采样-保持电容 C 端电压为上一个采样脉冲输入电压 v_I，DAC 输出信号为上一个采样脉冲 A/D 转换结果对应的模拟信号，这样余差电压放大器输出信号 v_O 保存了上一个采样脉冲 A/D 转换对应的余差电压的放大信号(即残差电压)；在采样脉冲 CLK 上升沿，本级并联比较型 ADC 锁存当前输入信号 v_I 对应的数字信号；在采样脉冲 CLK 为高电平期间，S/H 电路内的控制开关 S 吸合，输入信号 v_I 通过开

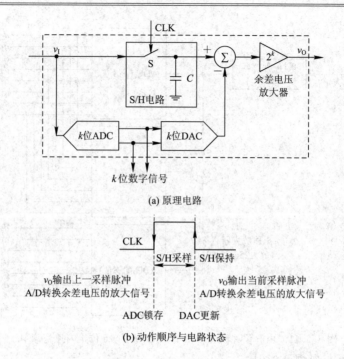

(a) 原理电路

(b) 动作顺序与电路状态

图 8.2.13　Pipeline 型 ADC 内部子 ADC 电路及动作顺序

关 S 对采样电容 C 充电(实现了采样功能);在采样脉冲 CLK 下降沿过后,开关 S 断开,这样保持电容 C 便保存了输入信号 v_1 的当前值(进入保持状态),同时触发 DAC 输入寄存器更新,DAC 转换结果送求和电路的负输入端,与输入信号 v_1 相减,生成本次 A/D 转换后的余差电压,经余差电压放大器放大 2^k 倍后形成输出信号 v_O,即在采样脉冲 CLK 下降沿过后余差电压放大器输出信号 v_O 为当前采样脉冲对应的 A/D 转换余差电压的放大信号,如图 8.2.13(b) 所示。

　　显然,对第 1 级子 ADC 电路来说,ADC 的转换器结果就是当前(第 i 个)采样脉冲来到时输入信号 v_1 的转换结果,采样脉冲下降沿过后输出信号 v_O 就是本次 A/D 转换余差电压的放大信号;对第 2 级子 ADC 电路来说,A/D 转换器结果是第 $i-1$ 个采样脉冲 CLK 对应的第 1 级子 ADC 电路余差电压的转换结果;对第 3 级子 ADC 电路来说,A/D 转换器结果是第 $i-2$ 个采样脉冲对应的第 2 级 A/D 转换余差电压的转换结果,以此类推。可见,在流水线型 ADC 中,第 i 个采样脉冲 CLK 动作沿来到时各级子 ADC 电路同时进行 A/D 转换,因此转换速率与闪速型 ADC 大致相当,但第 2 及更低级处理的输入信号并不是当前时刻外部输入信号 v_1 的一部分,而是第 $i-1$ 个、第 $i-2$ 个、第 $i-3$ 个、第 $i-4$ 个等采样脉冲 CLK 对应的输入信号 v_1 的一部分。由此可见,对于具有 m 级子 ADC 的流水线型 ADC 来说,外部输入模拟信号 v_1 必须经历 m 个采样脉冲处理后才能获得最终的转换结果。

　　为减少流水线型 ADC 电路的元件数目,降低功耗,减小输入寄生电容,缩短采样时间,子 ADC 电路的分辨率一般选 1.5~4 位(各子 ADC 分辨率可以相同,也可以不同);为缩短模/数转换的延迟时间,流水线级数一般控制在 6 级内。

　　为便于读者进一步理解流水线型 ADC 的组成和工作原理,图 8.2.14 给出了 8 位分辨率 4 级流水线型 ADC 的内部电路结构。

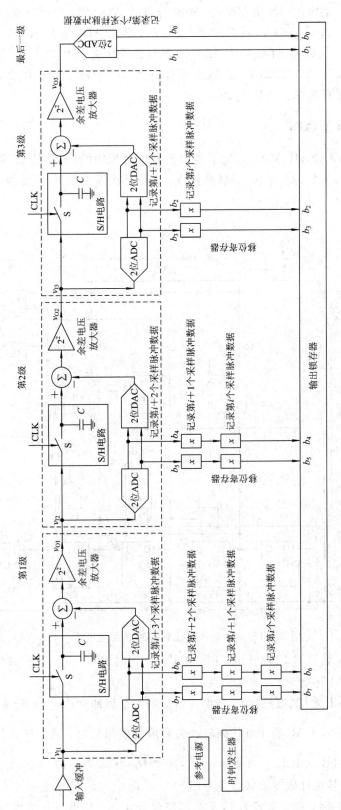

图8.2.14　8位分辨率4级流水线型ADC的的内部电路结构

流水线型 ADC 架构被广泛用在高速、中高分辨率 ADC 中，已逐渐成为中高速 ADC 的主流架构。例如，Analog Devices 公司生产的 12 位高速 ADC 芯片 AD9213 的最高采样速率达 10 GS/s，14 位高速 ADC 芯片 AD9208 的最高采样速率达 3 GS/s；TI 公司生产的 14 位高速 ADC 芯片 ADC32RF45 的最高采样速率为 3 GS/s，16 位高速 ADC 芯片 ADS54J60 的最高采样速率仍高达 1 GS/s。

8.2.5 逐次逼近型 ADC

逐次逼近型 ADC(SAR ADC)采用了类似于软件工程中的"对半搜索"策略，在 DAC 器件的支持下，可以较快地完成模/数转换操作。3 位逐次逼近型 A/D 转换器的原理电路如图 8.2.15 所示。

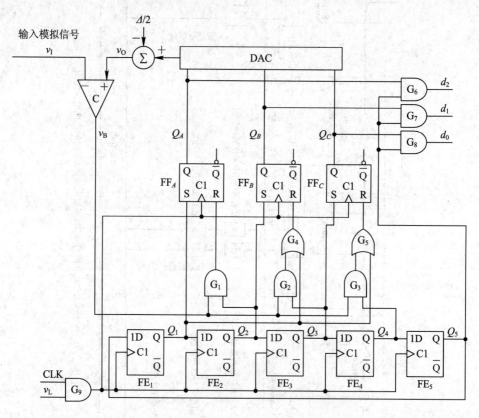

图 8.2.15　3 位逐次逼近型 ADC 的原理电路

转换开始时 SR 触发器 FF_A、FF_B、FF_C 被清零，同时 $FF_1 \sim FF_5$ 环形移位计数器的状态置为 10000。

当控制信号 v_L 有效（高电平）时，转换开始。第一个脉冲到达时，FF_A 触发器置为 1，FF_B、FF_C 触发器清 0，DAC 将 100 代码转换为对应的模拟信号，减去 $\frac{\Delta}{2}$ 后获得输出信号 v_O，再与输入模拟信号 v_I 比较。当 $v_I > v_O$ 时，$v_B = 0$；当 $v_I < v_O$ 时，$v_B = 1$。第一脉冲过后，$FF_1 \sim FF_5$ 环形移位计数器的状态变为 01000。

第二个脉冲到达时，FF_B 被置为 1，FF_C 继续保持 0 态。如果 $v_B = 0$（即 v_I 对应的数字信号大于 100），则与门 G_1 输出为 0，FF_A 将保持原来的 1 态；反之，如果 $v_B=1$（即 v_1 对应的数字信号小于 100），则与门 G_1 输出为 1，FF_A 被清 0。第二脉冲过后，Q_A、Q_B、Q_C 为 110 或 010，DAC 又一次对输入代码进行转换，经比较器输出比较结果，同时 $FF_1 \sim FF_5$ 环形移位计数器的状态置为 00100。可见，第 $n+1$ 个脉冲除了完成本次置位操作外，还实现了前面第 n 个脉冲结果的鉴别。

第三个脉冲到达时，FF_C 被置为 1，FF_A 将保持原来的状态不变，而 FF_B 保持原来的 1 态还是被清 0 与第二个脉冲比较结果（即 v_B 电平）有关。第三个脉冲过后，Q_A、Q_B、Q_C 为 ××1，而 $FF_1 \sim FF_5$ 环形移位计数器的状态置为 00010。

第四个脉冲到达时，FF_A、FF_B 保持原来的状态，而 FF_C 保持原来的 1 态还是被清 0 与第三个脉冲比较结果（即 v_B 电平）有关。第四个脉冲过后，$FF_1 \sim FF_5$ 环形移位寄存器置为 00001，此时与门 $G_6 \sim G_8$ 解锁，$d_2 \sim d_0$ 输出模拟信号 v_1 对应的转换结果。

第五个脉冲到达时，FF_A、FF_B、FF_C 保持原来的状态。脉冲过后 $FF_1 \sim FF_5$ 环形移位计数器恢复为 10000 态，与门 $G_6 \sim G_8$ 再度被封锁，$d_2 \sim d_0$ 输出变为 000。可见，施加最后一个脉冲仅仅是为了恢复环形移位计数器的初始状态。

如果不考虑使环形移位计数器复位的最后一个脉冲（即第 $n+2$ 个），则 n 位逐次逼近型 ADC 电路完成一次 A/D 转换所需时间仅为 $n+1$ 个脉冲周期，远小于计数型 ADC，因此速度较快。

逐次逼近型 ADC 的转换时间与分辨率有关，在时钟频率一定的情况下，显然分辨率越高，所需转换时间就越长。

此外，电路的复杂程度远小于并联比较型 ADC、两步式 ADC、流水线型 ADC。对于 3 位以上的多位逐次逼近型 ADC，除最高位 MSB 外，中间各位的电路与图 8.2.15 所示的 3 位逐次逼近型 ADC 的 b_1 位完全相同，最低位转换电路与图 8.2.15 所示的 b_0 位也完全相同。为便于理解多位逐次逼近型 ADC 的电路组成，图 8.2.16 给出了 4 位逐次逼近型 ADC 的原理电路。

可见，逐次逼近型 ADC 在转换速度与电路复杂度之间取得了最佳平衡。正因如此，逐次逼近型 ADC 架构一直是中低速 ADC 的主流，甚至 MCU 芯片内置的 ADC 也普遍采用逐次逼近型 ADC 架构，在分辨率不太高（12 位以下）的情况下，转换速率最高可达 2.0 MS/s，完成一次 A/D 转换所需时间在 1 μs 以下。由于目前多数 8 位及 32 位 MCU 芯片已内置了一路或两路多通道的 8 位、10 位甚至 12 位分辨率的逐次逼近型 ADC，转换时间有的已达 μs 或亚 μs 级，因此单片低分辨率慢速 ADC 芯片（如 ADC0809 等）已被淘汰。

单片 10 位逐次逼近型 ADC 的转换速率目前可达 100 MS/s，如 TI 公司的 ADS5295 芯片，而 16～18 位分辨率逐次逼近型 ADC 的最高转换速率为 10～15 MS/s，如 Analog Devices 公司的 LTC2387、LTC2386 芯片。

根据逐次逼近型 ADC 的工作原理，可用价格相对低廉的 DAC、模拟比较器及采样-保持器构成逐次逼近型 ADC，如图 8.2.17 所示。

假设 12 位分辨率电压输出型 DAC 的数字信号输入端 $d_{11} \sim d_0$ 分别接 MCU 芯片的 PB、PC 口，DAC 的模拟信号输出端 Out 接比较器 CP 的同相输入端，同极性输入信号 v_1 接采样-保持电路的输入端，采样-保持电路输出端 v_0 接比较器 CP 的反相输入端，比较器

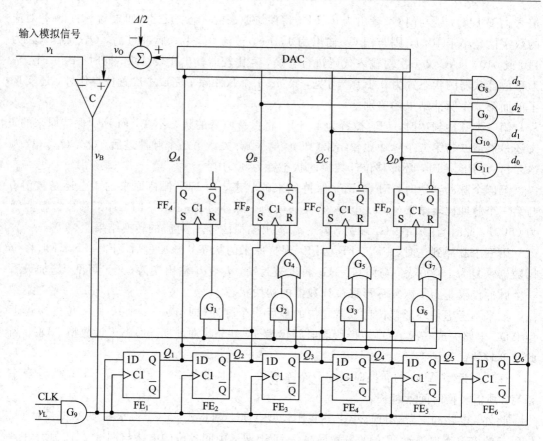

图 8.2.16 4 位逐次逼近型 ADC 的原理电路

输出端接 MCU 的 PC4 引脚。MCU 芯片 PC$_5$ 引脚输出采样脉冲 CLK 后，可按如下步骤实现模/数转换操作：

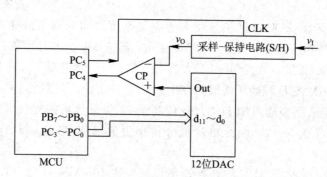

图 8.2.17 由 MCU 控制的逐次逼近型 ADC 的原理图

（1）从 MCU 的 PB、PC 口输出 1000 0000 0000 码，然后读 PC$_4$ 引脚，如果 PC$_4$ 引脚为低电平，则表明输入信号 v_I 大，应保留 b_{11} 位中的"1"，反之，将 b_{11} 位中的"1"清零。

（2）从 MCU 的 PB、PC 口输出 ×100 0000 0000 码，然后读 PC$_4$ 引脚，如果 PC$_4$ 引脚为低电平，则表明输入信号 v_I 大，应保留 b_{10} 位中的"1"，反之，将 b_{10} 位中的"1"清零。

（3）从 MCU 的 PB、PC 口输出 ××10 0000 0000 码，然后读 PC$_4$ 引脚，如果 PC$_4$ 引脚为低电平，则表明输入信号 v_I 大，应保留 b_9 位中的"1"，反之，将 b_9 位中的"1"清零。

（4）以此类推，直到 b_0 位。

可见，从 MCU 的 I/O 引脚顺序输出 12 个数码后，就完成了输入信号 v_I 的转换操作。如果 MCU 的主频率较高（如 16 MHz 以上），则完全能够在几微秒内完成一次 A/D 转换的操作，速度并不慢，硬件开销也不大，仅需要 DAC 芯片、采样-保持电路及模拟比较器。

8.2.6　双积分型 ADC

n 位双积分型 A/D 转换器(Dual Slope ADC)的原理电路如图 8.2.18 所示。该电路由 $n+1$ 个 T' 触发器构成的二进制异步加法计数器、运算放大器 A 构成的积分电路、比较器 CP 以及逻辑控制电路等部分组成。

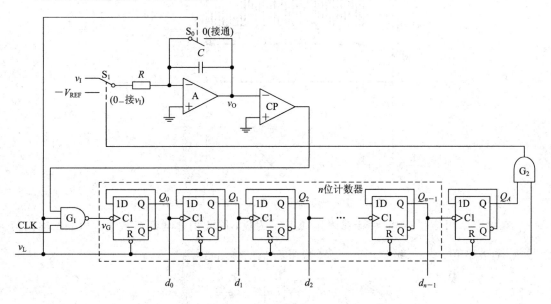

图 8.2.18　n 位双积分型 A/D 转换器的原理电路

当控制信号 v_L 无效(低电平)时，$n+1$ 位异步计数器被强制清 0(因为 v_L 接 D 触发器的异步清零端 $\overline{R}$)，控制开关 S_0 连通(0 表示接通，1 表示断开)，积分电容 C 处于放电状态，同时与非门 G_1 被封锁，输出信号 v_G 为高电平。

当控制信号 v_L 为高电平时，控制开关 S_0 断开，触发器 Q_A 依然保持低电平状态，与门 G_2 输出低电平，控制开关 S_1 接输入信号 v_I(当开关 S_1 控制信号为 0 时与输入信号 v_I 相连)，积分电容 C 开始充电，第一次积分操作被启动，运算放大器 A 输出信号 v_O 线性下降；比较器 CP 输出高电平，与非门 G_1 解锁，计数脉冲信号 CLK 经 G_1 反相后接入 n 位异步计数器的时钟输入端，n 位异步计数器从 0 开始对计数脉冲 CLK 进行计数，如图 8.2.19 所示。

积分器对输入信号 v_I 进行固定时间的积分，输出信号：

$$v_O = v_C = \frac{1}{C}\int_0^{T_1} i_C \mathrm{d}t = -\frac{1}{RC}\int_0^{T_1} v_I \mathrm{d}t = -\frac{v_I}{RC}\int_0^{T_1} \mathrm{d}t = -\frac{T_1}{RC}v_I$$

由于 $v_I > 0$，因此积分器输出信号 v_O 将从 0 开始线性下降，到达 T_1 时刻时，n 位计数器溢出，v_O 达到最小值 $-\dfrac{T_1}{RC}v_I$，第一个积分过程结束，同时触发器 Q_A 变为 1，与门 G_2 输出高电平，控制开关 S_1 转接参考电源 $-V_{REF}$，进入第二个积分过程。

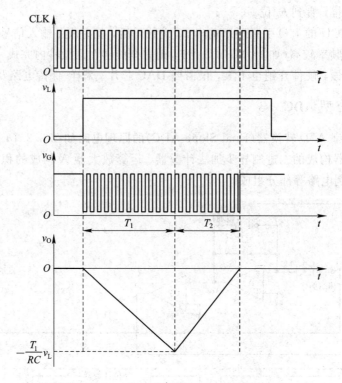

图 8.2.19　n 位双积分型 A/D 转换器的波形

在第二个积分过程中，由于参考电压 V_{REF} 为负，因此积分电容 C 放电，积分器输出信号 v_O 从最小值 $-\dfrac{T_1}{RC}v_I$ 线性回升。显然，积分器的输出信号：

$$v_O = -\frac{T_1}{RC}v_I + \frac{1}{C}\int i_C dt = \frac{V_{REF}}{RC}t - \frac{T_1}{RC}v_I$$

当积分器输出信号 $v_O > 0$ 时，比较器 CP 输出低电平，与非门 G_1 被封锁，输出端 v_G 跳变为高电平，计数器停止计数。此时，计数器读数为 D_n，所经历的时间为 T_2，则

$$v_O = \frac{V_{REF}}{RC}T_2 - \frac{T_1}{RC}v_I = 0$$

由此可得

$$T_2 = \frac{T_1}{V_{REF}}v_I$$

如果在整个积分过程中，时钟信号 CLK 的频率固定不变，即计数脉冲 CLK 的周期 T_C 固定不变，则 $T_1 = 2^n T_C$，$T_2 = D_n T_C$。由此可知：

$$D_n = \frac{2^n}{V_{REF}}v_I$$

为避免积分电路中运算放大器 A 的偏置电流 I_{IB} 影响积分时间，应尽可能选择偏置电流小的运算放大器，如 CMOS 运算放大器。

双积分型 A/D 转换器对积分电容 C、电阻 R 的精度要求不高，只要在整个积分过程中保持相对稳定即可，对运算放大器 A 的线性度要求也不高，原因是在正反双向积分过程中，即使运算放大器 A 的线性度稍差也相互抵消。

双积分型 A/D 转换器的抗干扰能力强，即使输入信号 v_I 叠加周期性的干扰信号也能相互抵消，对计数结果影响不大。因此双积分型 A/D 转换器的精度很高。

双积分型 ADC 的唯一缺点是转换速度很慢，一般每秒只能完成数次到数十次转换，只能用于测量变化缓慢的电平信号或直流信号。不过，目前双积分型 ADC 已逐渐被转换速率更高的 Σ-Δ 型 ADC 所取代。

8.2.7　Σ-Δ 型 ADC

Σ-Δ 型 ADC 分辨率高，转换速率介于双积分型 ADC 与逐次逼近型（SAR）ADC 之间，已成为数据采集、信号处理系统主要的数/模转换器件架构之一，在数字音频电路系统中得到了广泛的应用。

1. Σ-Δ 型 ADC 的结构

Σ-Δ 型 ADC 的结构大致如图 8.2.20 所示，由低通滤波器、Σ-Δ 调制器、数字信号处理部件等单元电路组成。其中，低通滤波器一般外置；核心部件 Σ-Δ 调制器由求和电路、线性同相积分器、低分辨率（1 位、2 位或 4 位）的 m 位 ADC（由模拟比较器和锁存器组成量化电路）、m 位 DAC 等单元电路组成，以实现对输入信号 v_I 的过采样及噪声整形；数字信号处理部件由带抽取功能的数字低通滤波器、数据输出接口与控制电路等部分组成，目的是实现数据流的滤波、A/D 转换结果的提取，并将转换结果编排为相应串行接口的数据输出方式。

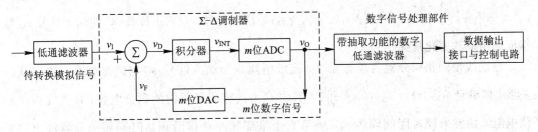

图 8.2.20　Σ-Δ 型 ADC 的结构框图

在实际的 Σ-Δ 型 ADC 中，可以是一阶（只有一套求和电路和一个线性同相积分器，如图 8.2.20 所示）、二阶（具有两套求和电路和两个线性同相积分器）甚至高阶 Σ-Δ 调制器（具有多套求和电路和多个线性同相积分器）。

2. Σ-Δ 型 ADC 的工作原理

下面以图 8.2.21 所示的基于一阶 1 位 ADC 的 Σ-Δ 调制器的 Σ-Δ 型 ADC 原理电路为例，介绍 Σ-Δ 型 ADC 的工作过程。

包含 1 位 ADC 及 1 位 DAC 的一阶单环 Σ-Δ 调制器由求和电路、线性同相积分器、1 位 ADC（由模拟比较器 CP 和 D 触发器 FF 组成）、1 位 DAC（等效为单刀双掷开关）、参考电源 V_{REF} 等单元电路组成，远高于奈奎斯特采样频率的高频采样信号 v_S 接 D 触发器 FF 的时钟输入引脚 CLK。

待转换的模拟输入信号 v_I 接求和电路的正输入端，来自 1 位 DAC 的反馈信号 v_F（当输入的数字信号为"1"时，$v_F = +V_{REF}$；反之，当输入的数字信号为"0"时，$v_F = -V_{REF}$）接求和电路的负输入端，因此求和电路的输出信号 $v_D = v_I - v_F$。于是当 $v_D > 0$ 时，线性同相

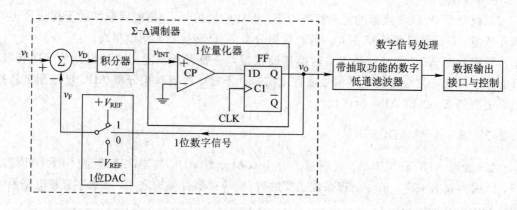

图 8.2.21 $\Sigma - \Delta$ 型 ADC 原理电路

积分器的输出信号 $v_{\text{INT}} > 0$，比较器 CP 输出高电平，在高频采样脉冲 CLK 动作沿过后，1 位 ADC 输出高电平（即"1"码）；反之，当 $v_D < 0$ 时，线性同相积分器的输出信号 $v_{\text{INT}} < 0$，比较器 CP 输出低电平，在高频采样脉冲 CLK 动作沿过后，1 位 ADC 输出低电平（即"0"码）。可见，在稳定状态下，1 位 ADC 的输出信号 v_O 为 0 或 1 码组成的串行数据流，串行数据流经数字低通滤波器滤除高频噪声信号后就可以抽取出相应的转换结果，再根据数据输出方式将滤波后的串行数据流转换为并行数据格式或相应接口标准的串行数据格式即可。

为进一步理解 $\Sigma - \Delta$ 型 ADC 的工作原理，假设分别在 $\Sigma - \Delta$ 调制器的输入端 v_I 输入 0、$\pm \frac{1}{2} V_{\text{REF}}$、$\pm \frac{1}{4} V_{\text{REF}}$、$\pm \frac{3}{4} V_{\text{REF}}$、$\pm \frac{1}{8} V_{\text{REF}}$ 等模拟信号，观察 1 位 ADC 的输出信号 v_O 数据流的组成和变化规律。

假设线性同相积分器为理想元件，充放电速率与输入信号 v_D 的绝对值严格遵守线性关系，即满足 $v_{\text{INT}}(t) = v_{\text{INT}}(0) + \frac{v_D}{RC} t$，其中 C 为同相积分器内的积分电容，R 为充放电限流电阻，如果采样时间间隔为 t_S，则第 k 个采样脉冲动作沿到达时同相积分器输出信号 $v_{\text{INT}}(t_k) = v_{\text{INT}}(t_{k-1}) + \frac{v_D}{RC} t_S = v_{\text{INT}}(t_{k-1}) + p v_D$。为方便计算，不妨假设系数 $p = \frac{t_S}{RC}$ 刚好为 1，则 $v_{\text{INT}}(t_k) = v_{\text{INT}}(t_{k-1}) + v_D$，参考电源 $\pm V_{\text{REF}}$ 的绝对值相等，开始时积分电容 C 完全处于放电状态，即输出信号 $v_{\text{INT}} = 0$，D 触发器 FF 的初始状态也为 0，即 $v_O = 0$。

（1）当 $v_I = 0$ 时。开始时积分器输出 $v_{\text{INT}} = 0$；D 触发器的初始状态为 0，即 $v_O = 0$，求和电路的输出信号 $v_D = v_I - v_F = 0 - (-V_{\text{REF}}) = V_{\text{REF}} > 0$，积分电容 C 充电，第 1 个采样脉冲 CLK 动作沿到达时，输出信号 $v_{\text{INT}} = 0 + V_{\text{REF}} = V_{\text{REF}} > 0$，比较器 CP 输出高电平，D 触发器 FF 的状态为 1。

接着求和电路的输出信号 $v_D = v_I - v_F = 0 - (+V_{\text{REF}}) = -V_{\text{REF}} < 0$，积分器内积分电容 C 放电，输出信号 v_{INT} 线性下降，在第 2 个采样脉冲 CLK 动作沿到达时，输出信号 $v_{\text{INT}} = V_{\text{REF}} - V_{\text{REF}} = 0$，比较器 CP 输出低电平，D 触发器 FF 的状态为 0，$\Sigma - \Delta$ 调制器复位，如此往复。显然，当 $v_I = 0$ 时，1 位 ADC 的输出信号 v_O 是 1、0 交错出现的串行数据流，数据流中"1"码所占比例为 1/2，如图 8.2.22(a)所示。

（2）当 $v_I = +\frac{1}{2} V_{\text{REF}}$ 时。开始时积分器的输出 $v_{\text{INT}} = 0$，D 触发器的初始状态为 0，即

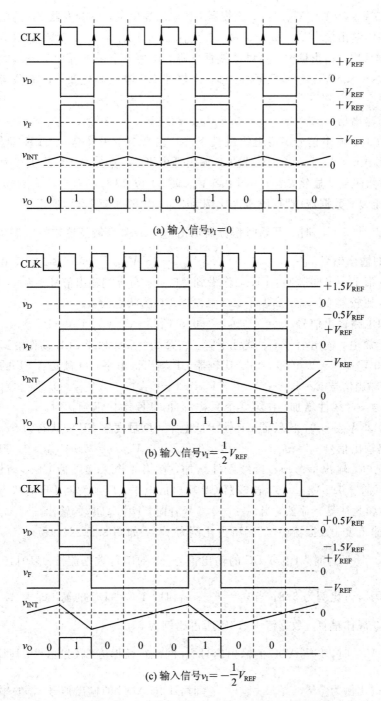

图 8.2.22 输入信号 v_I 取不同值时 Σ-Δ 调制器的各关键点波形

$v_O=0$，求和电路的输出信号 $v_D=v_I-v_F=0.5V_{REF}-(-V_{REF})=1.5V_{REF}>0$，积分器内积分电容 C 充电，第 1 个采样脉冲 CLK 动作沿到达时，积分器的输出信号 $v_{INT}=0+1.5V_{REF}=1.5V_{REF}>0$，比较器 CP 输出高电平，D 触发器 FF 的状态为 1。

接着求和电路的输出信号 $v_D=v_I-v_F=0.5V_{REF}-(+V_{REF})=-0.5V_{REF}<0$，积分器内积分电容 C 放电，输出信号 v_{INT} 线性下降，在第 2 个采样脉冲 CLK 动作沿到达时，$v_{INT}=$

$1.5\,V_{REF}-0.5\,V_{REF}=1.0\,V_{REF}>0$，比较器 CP 输出高电平，$D$ 触发器 FF 的状态为 1。

求和电路的输出信号 $v_D=v_I-v_F=0.5\,V_{REF}-(+V_{REF})=-0.5\,V_{REF}<0$，积分器内积分电容 C 继续放电，输出信号 v_{INT} 继续线性下降，在第 3 个采样脉冲 CLK 动作沿到达时，$v_{INT}=1.0\,V_{REF}-0.5\,V_{REF}=0.5\,V_{REF}>0$，比较器 CP 输出高电平，$D$ 触发器 FF 的状态为 1。

求和电路输出信号 $v_D=v_I-v_F=0.5\,V_{REF}-(+V_{REF})=-0.5\,V_{REF}<0$，积分器内积分电容 C 继续放电，输出信号 v_{INT} 继续线性下降，在第 4 个采样脉冲 CLK 动作沿到达时，$v_{INT}=0.5\,V_{REF}-0.5\,V_{REF}=0$，比较器 CP 输出低电平，$D$ 触发器 FF 的状态为 0，$\Sigma-\Delta$ 调制器复位，如此往复。显然，当 $v_I=+0.5\,V_{REF}$ 时，1 位 ADC 的输出信号 v_O 的串行数据流按 0111 规律重复，数据流中"1"码所占比例为 3/4，如图 8.2.22(b) 所示。

(3) 当 $v_I=-\dfrac{1}{2}V_{REF}$ 时。开始时积分器输出 $v_{INT}=0$，D 触发器初始状态为 0，即 $v_O=0$，求和电路的输出信号 $v_D=v_I-v_F=-0.5\,V_{REF}-(-V_{REF})=0.5\,V_{REF}>0$，积分器内积分电容 C 充电，第 1 个采样脉冲 CLK 动作沿到达时，积分器的输出信号 $v_{INT}=0+0.5\,V_{REF}=0.5\,V_{REF}>0$，比较器 CP 输出高电平，$D$ 触发器 FF 的状态为 1。

接着求和电路输出信号 $v_D=v_I-v_F=-0.5\,V_{REF}-(+V_{REF})=-1.5\,V_{REF}<0$，积分器内积分电容 C 放电，输出信号 v_{INT} 线性下降，在第 2 个采样脉冲 CLK 动作沿到达时，$v_{INT}=0.5\,V_{REF}-1.5\,V_{REF}=-1.0\,V_{REF}<0$，比较器 CP 输出低电平，$D$ 触发器 FF 的状态为 0。

求和电路输出信号 $v_D=v_I-v_F=-0.5\,V_{REF}-(-V_{REF})=0.5\,V_{REF}>0$，积分器内积分电容 C 充电，输出信号 v_{INT} 线性增加，在第 3 个采样脉冲 CLK 动作沿到达时，$v_{INT}=-1.0\,V_{REF}+0.5\,V_{REF}=-0.5\,V_{REF}<0$，比较器 CP 输出低电平，$D$ 触发器 FF 的状态为 0。

求和电路输出信号 $v_D=v_I-v_F=-0.5\,V_{REF}-(-V_{REF})=0.5\,V_{REF}>0$，积分器内积分电容 C 继续充电，输出信号 v_{INT} 继续线性增加，在第 4 个采样脉冲 CLK 动作沿到达时，$v_{INT}=-0.5\,V_{REF}+0.5\,V_{REF}=0$，比较器 CP 输出低电平，$D$ 触发器 FF 的状态为 0，$\Sigma-\Delta$ 调制器复位，如此往复。显然，当 $v_I=-0.5\,V_{REF}$ 时，1 位 ADC 的输出信号 v_O 的串行数据流按 0100 规律重复，数据流中"1"码所占比例为 1/4，如图 8.2.22(c) 所示。

(4) 当 $v_I=\dfrac{1}{4}V_{REF}$ 时，1 位 ADC 的输出信号 v_O 的串行数据流按 01101101 规律重复，数据流中"1"码所占比例为 5/8；当 $v_I=-\dfrac{1}{4}V_{REF}$ 时，1 位 ADC 的输出信号 v_O 的串行数据流按 01010010 规律重复，数据流中"1"码所占比例为 3/8。

当 $v_I=\dfrac{3}{4}V_{REF}$ 时，1 位 ADC 的输出信号 v_O 的串行数据流按 01111111 规律重复，数据流中"1"码所占比例为 7/8；当 $v_I=-\dfrac{3}{4}V_{REF}$ 时，1 位 ADC 的输出信号 v_O 的串行数据流按 01000000 规律重复，数据流中"1"码所占比例为 1/8。

当 $v_I=\dfrac{1}{8}V_{REF}$ 时，1 位 ADC 的输出信号 v_O 的串行数据流按 0110 1010 1101 0101 规律重复，数据流中"1"码所占比例为 9/16；当 $v_I=-\dfrac{1}{8}V_{REF}$ 时，1 位 ADC 的输出信号 v_O 的串行数据流按 0101 0101 0010 1010 规律重复，数据流中"1"码所占比例为 7/16。

由此不难发现，当输入信号 v_I 为 $-\frac{6}{8}V_{REF}$、$-\frac{4}{8}V_{REF}$、$-\frac{2}{8}V_{REF}$、$-\frac{1}{8}V_{REF}$、0、$\frac{1}{8}V_{REF}$、$\frac{2}{8}V_{REF}$、$\frac{4}{8}V_{REF}$、$\frac{6}{8}V_{REF}$ 时，$\Sigma-\Delta$ 调制器的输出信号 v_O 的串行数据流中"1"码所占比例分别为 2/16、4/16、6/16、7/16、8/16、9/16、10/16、12/16、14/16。

以此类推，如果 n 位二进制数用 D_n 表示，则当输入信号 $v_I=\frac{D_n}{2^n}V_{REF}$ 时，1 位 ADC 的输出信号 v_O 的串行数据流最多每 2^{n+1} 个采样脉冲后重复原来的序列，数据流中"1"码所占比例为 $\frac{2^n+D_n}{2^{n+1}}$，而当输入信号 $v_I=-\frac{D_n}{2^n}V_{REF}$ 时，1 位 ADC 的输出信号 v_O 的串行数据流也是最多每 2^{n+1} 个采样脉冲后重复原来的序列，数据流中"1"码所占比例为 $\frac{2^n-D_n}{2^{n+1}}$。这样在数字信号处理模块内对串行码流中的"1"码个数进行计数就会获得相应的 A/D 转换结果。

8.2.8　A/D 转换器的性能指标

评价 ADC 性能指标的参数有很多，既包括微分非线性(DNL)、积分非线性(INL)、失码率、增益误差、偏移误差等静态特性参数，也包括有效位数、杂散噪声(FSDR)、总谐波失真、交调失真、孔径延迟及孔径抖动等动态特性参数。下面仅简要介绍分辨率、转换精度、转换速度等几个重要参数的含义。

1. 分辨率

ADC 的分辨率用输出二进制数的位数表示。当采用 n 位输出的 A/D 转换器来量化模拟电压 v_I 时，如果满量程读数(2^n-1)对应的模拟电压为 V_{IN}，则 1LSB 对应的模拟电压大小为 $\frac{1}{2^n}V_{IN}$，即分辨率为 $\frac{1}{2^n}$。显然，对于同一模拟输入电压 v_I，A/D 转换器的分辨率越高，1LSB 所代表的模拟电压就越小，量化单位 Δ 就越精细，量化误差也就越小。

2. 转换精度

转换精度与分辨率、参考电源精度、稳定性、噪声、运算放大器特性(如线性度、输入阻抗、响应速度)等因素有关。例如，满量程对应 5.0 V 模拟电压的 8 位 ADC 芯片，当输入电压为 2.5 V 时，理论转换结果应为 $\frac{v_I}{V_{IN}}\times 2^8=\frac{2.5}{5.0}\times 2^8=128$，但实际转换结果一般不会刚好等于 128，这就涉及转换精度问题。为此，ADC 芯片常用有效位数(ENOB)作为有效分辨率来表示真实的 A/D 转换结果。

3. 转换速度

完成一次 A/D 转换所需的时间称为转换速度(单位用 μs 或 ns 表示)。它与单位时间内能完成多少次 A/D 转换的转换率(单位为 S/s，即每秒采样次数)成反比。除过采样 ADC 架构，如 $\Sigma-\Delta$ 型 ADC 外，A/D 转换器的转换率与采样率相同。

习　题　8

8-1　哪几种 D/A 转换电路架构在 DAC 芯片中得到了广泛应用？

8-2 指出权电阻网络 D/A 转换器的主要缺点。

8-3 如果将图 8.1.11 中最后一级分压器的分辨率由 3 位改为 4 位，将获得多少位分辨率的 DAC？各级分压电阻 R_1、R_2、R_3 之间是什么关系？

8-4 如果图 8.1.11 中每一级分压器的分辨率均为 4 位，将获得多少位分辨率的 DAC？各级分压电阻 R_1、R_2、R_3 之间是什么关系？如果第 3 级分压电阻 R_3 取 1 kΩ，则参考电源 V_{REF} 的等效负载电阻为多少？

8-5 利用 74HC595、TL431、LMV358 运算放大器构建 AD7520 应用系统。

8-6 能否利用 ROM 存储器、电压型 DAC 转换器实现函数发生器的功能？

8-7 列举主流 ADC 的结构，并指出各自的应用范围与优缺点。

8-8 闪速型 ADC 与 Pipeline 型 ADC 在性能上有什么异同？

8-9 简述采样-保持电路的功能及其关键指标。

8-10 假设 12 位逐次逼近型 ADC 的时钟 CLK 频率为 10 MHz，则完成一次 A/D 转换大约需要多少时间？如果已知该 ADC 完成一次 A/D 转换所需时间为 1.0 μs，则时钟 CLK 频率为多少？

第 9 章　接口保护与可靠性设计

工作稳定可靠是电子产品、电子设备的基本要求之一。影响电子产品可靠性的因素有很多，除了涉及构成电子产品的元器件、辅助材料的性能，PCB 布局与布线的优劣，生产工艺的合理规范等因素外，还与电路系统的可靠性设计有关。为此，本章将简要介绍机械按钮触点的特性及相关的消抖动电路、输入接口保护电路、数字信号隔离电路等方面的基本知识。

9.1　机械触点接口

在数字电路系统中，开关是常见的人机对话接口部件之一。图 9.1.1(a)所示的开关 S_1 多采用机械触点方式，当该开关触点通过电阻 R_1 连接到 V_{CC} 电源时，就能实现高低电平信号的传递。

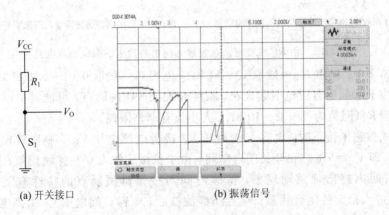

(a) 开关接口　　　　　　　　　　　(b) 振荡信号

图 9.1.1　机械开关接口与输出信号

9.1.1　机械触点固有的弹跳现象

当开关电路使用带机械式触点的开关部件时，在开关被接通瞬间，由于与开关动片相连的簧片存在弹跳现象，导致机械触点重复出现接触、分离的抖动过程，经过一段延迟时间后开关触点才进入稳定的接触状态，这一现象称为触点的弹跳现象，是机械式触点的固有特性。同样地，在开关触点断开瞬间也存在同样的问题。

机械触点的弹跳现象将导致输出信号抖动，会使本应为单个脉冲的输出信号演变成多个脉冲的输出信号，如图 9.1.1(b)所示。如果该信号进入数字电路，将会导致各种奇怪的输出结果，甚至可能引起误动作，因此在接口电路设计时不能忽视机械开关触点的弹跳问题。

9.1.2 消除弹跳现象电路

1. 使用 RC 低通滤波电路(LPF)消除弹跳现象

消除按钮、开关弹跳现象最简单的方法是在与开关或按钮相连的逻辑门电路的输入端增加由 RC 元件构成的低通滤波电路来消除因开关抖动引起的高频寄生信号。但考虑到 RC 低通滤波器输出信号上、下沿变化缓慢，会导致 CMOS 数字电路输入缓冲反相器的动态功耗增加，因此需要在 RC 低通滤波器后插入具有施密特输入特性的反相器或同相驱动器，如 74LVC1G14(施密特输入反相驱动器)、74LVC1G17(施密特输入同相驱动器)等，如图 9.1.2 所示(当然，也可以直接将与开关或按钮相连的逻辑门电路芯片更换为具有施密特输入特性的逻辑门电路芯片，如用 74HC132 芯片取代 74HC00 芯片)。

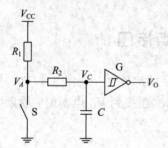 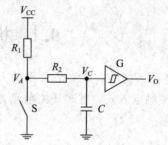

(a) 在RC输出端接施密特输入反相驱动器　　　　(b) 在RC输出端接施密特输入同相驱动器

图 9.1.2　由 RC 及施密特触发输入门电路构成的弹跳消除电路

在图 9.1.2 中，电阻 R_1 一般取 10～51 kΩ，电容 C 一般取 0.01～0.1 μF，为避免开关闭合或按钮按下瞬间电容放电引起火花，损坏开关或按钮的触点，可能需要增加电容 C 的放电限流电阻 R_2(阻值为 510 Ω～10 kΩ，大小没有严格限制)。

在开关或按钮未按下时，电容 C 端电压 V_C 接近电源电压 V_{CC}，施密特输入反相器 G 输出低电平，即 $V_O = V_{OL}$。在开关闭合瞬间，由于机械式触点存在弹跳现象，因此 A 点电位 V_A 在短时间内将出现跳动现象，持续时间与按钮机械触点的特性有关，一般小于 10 ms，然后进入稳定的闭合状态；V_A 经 RC 滤波后，电容 C 端电压 V_C 由高电平缓慢下降到低电平状态，同时施密特反相器输出信号 V_O 跳变为高电平 V_{OH}，如图 9.1.3 所示。

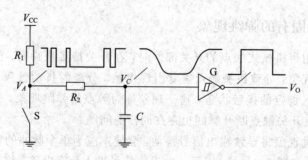

图 9.1.3　开关(按钮)弹跳 RC 消振电路各关键节点的电压波形

相应地，在开关断开瞬间，A 点电位 V_A 在短时间内也会出现跳动现象，持续时间也与按钮机械触点的特性有关(一般小于 10 ms)，然后进入稳定的关断状态；V_A 经 RC 滤波后，

电容端电压 V_C 由低电平缓慢升高到高电平状态，同时施密特反相器输出信号 V_O 跳变为低电平 V_{OL}。

2. 使用 SR 触发器消除振荡

对于具有两个触点的单刀双掷型开关，可利用 SR 触发器的保持功能来消除机械式触点的抖动现象，如图 9.1.4 所示。

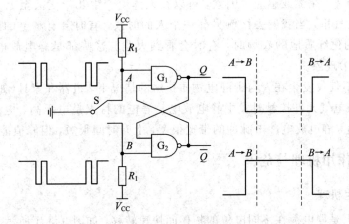

图 9.1.4　利用 SR 触发器消除触点抖动现象

在图 9.1.4 中，与非门 G_1、G_2 构成了输入低电平有效的 SR 触发器。假设开关未被按下时，开关 S 与输入端 A 相连，与非门 G_1 输出高电平，即 Q 端输出高电平，而与非门 G_2 输出低电平。

在开关 S 动片由 A 点转接 B 点的过程中，即使开关 S 动片离开 A 点瞬间因弹跳现象重复断开-接通动作，也不会使 SR 触发器状态跳变，Q 端依然保持高电平状态；当动片接触到 B 输入端后，与非门 G_2 立即输出高电平，而与非门 G_1 输出低电平，导致触发器状态翻转，使 Q 端输出低电平，即使动片在接触 B 输入端的过程中存在抖动现象，触发器状态同样不会跳变。

同理，在开关 S 动片由 B 点转接 A 点的过程中，触点的抖动也同样不会导致触发器状态跳变。可见，双触点开关在切换过程中，经 SR 触发器锁定后，输出端 Q 或 $\overline{Q}$ 均不存在抖动现象。

3. 软件消除抖动

在单片机（MCU）应用系统中，如果 EMI 指标要求不高，则更愿意借助软件方式消除开关及按钮的抖动现象，原因是无须硬件芯片，成本低廉，可靠性高，没有增加额外的静态功耗。

9.2　接　口　保　护

在电子产品设计过程中，可能会遇到这样一种现象：在实验室环境下测试时，多台（套）样机工作完全正常，各个电性能指标参数也完全满足设计要求，但量产后在实际使用过程中，部分用户抱怨产品有故障。尽管原因有很多，但其中输入/输出接口部件保护电路缺失或不完善是导致电子产品失效的重要因素之一。

9.2.1　静电与静电放电(ESD)的概念

　　静电是一种自然现象，表征特定物质在与其他物质接触时累积的静电荷，在日常生活中是无处不在的。产生静电的方式有很多，包括接触、摩擦等。人体自身的动作或与其他物体的接触、分离、摩擦或感应等因素，可以在人体上产生几千伏甚至上万伏的静电。例如，在干燥的天气里，当我们去接触另外一个人的时候，有时会有触电的感觉；当在黑暗处脱下身上穿的化纤质地的衣物时，有时会看到火花。这些都是静电放电(Electro-Static Discharge，ESD)现象。

　　ESD现象不仅仅发生在人与带静电物质接触的情况下，机器和家具(如工作台)也会累积静电，并在与电气元件接触时发生静电放电。静电的特点是电压高，电荷总量低，电流小，作用时间短，静电放电冲击脉冲的带宽很宽，上升时间很短，但峰值能量很大。

9.2.2　ESD作用机理与危害

1. ESD产生机理

　　ESD本质上是静电荷在不同电位的物体间快速转移，如图9.2.1所示。从图9.2.1中可以看出，当电子从电位为$-5\ kV$的物体快速转移到$-2\ kV$的物体或大地时，就完成了静电的放电过程。

图9.2.1　静电放电示意

　　物体间摩擦或不同电位物体间接触，以及电场感应或电流传导等方式会使物体获得或失去电子，从而使物体表面带有静电；当物体表面电荷积累到一定程度时，将引起电荷泄放，以达到新的静电平衡状态。因此，ESD产生机理可概括为：电荷积累→快速放电。

2. ESD危害

　　ESD产生的放电电流及其电磁场经传导耦合和辐射耦合进入电子设备，可能会损坏电子设备内部的元器件。ESD破坏机制主要有以下两种：

　　(1) ESD电流产生的热量导致电路元件内局部区域热失效。

　　(2) ESD感应高压可能引起电子元件过压损坏。

　　两种破坏机理可能在同一设备中同时出现。例如，感应高压导致过压击穿，而过压击穿后又激发出大电流，激发出的大电流又导致元件局部热失效。

　　ESD属于脉冲干扰，它对电子电路的干扰一般取决于脉冲幅度、宽度及脉冲的能量。发生ESD事件时，电压通常介于500 V到8000 V之间，持续时间小于300 ns。ESD发生期间，峰值电流可能高达数安培。

　　静电放电对电子产品造成的破坏和损害有突发性损害和潜在性损害两种。所谓突发性损害，指的是器件被严重损坏，功能丧失，具体表现为产品存在短路、开路或性能指标参数严重变化。这种损害通常能够在产品质检过程中发现，因此给厂商带来的损失主要是返工维修的成本。一般因 ESD 损坏导致电子元器件突发性完全失效约占总故障的 10%。突发性损害体现为：MOS 栅极下氧化层击穿，容易触发 CMOS 器件的可控硅锁定现象；PN 结严重漏电，二次击穿，肖特基器件出现热斑，硅片局部区域熔化，器件电流增益显著下降，IC 芯片内部用于连接的铝或铜连线受到损伤，熔断等。潜在性损害指的是器件部分被损坏，功能尚完善，在产品质检过程中不易发现，但在使用过程中会发现产品工作状态不稳定，时好时坏，因而对产品质量构成了更严重的威胁。潜在性损害约占总故障的 90%。若继续让产品带病工作，则随着 ESD 次数的增加，损伤积累效应将越发显著，损伤度将逐渐增多，最终导致产品完全失效。潜在性损害表现为：二极管反向漏电流增加，击穿电压下降，金属电极变质；三极管 EB 结反向漏电流增大，电流放大系数 β 值减小，噪声系数上升，金属电极变质；双极型数字电路输入漏电流增加；双极型线性电路输入失调电压、失调电流增大；等等。

9.2.3　ESD 保护器件与选型

1. 增加 ESD 保护器件的必要性

ESD 保护器件可把高达数千伏的 ESD 输入电压降低到被保护芯片自身可承受的安全电压范围内，并给 ESD 电流提供泄放通路，避免 ESD 大电流流经芯片内部电路，从而降低器件或产品的故障率。但由于静电产生和积累需要一定的条件和过程，因此即使不加 ESD 保护器件，电路也不见得每一个产品都会受到 ESD 伤害，这容易使工程师产生侥幸心理，尤其是在成本控制严格的产品中，工程师更不愿意增加 ESD 保护电路。此外，部分芯片内部也内置了基本的 ESD 防护电路，一般可达到 1kV 或 2kV 的静电防护标准，导致没有电子产品设计经验的工程师在设计输入/输出接口电路时，不重视使用相应的 ESD 器件建构可靠的外置 ESD 保护电路，进而导致产品故障率居高不下。

接口电路没有外置 ESD 保护器件时，从外部接口入侵的高达数千伏特的 ESD 电压将直接施加到内部的芯片上，导致芯片损坏或受到一定程度的损伤，如图 9.2.2 所示。

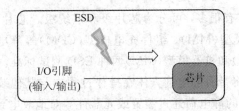

图 9.2.2　没有外置 ESD 保护器件的 ESD 电流通路

在芯片引脚与地之间并接 ESD 保护器件后，通过 ESD 保护器件就能将入侵的 ESD 电流导入地回路。当施加到器件 I/O 引脚的静电电压超过 ESD 器件的触发电压时，将在 ns 级时间内触发 ESD 器件导通，给 ESD 电流提供了低阻通道，避免 ESD 电流流入芯片内部的单元电路，如图 9.2.3(a) 所示，ESD 器件导通后，其端电压将被钳位在后级器件 I/O 引脚可承受的范围内；而在正常状态下，器件 I/O 引脚的工作电压比 ESD 保护器件的触发电压小，ESD 器件处于高阻态，几乎不影响器件的正常工作，如图 9.2.3(b) 所示。

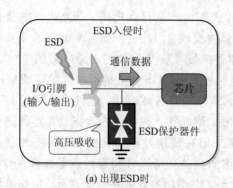 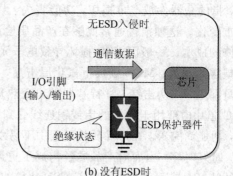

(a) 出现ESD时　　　　　　　　　　　　(b) 没有ESD时

图 9.2.3　有 ESD 保护器件的情形

　　为进一步说明 ESD 器件的保护效果，下面借助内置电容器（超级电容）和内部阻抗的 ESD 喷枪，在图 9.2.4(a)所示的 ESD 模拟测试设备输入端施加 8 kV 电压模拟 ESD 测试。有无 ESD 保护器件的测试波形如图 9.2.4(b)所示。不难看出，增加 ESD 保护器件后施加到芯片侧的 ESD 电压被大幅度抑制，避免了芯片 I/O 引脚承受危险电压。

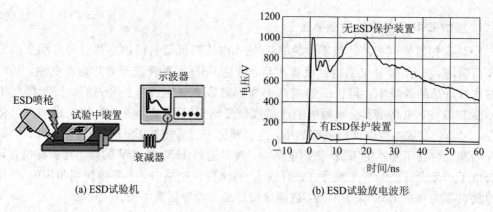

(a) ESD试验机　　　　　　　　　　(b) ESD试验放电波形

图 9.2.4　ESD 试验波形

2. ESD 测试标准

　　目前，ESD 测试标准有很多，可分为芯片级和系统级。芯片级的 ESD 测试主要包括人体模型（HBM）、机器模型（MM）、组件充电模型（CDM）等静电放电模型。电子行业一般仅使用人体模型（HBM）和机器模型（MM）两种 ESD 测试标准。

　　人体模型（HBM）是将带有静电的人体在操作过程中与其他装置（或元器件）接触或接近，并将存储于人体表面的静电荷通过装置或元器件等对地放电致使其失效而建立的 ESD 模型。当带有静电的人体接触元器件时，在短到几百纳秒的时间内将产生高达数安培的瞬态放电电流。

　　对静电敏感的器件在组装过程中会涉及许多金属夹具，如机械手臂、金属导轨等，当这些金属带上静电并靠近组件时，会发生金属夹具与组件之间的快速放电，即形成机器模型（MM）。机器模型（MM）的特征是：低电压，高电流，会直接烧坏组件本身。典型的机器模型在放电时放电峰值电流一般小于 8 A，放电时间在 5 ns 以内。

　　系统级 ESD 测试又称为静电放电抗扰度测试，是指模拟操作人员或物体在接触设备时产生的放电现象，也可以是人或物体对邻近物体的放电，以检测被测设备抗静电干扰的能力。系统级测试包含直接放电和间接放电两种方式。

人体模型(HBM)、机器模型(MM)等测试标准主要用于衡量芯片在日常生产、封装、运输过程中可能遇到的 ESD 放电情形，而系统级 ESD 测试则针对电子产品、电子设备在日常使用过程中可能遇到的 ESD 放电情形。因此，从电子产品系统设计角度出发，本章主要针对系统级 ESD 测试进行介绍。至于芯片级测试部分，有兴趣的读者可自行查阅相关资料，此处不做过多表述。目前 EMC 规范主要有国际电工委员会拟定的 IEC61000 - 4 规范，其包含 IEC61000 - 4 - 2(ESD 静电放电)、IEC61000 - 4 - 3(抗电磁干扰)、IEC61000 - 4 - 4(EFT 快速瞬变脉冲群)、IEC61000 - 4 - 5(浪涌抗扰度)。当前，多数电子产品制造商广泛采用 IEC61000 - 4 - 2 规范作为电子产品的 ESD 测试标准。

(1) IEC 标准规定的静电放电方式包括：直接放电方式(直接对受试设备实施放电)和间接放电方式(对受试设备附近的耦合板实施放电，以模拟人员对受试设备附近的物体的放电)。IEC61000 - 4 - 2 标准规定的静电放电发生器电路如图 9.2.5 所示，典型放电电流波形如图 9.2.6 所示。

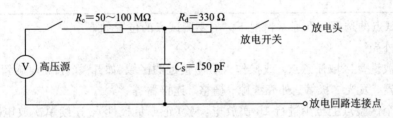

图 9.2.5　静电放电发生器电路

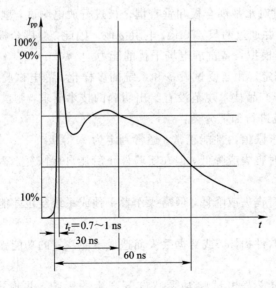

图 9.2.6　放电电流波形

直接放电方式又可细分为接触放电和空气放电。

接触放电是对电子产品半成品或含有金属外壳的电子产品(即人体可以接触到的部位)进行接触式放电，模拟在生产、运输以及使用过程中可能出现的人体放电导致电子产品损坏的情况。

空气放电测试模式是针对塑料外壳(或涂有绝缘漆的金属外壳)的一种放电方式,该放电方式不通过直接接触而是通过高压静电脉冲击穿空气,传输到产品内部导致电子产品或元器件损坏的一种放电测试手段,主要考查塑料外壳接缝或按键缝隙的紧密性、绝缘性。

标准规定,接触放电是优先选择的试验方法,凡可以用接触放电测试的地方一律用接触放电测试。空气放电多用在不能使用接触放电测试的场合。对含有镀膜的电子产品,如果制造商未说明漆膜是绝缘层,则试验时需使用接触放电的电极头尖端刺破漆膜进行放电试验;若漆膜为绝缘层,则采用空气放电测试方式。

IEC 中规定的静电放电实验等级如表 9.2.1 所示。

表 9.2.1 IEC61000 - 4 - 2 静电放电试验等级

IEC61000 - 4 - 2 等级	接触放电电压/kV	气隙放电电压/kV
1	2	2
2	4	4
3	6	8
4	8	15

(2) 测试点的选择。在通常情况下,主要测试点的位置如下:

①金属外壳。

②控制或键盘区域任意点,或操作人员易接近的区域(如开关、按键、旋钮、按钮等)。

③指示器、发光二极管、外壳缝隙、栅格、连接器等。

在每一个试验点上至少进行 10 次放电实验(正或负极性),连续单次放电时间间隔至少大于 1 s。

间接放电方式通过对水平耦合板和垂直耦合板进行放电测试,耦合板与设备保持一定距离(通常为 0.1 m),并通过两只 470 kΩ 电阻接地。因此,对耦合板放电时,借助耦合板形成可重复的静电场,模拟设备抗静电场干扰的能力。

(3) 测试结果的判定。由于受试设备和系统的多样化,静电试验将对设备或系统产生何种影响难以明确,若产品技术规范没有给出明确的技术要求,则试验结果应按受试设备的运行条件和功能规范进行如下分类:

① 在技术指标要求限值内性能正常,通常判定为 A 等级。

② 功能或性能暂时丧失或降低,但在实验停止后能自行恢复,不需要操作者干预,通常判定为 B 等级。

③ 功能或性能暂时丧失或降低,但需操作者干预或系统复位才能恢复,通常判定为 C 等级。

④ 因设备硬件或软件损坏,或数据丢失而造成不能恢复的功能丧失或性能降低,通常判定为 D 等级。

技术规范中可以定义静电试验对受试设备产生的影响,并规定哪些影响是可以接受的。

一般来说,如果受试设备在整个试验期间显示较强的抗静电干扰性,并且在试验结束后,受试设备满足技术规范中的功能要求,则表明 ESD 测试合格。

3. ESD 保护器件的分类

一般来说，能直接用于 ESD 保护的器件，统称为 ESD 保护器件，包括压敏电阻、ESD 保护二极管、TVS 管、晶闸管保护器件、气体放电管、聚合物 ESD 器件等。表 9.2.2 给出了 ESD 保护二极管与 TVS 管的性能对比。

表 9.2.2　ESD 保护二极管与 TVS 管的性能比较

对比项	ESD 保护二极管	TVS 管
抗击能量	小	大
抗击电压	>10kV 或更高	>4kV
响应时间	极快	稍慢
抑制脉冲速率	极高速	中高速
对线路的容性影响	极低	一般
对高速通信的影响	极低	较高
线路中可使用的数量	多个	少量
应用场合	抑制静电放电（ESD）脉冲	主要用于防雷击及开/关电时产生的浪涌吸收

传统 TVS 管一般为单通道的分立器件。TVS 管一般用于初级保护，更多地用于承受大部分的大电流或高电压，且主要用于泄放瞬态电压而非 ESD 尖峰脉冲，瞬态电压持续时间比 ESD 尖峰脉冲要长得多，峰值也低得多。随着技术与工艺的进步，TVS 器件的性能也在不断地提高，也能应用到便携式产品中，如安森美半导体已经开发出了针对高速 USB2.0 的超高速 TVS 器件，寄生电容小于 5 pF。

ESD 保护二极管虽然本质上也是二极管，其特性与齐纳二极管类似，但与通用的二极管不同，ESD 保护二极管是专为泄放 ESD 高频、高压脉冲而设计的，对极高频、高压脉冲响应速度快，即使经过几万次 ESD 放电也不会改变其特性，被广泛用于板级保护，直接靠近线路板上对静电敏感的元件或部件，给元件或部件提供 ESD 保护。相对于分立的 TVS 器件，ESD 保护二极管所能承受的功率较小，结电容低，但可在一个 IC 芯片内集成多套 ESD 保护二极管。

4. ESD 保护器件的参数

在选择 ESD 保护器件时，必须理解 ESD 保护器件的关键参数及其含义。

1）反向关断电压 V_{RWM}

反向关断电压 V_{RWM}（Reverse Stand-Off Voltage）应大于或等于被保护电路的正常操作电压，如图 9.2.7 所示。当被保护电路的正常操作电压小于 V_{RWM} 时，ESD 保护器件处于高阻状态，且寄生电容小，对电路系统的工作状态几乎没有影响。

2）最大钳位电压 V_C

所谓钳位电压，是指脉冲电压通过 ESD 保护器件时 ESD 器件的最大端电压。最大钳位电压 V_C 过高会导致被保护器件承受的电压幅度过高，从而增大故障概率。例如，在图 9.2.8 中，12 V 脉冲信号经过 NXP 半导体的 ESD 保护器件 PESD5V0L2BT 后，电压幅度被钳位在 5 V。

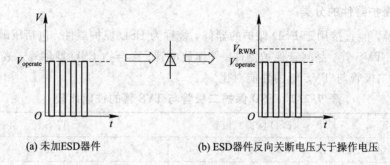

(a) 未加ESD器件   (b) ESD器件反向关断电压大于操作电压

图 9.2.7　ESD 保护器件的反向关断电压

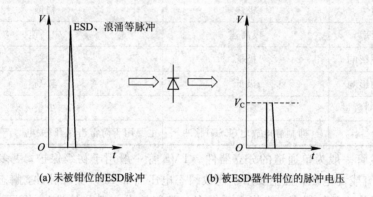

(a) 未被钳位的ESD脉冲   (b) 被ESD器件钳位的脉冲电压

图 9.2.8　ESD 保护器件的最大钳位电压

3）峰值脉冲功率 P_{PP}

峰值脉冲功率 P_{PP}（Peak Pulse Power）描述了 ESD 保护器件瞬间所能吸收的最大功率。在给定的最大钳位电压下，峰值脉冲功率越大，器件能承受的浪涌电流能力就越大，如图 9.2.9（a）所示。例如，NXP 半导体公司的 ESD 保护器件 PESD5V2S2UT 通过 8/20 μs 脉冲波形时所能承受的最大功率为 260 W。

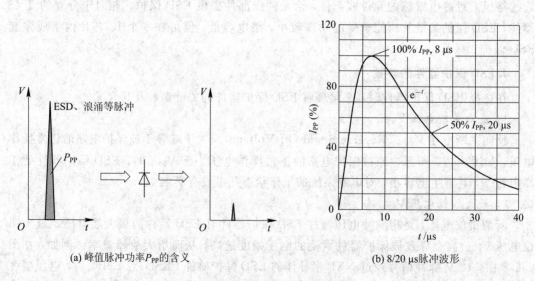

(a) 峰值脉冲功率P_{PP}的含义   (b) 8/20 μs脉冲波形

图 9.2.9　峰值脉冲功率

8/20 μs 脉冲波的含义是：ESD 脉冲电压在 8 μs 时间内升到 $100\%I_{PP}$，20 μs 时间后降到 $50\%I_{PP}$。这个脉冲的定义来自于国际电工委员会拟定的 ESD 标准 IEC61000 - 4 - 5(浪涌抗扰度)，见图 9.2.9(b)。

4) 结电容 C_D

C_D 为 ESD 保护器件的寄生电容，当在通信线路上连接 ESD 保护器件时，需要考虑 ESD 保护器件的结电容 C_D 的影响。线路的通信速率越高，ESD 保护器件的结电容 C_D 必须越小，否则 ESD 保护器件本身将影响数据信号波形。例如，在 USB2.0 的应用系统中，外加结电容较高的 ESD 防护二极管后，会引起信号畸变导致通信失败。当被保护的通信线路的信号频率大于 100 MHz 时，C_D 必须小于 10 pF。NXP 半导体的 PRTR5V0U2X 的 C_D 远低于 1pF，非常适合用于 USB2.0 等高速通信场合。

结电容也称为线电容，符号是 C_{LINE}，在一些半导体公司的 ESD 保护数据手册里也很常见。

5) 反向击穿电压 V_{BR}

V_{BR} 是 TVS 最小的击穿电压，在 25℃时，低于这个电压，TVS 不会发生雪崩击穿。这也是当 TVS 流过规定的反向电流 I_R 时 TVS 两极所测量到的电压，此时 TVS 处于低阻抗导通状态。一般情况下 V_{BR} 高于 V_{RWM}，如图 9.2.10 所示。

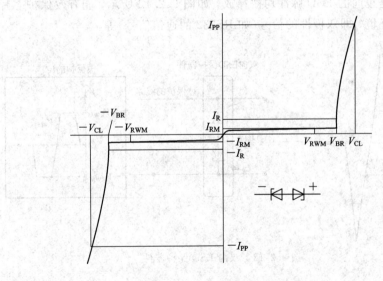

图 9.2.10　反向击穿电压示意图

6) 最大反向漏电流 $I_R@V_{RWM}$

最大反向漏电流 $I_R@V_{RWM}$ 指在最大反向电压的作用下 ESD 保护器件中流过的电流，其值越小，ESD 保护器件对被保护电路的影响越小。此外，严格控制漏电流的大小也可以有效地降低整个电子产品的功耗。

7) 响应时间

响应时间是指 ESD 保护器件将输入的高电压钳位到预定电压值所需的时间，在此期间 ESD 器件必须快速动作。

8）通道数量

ESD 保护器件有单通道和多通道之分，其应用场合略有不同。例如，NXP 半导体的 PESD5V0S1BL 是单通道的双向保护器件，每个只能保护一路。

9）单向或双向保护

单向 ESD 保护器件的特点是：反向接在电路中，反向起作用；ESD 脉冲通过时，超过 V_{RWM} 的电压被短路掉；对负的 ESD 脉冲不起释放作用。单向 ESD 保护器件的应用及原理如图 9.2.11 所示。

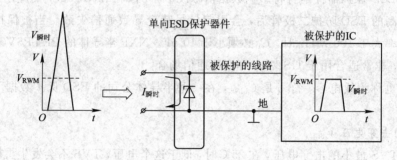

图 9.2.11　单向 ESD 保护器件的应用及原理

双向 ESD 保护器件的特点是：双向 ESD 保护器件一端接要保护的线路，另一端接地，无论来自反向还是正向的 ESD 脉冲均被释放，如图 9.2.12 所示，能有效保护芯片应用于正负脉冲信号的环境，即双极性的信号（如 RS232 的通信信号）等。

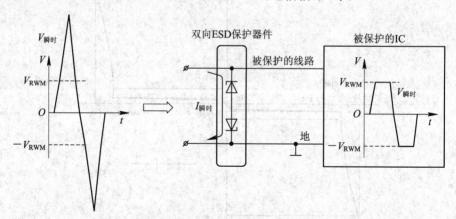

图 9.2.12　双向 ESD 保护器件

9.3　接 口 隔 离

电气隔离（Galvanic Isolation）是指在电路中阻止电流直接从某一区域流到另外一区域的方式，也就是使两个区域间不存在电流直接流动的路径。虽然电流无法直接流过，但能量或信号仍可以由其他方式传递，如可通过电容耦合、电磁感应耦合或光电器件耦合等方式实现信号的传递。

电气隔离常用在接地点电位不同但又需要彼此交换信息的两个电路系统中。借助电气隔离方式，可防止电流在地电位不同的两个电路系统中流动，引起噪声，干扰信号的正常传输，同时避免可能的触电事故，如图 9.3.1 所示。

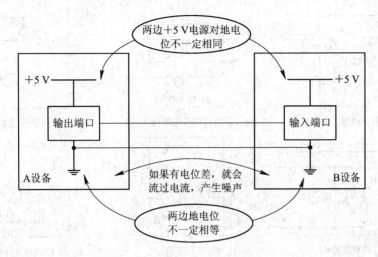

图 9.3.1　电气隔离示意图

9.3.1　光电耦合隔离

光耦合器（Optical Coupler）也称为光电隔离器，简称光耦。它是以光为媒介来传输电信号的器件。光耦一般由红外发光二极管和光敏三极管两部分组成，两者封装在同一管壳内。光耦中的发光二极管在流过电流时发光，光线照射到光敏三极管后产生集电极电流输出，从而实现了电→光→电的转换过程。由于发光二极管一侧的电路与光敏三极管一侧的电路没有电气连接，因而实现了电气隔离。以光为媒介把输入端信号耦合到输出端的光电耦合器，具有体积小，寿命长，无触点，抗电磁波干扰能力强，输出和输入之间绝缘等优点，且输入侧发光二极管属于电流驱动器件，动态电阻较小，高频窄脉冲干扰信号无法传送到输出端，因此在数字电路系统中获得了广泛的应用，是低速数字系统优选的低成本电气隔离方案。光耦器件的缺点是传输速度不高，功耗较大，且传输效果受温度影响较大。

光耦输出级电路形式很多，输出级电路形式与光耦用途（传输模拟信号还是数字信号）、信号传输速率等因素有关。常见光耦输出级电路形式包括光敏三极管、达林顿三极管、逻辑 IC、CMOS 输出形式等，如图 9.3.2 所示。

光耦器件的参数有很多，其中重要参数包括发光二极管正向导通电压 V_F、最大工作电流 $I_{F(max)}$、输出级三极管耐压 V_{CEO} 及饱和压降 V_{CES}、最大集电极电流 $I_{C(max)}$、电流传输比 $CTR = I_C/I_F$、传输延迟时间（用下降沿 t_f 或上升沿 t_r 表征）等。其中，发光二极管正向导通电压 V_F 约为 $1.2 \sim 1.5$ V，驱动电流 I_F 一般取 $0.5 \sim 15.0$ mA，电流传输比 $CTR = I_C/I_F$ 的大小与器件用途、集电极电流 I_C 及发光二极管驱动电流 I_F 的大小、输出级电路结构等因素有关，可从器件数据手册中查到。

在数字电路中，光耦器件的典型驱动电路及输出波形如图 9.3.3 所示，相关参数设计过程如下：

在输出高电平电压 V_{OH}、输出高电平电流 I_{OH}、输出级电源电压 V_{CC} 确定的情况下（其中光耦电流传输比的最小值 CTR_{min}、三极管饱和压降 V_{CES} 可从光耦数据手册中查到），负载电阻：

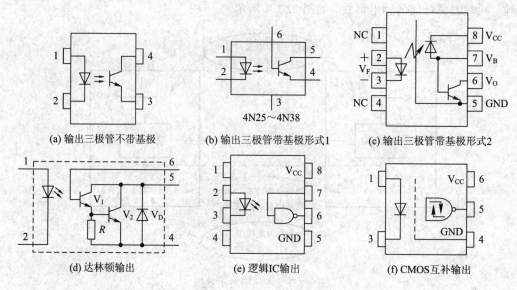

(a) 输出三极管不带基极 (b) 输出三极管带基极形式1 (c) 输出三极管带基极形式2

4N25～4N38

(d) 达林顿输出 (e) 逻辑IC输出 (f) CMOS互补输出

图 9.3.2 光耦内部等效电路与输出级电路形式

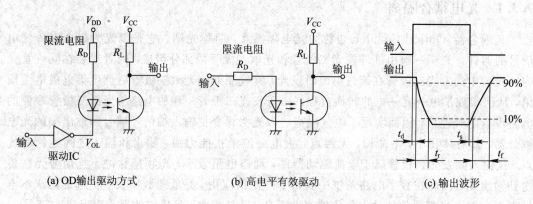

(a) OD输出驱动方式 (b) 高电平有效驱动 (c) 输出波形

图 9.3.3 光耦器件的典型驱动电路及输出波形

$$R_L < \frac{V_{CC} - V_{OH}}{I_{OH}}$$

在确定了负载电阻 R_L 的阻值后，就可以估算出最大集电极电流 $I_{C(\max)} = \dfrac{V_{CC} - V_{CES}}{R_L}$。为保证输出低电平电压 V_{OL} 小于设定值(即最大输出低电平电压 $V_{OL(\max)}$)，必须确保输入级发光二极管驱动电流 $I_F > \dfrac{I_{C(\max)}}{CTR_{\min}}$。由此，不难计算出限流电阻 R_D 的最大值。例如，对于图 9.3.3(a)所示的驱动电路来说，限流电阻 $R_D < \dfrac{V_{DD} - V_F - V_{OL}}{I_F}$(其中 V_{OL} 为驱动 IC 输出低电平电压)，而对于图 9.3.3(b)所示的驱动电路来说，限流电阻 $R_D < \dfrac{V_{IH} - V_F}{I_F}$。

可见，负载电阻 R_L 的阻值不宜太大，否则输出高电平 V_{OH} 偏低，并使输出信号边沿变差，如图 9.3.4 所示；但也不宜太小，否则会使输出级三极管饱和导通时，集电极电流 I_C 增加，导致发光二极管限流电阻 R_D 偏小，增加了光电隔离电路的损耗。

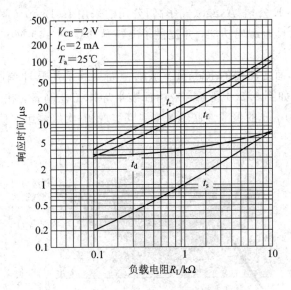

图 9.3.4　负载电阻大小对传输特性的影响

9.3.2　电感耦合隔离

电感耦合隔离技术早就在开关电源和模拟电路中得到了广泛应用,不过随着制造工艺和技术的进步,电感式数字隔离器件开始出现,并在数字电路系统中也得到了广泛的应用。

电感耦合技术使用两个线圈之间的变化磁场在一个隔离层上实现信号的传输。最常见的例子就是变压器,根据电磁感应定律,变压器初级侧绕组端电压与次级侧绕组感应电压之比与变压器初-次级绕组匝数成正比,而初-次级绕组电流之比与匝数成反比。这样就可以将信号(或能量)从一个绕组传输到另一个绕组。图 9.3.5 给出了一款具有信号调节电路模块的变压器结构示意图。

变压器隔离的优点是数据速率高,但缺点是体积大,容易受到外磁场的干扰。

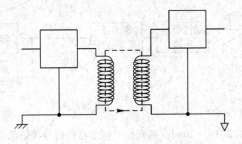

图9.3.5　具有信号调节电路模块的变压器结构示意图

电感耦合隔离的优点是可以在不明显降低差模信号的情况下实现共模噪声最小化,且信号能量转换效率很高,损耗小。但缺点是仅适用于传输交流信号,对于包含一长串 0 或 1 的低速数字信号,必须经过调制后,才能借助电感耦合传输。此外,电感耦合隔离容易受外磁场(噪声)的干扰。

基于电感耦合技术的典型数字隔离器件主要有 ADI(美国模拟器件公司)的 iCoupler

系列数字隔离器、NVE 公司/Avago(安华高)公司的采用 IsoLoop 专利技术的数字隔离器。这些数字隔离器件均具有编码功能，并提供了支持从 DC 到 100 Mb/s 数据传输率的数字信号隔离解决方案。

  ADI 公司基于平面变压器的 iCoupler 磁耦合隔离器采用脉冲调制方式来实现数字信号传输，其内部结构如图 9.3.6 所示，采用标准半导体工艺制备，在上、下两个绕组之间填充了厚度为 20～30 μm 的聚酰亚胺绝缘层，以实现初-次级绕组之间的绝缘。

初级绕组
次级绕组

厚度为20～30 μm的聚酰亚胺绝缘层

图 9.3.6   带聚酰亚胺绝缘层的变压器

  该系列器件通过发送宽度约为 1ns 的短脉冲信号来驱动变压器，从而实现数字信号的传输：在低频输入脉冲信号的上升沿连续输出两个短脉冲信号，而在低频输入脉冲信号的下降沿仅输出一个短脉冲信号作为低频输入信号上下沿的标志。这些短脉冲通过变压器耦合到次级，再借助芯片内部的解码单元恢复为低频数字信号。次级侧解码电路采用不可重复触发的单稳态电路产生检测脉冲。如果检测到两个连续脉冲，就将输出端置为高电平；反之，若仅检测到单个脉冲，就将输出端置为低电平，如图 9.3.7 所示。

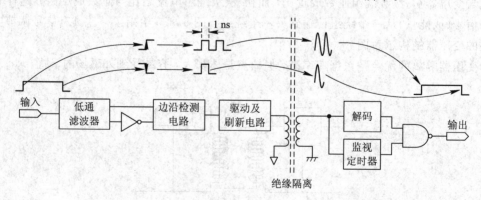

1 ns

输入   低通滤波器   边沿检测电路   驱动及刷新电路   解码   输出

监视定时器

绝缘隔离

图 9.3.7   iCoupler 系列数字隔离器件信号传输示意图

  低频输入信号经低通滤波器滤除可能存在的尖峰干扰信号后送边沿检测电路，边沿检测电路产生的短脉冲信号经驱动后借助变压器的初-次级绕组耦合到次级侧，解码后还原为低频脉冲信号。

  如果 1 ms 时间后没有检测到信号的上下沿，则刷新电路会发送刷新脉冲信号给变压器来保证直流的正确性(直流校正功能)。如果输入为高电平，就产生两个连续的短脉冲作为刷新脉冲；如果输入为低电平，就产生单个短脉冲作为刷新脉冲。此外，在次级侧采用了一个监视定时器(看门狗单元)来保证在没有检测到刷新脉冲时强迫芯片输出端处于缺省状态。

　　基于 iCoupler 技术实现数字信号隔离的器件型号有很多，包括 ADuM1×××、ADuM2×××、ADuM3×××、ADuM4×××、ADuM5×××、ADuM6×××、ADuM7×××等子系列，其差异主要是数据传输速率、通道数、隔离电压等级、瞬变抗扰度等参数，详细信息可查阅 ADI 公司官网的相关文档。

　　而 NVE 公司的 IL 系列数字隔离器件采用的是 IsoLoop 专利技术(基于巨磁阻 GMR 技术的高速 CMOS 器件)。与 ADI 公司的 iCoupler 技术相比较，基于 IsoLoop 专利技术的数字隔离器件使用了由巨磁阻(GMR)材料组成的电阻网络代替次级线圈，如图 9.3.8 所示。在 GMR 隔离器中，输入信号流经低电感线圈产生磁场，使次级侧 GMR 材料电阻发生变化，通过 CMOS 集成电路解码后，即可精确重现输入信号。

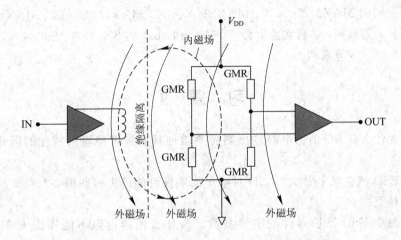

图 9.3.8　NVE 公司的 IsoLoop 技术实现原理框图

　　NVE 公司基于 IsoLoop 专利技术的数字隔离器件有 IL2××、IL5××、IL6××、IL7××、IL8××等系列，主要差异也是传输速率、接口类型、通道数、隔离电压等级、瞬变抗扰度、工作温度范围等参数，详细信息可查阅 NVE 公司官网的相关文档。

9.3.3　电容耦合隔离

　　电容耦合隔离技术就是利用 MIS 电容的充放电效应来传输数字信号，如图 9.3.9 所示。经氧化工艺在硅片上生成一层绝缘性能良好、稳定性很高的 SiO_2 层，再借助沉积工艺，在 SiO_2 层上生成金属膜，便获得了 MIS(金属-绝缘层-半导体)电容。

　　电容隔离技术的优点有很多，如功耗低，体积小，容易制作多个隔离通道，与 CMOS 数字 IC 工艺兼容性好，成本低廉，且几乎不受空间磁场的影响，甚至可以工作在强磁场环境中。其缺点是：无差分信号，且噪声与信号共用同一传输通道，这意味着信号频率必须远高于可能存在的低频噪声信号频率，使隔离电容对信号呈现低阻通路而对噪声呈现高阻特性。如同电感耦合一样，电容耦合也存在带宽限制，并需要对数据进行编码调制。

　　基于电容隔离技术的数字隔离器件的典型产品包括 TI 公司的 ISO77××、ISO78××、ISO73××、ISO74××、ISO71××、ISO76××、ISO75××、ISO72××、ISO72×等系

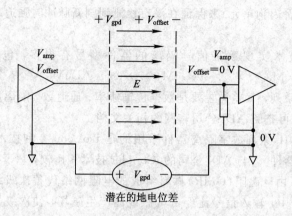

图 9.3.9 电容耦合隔离示意图

列，Maxim 公司的 MAX223×××、MAX224×××、MAX144×××、MAX129×××、MAX149×××等系列，芯科实验室公司（Silicon Labs）的 Si80××、Si83××、Si86××、Si87××和 Si88××等系列。

习 题 9

9-1 为什么在 RC 消振电路输出端需要增加具有施密特输入特性的同相或反相驱动器？

9-2 ESD 的含义是什么？ESD 对电子元器件可能产生哪些损害？列举常用的 ESD 保护器件的种类。

9-3 列举 ESD 保护器件的主要参数。为什么压敏电阻不能作为 ESD 保护器件使用？

9-4 为避免差分输入器件两引脚间因静电过压击穿损坏，需要在两引脚间接双向还是单向 ESD 保护器件？

9-5 电气隔离的目的是什么？

9-6 简述常见的电气隔离技术方式。

9-7 简述光耦隔离方式的优缺点。